U0746421

广东省医药中等职业教育药剂专业规划教材

药用植物与天然药物学基础

YAOYONGZHIWUYUTIANRANYAOWUXUEJICHU

（供药剂、制药技术等相关专业使用）

主编　郑小吉　伍卫红

中国医药科技出版社

内 容 提 要

本书是广东省医药中等职业教育药剂专业规划教材。全书介绍了药用植物基本知识，300种天然药物鉴定技能和基础知识，附录中列有实训项目26个，药用植物彩图、天然药物彩图160幅，每章设有学习目标、职业对接、目标检测。本书的一大特色是正文中根据需要灵活穿插知识链接、实例解析、课堂互动等模块内容，使学生好学、老师好用，符合当今中等职业教育课程改革的综合课程教材。

本书可供中等职业学校药剂专业的学生使用，也可作为药剂从业人员的培训教材。

图书在版编目（CIP）数据

药用植物与天然药物学基础／郑小吉，伍卫红主编. —北京：
中国医药科技出版社，2015.2（2024.8重印）
广东省医药中等职业教育药剂专业规划教材
ISBN 978 - 7 - 5067 - 7168 - 9

Ⅰ.①药… Ⅱ.①郑… ②伍… Ⅲ.①药用植物学—中等专业学校—
教材 ②生药学—中等专业学校—教材 Ⅳ.①Q949.95 ②R93

中国版本图书馆 CIP 数据核字（2015）第 027704 号

美术编辑　陈君杞
版式设计　郭小平

出版　中国医药科技出版社
地址　北京市海淀区文慧园北路甲 22 号
邮编　100082
电话　发行：010 - 62227427　邮购：010 - 62236938
网址　www.cmstp.com
规格　787×1092mm $^{1}/_{16}$
印张　25
彩插　21
字数　500 千字
版次　2015 年 2 月第 1 版
印次　2024 年 8 月第 6 次印刷
印刷　大厂回族自治县彩虹印刷有限公司
经销　全国各地新华书店
书号　ISBN 978 - 7 - 5067 - 7168 - 9
定价　**58.00 元**
本社图书如存在印装质量问题请与本社联系调换

广东省医药中等职业教育药剂专业规划教材
建设委员会

张贵锋（肇庆医学高等专科学校）

陈沂中（广东省江门中医药学校）

陈淑萍（广州市医药职业学校）

陈歆妙（广东省食品药品职业技术学校）

欧绍淑（广东省湛江卫生学校）

虎松艳（广东省食品药品职业技术学校）

郑小吉（广东省江门中医药学校）

郭润勤（广东省食品药品职业技术学校）

黄俊娴（广东省湛江卫生学校）

彭荣珍（广东省江门中医药学校）

熊群英（广东省江门中医药学校）

秘 书 长　程文海（广东省江门中医药学校）（兼）

办 公 室　姜笑寒（广东省食品药品职业技术学校）

彭荣珍（广东省江门中医药学校）

欧绍淑（广东省湛江卫生学校）

编委会

编 写 说 明

根据国发〔2014〕19号《国务院关于加快发展现代职业教育的决定》和教育部、国家发展改革委员会、财政部、人力资源和社会保障部、农业部、国务院扶贫开发领导小组办公室联合发布的《现代职业教育体系建设规划（2014～2020年）》，要求推进中等职业教育教学标准、教材内容的有机衔接和贯通的精神，结合广东省医药中职药剂专业人才培养特点，为深入贯彻、实施新版《中等职业学校专业教学标准》，进一步提高中等职业教育药剂专业教学质量，充分发挥教材在促进教学改革和加强人才培养中的重要作用，在全国食品药品职业教育教学指导委员会的指导下，由广东省医药中等职业教育药剂专业规划教材建设委员会精心组织，启动本轮广东省医药中等职业教育药剂专业规划教材建设。

本轮教材建设，在对广东省医药中等职业教育药剂专业进行充分调研的基础上，深入贯彻实施新版中等职业教育药剂专业教学标准，结合广东省医药职业教育特点，突出课程内容与职业标准对接、教学过程与生产过程对接。主要具有以下特点。

1. 以新版《中等职业学校专业教学标准》为依托，坚持以就业为导向，面向市场、面向社会。反映和体现课程标准的具体内涵，以教材为载体实施新版教学标准。

2. 体现广东省的地区特点，广东省是医药大省，也是职业教育强省。本套教材建设紧密结合广东省医药中职教育药剂专业教育发展和教改成果，注重地方特色及专业特色的挖掘，采用项目引领模式，注重职业对接，深度体现广东省专业课程改革的成果，满足广东省人才培养的需要。

3. 坚持教材内容与职业标准的深度对接，本套教材涉及行业标准内容，均参考新版《中国药典》、《药品生产质量管理规范》（GMP）、《药品经营质量管理规范》（GSP）。体现了职业教育专业与产业对接、课程内容与职业标准对接、教学过程与生产过程对接、学历证书与职业资格证书对接、职业教育与终身学习对接。

4. 突出教材适用性，针对中职学生的认知规律及特点，采用易教、易学的编写形式，编写设计上在正文内容之外增设学习目标、知识链接、职业对接、目标检测、实训指导等。教材编写中充分体现"以学生为主体"的主导思想，灵活穿插互动设计、实例解析、课堂演示等内容，强化学生对理论知识的理解和利用理论解决实际问题的能力。

本套教材可作为医药中等职业教育药剂专业及其相关专业的教学用书，也可供医药行业从业人员继续教育和培训使用。教材建设是一项长期而艰巨的系统工程，需要不断接受来自教学实践的检验。为此，恳请各院校专家、一线教师和学生及时提出宝贵意见，以便我们进一步修订完善。

广东省医药中等职业教育药剂专业规划教材建设委员会
2015 年 1 月

前言
PREFACE

本书是根据《国务院关于加快发展现代职业教育的决定》和《现代职业教育体系建设规划（2014－2020年)》文件精神，结合教育部2014年颁布的中等职业技术学校药剂专业教学指导方案，在中国医药科技出版社广泛调查广东中等卫生职业教育基础上，编写的带有广东地域特色教材，供药剂专业使用，也可作为其他从事药学教学、科研、生产工作者参考。本书在代表药用植物的选择上优先选择广东地产天然药物，服务广东，面向全国。

本书力求实现理论与实践的一体化，在学习目标及内容上紧扣相关的职业资格标准，突出思想性、科学性、先进性、适用性、启发性，力争满足广东当前中医药中职教育的需求。全书共分总论、各论、实训指导等三大部分。总论有绪论、植物的形态与显微结构、植物分类基础知识、天然药物的采收加工、中药的炮制等内容；各论按药用部位分类编排，介绍各种天然药物的来源、产地、性状鉴定、显微鉴定、功效应用等内容。实训指导中介绍了26个实训。此外书后选录160余幅药用植物、天然药物的彩色照片，以增强形态的直观性。

本书的编写分工是：郑小吉第一、八章和药用植物彩图，刘相国第二章、实训十二～二十六和药用植物彩图，谭银平第三、四、十八章、实训一～十一，李树光第五、六章，张小红第七章，谭丽荷第八章中的（二）单子叶植物纲、检索表，伍卫红第九章重点药，麦艳珍第十、十一章，杨周第十二、十三章，吕立铭第十四、十五章，车韦莹第十六、十七章和第九章一般药，陈航萍第十九、二十章，张伟星天然药物彩图。

本书编写过程中，参阅了许多专家、学者的研究成果和论著，并得到了各编者单位领导的大力支持与鼓励，在此一并致谢！

由于编者水平有限，虽经反复审阅、校正，但疏漏、不妥之处在所难免，恳请读者和各校师生在使用过程中提出批评和建议，以便修订和完善。

编者
2015年1月

目 录
CONTENTS

总 论

各 论

总　论

第一章
绪　　论

一、药用植物与天然药物学基础的基本任务

自然界中有大约 50 万种植物，100 多万种动物、3 千多种矿物，它们的多样性构成了绚丽多彩的大千世界，为我们提供了天然食物、天然保健品、天然色素、天然甜味剂、天然药物等，我们日常生活和医疗保健等各方面与植物密切相连。药用植物与天然药物学基础是药剂专业和药剂相关类专业一门必修的专业基础课，其主要任务如下。

（一）鉴定天然药物的真伪，确保用药安全有效

天然药物种类繁多，来源十分复杂，加上各地用药历史、用药习惯的差异，植物及药材的名称不统一，同名异物、同物异名现象十分严重，真实性鉴定显得尤为重要。如广东一些地区将野苋称为马齿苋，薜荔果称为王不留行，爵床科植物穿心莲，称为一见喜、苦草、四方莲等。川木通来源于毛茛科植物小木通 *Clematis armandii* Franch 或绣球藤 *C. montana* Buch. – Ham 的藤茎，关木通来源于马兜铃科植物东北马兜铃 *Aristolochia manshuriensis* Kom 的藤茎，它们功效类同，但在临床上，关木通禁止长期或大量服用，肾功能不全者禁止使用。大黄属中的掌叶大黄 *Rheum palmatum* L、唐古特大黄 *R. tanguticum* Maxim. et Balf. 和药用大黄 *R. officinale* Baill. 均具有泻热通便功效，而河套大黄 *R. hotaoense* C. Y. Cheng et C. T. kao 则泻热作用极差，不能作大黄药用。天然药物细辛，来源于马兜铃科的细辛属，而该属绝大多数的种类在不同地区均有使用，但其中深绿细辛 *Asarum porphyronotum* C. Y. Cheng. et. C. S. Yang var. *atrovirens* C. Y. cheng et C. S Yang 和紫背细辛 *A. porphyronotum* C. Y. Cheng. et. C. S Yang 均含有致癌成分黄樟醚（Safrole），不能用于临床。柴胡属多种植物，可做天然药物柴胡用，但大叶柴胡 *Bupleurum longiradiatum* Turcz. 含有毒性成分，不可代替柴胡药用。在临床、科研、以及天然药物采集、种植、购销等工作中，运用植物分类学知识和先进的科技手段确定天然药物原植物的种类，同时研究其外部形态、内部构造和地理分布，从而解决天然

药物材存在的名实混淆问题，对保证天然药物材生产、科研和临床用药的安全，以及资源开发均具重要意义。

课堂互动

比 比 看

手机上网查找大叶柴胡、柴胡和薤荔植物彩图，看谁快。

（二）调查研究药用植物资源，合理利用及开发药物

我国幅员辽阔，地跨寒、温、热三带，地形错综复杂，气候多种多样，药用植物种类繁多，据全国天然药物资源普查统计，有药用记载的植物、动物、矿物合计12 694种，其中植物为 11 020 种，为总数的 87%，2005 年出版的《药用植物词典》记载中外药用植物 22 000 余种。其中有植物体构造比较简单的藻、菌、地衣类植物，如：海带、灵芝、松萝等；也有苔藓和蕨类植物、裸子植物，如：地钱、卷柏、银杏等。分布最为广泛，资源最为丰富的是被子植物，它是天然药物的主要来源，许多名贵天然药物都取自这些植物的野生品或栽培品。我国东北地区，气候寒冷，主要分布有人参、五味子、细辛，内蒙古气候干燥分布有防风、黄芪、甘草等，河南的地黄、山药、牛膝、菊花质量为全国之冠，被称为"四大怀药"，四川不仅药用植物种类多，而且产量大，如黄连、川贝母、川芎等，我国广东、广西、海南、台湾、云南南部属热带、亚热带地区，气候温暖、雨量充沛，有利于植物生长繁殖。云南植物种类最多，素有"植物王国"之称，著名的药用植物有三七、木香、云南马钱等，广东有花植物就有千种，许多重要药用植物都分布在这一地区，如广藿香、阳春砂、槟榔等。另外，浙江的浙贝母、安徽的芍药、福建的泽泻、甘肃的当归、山西的党参、宁夏的枸杞、青海的大黄、西藏的冬虫夏草、山东的珊瑚菜、江西的酸橙、贵州的杜仲、江苏的薄荷等，都是全国著名的药用植物。

本草、民间药和民族药是我国珍贵的医药遗产，医药工作者几十年来，从本草记载的多品种来源天然药物，如黄芩、贝母、细辛、柴胡等中发现同属多种，具有相同疗效的药用植物。从本草记载治疗疟疾的黄花蒿 *Artemisia annua* L. 中分离到高效抗疟成分青蒿素。运用系统学方法通过资源普查，20 世纪 50 年代找到了降压药萝芙木 *Rauvolfia verticillata*（Lour）. Baill.，取代了进口蛇根木 *R. serpentina* Benth. 生产降压灵。近年来，在广西、云南找到了可供生产血竭的剑叶龙血树 *Dracaena cochinchinensis*（Lour.）S. C. Chen，解决了国内生产血竭的资源空白问题。从红豆杉科红豆杉属多种植物的茎皮、根皮及枝叶中得到紫杉醇，发现具有很好的抗肿瘤作用等。中药沉香 *Aquilaria agallbcha* Roxb. 产自印度尼西亚、越南等地，我国长期依靠进口，后经研究发现我国海南、广东、广西产的同类植物白木香 *Aquilaria sinensis*（Lour.）Gilg 可做沉香用，《中国药典》2005 年版将白木香作为沉香的唯一来源。在当今社会经济飞速发展时期，世界各地都在利用植物资源开发研制新药、保健品和食品。自然界现有 50 余万种的植物资源，许多没有得到开发利用。如何运用现代科学技术，发挥中医药优势，更好地

合理利用我国特有植物资源，发现新的药源、新的活性成分，进而研制出高效新药，满足人民医疗、保健需要，促进经济发展已成为中医药工作者的突出任务。

📚 政策法规

1987 年 10 月 30 日，国务院发布了《野生药材资源保护管理条例》，1997 年 1 月 1 日，国务院发布了《中华人民共和国野生植物保护条例》，目前，全国已建立了 14 个野生动植物救护繁殖中心和 400 多处珍稀植物种质种源基地，2002 年 4 月 17 日，国家食品药品监督管理局发布了《中药材生产质量管理规范》。

二、药用植物与天然药物学基础的基本概念

凡具有预防、治疗疾病和对人体有保健功能的植物统称为药用植物。天然药物一般是指来源于自然界、具有药物作用的植物、动物或矿物。药材是指制药企业用于提取活性成分以便进一步加工成某种药品的天然药物。生药是指未经加工或只经简单加工而未精制的天然药物。药材和生药一般多为运用现代科学技术从事研究、生产的人员对天然药物的称呼，用于现代医药领域的科研院所和生产企业。草药是指民间医生根据经验用以治病具有地域性特征的天然药物，也常用来借指植物类天然药物。中药是指在中医药理论指导下应用的天然药物，包括饮片和中成药。中药与草药合称为中草药。中药材是指用来加工成中药饮片，或供中药生产企业生产中成方制剂的天然药物。中药饮片是指将中药材经过一定的加工工艺制成的直接用于医疗保健的能看到性状的中药品。天然药物的真伪是指天然药物品种的真假。天然药物的优劣是指天然药物质量的好坏。"真"即正品，凡是国家药品标准所收载的天然药物均为正品，"伪"即伪品，凡是不符合国家药品标准规定该天然药物的品种以及以非药品冒充天然药物或以他种药品冒充正品的均为伪品。"优"是指质量符合国家药品标准质量规定的各项指标的天然药物，"劣"是指质量低劣，虽品种正确，但质量不符合国家药品标准质量规定的天然药物。

三、药用植物与天然药物学基础的发展简史

我国药用植物学的发展有着悠久的历史，早在 3000 多年前的《诗经》和《尔雅》中就分别记载了 200 种和 300 种植物，其中约 1/3 为药用植物。我国历代本草类著作有 400 多部，记载了大量药用植物和药物知识，可以说药用植物学的发展与本草学的发展紧密相连。我国现存的第一部记载药物的专著《神农本草经》，收载药物 365 种，其中植物药 237 种。南北朝·梁代陶弘景的《本草经集注》载药 730 种，多数为植物药。唐代苏敬等编写的《新修本草》（又称《唐本草》），是以政府名义编修并颁布的，被认为是我国第一部国家药典，该书载药 844 种，并附有药物图谱，是第一本具有图文对照的本草著作，其中不少是外来药用植物，如郁金、诃子、胡椒等。宋代唐慎微编著的《经史证类备急本草》收载的药物 1746 种，为我国现存最

早的一部完整本草。明代李时珍经过 30 多年努力于 1578 年完成了《本草纲目》的编纂，全书载药 1892 种，其中植物药 1100 多种。《本草纲目》有严密的系统性、科学性，首先试用生态学分类，它是本草史上的一部巨著，被翻译成多种文字，曾被外国人称为中国植物志。清代吴其濬著《植物名实图考》及《植物名实图考长编》共记载植物 2552 种，是一部论述植物的专著。该书记述翔实，插图精美，是研究和鉴定药用植物的重要文献。

新中国成立以后，十分重视中医药的发展，在各地陆续成立了多所中医药大学、天然药物和药用植物研究机构，培养了大量药用植物研究人才。几十年来，在药用植物工作者与相关科学技术人才共同努力下，做了大量卓有成效的工作，开发了许多新药，出版了一大批重要著作。如：《全国中草药汇编》收载植物药 2074 种，《中药大辞典》收载药物 5767 种，其中植物药 4773 种；《中国天然药物资源志》、《新华本草纲要》、《中华本草》、《中国植物志》、《中华人民共和国药典》等，这些专著是我国天然药物和药用植物研究成果的代表。除以上著作外，还创办了大量学术期刊，如《中国天然药物杂志》、《中草药》、《中药材》等。

四、药用植物与天然药物学基础的学习方法

知识链接

辨认天然药物的学习技巧

1. 根据工作需要及专业技术鉴定考试要求，应掌握 300 种常用中药材的性状鉴定技术。随着学习的深化，逐步从对照书籍、图谱识别药材到独立认药，并做到准确无误。
2. 对照标本看书、对照光盘看书、对照图片认药、有问题请教老师。
3. 看书回忆药材形象、比较相近易混淆药材、注重真伪品的鉴定要点、利用网络及多媒体资源、动手画图、编制记忆口诀。

药用植物与天然药物学基础是一门实践性很强的学科，学习必须密切联系实际。课程中植物形态和解剖基础知识部分是学习植物分类和各类生药鉴定内容的基础，应首先学好。学习时必须理论联系实际，多登山、多参观植物园，虚心向民间医生、老药工、种植者等学习，走进大自然，花草树木、农作物等许多植物都是药用植物，通过系统的观察，增强对药用植物形态结构和生活习性的全面认识，结合理论知识，能加深对药用植物的理解。社会的发展，计算机、数码相机、智能手机、数码显微镜等已得到普及，必须学会借助这些新技术，上网浏览各大专院校、科研机构等植物数字标本馆，学会植物照片拍摄技能，制作自己的电子药用植物图谱，把制作自己的电子药用植物图谱作为自己一生学习药用植物的开始和兴趣爱好。学习过程要抓住重点、难点，带动一般，如科的主要特征，可以通过观察代表植物来掌握。野外采集标本是学习的重要过程，野外观察必须注意保护资源、保护环境，注意安全。

目标检测

一、名词解释

1. 药用植物
2. 天然药物
3. 中药
4. 中成药

二、简答题

1. 如何有效学习药用植物学？
2. 借助计算机、数码相机、智能手机新技术，如何制作自己的天然药物电子图谱？

第二章
天然药物的采收、加工与贮藏

> ## 学习目标
>
> 1. 掌握天然药物的贮藏和保管知识。
> 2. 熟悉各类天然药物的采收原则和产地加工方法。
> 3. 了解天然药物的产地、采收与质量的关系。

第一节　天然药物的采收

一、采收与质量的关系

天然药物的质量与有效成分密切相关，而有效成分的种类和含量又取决于药材品种、药用部位、产地、生产技术、采收加工、贮藏、运输、包装等，其中与采收有关的因素有采收的年限、季节、时间、方法等。孙思邈在《千金翼方》中说："夫药采收，不知时节，不以阴干暴干，虽有药名，终无药实，故不依时采取，与朽木不殊，虚费人工，卒无裨益。"以天麻为例，在冬季至翌年清明前茎苗未出时采收的"冬麻"，体坚色亮，质量较佳；春季茎苗出土采收的"春麻"，体轻色暗，质量较差。甘草在生长初期甘草甜素的含量为 6.5%，开花前期为 10%，开花盛期为 4.5%，生长末期为 3.5%，所以甘草在开花前期采收为宜。

药材的最佳采收期，要综合考虑两个方面：①有效成分含量有明显的高峰期，而药用部位产量变化不显著，则含量高峰期即为最佳采收期；②有效成分含量高峰期与药用部位产量高峰不一致时，则考虑有效成分的总含量，即有效成分的总量 = 单位产量 × 有效成分的百分含量，总值最大时即为适宜采收期。有些有效成分尚未明了的药材则仍需借鉴传统采收经验，结合药用部位的生长特点，掌握合理的采收季节和时间。

二、天然药物的采收原则

我国劳动人民在长期生产实践中，积累了丰富的采药经验和智慧，如"春采茵陈夏采蒿，根茎药材春秋刨"等。利用传统的采药经验，根据不同药用部位的生长特点，制定合理的采收原则，保护药用资源。

1. 根及根茎类　多在秋、冬植株地上部分枯萎至春初发芽前采收，如党参、黄连等。有的植株夏季枯萎，则在夏季采收，如半夏、太子参等。

2. 茎木类　茎类多在秋、冬植株落叶后或春初萌芽前采收，如大血藤；茎木类全年可采，如降香、沉香等。

3. 皮类　茎皮多在春末夏初（清明至夏至间）采收，此时皮部和木部易剥离，有效成分含量较高，如杜仲、黄柏等；少数茎皮在秋、冬采收，如肉桂等。根皮宜在秋末冬初植株地上部分枯萎时采挖，如牡丹皮、五加皮等。

4. 叶类　多在花前盛叶期、花期或果实未成熟前采收，如大青叶、艾叶等。桑叶需在霜降后采收。有的与其他药用部位同时采收，如人参叶等。

5. 花类　多在花蕾期（金银花、辛夷等）或花初开（红花、洋金花等）时采收；菊花、西红花等宜在花盛开时采收。

6. 果实及种子类　果实类多在果实自然成熟时采收，如五味子、山楂等；有的在近成熟时采收，如枳壳、吴茱萸等；有的应采幼果，如青皮、枳实等。种子类须在完全成熟，并有固有色泽时采收，如牵牛子、决明子等。

7. 全草类　多在植株充分生长，茎叶茂盛时采收，如穿心莲、青蒿等；有的在花期采收，如益母草、荆芥等；茵陈则有春、秋两个采收时间。

8. 藻、菌、地衣类　采收情况不一。如茯苓在立秋后，冬虫夏草在夏初子座出土孢子未散发时采收，松萝全年可采。

知识链接

绵茵陈和花茵陈

据有关文献报道，茵陈在春季幼苗期采收的"绵茵陈"含有有效成分对-羟基苯乙酮和绿原酸，在秋季花蕾期采收的"花茵陈"则含有有效成分茵陈二炔酮，两者经药理实验证实均有利胆退黄作用，故《中国药典》一部将茵陈的采收期规定为上述两个。

第二节　天然药物的加工

一、天然药物的产地加工

天然药物采收后，除生姜、鲜芦根等少数要求鲜用的药材外，大多需及时进行产地加工。凡是在产地对药材进行的初步处理与干燥，称之为"产地加工"，又称"粗加工"。

（一）产地加工的目的

1. 纯净药材　去除非药用部位、杂质、泥沙等。

2. 保证用药安全　降低或消除药材的刺激性及毒、副作用。

3. 保证疗效　使药材的有效成分稳定不易破坏，符合标准。

4. 包装成件 利于储藏运输，到达目的地后便于炮制加工。

（二）产地加工的方法

按加工过程，可分为干燥前的加工处理，如洗涤、去皮、切片、蒸煮烫、浸漂、熏硫及发汗等；干燥后的处理，如分级、捆扎、包装等。

1. 拣、洗 除去泥沙杂质和非药用部位，如山药刮去外皮；金樱子去毛刺等。具有芳香气味的药材一般不用水淘洗，如薄荷等。

2. 切片 较大的根及根茎类、坚硬的茎木类和肉质的果实类大多趁鲜切成块、片，以利干燥，如大黄、鸡血藤、木瓜等。但是对于具挥发性成分或容易氧化的药材，则不宜切成薄片长期贮存，如当归等。

3. 去壳 种子类一般把果实采收后，晒干去壳，取出种子，如车前子、菟丝子等；或先去壳取出种子后晒干，如白果、苦杏仁等。

4. 蒸、煮、烫 某些药材采收后，需经蒸、煮、烫等加热处理，目的是：①利于富含黏液质、淀粉或糖分的药材干燥，如天麻、红参蒸透；白芍煮至透心等；②便于刮皮，如明党参、北沙参等；③杀死虫卵，防止孵化，如桑螵蛸、五倍子等；④有的蒸制后能起滋润作用，如黄精、玉竹等；⑤防止散瓣，如菊花；⑥使药材中的酶失去活性，以防有效成分分解，如黄芩等。

5. 熏硫 熏硫是一种传统的加工方法，可使药材色泽洁白，防止霉变和虫害。但熏硫会残留对人体有害的二氧化硫及砷、汞等重金属，故药典将山药、粉葛等传统加工方法中的熏硫删除（即表示不宜熏硫），新增二氧化硫残留量检查法。

知识链接

国家药典委员会 2011 年 6 月作了"关于在中药材及饮片中控制二氧化硫残留量检测限度的公示"，对《中国药典》收载的山药、牛膝、粉葛、甘遂等 11 味药材及其饮片品种下增加"二氧化硫残留量"的检查项目，规定其二氧化硫残留量不得超过 400mg/kg；对其他中药材及饮片，除另有规定外，不得超过 150mg/kg。

6. 发汗 有些药材在加工时，用微火烘至半干或微煮、蒸后，堆置起来发热，使其内部水分向外挥散，药材变软、变色、气味增强或刺激性减少，有利于干燥，这种方法习称"发汗"，如厚朴、杜仲、茯苓、玄参、续断、秦艽等。

二、天然药物的干燥

干燥的目的是及时除去药材中的水分，避免发霉、虫蛀以及有效成分的分解和破坏，利于贮藏，保证药材质量。

（一）晒干

晒干是一种最简便、经济的干燥方法，但含挥发油的药材（薄荷、当归等）、受日光照射后色泽和有效成分易变色变质的药材（黄连、红花等）、在烈日下晒后易爆裂的药材（郁金、厚朴等），均不宜使用。

（二）烘干

利用加温的方法使药材干燥。一般温度以 50～60℃为宜。但对含挥发油或须保留酶的活性的药材不宜用此法，如薄荷、芥子等。富含淀粉的药材欲保持粉性，温度须缓缓升高，以防淀粉粒糊化。

（三）阴干

将药材放置或悬挂在通风的室内或荫棚下，避免阳光直射，使水分在空气中自然蒸发而干燥。主要适用于含挥发性成分的花类、叶类及全草类药材。

（四）低温冷冻干燥

利用低温真空冷冻干燥设备，在低温下使药材内部水分冻结，然后在低温减压条件下除去水分。此法能保持药材新鲜时固有的色泽和性状，且有效成分基本无损失，是理想的干燥方法。但设备及费用昂贵，仅用于一些名贵中药材的加工，如人参商品"冻干参"或"活性参"，"蜂王浆冻干粉"等。

另外还有远红外加热干燥和微波干燥等。以上干燥方法，对于不同的药材可灵活选用，但必须注意干燥温度，只有适宜的干燥温度才能使有效成分不受影响。

知识链接

《中国药典》对中药材产地加工干燥方法的规定

（1）烘干、晒干、阴干均可的，用"干燥"。
（2）不宜用较高温度烘干的，则用"晒干"或"低温干燥"（一般不超过60℃）。
（3）烘干、晒干均不适宜的，用"阴干"或"晾干"。
（4）少数中药材需要短时间干燥，则用"暴晒"或"及时干燥"。

第三节　天然药物的贮藏与保管

一、天然药物的贮藏

（一）贮藏保管中常见的变质现象

天然药物品质的好坏，除与采收加工有密切关系外，贮藏保管对其品质亦有直接影响。若保管不当，药材就会产生不同的变质现象，降低甚至失去药效。

1. 虫蛀　指害虫侵入药材内部，使药材出现空洞、破碎、被害虫的排泄物污染，甚至完全蛀成粉状，严重影响药效。害虫的来源，主要是天然药物在采收时受到污染，加工干燥时未能将害虫或虫卵杀灭，或在贮藏过程中由外界侵入等。一般害虫生长繁殖条件为温度在 16～35℃之间，相对湿度在 70% 以上，药材中含水量在 13%以上。

2. 发霉　又称霉变，即霉菌在药材表面或内部滋生的现象。霉变是大气的霉菌孢子散落于药材表面，在适当的温度（20～35℃）、湿度（相对湿度在75%以上，或药材含水量超过15%）和足够的营养条件下，即萌发成菌丝，分泌酶，溶蚀、分解药物组织和所含有机物，使有效成分发生分解变化而失效，有的霉菌甚至能代谢产生像黄曲霉素类的剧毒致癌物质。

3. 变色 指药材的颜色发生变异的现象。每种药材都有相对固定的色泽，是其品质的重要标志之一，如果贮藏不当，就会引起药材色泽变异，以至变质。变色的原因很多，有的是药材本身所含成分发生化学反应，有的是贮存过久、虫蛀、发霉、日晒、干燥温度过高等。

4. 泛油 又称"走油"，是指某些药材的油质泛于表面，也指药材变质后表面泛出油样物质。前者如柏子仁、桃仁等（含脂肪油多）；后者如麦冬、枸杞子（含糖类、黏液质多）等。泛油除表明油质成分损失外，也常与药材的变质相关联。

此外，有些药材在贮藏过程中还会产生风化、潮解、粘连、有效成分分解等变质现象。

（二）常用的贮藏方法

1. 经验贮藏 在药材的贮藏保管方面，人们积累了很多好的经验，如：①存储前采用暴晒、烘烤等干燥方法，同时杀灭害虫和虫卵；②密封、密闭保存，减少湿气、害虫、霉菌等侵入机会；③对抗同贮法，如牡丹皮与泽泻存放在一起，牡丹皮不宜变色，泽泻不易虫蛀；花椒、细辛、樟脑等都可与动物药一起存放，可防虫；④冷藏法，利用低温（0℃以上，10℃以下）防止药材生虫、发霉、变色、泛油等，如人参、哈蟆油等。

2. 化学试剂处理 利用一些挥发性、渗透性强，效力确实，作用迅速，可在短时间内杀灭害虫和虫卵，并在杀虫后能自动挥散，对人的毒性小，对药材质量没有影响的杀虫剂。如氯化苦、磷化铝等。

近年来，国内采用的新技术还有气调贮藏（又称气调养护，充入氮或二氧化碳，降低氧气，使害虫缺氧而死）和钴-60辐射灭菌等。

二、天然药物的保管

（一）库房管理

入库前应仔细检查药材有无虫蛀、发霉等情况，及时处理有问题的包件；库房应有严格的日常管理制度，保持阴凉、通风、整洁、干燥；堆垛不宜太高，避免日光直射；应勤检查，勤翻晒，常灭鼠，采取有效措施调节室内温度（30℃以下）和湿度（相对湿度70%以下）；贯彻"先进先出"原则，以免贮藏日久，发生变质；中药饮片易吸湿或被污染，应严格控制其水分含量，密封贮藏，必要时加入石灰或硅胶等干燥剂。

（二）分类保管

要根据药材及饮片的特征，分类保管：①剧毒药：如马钱子、生乌头等应与非毒性药分开，专人、专柜加锁保管，建立专用账册；②贵重药：如麝香、鹿茸等应与一般药材分开，专人、专柜保管；③含淀粉、蛋白质、糖类等易虫蛀的药材：应贮存于容器中，放置干燥通风处，并经常检查，必要时进行杀虫处理；④易挥发的药材：应密闭，置阴凉干燥处；⑤易吸湿霉变的药材：应特别注意通风干燥，必要时可翻晒或烘烤；⑥含糖分及黏液质较多的药材：应贮于通风干燥处，防霉、防蛀，必要时冷藏；⑦种子类药材：经炒制后增加了香气，应采用坚固的包装封闭保管，防虫蛀及鼠咬；⑧酒制的饮片：应贮于密闭容器中，置阴凉处；⑨盐炙或蜜炙的饮片：应贮于密闭容器内，置通风干燥处，防潮；⑩易风化的矿物药：应贮于密封容器内，置阴凉处，防止风化。

知识链接

毒性天然药物

毒性药品系指毒性剧烈、治疗剂量与中毒剂量相近，使用不当会致人中毒或死亡的药品。

1. 国务院 1988 年颁布的《医疗用毒性药品管理办法》规定的毒性中药品种有 28 种：砒石（红砒、白砒）、砒霜、水银、生马钱子、生川乌、生草乌、生附子、生白附子、生半夏、生天南星、生巴豆、斑蝥、红娘虫、青娘虫、生甘遂、生狼毒、生藤黄、生千金子、闹羊花、生天仙子、雪上一枝蒿、红升丹、白降丹、蟾酥、洋金花、红粉、轻粉、雄黄。

2. 《中国药典》一部收载的标有毒性的药材及饮片，共 83 种，其中大毒的有川乌、马钱子、斑蝥等 10 种，有毒的有半夏、朱砂、金钱白花蛇、牵牛子、白果等 42 种，小毒的有九里香、艾叶、重楼、苦杏仁、水蛭等 31 种。

职业对接 ··················

学习本门课程主要从事以下工作：社会药房——中药营业员、中药调剂员；药检企业——检验人员；医药生产、批发企业——医药商品购销员；医院药房——中药调剂员，以上岗位要掌握天然药物采收原则、加工、保管的基本知识和技能，以便今后的工作科学开展。

目标检测

一、单项选择题

1. 根和根茎类天然药物的一般采收期为
   A. 春季　　B. 夏季　　C. 秋季　　D. 春夏之交　　E. 秋后春前

2. 下列药材产地加工时均需经过发汗处理，除了
   A. 厚朴　　B. 杜仲　　C. 玄参　　D. 白芷　　E. 续断

3. 下列均属药材的变质现象，除了
   A. 断裂　　B. 虫蛀　　C. 发霉　　D. 风化　　E. 变色

二、多项选择题

1. 天然药物产地加工的目的有
   A. 促使干燥　　B. 符合商品规格　　C. 保证质量　　D. 便于包装
   E. 便于调剂

2. 容易虫蛀的天然药物有
   A. 含淀粉多的　　B. 含辛辣成分的　　C. 含脂肪油多的　　D. 含蛋白质多的
   E. 含糖类多的

3. 防治天然药物变质的常用方法有
   A. 干燥法　　B. 密封法　　C. 冷藏法　　D. 对抗同贮法
   E. 化学试剂熏蒸杀虫法

三、名词解释

1. 对抗同贮法
2. 泛油

四、简答题

1. 天然药物贮藏保管中常见的变质现象有哪些？如何防范？
2. 毒性大的药材、贵重药材和含有较多营养成分（含淀粉、脂肪油、蛋白质、糖分等）的药材应该如何保管？

第三章
天然药物的鉴定

第一节　天然药物鉴定的依据和程序

一、天然药物鉴定的依据

《中华人民共和国药品管理法》第三十二条规定，"药品必须符合国家药品标准"。国务院药品监督管理部门颁布的《中华人民共和国药典》和药品标准为国家药品标准，国家药品标准为法定药品标准。另外，各省、自治区、直辖市颁布的药品标准，也可作为天然药物鉴定的依据。

（一）国家药品标准

1.《中华人民共和国药典》（简称《中国药典》）　《中国药典》是国家法定的药品质量技术标准，它规定了药品的来源、质量要求和检验方法。全国的药品生产、供应、使用、检验和管理部门等单位都必须遵照执行。新中国成立以来，先后颁布了九版药典，分别是 1953 年版、1963 年版、1977 年版、1985 年版、1990 年版、1995 年版、2000 年版、2005 年版、2010 年版，现行版为 2010 年版《中国药典》。

2010 年版《中国药典》分一部、二部和三部，收载品种共计 4567 种，其中新增1386 种。药典一部收载药材和饮片、植物油脂和提取物、成方制剂单味制剂等，品种共计 2165 种，其中新增 1019 种（包括 439 个饮片标准）、修订 634 种；药典二部收载化学药品、抗生素、生化药品、放射性药品以及药用辅料等，品种共计 2271 种，其中新增 330 种，修订 1500 种；药典三部收载生物制品，品种共计 131 种，其中新增 37种、修订 94 种。本版《中国药典》的一个主要特点就是，大幅增加了天然药物饮片标准的收载数量，初步解决了长期困扰天然药物饮片产业发展的国家标准较少、地方炮制规范不统一等问题。对于提高天然药物饮片质量，保证中医临床用药的安全有效，推动天然药物饮片产业健康发展，将起到积极的作用。

2. 中华人民共和国卫生部药品标准（简称部颁药品标准） 部颁药品标准是补充在同时期该版《中国药典》中未收载的天然药物品种，也是国家标准，各有关单位也必须遵照执行。如对《中国药典》中没有收载的品种，凡来源清楚、疗效确切、经营使用比较广泛的天然药物，本着"一名一物"的原则，制定了《中华人民共和国卫生部药品标准·中药材·第一册》、《中华人民共和国卫生部药品标准·藏药》等。

（二）地方药品标准

我国的天然药物资源极其丰富，品种繁多，对于国家药品标准没有收载的天然药物，在本地区可依据各省、市、自治区关于药材的地方药品标准进行鉴别。该地区的药品生产、供应、使用、检验和管理部门等单位必须遵照执行，对其他地区无约束力。如《广东省中药饮片炮制规范》只在本地区有效，但可作为其他地区的参照执行标准。其所载品种和内容若与国家药典或部颁药品标准有重复和矛盾时，应首先按国家药典执行，其次按部颁药品标准执行。

二、天然药物鉴定的程序

天然药物鉴定是依据国家药品标准以及有关资料规定的药品标准，对检品的真实性、纯度、质量进行评价和检定。天然药物鉴定程序大体分为三步。

（一）取样

天然药物的取样是指选取供鉴定用的天然药物样品的方法。所取样品应具有代表性、均匀性并留样保存。取样的代表性直接影响到检定结果的正确性。因此，必须重视取样的各个环节。

（1）取样前，应注意天然药物的品名、产地、规格等级以及包件式样是否一致，注意是否与标签相一致。

（2）检查包装的完整性和清洁程度，注意有无水迹、霉变或其他物质污染等异常情况，作详细记录。凡有异常情况的包件，应单独检验。

（3）从同批天然药物包件中抽取鉴定用样品的原则：药材总包件数在100件以下的，取样5件；100~1000件按5%取样；超过1000件的，超过部分按1%取样；不足5件的逐件取样；对于贵重药材，不论包件多少均逐件取样。

（4）取样量一般不得少于实验所需用量的3倍，即1/3供实验室分析鉴定用，另1/3供复核用，其余1/3则为保存留样，保存期至少1年。

（二）鉴定

根据不同的检品及要求，选择不同的鉴定方法进行鉴定。天然药物品种（真、伪）鉴定内容，包括原植（动）物鉴定、性状鉴定、显微鉴定和理化鉴定等项。天然药物的质量（优、劣）鉴定是检查样品中有无杂质及其数量是否超过规定的限量、有效成分或指标性成分是否达标等，天然药物品质优良度主要通过杂质检查及水分、灰分、浸出物、有效成分的含量来确定。

（三）结果

提供检验记录和检验报告书。检验记录是出具报告书的原始依据，质检人员要及时、准确地记录实验过程中的一切数据、现象及结果。检验报告是对药品的品质作出的技术鉴定，具有法律效力的技术文件，应长期保存。

第二节　天然药物鉴定的方法

天然药物鉴定的方法主要有来源鉴定、性状鉴定、显微鉴定及理化鉴定等。由于天然药物鉴定的对象非常复杂，有完整的药材，也有饮片、碎块或粉末，还有中成药。各种方法有其特点和适用对象，有时还需要几种方法配合进行工作，这要根据检品的具体条件和要求灵活掌握。

一、来源鉴定

天然药物来源鉴定是应用植（动）物的分类学知识，对天然药物的基源进行鉴定，确定物种，给出原植（动）物的正确学名。这是天然药物鉴定的根本，也是天然药物后续生产、资源开发以及新药研究工作的基础。由于天然药物中植物类药较多，现以原植物鉴定为例，叙述其步骤如下。

（一）观察植物形态

对具有较完整植物体的天然药物检品，应注意对其根、茎、叶、花、果实等器官的观察，对花、果、孢子囊、子实体等繁殖器官应特别仔细，借助放大镜或解剖显微镜，可以观察微小的特征，如腺点、毛茸等的形态构造。在实际工作中常遇到不完整的检品，除少数鉴定特征十分突出的品种外，一般都要追究其原植物，包括深入到产地调查，采集实物，进行对照鉴定。

（二）核对文献

通过对原植物形态的观察，能初步确定科、属的，可直接查阅有关科属的资料；不能确定科、属，可查阅植物分类检索表。在核对文献时，首先应查询植物分类方面的著作，如《中国植物志》、《中国高等植物图鉴》等；其次应查阅有关天然药物品种方面的著作，如《中药志》、《中药大辞典》等。

（三）核对标本

核对已定学名的植物标本。

二、性状鉴定

性状鉴定就是用眼观、手摸、鼻闻、口尝、水试、火试等十分简便的方法来鉴别天然药物的外观性状。这些方法在我国医药学宝库中积累了丰富的经验，它具有简单、易行、迅速的特点。熟练地掌握性状鉴别方法是非常重要的，它是天然药物鉴定的必备基本功之一。一般包括以下几个方面。

（一）形状

天然药物的形状与药用部位有关，每类天然药物的形状一般都有共同点，即具有一般形态规律。如根类天然药物常呈圆柱形、圆锥形或纺锤形；皮类天然药物常呈板片状、卷筒状。有的品种经验鉴别术语更加形象化，如防风的"蚯蚓头"；海马的"马头蛇尾瓦楞身"；松贝的"怀中抱月"等。

（二）大小

指天然药物的长短、粗细、厚薄。要得出正确的大小数值，应观察并测量较多的供试品。

（三）色泽

指天然药物在日光下观察到的颜色及光泽度。各种天然药物的颜色是不相同的，而天然药物的色泽变化则与其质量有关。如黄连须黄、茜草须红、玄参要黑，说明色泽是衡量天然药物质量好坏的重要标准之一。黄芩应是黄棕色，保管不当，其成分黄芩苷在酶作用下水解成苷元黄芩素，黄芩素具 3 个邻位酚羟基，易氧化成醌类而显绿色，黄芩变绿后质量降低。通常大部分天然药物地颜色不是单一的而是复合的，如用两种色调复合描述色泽时，以后一种色调为主，如黄棕色，即以棕色为主色。

（四）表面特征

指天然药物表面是光滑还是粗糙，有无皮孔、毛茸、皱纹等。这些特征常是鉴别天然药物地主要依据之一。

（五）质地

指天然药物的轻重、软硬、坚韧、疏松、致密、黏性、绵性、柴性、角质、油润等特征。有些天然药物的质地因加工方法不同而异，如含淀粉较多的天然药物，经蒸或煮等加工干燥后，会因淀粉糊化而变得质地坚实，如白芍。经验鉴别中，用于形容天然药物质地的术语很多，如"粉性"是指富含淀粉，折断时有粉尘散落，如山药；"松泡"是指质松而轻，断面多裂隙，如南沙参；"黏性"是指含有黏液质，嚼之显黏性，如石斛。

（六）断面

指天然药物折断时的现象，如易折断或不易折断，有无粉尘散落等及折断时的断面特征。自然折断的断面特征包括平坦、纤维性、颗粒性、裂片状、刺状、胶丝状等。如杜仲折断时有胶丝相连；甘草折断时有粉尘散落；黄柏折断面呈纤维性。

（七）气

气与药材所含成分及含量有关，不但是药材品种鉴别的重要依据，也是衡量药材质量的标准之一。如阿魏有特异的臭气；檀香、麝香有特殊的香气。薄荷的主要有效成分是挥发油，香气越浓，挥发油含量越高，证实了传统认为薄荷"以香气浓厚者为佳"具有科学性。

（八）味

指口尝天然药物的味觉，有酸、甜、苦、辣、咸、涩、淡等。每种天然药物的味感是比较固定的，对鉴别某些天然药物的真伪甚至质量都有价值，如乌梅以味酸为好；

黄连以味苦为好；甘草以味甜为好等。

（九）水试

水试法是利用药材在水中或遇水发生沉浮、溶解、颜色变化及透明度、膨胀性、旋转性、黏性、酸碱性变化等特殊现象进行鉴别。如秦皮水浸液在日光下显碧蓝色荧光；西红花水浸液染成金黄色；葶苈子、车前子加水浸泡，种子变黏滑，体积膨胀；苏木投热水中，水显鲜艳的桃红色。熊胆投入清水中即在水面旋转并呈现黄线下沉而不扩散。这些现象与内含成分或组织构造有关。

（十）火试

用火烧之，能产生特殊的气味、颜色、烟雾、闪光和响声等现象，来鉴别药材。如麝香用火烧时有轻微爆鸣声，起油点如珠，似烧毛发但无臭气，灰为白色；海金沙易点燃且产生爆鸣声及闪光。降香微有香气，点燃则香气浓烈，有油流出，烧后留有白灰；

三、显微鉴定

显微鉴定是借助显微镜观察天然药物的组织构造、细胞形态以及后含物的特征，用以鉴定天然药物的真伪和纯度，甚至品质的一种方法。通常应用于单凭性状不易识别的天然药物，性状相似不易区别的多来源天然药物、破碎天然药物、粉末天然药物以及用粉末、天然药物制成的丸散锭丹等制剂。

1. 组织切片　选取天然药物适当部位，用徒手或滑走切片法制作切片，用甘油醋酸试液、水合氯醛试液或其他试液处理后观察。必要时可选用石蜡切片法制片观察。

2. 表面制片　对植物性天然药物，根、根茎、茎藤、皮、叶等类一般制作横切面观察，必要时制纵切片；果实、种子则要作横切片和纵切片；木类必须作横切片、径向纵切片和切向纵切片。

3. 粉末制片　取天然药物粉末少量，置载玻片上，摊平，选用甘油醋酸试液、水合氯醛试液或其他试液处理后观察。

四、理化鉴定

理化鉴定是利用某些物理的、化学的或仪器分析方法，鉴定天然药物的真实性、纯度和品质优劣程度的一种鉴定方法。常用的理化鉴定方法如下。

（一）物理常数测定

包括相对密度、旋光度、折光率、硬度、黏稠度、沸点、凝固点、熔点等的测定。这对挥发油类、油脂类、树脂类、液体类药和加工品类药材的真实性和纯度的鉴定具有特别重要的意义。药材中如掺有其他物质时，物理常数就会随之改变，如《中国药典》规定蜂蜜的相对密度在 1.349 以上，蜂蜜中掺水就会影响黏稠度，使相对密度降低。

（二）一般理化鉴别

1. 微量升华　是利用天然药物中所含的某些化学成分，在一定温度下能升华的性质，获得升华物，显微镜下观察其结晶形状、颜色及化学反应。如大黄粉末升华物有黄色针状（低温）、枝状和羽状（高温）结晶，加碱液则呈红色（蒽醌）。斑蝥的升华物为白色柱状或小片状结晶（斑蝥素），加碱液溶解，再加酸又析出结晶。

2. 荧光分析　是利甩天然药物中所含的某些化学成分，在紫外光或常光下能产生一定颜色的荧光的性质进行鉴别。除另有规定外，紫外光灯的波长为365nm，如用短波（254～265nm）时，应加以说明。如黄连折断面在紫外光灯下显金黄色荧光，木质部尤为明显；秦皮的水浸出液在自然光下显碧蓝色荧光。有些天然药物本身不产生荧光，但用酸、碱或其他化学方法处理后，可使某些成分在紫外光灯下产生可见荧光，例如芦荟水溶液与硼砂共热，即起反应显黄绿色荧光。

3. 显微化学反应　显微化学反应是将天然药物粉末、切片或浸出液，置于载玻片上，滴加某些化学试剂，显微镜下观察其产生的沉淀、结晶或特殊颜色。如黄连粉末滴加稀盐酸，可见针簇状盐酸小檗碱结晶。

4. 呈色反应　利用药材的某些化学成分能与某些试剂产生特殊的颜色反应来鉴别。这是最常用的鉴定方法，一般在试管中进行，亦有直接在药材饮片或粉末上滴加各种试液，观察呈现的颜色以了解某成分所存在的部位。

5. 沉淀反应　利用药材的某些化学成分能与某些试剂产生特殊的沉淀反应来鉴别。

（三）常规检查

1. 膨胀度　膨胀度是药品膨胀性质的指标，系指按干燥品计算，每1g药品在水或者其他规定的溶剂中，在一定时间与温度条件下膨胀所占有的体积（ml）。主要用于含黏液质、胶质和半纤维素类天然药物的真伪和质量控制。南葶苈子和北葶苈子外形不易区分，北葶苈子膨胀度不低于12，南葶苈子膨胀度不低于3，两者的膨胀度差别较大，通过测定比较可以区别二者。又如哈蟆油膨胀度不得低于55，伪品的膨胀度远低于此，可资区别。膨胀度同时也是对天然药物质量优良度的一种评判方法，如哈蟆油和车前子正品一般膨胀度越大，其质量越好。

2. 酸败度　酸败度是指油脂或含油脂的种子类药材，在贮藏过程中发生复杂的化学变化，产生游离脂肪酸、过氧化物和低分子醛类、酮类等分解产物，出现异臭味，影响药材的感观性质和内在质量。测定其酸值、羰基值或过氧化值，以控制含油脂种子类药材的酸败程度。

3. 色度　含挥发油类成分的天然药物，常易在贮藏过程中氧化、聚合而致变质，经验鉴别称为"走油"。如《中国药典》规定检查白术的色度，就是利用比色鉴定法，检查有色杂质的限量，也是了解和控制其药材走油变质的程度。

4. 水分测定　天然药物中含有过量的水分，不仅易霉烂变质，使有效成分分解，且相对地减少了实际用量而达不到治疗目的。因此，控制天然药物含水量对保证其质量有密切关系。

5. 灰分测定　将天然药物粉碎、加热，高温灼烤至灰化，则细胞组织及其内含物灰烬成为灰分而残留，所得的灰分称为"总灰分"，包括药材本身所含的无机物（生理灰分）和外来无机物杂质（酸不溶性灰分）。大多数天然药物的生理灰分应在一定范围以内，故测定其总灰分就可限制药材中的泥沙等杂质。

6. 有害物质的检查　在天然药物品质鉴定和研究中，有害物质的检查是一项重要内容，是确保天然药物"安全、有效、可控"的首项。目前对天然药物中有害物质如农药残留、黄曲霉毒素及重金属等分析鉴定已引起极大重视。如对农药残留量的检查，有机氯类农药中滴滴涕（总DDT）和六六六（总BHC）是使用最久、数量最多的农药；对黄曲霉毒素的检查，是真菌门曲霉属曲霉菌的产毒菌株所形成的代谢产物，是一种强致癌物质，为双呋喃环骈香豆素，双呋喃环是基本毒性结构；对重金属的检查，是指在实验条件下能与硫代乙酰胺或硫化钠作用显色的金属杂质，如铅、汞、铜、镉等。

（四）色谱法

色谱法是天然药物化学成分分离和鉴别的重要方法之一。其原理是借物质在流动相与固定相两相间不同的分配而导致相互间的分离，常用的方法如下。

1. 薄层色谱法（TLC） 薄层色谱法用于天然药物主要成分的定量测定，具有用量少、方法简便、适用范围广、重现性好等特点，除可将薄层上主要成分斑点刮取，经溶剂洗脱后进行测定外，也可在薄层柱上直接测定含量。当前应用较多的是薄层扫描法（TLCS），由于不必洗脱等操作，因而方便快速，测量灵敏度高。

2. 高效液相色谱法（HPLC） HPLC法由于具有分离效能高，分析速度快等优点，近期已广为普及用于天然药物的定量分析，在天然药物的定性鉴别中亦能发挥很好的作用。

3. 气相色谱法（GC） 气相色谱法的流动相为气体，称为载气，通常多用氮气，具有高效、高选择性、高灵敏度、用量少、分析速度快等优点。对于一些具有挥发性成分的天然药物鉴别能发挥独特的优点。如将气相色谱与质谱联用（GC/MS），将经气相分离的成分直接输入质谱仪进行定性鉴别，这样不但可知道不同天然药物中挥发性成分的差别，而且可知道两者相同或相差的成分名称。

（五）光谱法

光谱法是指用一定波长的光照射或扫描天然药物样品，取得特定的图谱和数据，进行天然药物定性、定量分析。其主要方法有：红外光谱（infrared spectrum，IR）、紫外光谱（ultraviolet spectrum，UV）、荧光光谱（fluorescent spectrum，FS）、核磁共振波谱（nuclear magnetic resonance，NMR）和质谱（mass spectrometry，MS）等。

第三节　天然药物鉴定的新技术和新方法

一、天然药物指纹图谱鉴定技术

建立天然药物指纹图谱的目的是为了全面反映天然药物所含内在化学成分的种类和相对含量，进而反映天然药物的整体质量。天然药物指纹图谱能客观地揭示和反映天然药物内在质量的整体性和特征性，可用以评价天然药物的真实性、有效性、稳定性和一致性。天然药物指纹图谱是一种综合的、可量化的鉴定手段，具有"整体性"和"模糊性"的特点。通过指纹图谱的特征性，能有效鉴定产品的真伪；通过指纹图谱主要特征峰的面积或比例的确定，能有效控制产品的质量，确保产品质量的相对稳定。

二、DNA分子遗传标记鉴定技术

DNA分子遗传标记技术直接分析生物的基因型，比较物种间DNA分子的遗传多样性的差异来鉴别物种，具有遗传稳定性、遗传多样性、化学稳定性等特点。

三、计算机图像分析技术

当前，信息技术的飞速发展为天然药物鉴定提供了良好的支持。利用天然药物的连续切片、计算机图像分析和三维重建技术，获取天然药物及其组织细胞的三维几何信息和拓扑信息，构建和表征其立体形态结构，并以实时动态的方式显示出来，图像清晰逼真，生动性和立体感强，将天然药物组织形态学研究推向三维化、数字化和可视化。

职业对接 ···

学习本门课程主要从事以下工作：社会药房——中药营业员、中药调剂员；药检企业——检验人员；医药生产、批发企业——医药商品购销员；医院药房——中药调剂员，以上岗位要掌握天然药物鉴定的依据和天然药物鉴定的方法，以便今后从事药物鉴定工作有据可依和有法可依。

目标检测

一、单项选择题

1. 不是天然药物鉴定的法定依据是
   A.《中国药典》　　　B. 部颁药品标准　　　C. 地方性药品标准
   D. 中华人民共和国卫生部进口药材标准　　　E. 中国植物志

2. 天然药物鉴定标准先后颁布九版的是
   A.《中药大辞典》　　　B.《中国药典》　　　C.《中国药典》和有关专著
   D.《中国宪法》　　　E.《中药志》

3. 下列哪一项不符合天然药物鉴定的取样原则
   A. 药材总包件在100件以下的，取样5件　　　B. 100～1000件，按5%取样
   C. 超过1000件的，按1%取样　　　D. 不足5件的，逐件取样
   E. 贵重药材，不论包件多少均逐件取样

4. 天然药物鉴定的取样量，一般不少于实验所需用量的
   A. 2倍　　B. 3倍　　C. 4倍　　D. 5倍　　E. 6倍

5. 原植（动）物鉴定的目的是确定其
   A. 天然药物的名称　　　B. 药用部位　　　C. 天然药物拉丁名
   D. 生物种的学名　　　E. 中医处方用名

6. 下列除哪项外均属性状鉴定的内容

A. 水试　　B. 火试　　C. 气　　D. 味　　E. 荧光分析

7. 入水后，水被染成黄色的是

    A. 竹黄　　B. 苏木　　C. 乳香　　D. 血竭　　E. 番红花

8. 取粉末少量撒入炽热坩埚中灼烧，初则迸裂，随即熔化膨胀起泡，油点似珠，香气浓烈、灰化后呈白色或灰色残渣者为

    A. 沉香　　B. 降香　　C. 乳香　　D. 安息香　　E. 麝香

9. 观察粉末中淀粉粒的形状，最适合的装片方法是

    A. 乙醇装片　　B. 水合氯醛透化装片　　C. 稀碘液装片　　D. 水装

    E. 5% KOH 装片

10. 显微观察常用的透化剂是

    A. 蒸馏水　　B. 稀甘油　　C. 甘油醋酸试液　　D. 乙醇　　E. 水合氯醛

二、问答题

1. 天然药物鉴定的目的是什么？天然药物鉴定的方法有哪些？

2. 天然药物鉴定的依据是什么？其基本程序一般包括哪几部分？

第四章
中药的炮制

学习目标

1. 掌握中药炮制的含义、目的。
2. 熟悉修制、水制、火制、水火共制等常用炮制方法的含义、目的与方法。
3. 了解炮制对中药理化性质与药性的影响。

第一节　中药炮制的目的及炮制对药性的影响

药材必须经过炮制成饮片之后才能入药，这是中医临床用药的一个特点，也是中医药学的一大特色。中药炮制是根据中医药理论，依照辩证施治用药需要和药物自身性质，以及调剂、制剂的不同要求，而采取的一项制药技术。中药成分复杂，疗效多样，因此中药炮制的目的也是多方面的。一种药物可有多种炮制方法，一种炮制方法兼有几方面的目的，这些既有主次之分，又彼此密切联系。

一、中药炮制的目的

（一）降低或消除药物的毒性或副作用

有的药物虽有较好的疗效，但因毒性或副作用太大，临床应用不安全，需炮制后则可降低或消除其毒性、刺激性或副作用，保证用药安全。如生草乌有大毒多外用，制草乌毒性降低可供内服；常山酒炒可消除涌吐作用；斑蝥米炒能大大地降低毒性等。

（二）改变或缓和药性

有的药材通过炮制改变或缓和了药物的过偏性能。如生甘草，性味甘凉，具有清热解毒、清肺化痰的功效，常用于咽喉肿痛、痰热咳嗽。如"桔梗汤"所用为生甘草，即取其泻火解毒之功。炙甘草性味甘温，善于补脾益气，缓急止痛，常入温补中使用。如"四君子汤"中的甘草就使用炙甘草，取其甘温益气之功，以达补脾益气之功效。由此可见，甘草经炮制后，其药性由凉转温，功能由清泄转为温补，改变了原有的药性。

（三）增强药物疗效

中药炮制过程中，往往要加入一定辅料，而这些辅料可以与药材一同起协同作用，增强药物疗效。如种子类药物炒黄后，有效成分易于溶出，使药效增强；款冬花蜜炙增强其润肺止咳作用；黄芪蜜炙增强其补脾益气之效；延胡索醋制能增强止痛作用等。

（四）便于调剂和制剂

天然药物中植物类药经切制成不同规格的饮片，便于调剂时分剂量配方，使剂量准确，易于煎出有效成分。有些动物类、矿物类药经煅制后，质地由坚硬变得酥脆，易于粉碎，利于煎出有效成分。

（五）纯净药材

天然药物中大部分为植物类药，其中地下的根部分，多黏附泥土；地上的枝、叶、花、果，多附有灰尘或夹有杂质，有些药材还留着非药用部分。因此入药前必须经过炮制，除去杂质和非药用部位，使其纯净，以保证临床用药剂量的准确。

（六）利于服用

天然药物中动物类或其他具有特殊臭味的药物，往往难以口服或口服出现恶心、呕吐、心烦等不良反应。为便于服用，常采用漂洗、酒制、醋制、蜜炙、麸炒等方法处理，起到矫嗅矫味的效果。如紫河车、乳香等。

二、炮制对天然药物药性的影响

1. 炮制对四气五味的影响

（1）通过炮制，矫正药物过偏之性。

（2）通过炮制，使药物性味增强。

（3）通过炮制，改变药物性味，扩大药物用途。

2. 炮制对升降浮沉的影响

（1）"生升熟降"。

（2）"酒制升提"。

（3）炮制可以改变药物的气味和质地，转化其升降浮沉，使药物更好地适应临床用药的要求。

炮制对归经的影响中药通过加热和辅料炮制，可改变其归经或引药入经，使其功效更专一。如"盐制入肾"、"醋制入肝"等。

炮制对毒性的影响"生毒熟减"，毒性中药，经炮制，使其由大毒减至低毒甚至无毒，以保证临床用药安全有效。如乌头、马钱子等，生品毒性大，多外用。炮制后，毒性降低，可供内服。

知识链接

《本草蒙荃》谓："凡药制造，贵在适中，不及则功效难求，太过则气味反失。"可见炮制是否得当对保障药效、用药安全、便于制剂和调剂都有十分重要的意义。中药的炮制、应用和发展有着悠久的历史，从《内经》、《神农本草经》及历代中医药文献中都有不少中药炮制的散在记载，到逐步发展出现了《雷公炮炙论》、《炮炙大法》、《修事指南》等炮制专著，使炮制方法日益增多，炮制经验日趋丰富。

第二节　中药炮制的方法

炮制方法是历代逐渐发展和充实起来的，其内容丰富，方法多样。现代的炮制方法在古代炮制经验的基础上有了很大的发展和改进，根据目前的实际应用情况，大致可分为五大类型。

一、修制

1. 纯净处理　采用挑、拣、刮、刷、簸、筛等方法，去掉灰屑、杂质及非药用部分，药物清洁纯净。如拣去合欢花中的枝、叶；刷除枇杷叶、石苇叶的绒毛；刮去厚朴、肉桂的粗皮等。

2. 粉碎处理　采用镑、锉、捣、碾等方法，使药物粉碎，以符合制剂和其他炮制法的要求。如牡蛎、龙骨捣碎便于煎煮；川贝母捣粉便于吞服；犀角、羚羊角镑成薄片，或锉成粉末，便于制剂和服用。

3. 切制处理　采用切、铡的方法，把药物切制成一定的规格，使药物有效成分易于溶出，并便于进行其他炮制，也利于干燥、贮藏和调剂时称量。根据药材的性质和医疗需要，切片有很多规格。如天麻、槟榔宜切薄片；泽泻、白术宜切厚片；黄芪、鸡血藤宜切斜片；白芍、甘草宜切圆片；肉桂、厚朴宜切圆盘片；桑白皮、枇杷叶宜切丝；白茅根、麻黄宜铡成段；茯苓、葛根宜切成块等。

二、水制

药材用水或液体辅料处理的方法称为水制法。目的是使药材达到清洁、吸水变软，便于切制和制粉，除去杂质及非药用部分，以及改变性能等要求。常用的水制法有淘洗、淋润、浸泡、水漂、润等几种。

1. 淘洗　是将体积细小的种子类药材放在数倍于药的清水中淘去泥土、砂粒。附有泥土的药材，需放在箩筐或筲箕内，再放入清水中，边搓擦，边搅动，淘去泥土，并利用水的悬浮作用，漂去轻浮的皮壳及杂物。药材经过淘洗，达到清洁纯净的目的，如：菟丝子、王不留行等。

2. 淋润　将不宜浸泡的药材，用少量清水浇洒喷淋，使其清洁和软化。

3. 浸泡　浸是将药材用水，以溶液为药材吸尽为度，能使药材软化，便于切制，如威灵仙、常山。

4. 水漂　将药物置宽水或长流水中浸渍一段时间，并反复换水，以去掉腥味、盐分及毒性成分的方法称为漂。如将昆布、海藻、盐附子漂去盐分，紫河车漂去腥味等。

5. 润　又称闷或伏。根据药材质地的软硬，加工时的气温、工具，用淋润、洗润、泡润、浸润、晾润、盖润、伏润、露润、包润、复润、双润等多种方法，使清水或其他液体辅料徐徐入内，在不损失或少损失药效的前提下，使药材软化，便于切制饮片。如泡润槟榔；酒洗润当归；姜汁浸润厚朴等。

三、火制

1. 炒法 炒制分单炒（清炒）和加辅料炒。需炒制者应为干燥品，且大小分档；炒时应均匀，不断翻动。应掌握加热温度、炒制时间及程度要求。

（1）单炒（清炒） 有炒黄、炒焦、炒炭等程度不同的清炒法。

（2）麸炒 先将炒制容器加热，再均匀撒入麸皮炒至起烟时，随即投入待炮炙品，迅速翻动，炒至表面呈黄色或深黄色时，取出，筛去麸皮，放凉。

（3）砂炒 取洁净河砂置炒制容器内，用武火加热至滑利状态时，投入待炮炙品，不断翻动，炒至表面鼓起、酥脆或至规定的程度时，取出，筛去河砂，放凉。

（4）蛤粉炒 取碾细过筛后的净蛤粉，置锅内，用中火加热至翻动较滑利时，投入待炮炙品，翻炒至鼓起或成珠、内部疏松、外表呈黄色时，迅速取出，筛去蛤粉，放凉。

（5）滑石粉炒 取滑石粉置炒制容器内，用中火加热至灵活状态时，投入待炮炙品，翻炒至鼓起、酥脆、表面黄色或至规定的程度时，迅速取出，筛去滑石粉，放凉。

2. 炙法 是待炮炙品与液体辅料共同拌润，并炒至一定程度的方法。

（1）酒炙 取待炮炙品，加黄酒拌匀，闷透，置炒制容器内，用文火炒至规定的程度时，取出，放凉。

（2）醋炙 取待炮炙品，加醋拌匀，闷透，置炒制容器内，炒至规定的程度时，取出，放凉。

（3）盐炙 取待炮炙品，加盐水拌匀，闷透，置炒制容器内，以文火加热，炒至规定的程度时，取出，放凉。

（4）姜炙 姜炙时，应先将生姜洗净，捣烂，加水适量，压榨取汁，姜渣再加水适量重复压榨一次，合并汁液，即为"姜汁"。姜汁与生姜的比例为1∶1。取待炮炙品，加姜汁拌匀，置锅内，用文火炒至姜汁被吸尽，或至规定的程度时，取出，晾干。

（5）蜜炙 蜜炙时，应先将炼蜜加适量沸水稀释后，加入待炮炙品中拌匀，闷透，置炒制容器内，用文火炒至规定程度时，取出，放凉。

（6）油炙 羊脂油炙时，先将羊脂油置锅内加热溶化后去渣，加入待炮炙品拌匀，用文火炒至油被吸尽，表面光亮时，摊开，放凉。

3. 煅 将药材用猛火直接或间接煅烧，使质地松脆，易于粉碎，充分发挥疗效。其中直接放炉火上或容器内而不密闭加热者，称为明煅，此法多用于矿物药或动物甲壳类药，如煅牡蛎、煅石膏等。将药材置于密闭容器内加热煅烧者，称为密闭或焖煅，本法适用于质地轻松、可炭化的药材，如煅血余炭，煅棕榈炭等。

4. 煨 将药材包裹于湿面粉、湿纸中，放入热火灰中加热，或用草纸与饮片隔层分放加热的方法，称为煨法。其中以面糊包裹者，称为面裹煨；以湿草纸包裹者，称纸裹煨；以草纸分层隔开者，称隔纸煨；将药材直接埋入火灰中，使其高热发泡者，称为直接煨。

5. 烘焙　将药材用微火加热，使之干燥的方法叫烘焙。

四、水火共制

凡将药物通过水、火共同加热，由生变熟，由硬变软，由坚变酥，以改变性能、减低毒性和烈性，增强疗效，同时也起矫味作用的制法，统称水火共制法。本法包括蒸、煮、焯、淬等。

1. 蒸　将药材置于蒸罐或笼中隔水加热的方法，能改变药性，增强疗效，便于加工切片，利于保存。如酒蒸熟地、酒蒸大黄等。

2. 煮　将药材置于水或药液中加热煮的方法，以消除药物的毒性、刺激性或副作用，如醋煮芫花等。

3. 焯　是将药物快速放入沸水中短暂潦过，立即取出的方法。常用于种子类药物的去皮和肉质多汁药物的干燥处理。如焯杏仁、桃仁以去皮；焯马齿苋、天门冬以便于晒干贮存。

4. 淬　是将药物煅烧红后，迅速投入冷水或液体辅料中，使其酥脆的方法。淬后不仅易于粉碎，且辅料被其吸收，可发挥预期疗效。

五、其他制法

有些药物的炮制，并不单纯运用以上各种操作方法，有一些特殊品种，需用下列方法。

1. 制霜　种子类药材压榨去油或矿物药材重结晶后的制品，称为霜。其相应的炮制方法称为制霜。前者如巴豆霜，后者如西瓜霜。

2. 发酵　将药物加水加温，在一定温湿度条件下，使其发酵生上菌丝。如六神曲、半夏曲做成小块后，用草或麻袋盖紧，待其发酵生上菌丝后取出晒干。此法在通过发酵，能增强药物健脾胃、助消化、散风寒之作用。其他有豆豉亦通过发酵制造。

3. 发芽　取炮制品，置容器内，加适量水浸泡后，取出，在适宜的湿度和温度下使其发芽至规定程度，晒干或低温干燥。如谷芽、麦芽等。

4. 水飞　取待炮制品，置容器内，加适量水共研成糊状，再加水，搅拌，倾出混悬液，残渣再按上法反复操作数次，合并混悬液，静置，分取沉淀，干燥，研散。如朱砂、炉甘石等。

职业对接

学习本门课程主要从事以下工作：中药饮片加工企业——中药炮制工，该岗位要掌握中药炮制的常用方法，以便今后能对中药进行炮制加工。药材好，药才好，中药饮片质量的高低将直接影响到其本身和中成药的临床疗效。因此，中药的炮制对保证临床用药安全、有效具有重要的意义。

目标检测

一、单项选择题

1. 延胡索炮制选用醋为辅料的目的是
    A. 增强疗效　　B. 纯净药材　　C. 缓和药性　　D. 便于储藏
    E. 降低毒性

2. 不去毛的药物有
    A. 金樱子　　B. 石韦　　C. 麦冬　　D. 骨碎补　　E. 香附

3. 决明子炒黄的作用是
    A. 降低毒性　　B. 提高疗效　　C. 缓和药性　　D. 转变药性
    E. 矫臭矫味

4. 炮制含树脂类药物，为增强其疗效，常用何种辅料处理
    A. 酒、醋　　B. 麦麸、酒　　C. 蜜、醋　　D. 盐水、油　　E. 清水、盐水

5. 地黄炮制成熟地黄的作用是
    A. 降低毒性　　B. 提高疗效　　C. 缓和药性　　D. 转变药性
    E. 矫臭矫味

6. 炮姜应选用的炮制方法是
    A. 炒黄法　　B. 炒焦法　　C. 炒炭法　　D. 砂炒法　　E. 取原药材

7. 根据归经学说，用辅料炮制药物，醋制入
    A. 心　　B. 肝　　C. 脾　　D. 胃　　E. 肺

8. 下列哪项不是蜜炙的作用
    A. 增强润肺止咳　　B. 增强补中益气　　C. 增强补肝肾　　D. 缓和药性
    E. 降低毒性

二、简答题

中药的炮制目的是什么？

第五章
植物细胞

学习目标

1. 掌握植物细胞的概念；植物细胞基本结构；植物细胞后含物中淀粉粒、菊糖和晶体的主要特征及类型。
2. 熟悉细胞壁的特化形式及结构；纹孔的类型和特点。
3. 了解植物细胞的形态和大小。

植物细胞是构成植物体的形态结构和生命活动的基本单位，植物细胞形状多种多样，游离或排列疏松的细胞多呈类圆形、椭圆形和球形，排列紧密的细胞多呈多面体形或其他形状，执行支持作用的细胞，多为纺锤形、圆柱形，执行输导作用的细胞则多呈长管状。植物细胞大小差异也很大，一般直径在 $10 \sim 100 \mu m$ 之间，单细胞植物细胞较小，只有几微米（μm），薄壁细胞 $20 \sim 100 \mu m$，较大，贮藏组织细胞可达 1mm，如番茄果肉、西瓜瓤的细胞。苎麻纤维可达 200mm，最长可达 550mm，最长的细胞为无节乳汁管，长数米到数十米不等。

第一节　植物细胞的基本结构

植物细胞一般较小，肉眼一般很难直接观察，需借助显微镜才能看清楚。一般光学显微镜下见到的细胞构造称为显微构造，而在电子显微镜下才能见到的构造称为超微构造。这里重点介绍植物细胞的显微构造。各种植物细胞的形状和构造是不相同的，就是同一个细胞在不同的发育时期其构造也有变化，所以不可能在一个细胞中同时看到细胞的一切构造。为了便于学习和掌握细胞的构造，现将各种植物细胞的主要构造都集中在一个细胞里示意说明，这个细胞称为典型的植物细胞或模式植物细胞。（图5-1）。一个模式植物细胞，外面包围着一层没有生命的而比较坚韧的细胞壁，壁内的生活物质总称为原生质体，主要包括细胞质、细胞核、质体、线粒体等。此外，细胞中尚含有多种非生命的物质，它们是原生质体的代谢产物，称为后含物。另外，还存在一些生理活性物质。植物细胞和动物细胞的区别主要在于：植物细胞外面有一层主要由纤维素组成的细胞壁；有的细胞内具有能进行光合作用的叶绿体。

早在公元前一世纪，人们就已发现通过球形透明物体去观察微小物体时，可以使其放大成像。后来逐渐对球形玻璃表面能使物体放大成像的规律有了认识。直到 17 世纪中叶，英国的罗伯特·胡克和荷兰的列文虎克，都对显微镜的发展作出了卓越的贡献。胡克在显微镜中加入粗动和微动调焦机构、照明系统和承载标本片的工作台，经过不断改进，成为现代显微镜的基本组成部分。列文虎克利用自制的显微镜，在动、植物机体微观结构的研究方面取得了杰出的成就。

一、原生质体

原生质体是细胞内有生命的物质的总称，包括细胞质、细胞核和细胞器（如质体、线粒体、高尔基体、核糖体、溶酶体等）三部分，其中明显可见的细胞器是质体和线粒体。原生质体是细胞的主要部分，细胞的一切代谢活动都在这里进行。构成原生质体的物质基础是原生质，原生质是细胞结构和生命物质的基础，它是一种无色半透明、具有弹性、略比水重、有折光性的半流动亲水胶体。

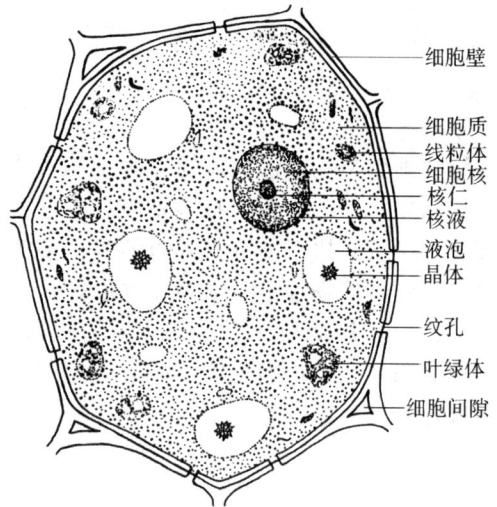

图 5 - 1　典型植物细胞的构造

（一）细胞质

细胞质为半透明、半流动、无固定结构的基质，位于细胞壁与细胞核之间，是原生质体的基本组成部分。细胞核和细胞器悬浮于其中。

在幼年的植物细胞中，细胞质充满整个细胞，液泡不明显或没有液泡，随着细胞的生长发育和长大成熟，逐渐形成多个小液泡并扩大、合并成中央大液泡，将细胞质挤到细胞的周围，紧贴着细胞壁。

细胞质与细胞壁相接触的一层薄膜称为细胞质膜或质膜，与液泡相接触的膜称液泡膜。它们控制细胞内外水分和物质的交换。在质膜和液泡膜之间的部分称为中质（基质），细胞核和细胞器分布在其中。

质膜对不同物质的通过具有选择性，能阻止有机物从细胞内渗出，同时又能使水、无机盐类和其他必需的营养物质从细胞外进入，使细胞质得以保护。此外，质膜还具有一种半渗透现象，并能调节细胞内各种代谢活动。

细胞质膜具有半渗透现象，即细胞质和细胞外部液体之间存在渗透作用。因此在栽培植物时，如果土壤中盐分过浓或施肥过多，植物的根毛细胞不但吸收不到水分，细胞中的水反而会向外扩散，从而造成细胞质壁分离，使植物产生生理干旱现象，严重时植物甚至会枯萎死亡。

（二）细胞核

除细菌和蓝藻外，所有的植物细胞都含有细胞核。一个细胞通常只有一个核，但也有2个或多个核的。细胞核在细胞中所占的大小比例和它的位置、形状，随着细胞的生长发育而变化。幼年细胞的细胞核在细胞质中占的体积比例较大，位于细胞的中央，呈球形；随着细胞的长大，细胞核的体积比例渐次变小，位于细胞的一侧，形状也常呈扁圆形。细胞核包括核膜、核仁、核液和染色质等四部分。

1. 核膜　是细胞核表面的一层薄膜，是细胞核与细胞质的界膜。核膜上有呈均匀或不均匀分布的许多小孔称为核孔，核孔为细胞核和细胞质的物质交换提供了通道。实验证明，核孔的开启或关闭与植物的生理状态有密切的关系。

2. 核仁　是细胞核中折光率更强的小球状体，通常有一个或几个。核仁主要是由蛋白质和核糖核酸（RNA）所组成，此外，还含有少量的类脂和DNA。核仁是核内RNA和蛋白质合成的主要场所，与核糖体的形成有关，并且还能传递遗传信息。

3. 核液　核膜内充满着透明而黏滞性较大的液胶体，称为核液，核仁和染色质就分布在核液中。核液的主要成分是蛋白质、RNA和多种酶，这些物质保证了遗传信息的正确传递。

4. 染色质　分散在细胞核液中易被碱性染料染色的物质。在光镜下染色质是看不见的，当细胞分裂时，染色质螺旋、折叠、缩短、增粗成为棒状的染色体，这时就清晰可见。染色质主要是由DNA和蛋白质所组成，而DNA又是遗传的主要物质基础，所以染色质与植物的遗传有重要的关系。

可见，细胞核在控制机体特性遗传及控制和调节细胞内物质代谢途径方面起主导作用。失去细胞核的细胞代谢就会不正常，不能正常生长和分裂，生命活动就会停止。同样，细胞核也不能脱离细胞质而孤立存在。

（三）质体

质体是具有一定形态结构、成分和功能的，并且是植物细胞所特有的细胞器。与碳水化合物的合成和贮藏有密切关系。根据所含色素的不同或有无，可分为叶绿体、有色体和白色体（图5-2）。

1. 叶绿体　高等植物的叶绿体多为球形、卵形或透镜形的绿色颗粒状，其所含的色素有四种，包括叶绿素甲、叶绿素乙、叶黄素和胡萝卜素，其中叶绿素含量最多，是主要的光合色素，叶黄素和胡萝卜素起辅助光合作用。叶绿体是植物进行光合作用和合成同化淀粉的场所，是沟通无机界与有机界的桥梁。广泛存在于绿色植物的叶、

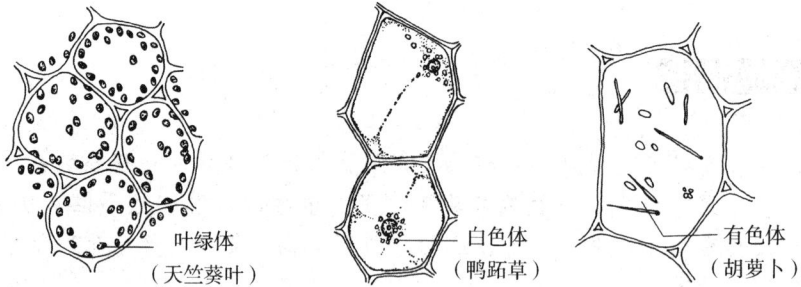

叶绿体
（天竺葵叶）

白色体
（鸭跖草）

有色体
（胡萝卜）

图 5-2 质体的类型

幼茎、花萼和幼果等绿色部位，根一般不含叶绿体。

2. 有色体 多呈杆状、针状或不规则形，其中所含色素主要是叶黄素和胡萝卜素等，使植物呈现黄色、橙红色或橙色（色素两者比例不同，颜色各异）。有色体主要功能是聚集淀粉和脂类。主要存在于红、黄色花果等器官，如植物的花瓣、果实和根中。

3. 白色体 多为球形、纺锤形或其他形状的颗粒，不含色素，它包括制造淀粉的造粉体，合成脂肪、脂肪油的造油体和合成蛋白质的造蛋白体。白色体主要功能是积累贮藏物质，常存在于植物体不曝光的组织（块茎、块根），也有在叶中。

以上三种质体都是由前质体发育分化而来的，在一定条件下可以相互转化。如番茄的子房是白色的，受精后发育成幼果变成绿色，是白色体转化成叶绿体；幼果成熟后变成红色，则是叶绿体转化成有色体。又如胡萝卜根露在地面经光照变成绿色，是由于有色体转化为叶绿体。

二、细胞壁

细胞壁是包围在原生质体外面的具有一定硬度和弹性的薄层，是由原生质体分泌的非生活物质（纤维素、半纤维素和果胶质）所形成。细胞壁主要是对原生质体起保护作用，能使细胞保持一定的形状和大小，此外，它与植物组织的吸收、蒸腾、物质的运输和分泌有关。细胞壁为植物细胞所特有的结构，与质体、液泡一起构成了植物细胞和动物细胞相区别的三大结构特征。

（一）细胞壁的分层

在光学显微镜下，通常将相邻两细胞所共有的细胞壁分为胞间层、初生壁和次生壁三层（图 5-3）。

1. 胞间层 又称中层，是相邻两细胞所共有的薄层，它的主要成分为果胶类物质。胞间层能使两相邻细胞彼此粘连在一起。细胞生长分化过程中，胞间层可以被果胶酶部分溶解形成细胞间隙，起通气和贮藏气体的作用。实验室常用硝酸和氯酸钾的混合液、氢氧化钾或碳酸钠溶液等解离剂，把植物类药材制成解离组织，进行观察鉴定。

2. 初生壁 细胞分裂后，在胞间层两侧最初沉淀的壁层，是由原生质体分泌的纤维素、半纤维素和果胶类物质组成。初生壁一般较薄，随着细胞生长，初生壁还可进行填充生长（伸长）和附加生长（增厚）。代谢活跃的细胞，通常终身只具有初生壁。

3. 次生壁 是在细胞停止增大以后，在初生壁的内侧继续形成的细胞壁层。是由

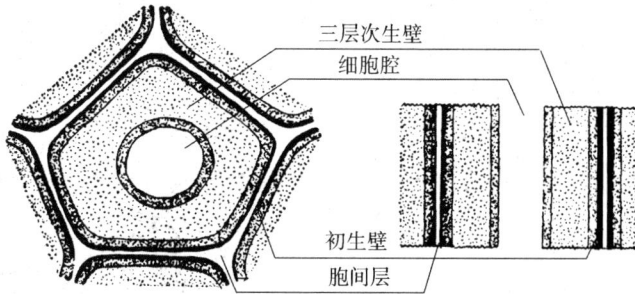

图 5 - 3　细胞壁的结构

原生质分泌的纤维素、半纤维素及大量木质素和其他物质层层填积形成。次生壁是植物某些组织细胞为了增加机械强度而形成的，并非所有细胞都具有。当次生壁增得很厚时，会导致原生质体死亡，留下细胞壁围成的空腔，称为细胞腔。

（二）纹孔和胞间连丝

1. 纹孔　次生壁增厚时，并非全面均匀加厚，而在没有加厚的部位形成空隙，称为纹孔。纹孔处只有胞间层和初生壁，没有次生壁，因此为比较薄的区域。相邻两个细胞的纹孔常在相同部位成对存在，称为纹孔对。纹孔对之间的薄膜称为纹孔膜。纹孔膜两侧的空腔称为纹孔腔，纹孔腔通向细胞壁的开口称纹孔口。纹孔的存在有利于细胞间的水和其他物质的运输。

纹孔对具有一定的形状和结构，常见的有单纹孔、具缘纹孔和半具缘纹孔三种类型（图 5 - 4）。

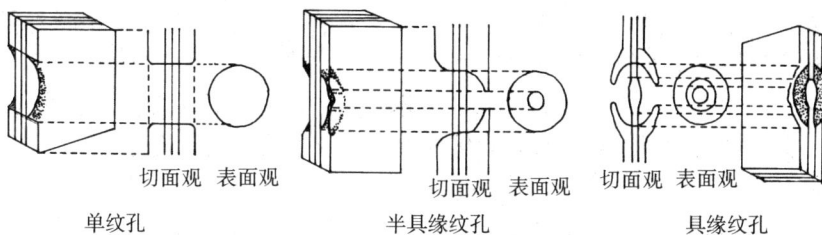

图 5 - 4　纹孔类型

（1）单纹孔　次生壁上未增厚的部分呈圆筒形，纹孔口在光镜下正面观呈一个圆。多见于加厚壁的石细胞、韧皮纤维和部分薄壁细胞中。

（2）具缘纹孔　纹孔边缘的次生壁向细胞腔内形成突起呈拱状，纹孔口明显缩小，在光镜下正面观，纹孔腔和纹孔口呈两个同心圆。松科和柏科等裸子植物管胞上的具缘纹孔，其纹孔膜中央常加厚形成纹孔塞，这种具缘纹孔正面观呈三个同心圆。具缘纹孔常分布于纤维管胞、孔纹导管和管胞中。

（3）半缘纹孔　是由单纹孔和具缘纹孔分别排列在纹孔膜两侧所构成，是导管或管胞与薄壁细胞相邻接的细胞壁上所形成的纹孔对，正面观呈两个同心圆。

2. 胞间连丝　许多纤细的原生质丝从纹孔穿过纹孔膜或初生壁上的微细孔隙，使相邻细胞彼此联系着，这种原生质丝称为胞间连丝。胞间连丝有利于细胞间的联系、物质运输和刺激的传递。胞间连丝一般不明显，通常需在电镜下才观察清楚，但柿、黑枣、马钱子等种子内的胚乳细胞，由于细胞壁较厚，胞间连丝较为显著，经染色可在光镜下观察到胞间连丝（图 5 – 5）。

（三）细胞壁的特化

细胞壁主要是由纤维素构成，具有一定的韧性和弹性。但在植物生长过程中，为了适应特殊的功能，部分细胞壁填充了其他的成分，称为细胞壁的特化。常见有以下五种类型。

图 5 – 5　胞间连丝（柿核）

1. 木质化　细胞壁内渗入了亲水性的木质素，硬度增强，细胞群机械力增加。又能透水，可防腐。存在于导管、管胞、木纤维和石细胞等。木质化的细胞壁加间苯三酚溶液和浓盐酸显红色。

2. 木栓化　细胞壁内渗入了亲脂性的木栓质，不透水、不透气，对内部组织细胞起到保护作用。存在于木栓层（树皮或根皮表面）的木栓细胞。木栓化的细胞壁加苏丹Ⅲ试液显红色。

3. 角质化　原生质体产生的角质填充于壁中使之角质化，并常积聚于壁表面成无色透明角质层，可防水分过度蒸发和微生物侵害。主要存在于植物叶、花、果、幼茎、幼根表面的角质层细胞。角质化的细胞壁加苏丹Ⅲ试液显橘红色。

4. 黏液质化　细胞壁中的部分果酸质，纤维素变成黏液。黏液化所形成的黏液在细胞表面常呈固体状态，吸水膨胀呈黏滞状态。存在于车前、芥菜、亚麻种子等表皮细胞中。黏液化细胞壁加钌红试剂显红色。

5. 矿质化　细胞壁中含硅质或钙质，如禾本科的茎、叶，木贼茎均含大量硅酸盐，使其增强了支持的力度而能直立。硅质化细胞壁加硫酸或醋酸无变化。

第二节　细胞后含物和生理活性物质

细胞后含物和生理活性物质是细胞代谢过程中的产物，属非生命物质。后含物是贮藏物质或废弃物质，以成形或非成形形式分布在细胞质或液泡内。生理活性物质是对细胞内生物化学反应和生理活动起调节作用的物质，其含量少、效能高。

一、细胞后含物

细胞后含物是细胞原生质体在代谢过程中产生的非生命物质。细胞后含物的种类、形态和性质随植物种类不同而异，因此细胞后含物的特征是重要鉴定的依据之一。常见的植物细胞后含物有淀粉、菊糖、蛋白质、脂肪和脂肪油以及晶体五类。

1. 淀粉　淀粉是由葡萄糖分子聚合而成的长链化合物。以淀粉粒的形式存在于植物薄壁细胞中，尤以各类贮藏器官更为集中，如种子胚乳、子叶、块根、块茎、球茎、根茎等更为丰富。淀粉粒是由造粉体积累贮藏淀粉所形成。积累淀粉时，先由一个中心开始，由内向外层沉积，中心即脐点，层层沉积，出现层纹，因淀粉沉积时，直链淀粉与支链淀粉相互交替分层沉积，二者亲水性有异，遇水膨胀不一，显示折光上差异，而在光镜下观察到层纹。若用乙醇脱水，层纹随之消失。

淀粉粒在形态上有三种类型：单粒淀粉，只有一个脐点（极少数2个以上，如川贝），无数层纹环绕这个脐点。复粒淀粉，由若干分粒组成，每一复粒具2个以上脐点，每脐点有各自层纹环绕。半复粒淀粉，有2个以上脐点，每脐点除有各自层纹外，同时外面还有共同的层纹。（图5-6）

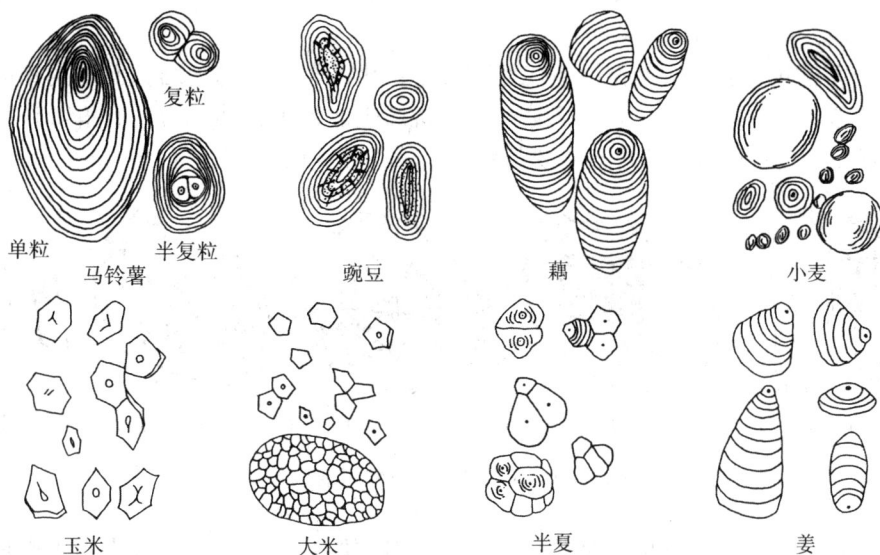

复粒

单粒　半复粒
马铃薯　　　　　　豌豆　　　　　　　藕　　　　　　小麦

玉米　　　　　　　大米　　　　　　　半夏　　　　　　姜

图5-6　淀粉的类型和常见植物淀粉粒

各种植物淀粉粒在类型、形状、大小、层纹和脐点位置等方面各有其特征。因此，可以根据淀粉粒的形态特征作为鉴定中药材的依据之一。

2. 菊糖 由果糖分子聚合而成。多分布于菊科、桔梗科、龙胆科和百合科部分植物根的薄壁细胞中，山茱萸果皮中也有。菊糖能溶于水，不溶于乙醇，故新鲜的植物体细胞不能直接观察到菊糖，须先将材料浸入乙醇中，一周后观察（切片），显微镜下可见菊糖呈类圆形或扇形结晶（图5-7）。菊糖加10% α-萘酚的乙醇溶液，再加硫酸，显紫红色，并很快溶解。

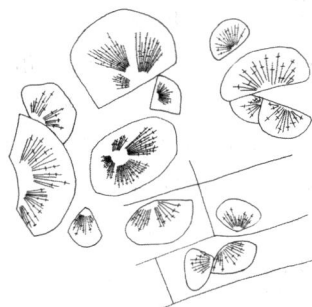

图5-7　菊糖（桔梗）

3. 蛋白质 贮藏蛋白质是化学性质稳定的非生命物质，在细胞中呈固体状态，它与构成原生质体的活性蛋白质完全不同。通常以糊粉粒的形式存在存在于细胞中。糊粉粒是指有一定的形态结构，外面有一层单位膜包裹，里面为无定形的蛋白质，基质或蛋白质基质中还含有蛋白质的拟晶体、球状体及草酸钙晶体（图5－8）。多分布于植物种子的胚乳或子叶细胞里，有时集中分布在某些特殊的细胞层，特称为糊粉层。

检验：在蛋白质溶液试管里加数滴浓硝酸并微热，可见黄色沉淀析出，冷却片刻再加过量氨液，沉淀变为橙黄色，称蛋白质黄色反应；蛋白质遇碘液显棕色或黄棕色；蛋白质溶液加硝酸汞试液，显砖红色；蛋白质加硫酸铜和苛性碱的水溶液则显紫红色。

4. 脂肪和脂肪油 也是一种贮藏的营养物质，存在于植物的各器官，特别是种子中。呈固体或半固体的称脂肪，呈液态的称为脂肪油。脂肪和脂肪油加苏丹Ⅲ试液显橙红色。

5. 晶体 植物细胞在新陈代谢过程中形成晶体，可起到保护细胞的作用。植物细胞有无晶体，晶体的种类、大小、形态等在药用植物鉴别中具有重要意义。常见晶体有两种类型：草酸钙晶体和碳酸钙结晶。

（1）草酸钙结晶 是植物体在代谢过程中产生的草酸与钙盐结合而成的结晶。这种结晶的形成，可以减少过多的草酸对植物所产生的毒害，被认为具有解毒作用。草酸钙结晶呈无色透明或暗灰色。主要形状有以下几种（图5－8）。

| 方晶（甘草根） | 针晶（半夏块茎） | 簇晶（人参根） | 砂晶（牛膝根） | 柱晶（射干根） |

图5－8 常见的几种草酸钙结晶体

单晶：又称方晶或块晶，通常呈正方形、斜方形、菱形、长方形或不规则形，常为单独存在的单晶体，如甘草、黄柏、陈皮等；有时呈双晶，如莨菪等。

针晶：呈两端尖锐的针状，在细胞中多成束存在，称针晶束，多存在于含黏液的细胞中，如半夏、黄精、玉竹等。也有的针晶不规则地分散在细胞中，如苍术。

簇晶：晶体由许多八面体、三棱形单晶体聚集而成，通常呈球状或三角状星状，如人参、大黄、椴树、天竺葵叶、菊花等。

砂晶：晶体呈细小的三角形、箭头状或不规则状，通常密集于细胞腔中。因此，聚集有砂晶的细胞颜色较暗，易与其他细胞区别，如茄科植物。

柱晶：晶体呈长柱形，长度为直径的四倍以上，如柱状，如射干等鸢尾科植物、淫羊藿叶、紫鸭跖草等。

草酸钙结晶不溶于水合氯醛试液，也不溶于稀醋酸，加稀盐酸溶解无气泡产生；但遇10%～20%硫酸溶液便溶解并形成针状的硫酸钙结晶析出。

知识链接

利用晶体的存在与否作为显微鉴别药用植物，例如：三七为五加科植物三七 *Panax*

notoginseng（Burk）F. H. Chen 的根和根茎，薄壁细胞中含草酸钙簇晶；伪品菊科三七和姜科植物莪术的根茎薄壁细胞内无草酸钙晶体，据此可做真伪鉴别。也可利用晶体的类型和形态不同作为进行显微鉴别，例如：人参为五加科植物人参 *P. ginseng* C. A. Mey. 的根和根茎，薄壁细胞中含草酸钙簇晶。伪品商陆科植物商陆的根，其薄壁细胞中含草酸钙针晶束。伪品茄科植物华山参的根，薄壁细胞中含草酸钙砂晶。

（2）碳酸钙结晶　多存在于桑科、爵床科、荨麻科等植物叶的表皮细胞中，如穿心莲叶、无花果叶、大麻叶等，它是细胞壁的特殊瘤状突起上聚集了大量的碳酸钙或少量的硅酸钙而形成，其一端连接细胞壁，另一端悬于细胞腔中，状如一串悬垂的葡萄，称钟乳体（图5-9）。碳酸钙结晶加醋酸或稀盐酸溶解并释放出二氧化碳，可与草酸钙结晶相区别。

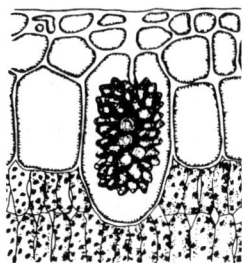

图5-9　无花果叶的钟乳体

除草酸钙结晶和碳酸钙结晶外，还有石膏结晶，如柽柳叶；靛蓝结晶，如菘蓝叶；橙皮苷结晶，如吴茱萸叶、薄荷叶；芸香苷结晶，如槐花等。

二、生理活性物质

生理活性物质是一类对细胞内的生化反应和生理活动起调节作用的物质的总称。包括：酶、维生素、植物激素、抗生素等，和药材鉴别关系不大，这里不作详细介绍。

职业对接 ......

通过本章的学习，学生们能在中药商品及粉末状中成药的鉴定中，掌握用显微鉴定法来判别其真伪的能力，为学生将来在中药调剂、中药购销、中药生产（经营）企业等岗位职业能力的培养奠定坚实的基础。同时培养学生细心观察、独立思考的良好习惯和不畏艰苦、不怕困难的精神，对学生职业素养的养成具有良好的促进作用。

目标检测

一、单项选择题

1. 细胞内所有有生命物质的总称是
   A. 质体　　B. 细胞质　　C. 叶绿体　　D. 线粒体　　E. 原生质体

2. 植物进行光合作用的主要场所是
   A. 白色体　　B. 有色体　　C. 核仁　　D. 细胞核　　E. 叶绿体

3. 植物体形态结构和生命活动的基本单位是
   A. 晶体　　B. 植物细胞　　C. 淀粉粒　　D. 原生质体　　E. 细胞器

4. 木质化的细胞壁加间苯三酚和浓盐酸呈
   A. 蓝色　　B. 黄色　　C. 紫色　　D. 红色　　E. 绿色

5. 蛋白质遇稀碘液呈
   A. 蓝色　　B. 橙红色　　C. 紫色　　D. 暗黄色　　E. 绿色

6. 用水合氯醛试液加热透化装片后，可观察
   A. 淀粉粒　　B. 糊粉粒　　C. 菊糖　　D. 草酸钙结晶　　E. 脂肪和脂肪油

7. 穿过细胞壁上细微孔隙的原生质体称为
   A. 染色体　　B. 胞间连丝　　C. 细胞质丝　　D. 纤维丝　　E. 蛋白质丝

8. 糊粉粒是下列何种物质的一种贮存形式
   A. 淀粉　　B. 葡萄糖　　C. 脂肪　　D. 蛋白质　　E. 核酸

9. 光学显微镜下观察到的细胞结构称为
   A. 亚细胞结构　　B. 亚显微结构　　C. 显微结构　　D. 超微结构
   E. 内部结构

10. 植物细胞特有的细胞器是
   A. 线粒体　　B. 溶酶体　　C. 质体　　D. 核糖体　　E. 细胞核

二、问答题

1. 说出植物细胞的概念及植物细胞的基本结构。
2. 植物细胞有哪些主要后含物？如何鉴别？
3. 什么是纹孔，有哪些类型？
4. 植物细胞壁由哪几层构成？如何鉴别不同特化形式的细胞壁？
5. 植物细胞区别于动物细胞的主要特有结构？

第六章
植物组织

学习目标

 1. 掌握植物组织的类型；各种组织的的特征和类型；维管束的组成和类型。
 2. 熟悉各种组织的分布及生理功能。
 3. 了解植物组织的概念。

第一节　植物组织的种类

植物在生长发育过程中，细胞经过了分生、分化后形成了不同的组织。组织是由许多来源相同、形态结构相似、机能相同而又彼此密切结合、相互联系的细胞所组成的细胞群。

根据形态结构和功能不同，通常将植物组织分为以下几类。

一、分生组织

分生组织是指存在于植物体不同生长部位，并能保持细胞分裂机能而不断产生新细胞的细胞群。

1. 原生分生组织　来源于种子的胚，位于根、茎的最先端，是由没有任何分化的、最幼嫩的、终生保持分裂能力的胚性细胞组成。

2. 初生分生组织　来源于原分生组织衍生出来的细胞所组成。特点：一方面仍保持分裂能力，但次于原分生组织，一方面开始分化。可看作是原分生组织到分化完成的成熟组织之间过渡形式。

3. 次生分生组织　来源于已成熟的薄壁组织（如表皮、皮层、髓射线等）经过生理上和结构上的变化，重新恢复分生能力。如形成层和木栓形成层等。存在于裸子植物和双子叶植物的根和茎内，又称为侧生分生组织。

二、薄壁组织

薄壁组织又称基本组织。在植物体中，分布最广，占有最大的体积，是植物体最重要的组成部分。同时，薄壁组织在植物体内担负着同化、贮藏、吸收、通气等营养功能，故又称营养组织。

三、保护组织

保护组织是位于植物体表，起保护作用的细胞群。保护组织可防止水分的过分蒸腾、病虫的侵害及外界机械损伤，起保护植物的内部组织的作用，还能控制和进行气体的交换等。根据来源和结构不同，可分为表皮和周皮。

（一）表皮

表皮分布于植物幼嫩器官的表面，由初生分生组织分化而成，又称为初生保护组织。表皮常由一层生活细胞组成，细胞多扁平长方形、多边形或波状不规则形，排列紧密无细胞间隙。表皮细胞通常不含叶绿体，外壁常角质化，形成角质层，有的角质层外具蜡被，起保护作用。有的表皮细胞还分化形成毛茸或气孔。毛茸和气孔常作为叶类生药鉴定的依据之一。

1. 毛茸　是表皮细胞特化而成的突出物，具保护、减少水分过分蒸发、分泌物质等作用。根据其结构和功效可分为两种类型。

（1）腺毛　具有分泌功能，能分泌挥发油、树脂、黏液等物质的毛茸，为多细胞构成，由腺头和腺柄两部分组成。腺头膨大，有分泌作用，腺柄连接腺头与表皮。由于组成腺头和腺柄的细胞数目不同，腺毛呈现出各种类型。在薄荷等唇形科植物叶的表皮上有一种具极短柄或无柄，头部由6~8个细胞组成的腺毛，特称为腺鳞（图6-1）。

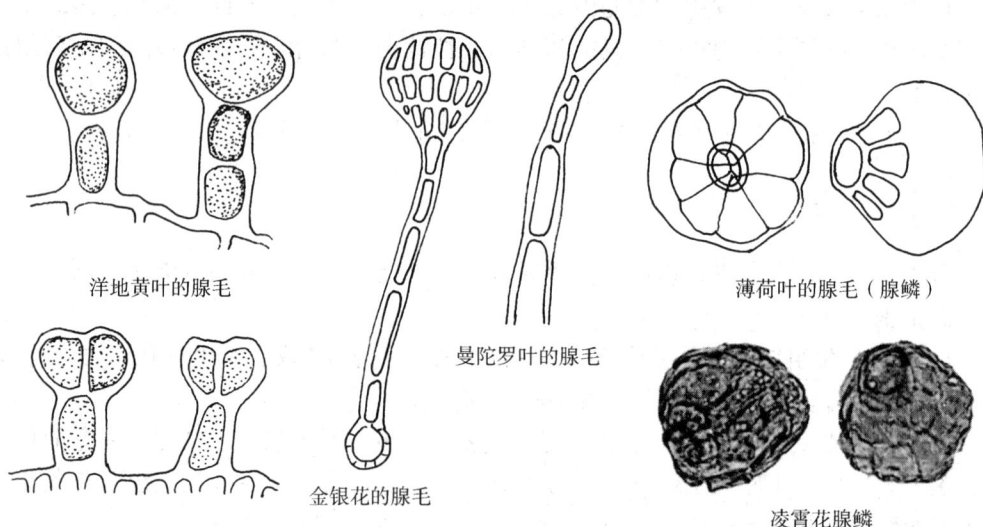

洋地黄叶的腺毛

曼陀罗叶的腺毛

金银花的腺毛

薄荷叶的腺毛（腺鳞）

凌霄花腺鳞

图6-1　各种腺毛

（2）非腺毛　不具有分泌功能的毛茸，由单细胞或多细胞组成，没有头、柄之分，顶端狭尖，起单纯保护作用。非腺毛根据细胞数、形状、表面特征不同而有不同类型，可作为生药鉴定的依据之一（图6-2）。

2. 气孔　气孔是由两个肾形或哑铃形的保卫细胞对合而成的小孔，多分布在植物叶、花、幼茎、幼果表皮上，具有控制气体交换和调节水分蒸腾的作用。构成气孔的

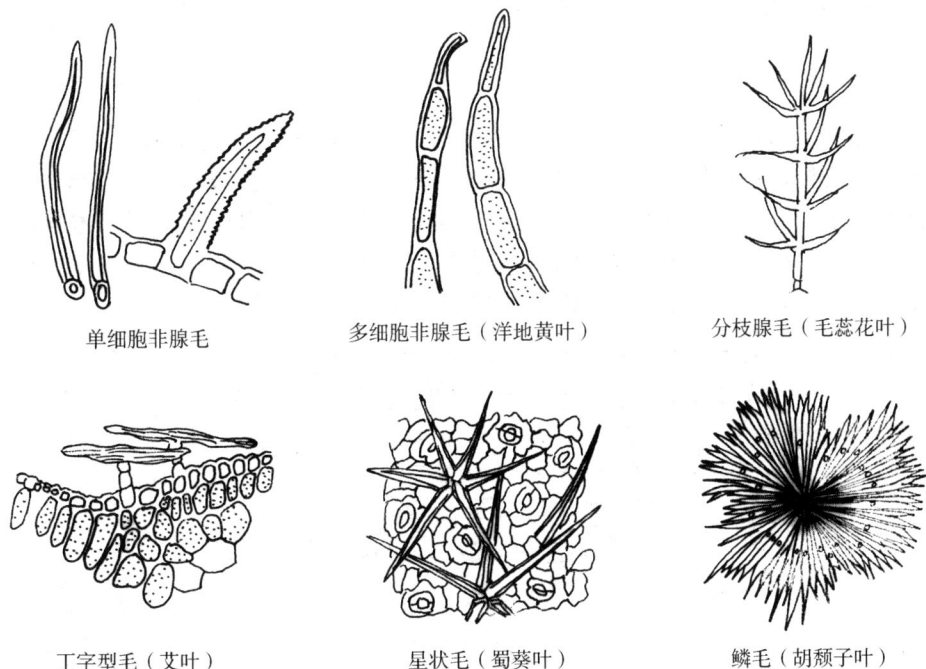

| 单细胞非腺毛 | 多细胞非腺毛（洋地黄叶） | 分枝腺毛（毛蕊花叶） |

| 丁字型毛（艾叶） | 星状毛（蜀葵叶） | 鳞毛（胡颓子叶） |

图6-2 各种非腺毛

保卫细胞是生活细胞，细胞核明显，并含叶绿体。与保卫细胞相连的表皮细胞称为副卫细胞。保卫细胞与副卫细胞的排列方式，称为气孔轴式。

常见气孔轴式类型（表6-1，图6-3）。

表6-1 双子叶植物气孔轴式

气孔轴式	副卫细胞数	大小	排列	分布
平轴式	2	相等	平行（与保卫细胞长轴）	茜草科、豆科、马齿苋科
直轴式	2	相等	垂直（与保卫细胞长轴）	唇形科、石竹科
不等式	3～4	1个小		十字花科、菊科、曼陀罗、
不定式	不定	相等	与其他表皮细胞相似	毛茛科、艾叶、桑、南瓜、
环式	不定	相等	比表皮细胞狭窄，环状	茶、桉

| 平轴式 | 直轴式 | 不等式 | 不定式 | 环式 |

图6-3 气孔的类型

单子叶植物气孔类型也很多：禾本科植物气孔为哑铃形。裸子植物气孔一般都凹入很深。

气孔的分布：气孔数量和大小随器官、环境而不同：叶多，茎少，花、果少，根无；叶上表皮少或无，下表皮多；水生叶无，浮生叶上表皮多，下表皮无，直生叶二面有。

（二）周皮

大多数草本植物器官的表面终生只具有表皮层。而木本植物除叶终生具有表皮，茎和根的表皮仅存在幼年时期，当根和茎进行次生生长时即被破坏，无法起到保护作用，此时，表皮细胞下的某些薄壁细胞恢复分生能力，形成木栓形成层，木栓形成层向外分生为木栓层，向内分生为栓内层。木栓层、木栓形成层和栓内层三者构成了周皮（图6-4）。周皮为次生保护组织，代替表皮行使保护功能。

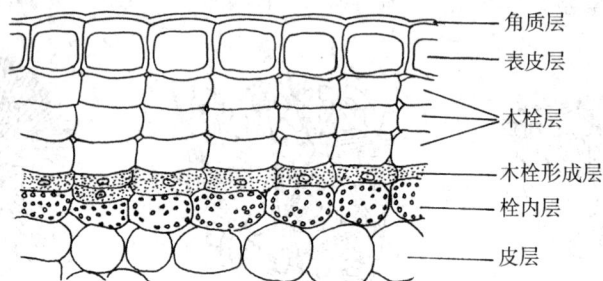

图6-4 周皮

知识链接

在木本植物的茎、枝上常可见到直的、横的或点状的突起，就是皮孔。当周皮形成时，原来位于气孔下方的木栓形成层不断向外分生非木栓化的薄壁细胞，称为填充细胞，随着填充细胞的增多，表皮被突破，形成圆形、椭圆形等不同形状的裂口，即为皮孔。皮孔是气体交换的通道，其大小、形态、分布可随不同种而有变化。

四、机械组织

机械组织是对植物体起巩固和支持作用的细胞群，其特点是细胞壁显著增厚。根据细胞壁增厚的部位和程度不同，可分为厚角组织和厚壁组织。

（一）厚角组织

厚角组织常存在于植物的茎、叶柄、主脉、花梗等处，位于表皮下，成环状或束状分布。在有棱脊的茎中，棱脊处特别丰富，如益母草、芹菜的茎，能增强茎的支持力。厚角组织细胞壁不均匀增厚，相邻细胞一般在角隅处增厚，加厚部位是初生壁，不木质化，为生活细胞（图6-5）。

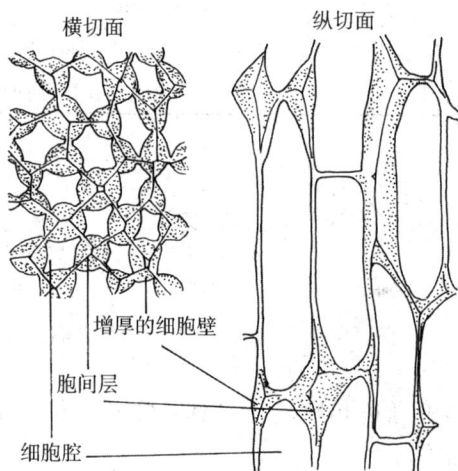

图6-5 厚角组织

（二）厚壁组织

细胞壁全面增厚，加厚部位是次生壁，具层纹和纹孔，胞腔小，成熟时为死细胞。根据细胞形态和结构不同，可分为纤维和石细胞。

1. 纤维 细胞呈细长梭形，细胞壁明显增厚，胞腔狭窄，纹孔常呈裂隙状。

细胞末端彼此紧密嵌插并沿器官长轴成束分布，有效地增强了支持作用，为植物体主要的机械组织。根据纤维在植物体内存在部位的不同，分为木纤维和韧皮纤维两种（图6-6）。

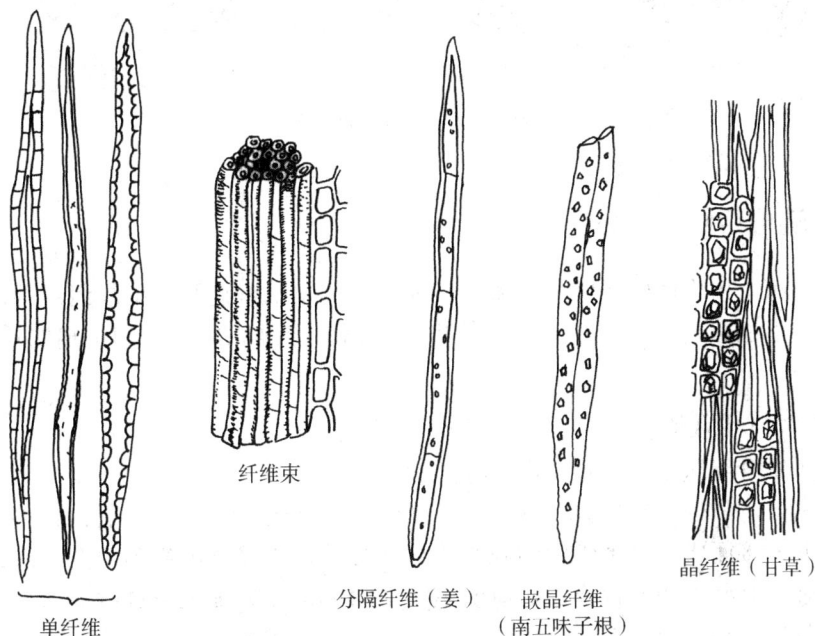

图6-6 各种纤维

（1）木纤维 为长轴形纺锤状，细胞壁均木质化，细胞腔小，细胞壁增厚而坚硬，支持力强，但弹性、韧性较差，脆而易折断。木纤维仅存在于被子植物的木质部中，为被子植物木质部的主要组成物质，而在裸子植物的木质部中没有纤维，是裸子植物原始于被子植物的特征之一。

（2）韧皮纤维 即木质部外纤维，多分布在韧皮部，韧皮纤维细胞多呈长纺锤形，两端尖，细胞壁厚，细胞腔成缝隙状。纤维不木质化，韧性大，拉力强，如苎麻、亚麻等。

此外，在药材鉴定中，还可以见到几种特殊类型：有些植物纤维束周围的薄壁细胞中含许多草酸钙结晶，称为晶鞘纤维，又称晶纤维。如甘草、黄柏。还有些植物纤维次生壁上嵌有许多草酸钙结晶，称嵌晶纤维。如麻黄。还有一种是细胞腔中生有菲薄横隔膜的纤维，称分隔纤维。如姜、葡萄属植物等。

2. 石细胞 石细胞的形态多样，其细胞壁极度增厚且木质化，胞腔小，纹孔呈管道状或分枝状。常单个或成群存在于植物的根、茎、叶、果实和种子中，如五味子、

厚朴、黄柏等。（图6-7）

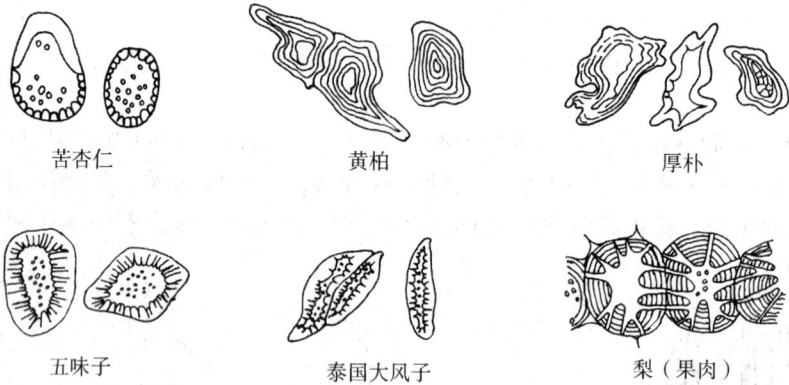

苦杏仁   黄柏   厚朴

五味子   泰国大风子   梨（果肉）

图6-7　石细胞的类型

五、输导组织

输导组织是植物体内运输水、无机盐和有机养料的细胞群。输导组织的细胞一般呈管状，上下相接，贯穿于整个植物体内。根据输导组织的构造和运输物质的不同，可分为两类。

（一）导管和管胞

存在于维管组织木质部中的管状输导细胞。

1. 导管　是被子植物的主要输导水分和无机盐的输导组织。导管由许多长管状的死细胞纵向连接而成，每个管状细胞称为导管分子，连接处的细胞横壁形成穿孔，输导能力较强。有些植物导管分子的横壁不完全消失，相邻细胞通过侧壁未增厚的部分横向输送物质。导管分子在发育初期是生活的细胞，成熟后，原生质体解体，细胞死亡。根据次生壁增厚形成的纹理不同，导管可分为5种类型（图6-8）。

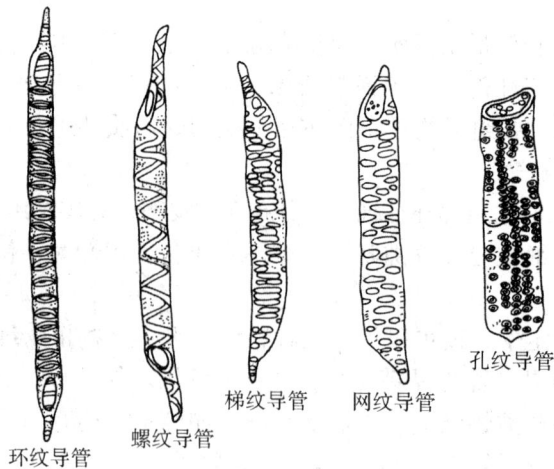

环纹导管   螺纹导管   梯纹导管   网纹导管   孔纹导管

图6-8　导管分子的类型

（1）环纹导管 次生壁呈环状增厚。

（2）螺纹导管 次生壁呈螺旋带状增厚。

（3）梯纹导管 次生壁上未增厚的部分和增厚的部分相间呈梯状。

（4）网纹导管 次生壁增厚呈网状，网眼为未增厚部分。

（5）孔纹导管 次生壁大部分已增厚，未增厚部分为单纹孔或具缘纹孔。

环纹和螺纹导管常存在于植物的幼嫩器官，导管管壁薄，直径小，输导能力较弱；网纹和孔纹导管多存在于植物的成熟器官，导管管壁厚，直径大，输导能力较强；梯纹导管居两者之间，多存于停止生长的细胞中。

2. 管胞 是绝大部分蕨类植物和裸子植物输送水分和无机盐的输导组织。管胞为长梭形的死细胞，次生壁木质化增厚，形成纹孔，多为梯纹或具缘纹孔，末端不形成穿孔，靠纹孔运输水分，输导能力较弱。

（二）筛管、伴胞和筛胞

存在于维管组织韧皮部中的输导细胞。

1. 筛管 是被子植物输送有机养料的主要输导组织。筛管由许多长管状的活细胞纵向连接形成，每一个长管状细胞称为筛管分子，筛管分子上下两端的横壁不均匀增厚形成筛板，筛板上有许多筛孔，上下相邻筛管分子的细胞质通过筛孔连接，形成输送有机物质的通道（图6-9）。筛管分子一般只活1～2年，但多年生单子叶植物的筛管则长期保持输导能力。

2. 伴胞 是位于筛管分子旁的一至数个近等长的薄壁细胞。有明显的细胞核和浓厚的细胞质。伴胞为被子植物所特有，与筛管一起构成识别筛管分子的特征。

3. 筛胞 是蕨类植物和裸子植物输送有机物质的输导组织。筛胞为单个分子的狭长细胞，端壁倾斜，不特化成筛板，在侧壁或端壁形成筛域，输导能力较弱。

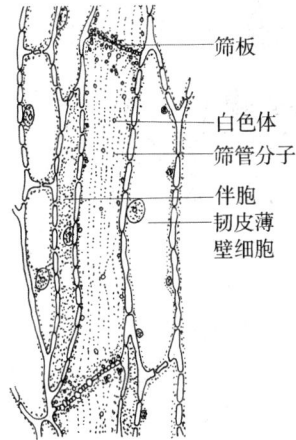

图6-9 筛管与伴胞（纵切面）

六、分泌组织

分泌组织是植物体内由能分泌特殊物质如蜜汁、黏液、挥发油、树脂、乳汁等的分泌细胞构成的细胞群。分泌细胞多为圆形、椭圆形或长管状，一般为生活细胞。分泌组织的作用，有的可以防止植物组织腐烂，帮助伤口愈合；免受动物啮食（如螫毛、鼠尾草属茎上黏着很多小昆虫）；排除或积贮体内废物；有的还起引诱昆虫，以利传粉（蜜腺）；甚至有的还可消化动物。有许多分泌物可药用，如松香、松节油、樟脑、蜜、乳香、没药、阿魏、安息香、枫香脂、苏合香及各种芳香油等。植物某些科属常具一定的分泌结构，因此在鉴定上有一定价值。分泌组织可分为分泌腺、分泌细胞、分泌腔、分泌道和乳汁管等（图6-10）。

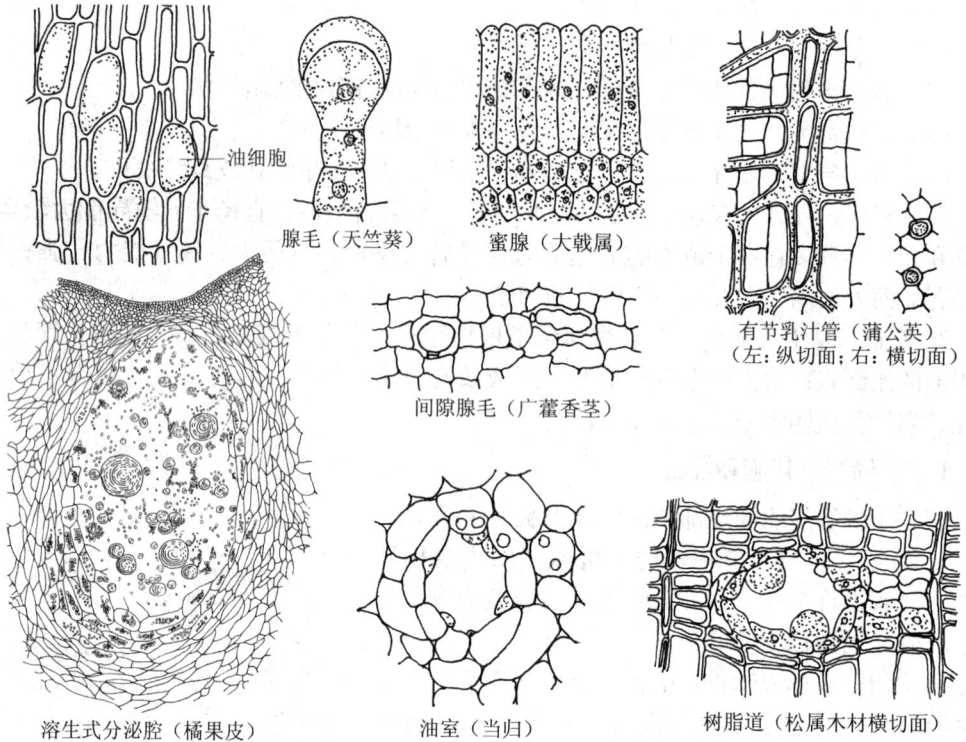

油细胞

腺毛（天竺葵）

蜜腺（大戟属）

有节乳汁管（蒲公英）
（左：纵切面；右：横切面）

间隙腺毛（广藿香茎）

溶生式分泌腔（橘果皮）

油室（当归）

树脂道（松属木材横切面）

图 6 - 10　分泌组织

（一）分泌腺

位于植物体表，其分泌物直接排出体外，为外分泌组织，分为腺毛（见保护组织）和蜜腺。蜜腺通常存在于虫媒花植物的花瓣基部或花托上。

（二）分泌细胞

单个分散于薄壁组织中，通常比周围细胞大，分泌物贮存在自身细胞内，当分泌物充满时，细胞便死亡。分泌细胞有的贮存挥发油，称油细胞，如姜、桂皮、菖蒲等；有的贮存黏液质，称黏液细胞，如半夏、玉竹、山药、白及等；有的贮存树脂、鞣质等。

（三）分泌腔

分泌腔也称为分泌囊或油室，是由多数分泌细胞所形成的腔室，分泌物大多是挥发油。分泌的形成方式有溶生式和裂生式两种。溶生式分泌腔：柑橘类叶与果皮、桉叶、芸香科叶上的分泌腔是由一群分泌细胞，随分泌物积累增多，而使壁破裂溶解，在体内形成的含分泌物腔室。腔室周围可见有部分破损的细胞。裂生式分泌腔：由分泌细胞彼此分离，胞间隙扩大而形成的腔室，分泌细胞完整地围绕着腔室，如金丝桃、漆树、当归等。

（四）分泌道

由分泌细胞彼此分离形成的一个长形胞间隙的腔道，其周围的分泌细胞称上皮细胞。上皮细胞产生的分泌物贮存于腔道中。横切面与分泌腔（裂生式）相似，纵切面可见管道状。可根据分泌物质的不同进行命名，如松树的茎中上皮细胞向腔道中分泌树脂，称为树脂道；茴香果实等分泌道内分泌物是挥发油，称为油管；美人蕉、椴树、锦葵科植物分泌和贮藏黏液，称为黏液道或黏液管。

（五）乳汁管

乳汁管是分泌乳汁的管状细胞，由单个或多个纵向连接而成，其分泌的乳汁贮存在细胞中。由单个细胞构成的乳汁管称为无节乳汁管，如大戟、夹竹桃等；由多个细胞连接而成，连接处的细胞壁溶解贯通，成为多核的管道系统，称有节乳汁管，如桔梗、番木瓜、罂粟等。

知识链接

植物组织培养即植物无菌培养技术，是根据植物细胞具有全能性的理论，利用植物体离体的器官（如根、茎、叶、茎尖、花、果实等）、组织（如形成层、表皮、皮层、髓部细胞、胚乳等）或细胞（如大孢子、小孢子、体细胞等）以及原生质体，在无菌和适宜的人工培养基及光照、温度等人工条件下，能诱导出愈伤组织、不定芽、不定根，最后形成完整植株的现代植物繁殖技术。

第二节　维管束及其类型

一、维管束的组成

维管束是维管植物的根、茎、叶、花等器官中，由木质部和韧皮部共同组成的束状结构。维管束彼此交织连接，构成植物体输导水分、无机盐及有机物质的一种输导系统维管系统，并兼有支持作用。

在被子植物中，木质部主要由导管、管胞、木纤维和木薄壁细胞组成；韧皮部主要由筛管、伴胞、筛胞、韧皮纤维和韧皮薄壁细胞组成。裸子植物和蕨类植物的木质部主要由管胞和木薄壁细胞组成；韧皮部主要由筛胞和韧皮薄壁细胞组成。

裸子植物和双子叶植物的维管束的木质部和韧皮部之间有形成层，而蕨类植物和单子叶植物的维管束中则没有形成层。

二、维管束的类型

根据维管束中木质部和韧皮部的排列方式不同以及有无形成层，维管束可分为以下几种类型（图6－11）。

1. 有限外韧维管束　韧皮部在外、木质部在内、中间没有形成层。如单子叶茎的构造。

2. 无限外韧维管束　韧皮部在外、木质部在内、中间有形成层。如裸子植物、双子叶植物茎的构造、根的次生构造。

3. 双韧维管束　木质部内外都有韧皮部。如茄科、葫芦科、夹竹桃科、萝藦科、旋花科、桃金娘科等茎的构造。

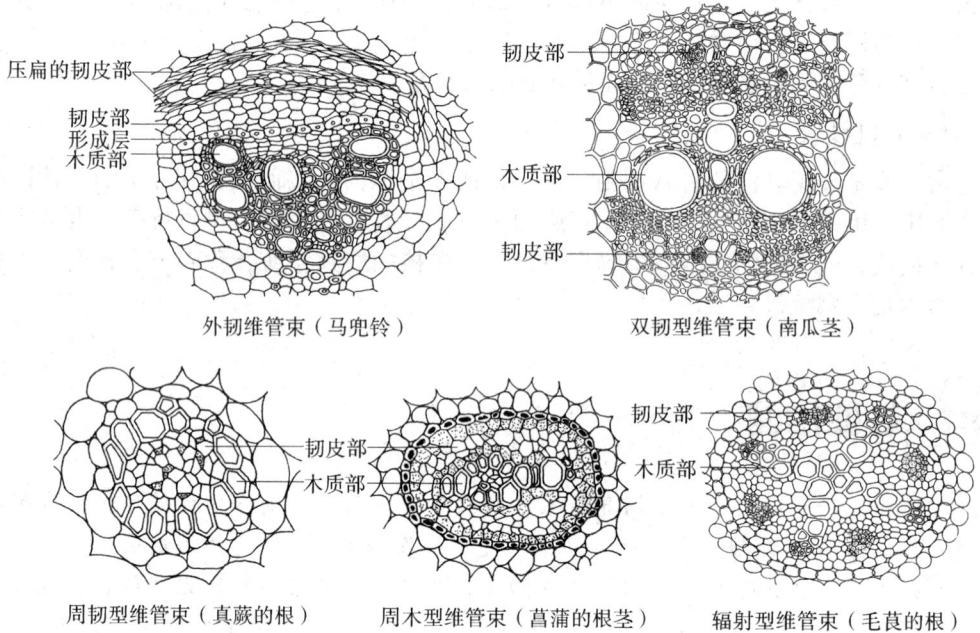

图 6-11　维管束的类型详图

4. 周韧维管束　木质部居中，韧皮部围绕。如百合科、禾本科、棕榈科、蓼科、蕨类某些植物茎、叶柄的构造。

5. 周木维管束　韧皮部居中，木质部围绕。常见于菖蒲、石菖蒲、铃兰等少数单子叶植物根状茎构造。

6. 辐射维管束　不成束状。韧皮部与木质部相间成辐射状排成一圈，是单子叶植物根及双子叶植物根初生构造的特点。

职业对接

本章主要介绍植物组织的形态特征。植物组织构造的形态特征，也是显微鉴别的重要依据，特别是植物组织中的异常构造的类型，在鉴别原植物、原药材中起了很重要的作用，各种异常构造总是在某个科、属及个别种中常见，可作为鉴别药材的重要特征之一，可以成为我们学习和掌握药材鉴定的依据，作为区别真伪的标准之一。所以，学生应当了解和掌握这些内容，为学生将来在中药调剂、中药购销、中药生产（经营）企业等岗位职业能力的培养奠定基础。同时培养学生细心观察、独立思考的良好习惯和不畏艰苦、不怕困难的精神，对学生职业素养的养成具有良好的促进作用。

目标检测

一、单项选择题

1. 石细胞的细胞壁特化为

　　A. 木质　　B. 角质　　C. 栓质　　D. 黏液　　E. 矿质

2. 分布于木质部，细胞壁极度木质化增厚，较坚硬，支持力强的是
    A. 木纤维　　B. 韧皮纤维　　C. 导管　　D. 石细胞　　E. 筛管

3. 表皮细胞外壁向外突起形成的是
    A. 角质层　　B. 蜡被　　C. 气孔　　D. 毛茸　　E. 皮孔

4. 在植物体内起支持作用的是
    A. 油细胞　　B. 导管　　C. 筛管　　D. 纤维　　E. 黏液道

5. 被子植物输送水分的主要输导组织是
    A. 导管　　B. 管胞　　C. 筛管　　D. 伴胞　　E. 筛胞

6. 细胞壁显著增厚且木化，纹孔道管状或分枝状，单个散在或成群存在植物体内的是
    A. 导管　　B. 纤维　　C. 石细胞　　D. 木纤维　　E. 韧皮纤维

7. 薄荷叶上腺鳞的细胞数通常是
    A. 2 个　　B. 6 个　　C. 8 个　　D. 4 个　　E. 1 个

8. 下列不属于内分泌组织的是
    A. 分泌细胞　　B. 分泌腔　　C. 分泌道　　D. 乳汁管　　E. 蜜腺

9. 具不均匀增厚的初生壁的细胞属于
    A. 厚角组织　　B. 厚壁组织　　C. 输导组织　　D. 分泌组织　　E. 薄壁组织

10. 保卫细胞周围有 2 个副卫细胞，保卫细胞和副卫细胞的长轴互相平行，该气孔为
    A. 直轴式　　B. 平轴式　　C. 不等式　　D. 不定式　　E. 环式

二、问答题

1. 植物组织的概念及类型？
2. 简述分生组织的特点及类型。
3. 如何区别腺毛与非腺毛？
4. 简述气孔的概念及类型。
5. 维管束由什么构成？有哪几种类型？

第七章
植物器官与显微构造

学 习 目 标

1. 掌握根、茎的外形特征及类型、变态；叶的组成、形态特征、叶脉和叶序的类型。

2. 掌握花的组成及各部分的形态；果实、种子的结构和类型。

3. 熟悉根、茎、叶的变态类型；熟悉植物器官各部位入药情况。

4. 熟悉根的初生、次生构造特点；双子叶植物茎的初生、次生构造特点；单子叶植物茎和根状茎的构造特点；双子叶植物叶片的构造；花序类型。

5. 了解根尖的结构、根的异常构造；茎尖的结构、茎的异常构造；花程式。

植物体中具有一定的外部形态和内部结构、由多种组织构成、并执行一定的生理功能的组成部分称为器官。被子植物的器官一般可分为根、茎、叶、花、果实和种子六个部分，依其生理功能可将器官分为两大类：一类称营养器官，包括根、茎和叶，共同起着吸收、制造和供给植物体所需营养物质的作用，使植物体得以生长、发育。另一类称繁殖器官，包括花、果实和种子，主要功能是繁殖后代延续种族。

第一节　根

根通常是植物体向土壤中伸长的部分，具有向地性、向湿性和背光性。根无节和节间，不生叶和花，一般也不生芽。根通常呈圆柱形，越向下越细，向四周分枝，形成复杂的根系。

根具有吸收、输导、固着、支持、贮藏和繁殖等作用。植物体生长所需要的水分和无机盐，都是根从土壤中吸收来的。近年的研究发现，根还具有合成蛋白质、氨基酸、生物碱、激素等物质的能力。许多植物的根可供药用，如人参、三七、乌头、大黄、当归、甘草、丹参等。

一、根的类型和根系

（一）根的类型

1. 定根 种子萌发时，胚根突破种皮，向下生长形成根的主轴，称为主根或初生根。在主根的侧面生长的分枝，称为侧根；在主根或侧根上还可生出细小分枝，称为纤维根。侧根和纤维根又称次生根。主根、侧根和纤维根都是直接或间接地由胚根发育形成的，具有固定的生长部位，所以称为定根。

2. 不定根 有些植物的茎、叶或其他部位也可以长出根来，这种根无固定的生长部位，故称为不定根。如玉米、甘蔗近地面的茎节四周上长出的根，榕树的枝条上的根和落地生根的叶插入土中所生出的根，都是不定根。栽培上常利用此特性来进行营养繁殖。如扦插，压条等。

（二）根系的类型

一株植物地下所有的根，合称为根系。根据根系形态的不同，可分为直根系和须根系。

1. 直根系 主根发达，粗而长，一般垂直向下生长，侧根与主根形成一定的角度向四周伸展，主根与侧根的界限非常明显的根系称为直根系。一般双子叶植物的根系是直根系。如党参、山药、萝卜的根系。

2. 须根系 主根不发达，或早期枯萎，而从茎的基部节上生出许多长短、粗细相仿的不定根，密集呈胡须状，没有主根与侧根区别的根系称为须根系。一般单子叶植物的根系是须根系，如麦子、水稻、麦冬等的根系。但也有少数双子叶植物的根系是须根系，如龙胆、徐长卿、白薇等的根系。（图7-1）

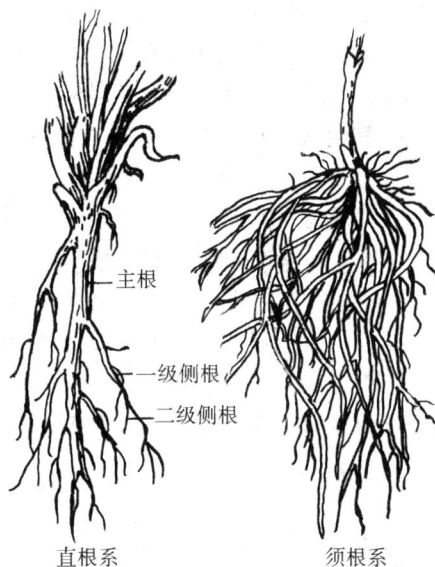

图7-1 直根系和须根系

二、根的变态

有些植物的根，由于长期适应生活环境的变化，其形态、构造和生理功能发生了许多变异，称为根的变态。常见的根的变态有下列几种。

1. 贮藏根 由于贮藏大量的营养物质而使根的一部分或全部变得肥大肉质，这种根称贮藏根。根据其形态的不同又可分为（图7-2）：

（1）肉质直根 主要由主根发育而成，一株植物上只有一个肉质直根，其上部具有胚轴和节间很短的茎。有的肉质直根肥大呈圆锥状，如胡萝卜、桔梗的根；有的肥大呈圆柱形，如甘草、黄芪、菘蓝、丹参的根；有的肥大呈球形，如芜菁的根。

（2）块根 由侧根或不定根肥大而成，形状不一，多呈块状或纺锤状。如麦冬、百部、何首乌、郁金等。

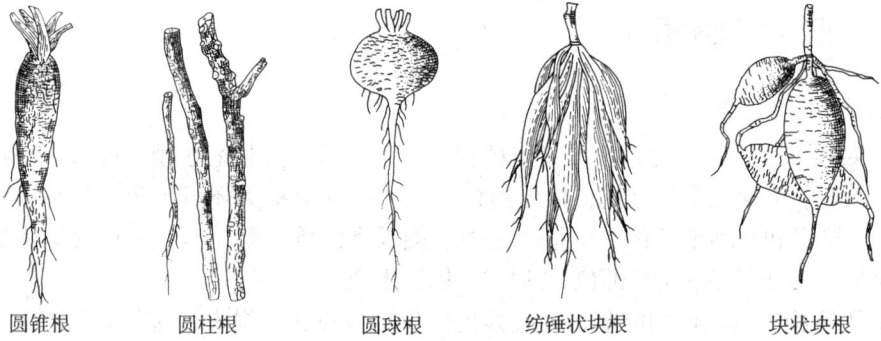

圆锥根　　　圆柱根　　　圆球根　　　纺锤状块根　　　块状块根

图 7-2　变态根的类型（地下部分）

2. 支持根　有些植物自茎基部产生一些不定根伸入土中，以增强支撑茎干的力量，这种根称为支持根。如玉米、薏苡、甘蔗等。

3. 攀援根　攀缘植物在茎上生出的不定根，能攀附树干、墙壁或其他物体而使植物体向上生长，这种根称为攀援根。如常春藤、薜荔等。

4. 气生根　从茎上产生的不伸入土壤里，暴露在空气中的不定根，能吸收和贮藏空气中的水分，这种根称为气生根。如榕树、吊兰、石斛等。

5. 寄生根　寄生植物的根插入寄主体内，吸取寄主体内的水分和营养物质，以维持自身生活，这种根称为寄生根。寄生植物有两种类型：一种是植物体内不含叶绿素，自身不能制造养料，完全依靠吸收寄主体内的养分维持生活，称完全寄生植物，如菟丝子；另一种是植物体不仅由寄生根吸收寄主体内的养分，同时自身含有叶绿素，能制造一部分养料，称半寄生植物，如槲寄生、桑寄生等。

6. 水生根　水生植物的根飘浮在水中呈须状，称水生根。如浮萍、水葫芦等。（图7-3）

支持根（玉米）　攀援根（常春藤）　气生根（石斛）　呼吸根（红树）　水生根（青萍）寄生根（菟丝子）

图 7-3　根的变态（地上部分）

三、根尖的构造

从根的最先端到有根毛的部分称为根尖。分为根冠、分生区、伸长区和成熟区四部分。根尖是根生命活动最旺盛的部分，根的生长、水分和养料的吸收及初生构造的形成都在此部分进行，一旦根尖受损，将影响根的继续生长。

1. 根冠 位于根的最顶端，像帽子一样罩在生长锥的前端，由数列排列疏松的薄壁细胞组成，起保护作用。根冠的外层细胞能分泌黏液，可以减少它在土壤中伸展时与土壤磨擦造成的损伤。同时，位于根冠内侧的分生区的细胞不断分裂产生新细胞，以补充脱落和死亡的根冠细胞，保持根冠一定的形状和厚度。绝大多数植物的根尖都有根冠，但寄生植物和有菌根共生的植物通常无根冠。此外，根冠细胞内常含有营养物质淀粉。

2. 分生区 位于根冠的上方，呈圆锥状，又称生长锥或生长点，为顶端分生组织所在的部位。分生区的细胞体积小，排列紧密，细胞核大，细胞壁薄，原生质浓稠，具有强烈的分生能力，能不断进行细胞分裂，增加细胞的数量。分裂产生的细胞，经过生长和分化，逐步形成根的各种组织。

3. 伸长区 位于分生区上方，到出现根毛的地方。细胞沿根的长轴迅速伸长，使根不断延伸，并逐步分化为形态不同的组织，相继出现导管和筛管分子。多数细胞已逐渐停止分裂，细胞中出现大量液泡。

4. 成熟区 位于伸长区的上方，细胞停止伸长，组织已分化成熟，形成各种成熟的初生组织，因此称为成熟区。本区的主要特征是表皮细胞向外突出形成众多细长的根毛，又称根毛区。根毛的生活期较短，但生长速度较快，老的根毛不断死亡，新的根毛不断产生。根毛虽细小，但数量很多，大大增加了根的吸收面积。水生植物一般无根毛。（图7-4）

四、根的初生构造

由初生分生组织分化形成的组织，称为初生组织，由其形成的构造称为初生构造。通过根尖的成熟区做一横切片，可以观察到根的初生构造，从外向内依次为表皮、皮层和维管柱三部分。（图7-5）

1. 表皮 位于根的最外围，一般由单层细胞组成。细胞排列整齐、紧密，无细胞间隙，细胞壁薄，不角质化，富有通透性，没有气孔。大多数表皮细胞壁向外突出形成根毛，有吸收表皮之称。

2. 皮层 位于表皮内方，由多层排列疏松的薄壁细胞组成，细胞间隙大，占根的大部分。通常分为外皮层、皮层薄壁细胞和内皮层三部分。

（1）外皮层 为皮层最外方紧接表皮的一层细胞，排列整齐、紧密，无细胞间隙。当表皮被破坏时，外皮层细胞的细胞壁多增厚并木栓化，代替表皮起保护作用。

（2）皮层薄壁细胞 是外皮层内方的多层细胞，占皮层的绝大部分。细胞多呈类圆形，排列疏松。具有吸收、运输和贮藏的作用。

（3）内皮层 为皮层最内方的一层细胞，排列整齐紧密、无细胞间隙，包围在维管柱的外方。内皮层的细胞壁增厚情况特殊，一种是细胞的径向壁（侧壁）和上下壁（横壁）局部增厚，增厚部分呈带状，环绕径向壁和上下壁形成一整圈，称为凯氏带。从横切面观察，凯氏带增厚部分呈点状，称其为凯氏点。（图7-6）

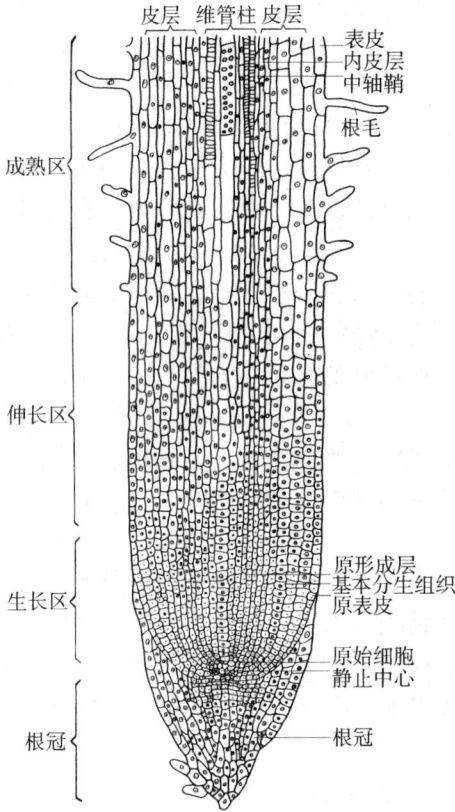

图 7-4　根尖的构造

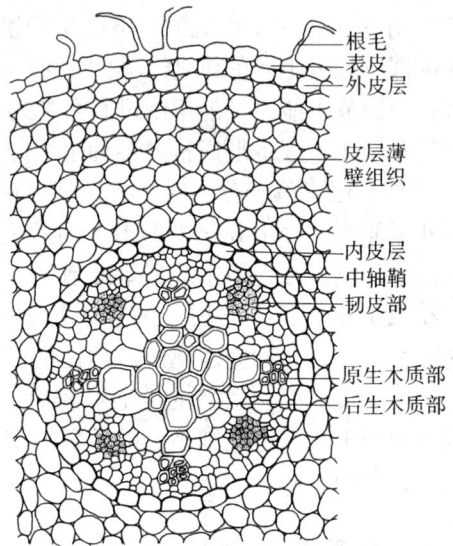

图 7-5　双子叶根的初生构造（毛茛）

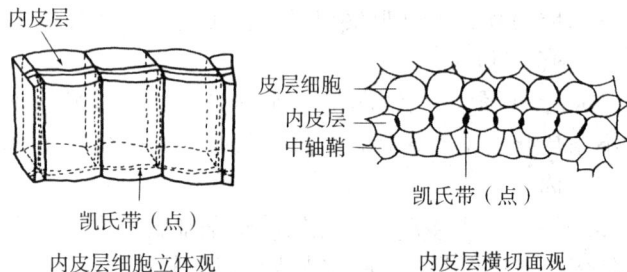

图 7-6　内皮层及凯氏带

3. 维管柱　根的内皮层以内的所有组织，统称为维管柱。包括中柱鞘和初生维管束二部分。

（1）中柱鞘　又称维管柱鞘，位于维管柱最外方，紧靠内皮层，大多数双子叶植物通常为一层薄壁细胞，也有少数为二至多层的，如桃、桑、柳及裸子植物等；细胞排列整齐，具有潜在的分生能力，在一定时期能产生侧根、不定根、不定芽以及参与形成层和木栓形成层的形成等。

（2）初生维管束　位于根的最内方，是根的输导系统。因其由原形成层分化形成，包括为初生木质部和初生韧皮部。被子植物的初生木质部由导管、管胞、木薄壁细胞和木纤维组成；初生韧皮部由筛管、伴胞、韧皮薄壁细胞组成。初生木质部和初生韧皮部相间排列，木质部呈放射状（木质部束），韧皮部位于其外侧凹陷处，形成辐射型维管束。初生木质部由外向内逐渐成熟，这种成熟方式称为外始式。外方先成熟的初生木质部称为原生木质部，内方后分化成熟的木质部，称为次生木质部。初生木质部的束数因植物种类而异，如十字花科、伞形科的一些植物的根中只有 2 束初生木质部，称二原型；毛茛科的唐松草属有 3 束，称三原型；葫芦科、杨柳科的一些植物有 4 束，称四原型；木质部束数多的称为多原型。一般双子叶植物的根，初生木质部一直分化到维管柱的中心，因此没有髓部，少数植物如乌头、龙胆、细辛等，其初生木质部不分化到维管柱的中心，因而具有髓部。单子叶植物的根，初生木质部一般不分化到中心，中央仍保留未经分化的薄壁细胞，因而具有发达的髓部，如百部的块根；也有些单子叶植物的根，其髓部细胞增厚木化而成为厚壁组织，如鸢尾。

五、根的次生构造

　　绝大多数蕨类植物和单子叶植物的根，在整个生活史中，一直保持着初生构造。而一般双子叶植物和裸子植物的根，能次生增粗，形成次生结构，即形成层和木栓形成层。次生构造是由次生分生组织细胞的分裂、分化产生的新的组织，又称次生组织，由次生组织形成的构造称为次生构造。

　　1. 形成层的产生及其活动　当根进行次生生长时，位于初生韧皮部内方的薄壁细胞首先恢复分生能力转变为形成层，并逐渐向初生木质部外方的中柱鞘部位发展，使相邻的中柱鞘细胞也恢复分裂能力，分化成为形成层的一部分，这样使片段的形成层连成一个凹凸相间的形成层环。形成层细胞不断进行平周分裂，向内产生次生木质部，加于初生木质部的外方；向外产生次生韧皮部，加在初生韧皮部的内方。次生木质部和次生韧皮部合称为次生维管组织。由于形成层向内分生速度快，次生木质部细胞数目大量增加，使形成层的位置向外推移，因而使凹凸相间的形成层逐渐形成圆环状。此时，根的维管束由辐射型转变为外韧型。在韧皮部与木质部之间始终保留着一层具有分生能力的形成层细胞，使根能够持续地进行次生生长。同时，由于新生的次生维管组织总是添加在初生韧皮部的内方，初生韧皮部遭受挤压而被破坏，成为没有细胞形态的颓废组织。由于形成层产生的次生木质部的数量较多，因此，粗大的树根主要是木质部。

　　形成层细胞活动时，在一定部位也分生一些薄壁细胞，这些薄壁细胞沿径向延长，呈放射状排列，贯穿在次生维管组织中，称次生射线（维管射线）。其中位于韧皮部的称韧皮射线，位于木质部的称木射线。次生射线具有横向运输水分和营养物质的机能。

　　次生木质部包括导管、管胞、木薄壁细胞和木纤维；次生韧皮部包括筛管、伴胞、韧皮薄壁细胞、韧皮纤维。此外，有些植物在次生韧皮部中常有分泌组织存在，如蒲公英有乳汁管，当归有油室，人参有树脂道；薄壁细胞内含有淀粉、生物碱、激素、晶体等各种后含物。

　　2. 木栓形成层的产生及其活动　由于形成层的活动，使根不断加粗，表皮和部分皮层因为不能相应加粗而被破坏。此时，由中柱鞘细胞恢复分生能力，形成木栓形成层（也可由表皮或初生皮层中的一部分薄壁细胞分化形成）。木栓形成层向外分生木栓层，向内分生栓内层。木栓层细胞多呈扁平状，排列整齐紧密，常多层相叠，细胞壁木栓化，褐色。栓内层为数层薄壁细胞，排列较疏松，不含叶绿体，有的植物根的栓内层较发达，有类似于皮层的作用，称为次生皮层。木栓层、木栓形成层和栓内层三者合称为周皮。周皮形成后，木栓层外方的皮层和表皮被胀破并因得不到水分和营养物质而逐渐枯死脱落。因此，根的次生构造没有表皮和皮层，而为周皮所代替。

最初的木栓形成层产生后，随着根的进一步增粗，老周皮中的木栓形成层逐渐终止活动，其内方的部分薄壁细胞（皮层和韧皮部内）又能恢复分生能力，产生新的木栓形成层，进而形成新的周皮。

也有一些单子叶植物，如石斛、百部、麦冬等植物的根，在表皮形成时，常进行切向分裂形成多列细胞，其细胞壁木栓化，成为一种无生命的死亡组织，起保护作用，这种组织称为根被。

植物学上的根皮是指周皮，而中药材的根皮是指形成层以外的部分，包括韧皮部和周皮。如地骨皮、牡丹皮和桑白皮等。

六、根的异常构造

某些双子叶植物的根，除正常的次生构造外，还可产生一些额外的维管束、附加维管柱、木间木栓等，形成根的异常构造，也称三生构造。常见的有以下几种类型（图7-7）。

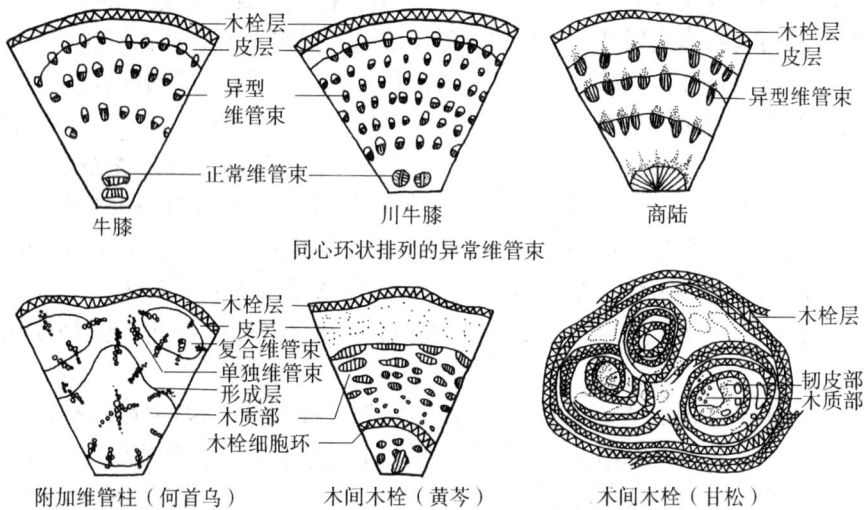

图7-7　根的异常构造示例

1. 同心环状排列的异常维管组织　在根的正常维管束形成不久，形成层往往失去分生能力，而相当于中柱鞘部位的薄壁细胞转化成新的形成层，由于此形成层的活动，产生一圈小型的异型维管束。在它的外方，还可以继续产生新的形成层环，再分化成新的异型维管束，如此反复多次，构成同心性的多环维管束。如苋科的牛膝、商陆科的商陆等。

2. 附加维管柱　有些双子叶植物的根，在正常维管束外围的薄壁组织中能产生新的附加维管柱，形成异常构造。如何首乌正常维管束形成后，皮层（或韧皮部）中部分薄壁细胞可产生多个新的形成层环，而产生多个大小不等的单独的和复合的异型维管束，所以在何首乌块根的横切面上可看到一些大小不一的圆圈状花纹，药材鉴别上称为"云锦花纹"。

第二节　茎

　　茎是植物地上部分的躯干，上面长着叶、花、果实和种子，是种子植物重要的营养器官，由胚芽发育而来。当种子萌发时，胚芽发育形成主茎，主茎顶端具顶芽，能使植物不断伸长；节上有腋芽，腋芽萌发形成枝条，枝条上又可产生顶芽和腋芽，它们可使枝条伸长生长并再形成枝条，如此发展下去就形成了植物茎的整个地上部分。茎通常生长在地上，但有些植物的茎生长在地下，称地下茎，如黄精、白茅、半夏等。

　　茎具有输导、支持、贮藏和繁殖等生理功能。叶光合作用制造的有机物和根吸收来的水分与无机盐，都是通过茎输送到植物体的各器官，以供生活所需，故茎具有输导功能；植物的叶、花、果实都是生长在植物茎上，依靠茎给以支持，因此茎又具支持作用；有些植物的茎具有贮藏营养物质和水分的作用，如甘蔗的茎能贮存蔗糖、山药的根茎能贮存淀粉、仙人掌的叶状茎能贮存大量水分；还有些植物的茎能产生不定根和不定芽，具有繁殖能力，如桑、杨、甘薯、马铃薯等，所以常可用来进行无性繁殖。

　　药用的植物地上茎入药（或茎皮）有沉香、苏木、鸡血藤、忍冬藤、杜仲、肉桂、黄柏等，药用的植物地下茎入药有生姜、黄精、半夏、白茅根、七叶一枝花等。

一、茎的形态

　　植物茎一般为圆柱形，但也有四棱柱形，如唇形科植物紫苏、薄荷、益母草的茎；也有的呈三棱柱形，如莎草科植物莎草、荆三棱的茎；还有的呈扁平形，如仙人掌的茎。茎通常是实心的，但也有的茎是空心的，如小茴香、芹菜、南瓜等。还有薏苡、竹、稻、麦等禾本科植物的茎，具有明显的节和节间，且其节间是中空的，而节部却是实心的，故特称它为秆。

　　茎的顶端有顶芽，叶腋有腋芽。茎上着生叶和腋芽的部位称节，节与节之间称节间，节和节间是茎的主要形态特征；节上还生有叶、花、果实，而根无节和节间之分，且根上不生叶，这是根和茎在外形上的主要区别。

　　木本植物的茎枝上还分布有叶痕、托叶痕、芽鳞痕和皮孔等特征。叶痕是叶从茎上脱落后留在茎上的疤痕，有心形、半月形、三角形等形状；托叶痕是托叶脱落后留下的疤痕；芽鳞痕是包被鳞芽的鳞片脱落后留下的疤痕；皮孔是茎枝表面突起的小裂隙，通常呈圆形或椭圆形，常呈浅褐色，是植物体与外界进行气体交换的又一通道。这些痕迹因每种植物都各自有一定的特征，故常可作为鉴别药材的依据。（图7-8）

一般植物的茎节仅在叶着生的部位稍微膨大，而有些植物的茎节特别明显，成膨大的环，如高梁、牛膝、玉蜀黍等；也有些植物茎节处特别细缩，如藕。各种植物节间的长短也很不一致，长的可达几十厘米，如竹、南瓜等；短的还不到一毫米，如蒲公英、车前、紫花地丁等。

着生有叶和芽的茎称为枝条，有些植物具有两种枝条，一种节间比较长，称长枝，另一种节间很短，称短枝。一般短枝着生在长枝上，能生花结果。所以又称果枝，如苹果、梨和银杏等。

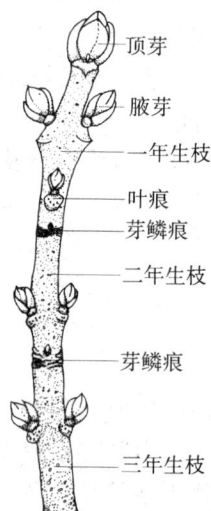

图7-8 三年生枝条

二、茎的类型

（一）按茎的质地分

1. 木质茎　质地坚硬，木质部发达的茎称木质茎。具木质茎的植物称木本植物。常分为乔木、灌木和木质藤本。

（1）乔木　高度常在5米以上，具有明显的主干，下部少分枝或不分枝，如厚朴、合欢、杜仲、木棉花等。

（2）灌木　高度常在5米以下，无明显主干，在近基部处生出数个丛生的枝干，如木芙蓉、夹竹桃等。在灌木中高度在一米以下的，称小灌木，如六月雪。若介于木本和草本之间，茎基部木质化而上部草质的称亚灌木或半灌木，如牡丹、草麻黄、草珊瑚等。

（3）木质藤本　木质坚硬，茎细长而柔韧，常缠绕或攀附它物向上生长，如葡萄、川木通、鸡血藤、使君子等。

木本植物全为多年生植物。其叶在冬季或旱季脱落的，分别称为落叶乔木、落叶灌木、落叶藤本；反之在冬季或旱季不落叶的分别称为常绿乔木、常绿灌木、常绿藤本。

2. 草质茎　质地柔软，木质部不发达。具草质茎的植物称草本植物。常分为一年生草本、二年生草本、多年生草本，其中茎细长柔软不能直立者称草质藤本。

（1）一年生草本　植物从种子萌发到枯萎死亡是在一年内完成的称一年生草本，如紫苏、红花、马齿苋等。

（2）二年生草本　植物种子在第一年萌发，到第二年才枯萎死亡，生长发育过程在二年内完成的称二年生草本，如萝卜、菘蓝等。

（3）多年生草本　植物生长发育过程超过二年的称多年生草本。其中地上部分每年都枯萎死亡，而地下部分仍保持生命力，能再长新苗的称宿根草本，如人参、黄连、七叶一枝花、天南星等；而植物地上部分多年不枯死保持常绿的称常绿草本，如麦冬、万年青等。

3. 肉质茎　质地柔软、多汁、肉质肥厚的称肉质茎，如仙人掌、芦荟、垂盆草等。

（二）按茎的生长习性分

1. 直立茎　不依附它物，茎直立生长于地面，大多数植物茎属于此类，如萝卜、女贞、杜仲、紫苏等。

2. 缠绕茎　茎细长，自身不能直立，常缠绕它物作螺旋状生长，如五味子、葎草、忍冬等呈顺时针方向缠绕；牵牛、马兜铃、扁豆等呈逆时针方向缠绕；而何首乌、猕猴桃等则无一定规律。

3. 攀援茎　茎细长，自身不能直立，而依靠攀援结构攀附它物生长。攀援结构有多种，如丝瓜、栝楼、葡萄的攀援结构是茎卷须；豌豆的攀援结构是叶卷须；爬山虎的攀援结构是吸盘；茜草、葎草的攀援结构是刺；络石、薜荔的攀援结构是不定根。

4. 匍匐茎　茎细长，平铺于地面蔓延生长，节上生有不定根，如积雪草、连钱草、蛇莓等。

5. 平卧茎　茎细长，平铺于地面蔓延生长，节上没有不定根的，如蒺藜、地锦等。（图7-9）

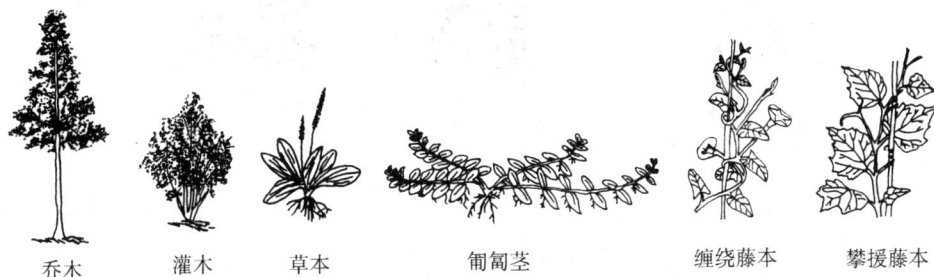

乔木　　　灌木　　　草本　　　　匍匐茎　　　缠绕藤本　攀援藤本

图7-9　茎的类型

三、茎的变态

有些植物的茎，在长期的发育生长过程中，为了适应生活环境，在形态、结构以及生理功能等方面均发生了很大的变化，于是产生了变态。变态茎依然保留了茎特有的形态特征。变态茎可分为地上茎变态和地下茎变态两大类。

（一）地上茎变态

1. 叶状茎或叶状枝　植物的茎或枝变为绿色扁平的叶状或针形叶状，具有叶的功能，易被误认为叶，如竹节蓼、仙人掌、天门冬等。

2. 刺状茎（枝刺或棘刺）　植物的枝条变为刺状，常粗短坚硬不分枝，如酸橙、山楂、大枣等。但皂荚的刺常分枝。刺状茎生于叶腋，可与叶刺相区别。而金樱子、月季、玫瑰茎上的刺为皮刺，是由表皮细胞突起形成的，散生于植物茎上，无固定的生长位置，并容易脱落，有别于刺状茎。

3. 茎卷须　常见于攀援植物，其茎变成卷须，多生于叶腋，有分枝和不分枝的，用以攀附它物使茎向上生长，如栝楼、冬瓜等。

4. 钩状茎　由茎的侧轴变态而成，呈钩状，坚硬，短而粗，不分枝，位于叶腋，如钩藤。

5. 小块茎及小鳞茎　有些植物的腋芽或叶柄上的不定芽常形成小块茎，形态与块茎相似，如山药、黄独的腋芽（习称零余子），半夏的叶柄上的不定芽形成的小块茎。有些植物在叶腋或花序处由腋芽或花芽形成小鳞茎，如卷丹腋芽形成小鳞茎，洋葱、大蒜花序中花芽形成小鳞茎。小块茎和小鳞茎均有繁殖作用。另有一些附生的兰

科植物茎，其基部肉质膨大，呈块状或球状的部分，称假鳞茎，如石豆兰、石仙桃、羊耳蒜等。（图7－10）

叶状枝（天门冬）　　叶状茎（仙人掌）　　钩状茎（钩藤）　　刺状茎（皂荚）

茎卷须（葡萄）　　　　小块茎（薯蓣）　　　　小鳞茎（洋葱花序）

图7－10　地上茎的变态

（二）地下茎变态

地下茎在形态上常与根类似，但仍具有茎的特征，其上有节和节间，退化的鳞叶及顶芽、侧芽等，可与根相区分。常见的类型如下。

1. 根状茎（根茎）　外形似根，具明显的节和节间，节上生有不定根和退化的鳞叶，具顶芽和侧芽，常横卧地下。但有的植物根状茎短而直立，如人参、桔梗、三七等。根状茎的形态及节间的长短随植物而异，有的细长，如芦苇、白茅、鱼腥草等；有的短粗呈团块状，如白术、姜、川芎等。

2. 块茎　与块根相似，肉质肥大呈不规则块状，节间很短或不明显，节上有芽，叶退化成鳞片状或早期枯萎脱落。如天南星、半夏、马铃薯等。

3. 球茎　肉质肥大呈球形或扁球形，顶芽发达，其上半部具有明显的节和缩短的节间，节上有腋芽和较大的膜质鳞叶，基部具有不定根。如慈菇、荸荠等。

4. 鳞茎　呈球形或扁球形。茎极度缩短成圆盘状称鳞茎盘，盘上生有肉质肥厚的鳞叶。鳞茎盘上节很密集，顶端有顶芽，鳞叶腋内有腋芽，基部生有不定根。有的鳞茎鳞叶阔，内层被外层完全覆盖，称有被鳞茎，如洋葱；有的鳞茎鳞叶狭，呈覆瓦状排列，内层不能被外层完全覆盖，称无被鳞茎，如百合、贝母等。（图7－11）

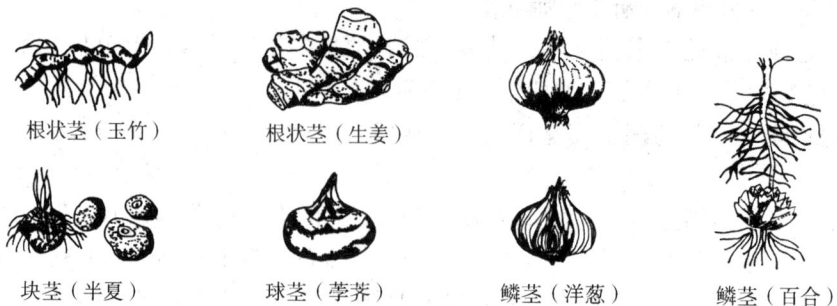

根状茎（玉竹）　　　　根状茎（生姜）

块茎（半夏）　　球茎（荸荠）　　鳞茎（洋葱）　　鳞茎（百合）

图7－11　地下茎的变态

四、茎尖的构造

茎尖是指主茎或枝条的顶端部分，其结构与根尖基本相似，即由分生区（生长锥）、伸长区和成熟区三部分组成。

1. 分生区 位于茎尖的前端，成圆锥形，顶端分生组织存在于此，有强烈的分生能力，所以又称为生长锥。生长锥的四周表面向外形成小突起，成为叶原基。叶原基继续分生出腋芽原基，分别生成叶和腋芽。腋芽又发育成枝条。

2. 伸长区 位于生长锥后方，从生长区分裂出的细胞在些迅速伸长，沿茎轴方向延伸，细胞开始分化成不同的组织。

3. 成熟区 位于伸长区的后方，细胞明显分化，表面不形成根毛，但常有气孔和毛茸。

五、双子叶植物茎的初生构造

由生长锥分裂出来的细胞逐渐分化为原表皮层、基本分生组织和原形成层等初生分生组织，这些分生组织细胞继续分裂分化，所形成的构造即为茎的初生构造。通过茎的成熟区作一横切片，可观察到茎的初生构造。从外到内分为：表皮、皮层和维管柱三部分。（图 7 - 12）

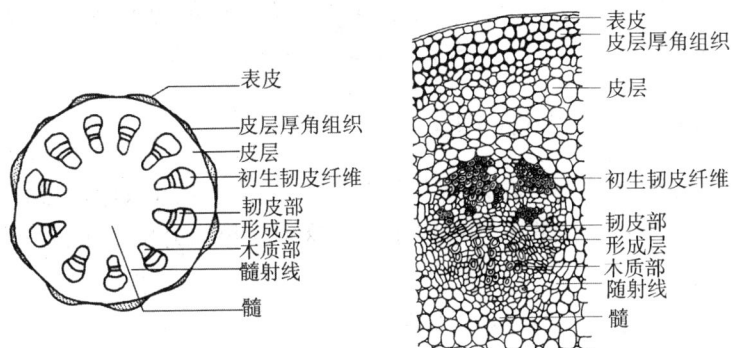

图 7 - 12 双子叶植物茎的初生构造（向日葵幼茎）

（一）表皮

是由原表皮层细胞发育而来，位于茎的表面，是由一层扁平、长方形、排列紧密、无细胞间隙的生活细胞所构成。细胞一般不含叶绿体，少数植物含有花青素，使茎呈紫红色，如甘蔗、蓖麻等。表皮细胞的外壁稍厚，通常角质化形成角质层，常还有气孔和毛茸存在；少数植物还具有蜡被。

（二）皮层

皮层是由基本分生组织发育而来，位于表皮的内方，是表皮和维管柱之间的部分，由多层生活薄壁细胞构成。通常不如根的皮层发达，横切面观所占比例比较小，细胞常为多面体形、球形或椭圆形，排列疏松，具有细胞间隙，靠近表皮的细胞常含叶绿体，故嫩茎常为绿色。茎的内皮层通常不明显，所以皮层与维管区域之间无明显界线。

有少数植物茎其皮层最内一层细胞含大量淀粉粒，称淀粉鞘，如蚕豆、蓖麻等。

（三）维管柱

为皮层以内的部分，包括呈环状排列的初生维管束、髓和髓射线等，所占比例比较大。

1. 初生维管束　是茎的输导系统，位于皮层的内方，成环状排列，由初生韧皮部、初生木质部和束中形成层组成。木本植物维管束排列紧密，束间区域较窄，维管束连成一圆环状；而藤本植物和大多数草本植物束间距离却比较宽，如大血藤木质部和束间距（射线）形成的"车轮纹"。

初生韧皮部：位于维管束的外方，由筛管、伴胞、韧皮薄壁细胞和初生韧皮纤维组成。分化成熟的方向与根相同，由外向内，为外始式。初生韧皮纤维常成群分布于韧皮部外侧，可增强茎的韧性。

初生木质部：位于维管束的内侧，由导管、管胞、木薄壁细胞和木纤维组成，其分化成熟的方向与根相反，由内向外，为内始式。

束中形成层：位于初生韧皮部和初生木质部之间，由 1～2 层具分生能力的细胞组成，能分裂产生大量细胞，使茎不断增粗生长。

2. 髓　位于茎的中央，被初生维管束围绕，由基本分生组织产生的一些较大的薄壁细胞组成。一般草本植物茎的髓部比较大，木本植物茎的髓部比较小。

3. 髓射线　也称初生射线，是位于初生维管束之间的薄壁细胞区域，外接皮层，内连髓部，细胞常径向延长，横切面观呈放射状，具有横向运输和贮藏的作用。

六、双子叶植物茎的次生构造

双子叶植物茎在初生构造形成后，接着产生次生分生组织形成层和木栓形成层，它们进行细胞分裂分化，使茎不断增粗生长，这种生长称为次生生长，由此形成的构造称为次生构造。

（一）双子叶植物木质茎的次生构造

木本双子叶植物茎的次生生长可持续多年，故次生构造特别发达。

1. 形成层及其活动　在植物茎开始次生生长时，靠近束内形成层的髓射线薄壁细胞恢复分生能力，转变为束间形成层，并与束中形成层连接，形成一个完整的形成层环（横切面观）。

大部分形成层细胞略呈纺锤形，液泡明显，称纺锤原始细胞；少部分形成层细胞近于等径，称射线原始细胞。当形成层成为一完整环后，纺锤原始细胞即开始进行切向分裂，向内产生次生木质部细胞，向外产生次生韧皮部细胞；射线原始细胞则向内向外分裂产生次生射线细胞。

在次生生长中，束中形成层产生的次生木质部细胞增添于初生木质部的外方；产生的次生韧皮部细胞，增添于初生韧皮部的内方，并将初生韧皮部向外挤；产生的次生射线细胞，存在于次生木质部和次生韧皮部中，形成横向的联系组织，称维管射线。通常产生的次生木质部细胞比次生韧皮部细胞数量多得多，由此，横切面观，次生木质部比次生韧皮部大得多。而束间形成层细胞，一部分形成薄壁细胞，延续髓射线，另一部分则分裂分化产生新的维管组织，所以木本植物茎维管束之间距离会变窄。藤本植物茎次生生长时，束间形成层不分化产生维管组织，故藤本植物的次生构造中维管束之间距离较宽，如木通马兜铃（关木通）。

在形成层细胞进行切向分裂使茎增粗生长的同时，为适应内方木质部的增大，形成层也进行径向和横向分裂，增加细胞，扩大圆周，同时形成层的位置也逐渐向外推移。

（1）次生木质部 占木本植物茎的绝大部分。构成次生木质部的是导管、管胞、木薄壁细胞、木纤维和木射线细胞，其中导管主要是梯纹、网纹及孔纹导管，以孔纹导管最普遍。导管、管胞、木薄壁细胞和木纤维是次生木质部中的纵向系统，是由形成层的纺锤原始细胞分裂所产生的细胞发展而成的。此外，由形成层的射线原始细胞衍生的细胞，径向延长，形成维管射线，位于次生木质部内，称木射线。常由多列薄壁细胞组成，也有一列细胞的，细胞壁常木质化。

形成层的活动受四季气候变化的影响很大。春季气候温和，雨量充足，形成层活动旺盛，所形成的次生木质部中的细胞体积大，细胞壁薄，质地较疏松，色泽较淡，称春材或早材；秋季形成层活动逐渐减弱，所形成的细胞体积小，质地紧密、色泽较深，称秋材或晚材。在一年中春材和秋材是逐渐转变的，没有明显的界限，但当年的秋材与次年的春材之间却界限明显，形成一环，称为年轮（可计算树龄）。通常年轮每年1轮，但有的植物一年可以形成2~3轮，这是由于形成层有节律的活动，每年有几个循环的结果，这些年轮称假年轮。假年轮通常成不完整的环状，它的形成有的是由于一年中气候变化特殊，或被害虫吃掉了树叶，生长受影响而引起的。终年气候变化不大的热带树木，通常不形成年轮。

在木质部横切面上，靠近形成层的边缘部分颜色较浅，质地较松软，称边材。边材具有输导能力。而中心部分，颜色较深，质地较坚固，称心材。心材没有输导能力，这是由于心材中的细胞常积累代谢产物，如挥发油、单宁、树胶、色素等，以及有些射线细胞或轴向薄壁细胞，在生长过程中通过导管上的纹孔被挤入导管内，形成侵填体，从而使导管或管胞堵塞，失去输导能力。心材比较坚硬，不易腐烂，且常含有某些化学成分，因此，茎木类药材多为心材，如沉香、檀香、苏木、降香等，均为心材入药。

（2）次生韧皮部 是由形成层向外分裂而形成的，由于向外分裂产生次生韧皮部细胞的次数远不如向内分裂产生次生木质部细胞的次数多，因此次生韧皮部要比次生木质部小得多。次生韧皮部形成时，初生韧皮部细胞被挤向外方，其中的筛管、伴胞及薄壁细胞被挤压而变形、破裂，成为颓废组织。构成次生韧皮部的是筛管、伴胞、韧皮纤维和韧皮薄壁细胞。有的植物次生韧皮部中有石细胞，如厚朴、肉桂、杜仲等；有的有乳汁管，如夹竹桃。

次生韧皮部中薄壁组织常占主要部分，细胞中含有多种营养物质和生理活性物质，如糖类、油脂、单宁、生物碱、苷类、橡胶、挥发油等，故具有一定的药用价值，如肉桂、厚朴、黄柏等茎皮类药材。韧皮射线是维管射线位于次生韧皮部的部分，与木射线相连，是次生韧皮部内的薄壁组织，细胞壁不木质化，形状也不及木射线那样规则。韧皮射线的长短宽窄因植物种类而异。

2. 木栓形成层及周皮 形成层活动产生大量组织细胞，使茎不断增粗生长，但已分化成熟的表皮细胞一般不能相应增大和增多，从而失去了保护功能。此时，植物茎就由表皮细胞或皮层薄壁组织细胞也可能是韧皮薄壁细胞恢复分生能力（多为皮层薄壁组织细胞），转化为木栓形成层。木栓形成层则向外分裂产生木栓组织细胞、向内分裂产生栓内层薄壁组织细胞，逐渐形成了由木栓层、木栓形成层及栓内层三层结构所构成的周皮。由此，植物茎就由周皮代替表皮行使保护作用。一般木栓形成层的活动只不过数月，在其停止活动后，大部分树木又可依次在其内方产生新的木栓形成层。这样，其位置就会逐渐向内移，可深达次生韧皮部中，形成新的周皮。老周皮内方的组织被新周皮隔离后逐渐枯死，这些周皮以及被它隔离的死亡组织的综合体，因常剥落，故称落皮层。有的落皮层呈鳞片状脱落，如白皮松；有的呈环状脱落，如白桦；有的裂成纵沟，如柳、榆；有的呈大片脱落，如悬铃木。但也有的周皮不脱落，如黄柏、杜仲。落皮层也称外树皮。

"树皮"有两种概念，狭义的树皮即落皮层；广义的树皮是指形成层以外的所有组织，包括落皮层和木栓形成层以内的次生韧皮部（内树皮）。如皮类药材肉桂、厚朴、黄柏、杜仲、秦皮、合欢皮等的药用部分均指广义的树皮。

（二）双子叶植物草质茎的次生构造

双子叶植物草质茎因生长期短，次生生长有限，次生构造不发达，木质部细胞量少，质地柔软，与木质茎相比，有如下特点。

（1）最外面仍由表皮起保护作用，常具角质层、蜡被、气孔及毛茸等附属物。少数植物在表皮下方有木栓形成层的分化，向外产生 1~2 层木栓细胞，向内产生少量栓内层，但表皮未被破坏仍然存在。

（2）多数无限外韧维管束成环状排列。有少量植物为双韧维管束。

（3）髓射线一般较宽。髓部发达，有的植物髓部中央破裂形成空洞。（图 7 – 13）

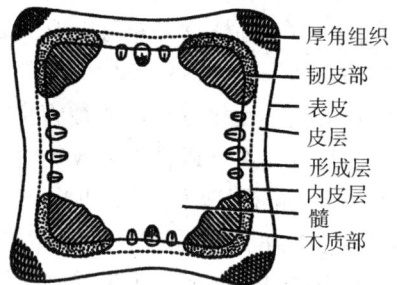

图 7 – 13 薄荷茎的横切面简图

厚角组织
韧皮部
表皮
皮层
形成层
内皮层
髓
木质部

（三）双子叶植物根状茎的构造

双子叶植物根状茎一般系指草本双子叶植物根状茎，其构造与地上茎相类似，有如下特点。

（1）表面常为木栓组织，有的植物木栓组织中分布有木栓石细胞，如苍术、白术等；少数植物具有表皮或鳞叶。

（2）皮层中常有根迹维管束（即茎中维管束与不定根中维管束相连的维管束）和叶迹维管束（即茎中维管束与叶柄维管束相连的维管束）斜向通过。

（3）维管束为无限外韧型，成环状排列。束间形成层明显的植物，其形成层成完整的环状；但有的植物束间形成层不明显。

（4）髓射线常较宽，中央有明显的髓部。

（5）薄壁组织发达，细胞中多含有贮藏物质；机械组织多不发达，仅皮层内侧有时具有纤维或石细胞。（图 7 – 14）

（四）双子叶植物茎及根状茎的异常构造

某些双子叶植物茎或根状茎除了能形成正常的维管构造以外，通常有部分薄壁细胞，还能恢复分生能力，转化成非正常形成层。该形成层的活动所产生的维管束即为异型维管束，所形成的构造即为异常构造。常见的异常构造如下。

1. 髓维管束　是指位于双子叶植物茎或根状茎髓部的维管束。如胡椒科植物海风藤茎的横切面上，除正常排成环状的维管束外，髓部还有6～13个异型维管束散在。又如大黄根状茎的横切面上，除正常的维管束外，髓部有许多星点状的异型维管束，其形成层呈环状，外侧为由几个导管组成的木质部，内侧为韧皮部，射线呈星芒状排列。

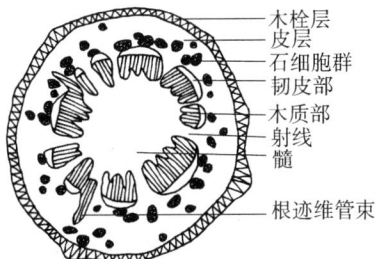

图 7 - 14　黄连根状茎横切面简图

（标注：木栓层　皮层　石细胞群　韧皮部　木质部　射线　髓　根迹维管束）

2. 同心环状排列的异常维管束　在某些双子叶植物茎内，初生生长和早期次生生长都是正常的。当正常的次生生长发育到一定阶段，次生维管柱的外围又形成多轮呈同心环状排列的异常维管组织。如密花豆老茎（鸡血藤）的横切面上，可见韧皮部呈2～8个红棕色至暗棕色环带，与木质部相间排列，其最内一圈为圆环，其余为同心半圆环。常春油麻藤茎的横切面上也可见上述异型构造。

3. 木间木栓　根茎的薄壁组织中的细胞恢复分生能力后，形成了新的木栓形成层，即木间木栓，其成环状包围一部分韧皮部和木质部，把维管柱分隔为数束，如甘松的根状茎。

七、单子叶植物茎和根状茎的构造

（一）单子叶植物茎的构造特点

（1）单子叶植物茎一般没有形成层和木栓形成层，终身只有初生构造，没有次生构造，不能无限增粗。

（2）茎的最外面通常由一列表皮细胞起保护作用，不产生周皮。禾本科植物茎秆的表皮下方，往往有数层厚壁细胞分布，以增强支持作用。

（3）表皮以内为基本薄壁组织和星散分布于其中的有限外韧型维管束，因此没有皮层、髓及髓射线的区分。多数禾本科植物茎的中央部位（相当于髓部）萎缩破坏，形成中空的茎秆。

此外，也有少数单子叶植物茎具形成层，而有次生生长，如龙血树、丝兰和朱蕉等。但这种形成层的起源和活动情况与双子叶植物不同。如龙血树的形成层起源于维管束外的薄壁组织，向内分裂产生维管束和薄壁组织，向外也分裂产生少量薄壁组织。（图 7 - 15）

（二）单子叶植物根状茎的构造特点

（1）皮层常占较大体积，其中常有细小的叶迹维管束存在，薄壁细胞内含有大量营养物质。中柱维管束散在，多为有限外韧型，如白茅根、姜黄、高良姜等；少数为周木型，如香附；有的则兼有有限外韧型和周木型两种维管束，如石菖蒲。

（2）内皮层大多明显，具凯氏带，因而皮层和维管组织区域可明显区分，如姜、石菖蒲等。也有的内皮层不明显，如玉竹、知母、射干等。

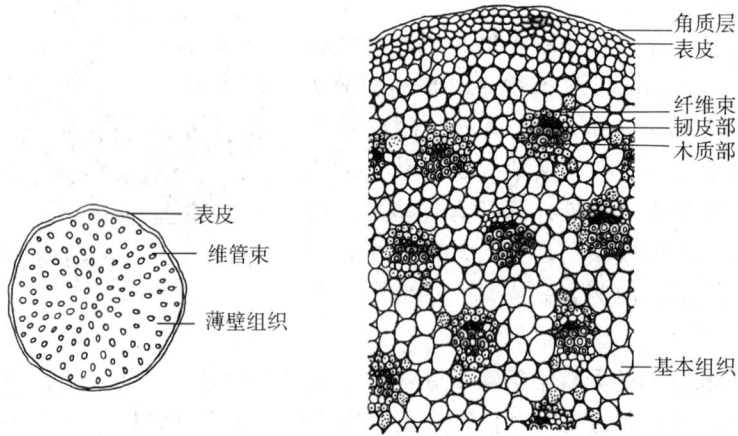

图 7 - 15　单子叶植物茎的构造（石斛茎的横切面）

另外，有些植物根状茎在皮层靠近表皮部位的细胞形成木栓组织，如生姜；有的皮层细胞转变为木栓化细胞，形成所谓"后生皮层"，以代替表皮行使保护功能，如藜芦。

第三节　叶

叶为植物的营养器官，由茎尖的叶原基分化发育而成，着生于茎节上，含叶绿素，能吸收光能、将二氧化碳和水合成有机物，是光合作用的场所，具有向光性。主要功能是光合作用、蒸腾作用，还有一定的吸收作用，少数还有贮藏或繁殖功能。

药用的植物叶称叶类中药，全叶药用的有银杏叶、桑叶、艾叶等。

一、叶的组成和形态

（一）叶的组成

叶由叶片、叶柄和托叶三部分组成（图 7 - 16）。三者俱全的叶称完全叶，如桃、梨、桑的叶；缺其中之一或二者，称不完全叶，如女贞、柴胡的叶无托叶，莴苣、荠菜的叶无叶柄，台湾相思树的叶既没有叶片，也无托叶，仅有由叶柄扩展成的叶状柄。

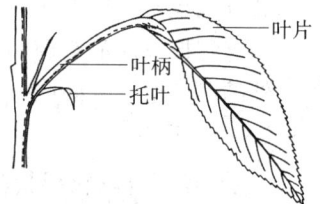

图 7 - 16　叶的组成

1. 叶片　一般为绿色的扁平体，分上表面（腹面）和下表面（背面）。叶片的形状、叶尖、叶基、叶缘等因种类的不同表现出极大的多样性。叶片中的维管束形成叶脉，起输导和支持作用，其中最粗大的叶脉称中脉或主脉，主脉的分枝称侧脉，其余较小的称细脉。

2. 叶柄　叶柄是连接叶片与茎的部分，常圆柱形、半圆柱形或扁圆柱形，常于腹面凹陷形成沟槽。叶柄有支撑叶片、输导叶片与茎间水分、无机盐和营养物质等功能。

3. 托叶　是叶柄基部的附属物，通常成对而生。托叶的形状和作用，也是多种多样的。有的与叶柄愈合成翅状，如玫瑰、蔷薇等；有的托叶小呈线状，如梨、桑等；有的托叶呈卷须状，如菝葜等；有的托叶呈刺状，如刺槐等；有的托叶很大呈叶片状，如豌豆等；有的托叶形状和大小与叶片几乎一样，只是托叶的腋内无腋芽，如茜草等；有些植物叶的两片托叶边缘愈合而成鞘状，包围着茎节的基部，称托叶鞘，如何首乌、荭草、辣蓼等。(图 7 - 17)

图 7 - 17　常见的几种托叶类型

(二) 叶片的形态

叶片具有多样的形态，随植物种类不同而异，一般同一种植物叶的形态是比较稳定的，有时也有差异，在分类上常为鉴别植物的依据。

1. 叶形　叶片的形状是根据叶片的长度和宽度的比例，以及最宽部位的位置来确定。叶片的长度占绝对优势，为线形、剑形等；若长度与宽度接近，或是略长一些，而最宽部位在叶片中部，为圆形、宽椭圆形或长椭圆形等；若最宽部位偏在叶片顶端，则成倒阔卵形、倒卵形和倒披针形等；若最宽部位偏在叶片的基部，则呈阔卵形、卵形和披针形等。据此，叶形主要有以下几种：针形，如松针叶等；线形，又称带形或条形，如韭、麦冬叶等；披针形，如柳、桃叶等；椭圆形，如芫花、刺槐叶等；卵形，如桑叶等；心形，如紫荆叶等；匙形，如车前草叶等；箭形，如慈菇叶等；盾形，如莲、蝙蝠葛叶等。(图 7 - 18)

2. 叶缘　即叶片的边缘。当叶片生长时，叶的边缘生长若以均一的速度进行，结果叶缘平整，为全缘叶；如果边缘的生长速度不均，有的部位较强烈，而另一些部位缓慢或很早就停止，使叶缘不平整，则呈各种不同的形态。常见的叶缘有：全缘，如女贞、樟叶等；波状，如茄、槲栎叶等；锯齿状，如茶、月季叶等。(图 7 - 19)

3. 叶尖　即叶片的顶端。叶尖的形状有多种，常见的有：钝形，如厚朴叶等；急尖，如金樱子、刺蓼叶等；渐尖，如何首乌等；倒心形，如酢浆草叶等；尾状，如尾叶香茶菜叶等。(图 7 - 20)

4. 叶基　即叶片的基部。常见的形状有多种。其中圆形、钝形、急尖、渐尖等与叶尖相似，所不同的只是出现在叶片基部。此外还有：心形，如紫荆叶；楔形，如悬铃木叶等；渐狭，如车前、一枝黄花叶等。(图 7 - 21)

针形　披针形　矩圆形　椭圆形　卵形　圆形　条形　匙形　扇形　镰形

肾形　倒披针形　倒卵形　倒心型　提琴形　菱形　楔形

三角形　心形　鳞形　盾形　箭形　戟形

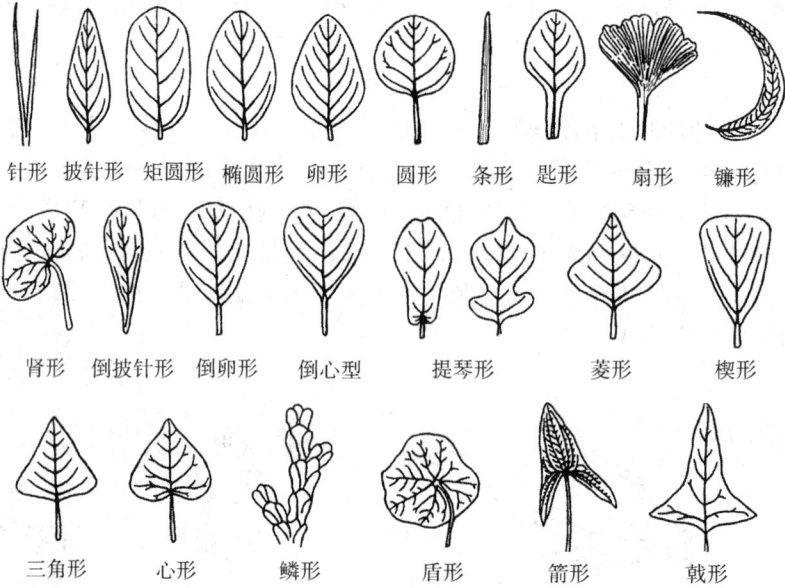

图 7 – 18　叶片的形状

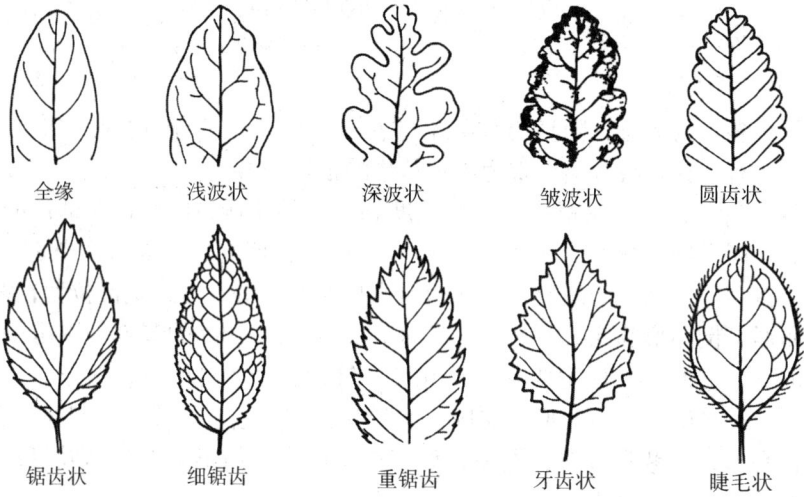

全缘　浅波状　深波状　皱波状　圆齿状

锯齿状　细锯齿　重锯齿　牙齿状　睫毛状

图 7 – 19　叶缘的形状

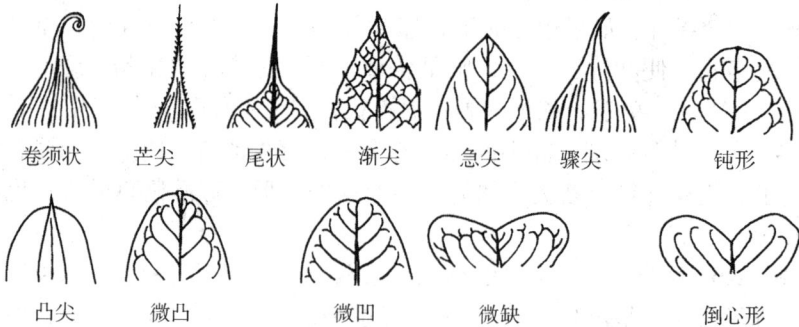

卷须状　芒尖　尾状　渐尖　急尖　骤尖　钝形

凸尖　微凸　微凹　微缺　倒心形

图 7 – 20　叶端的形状

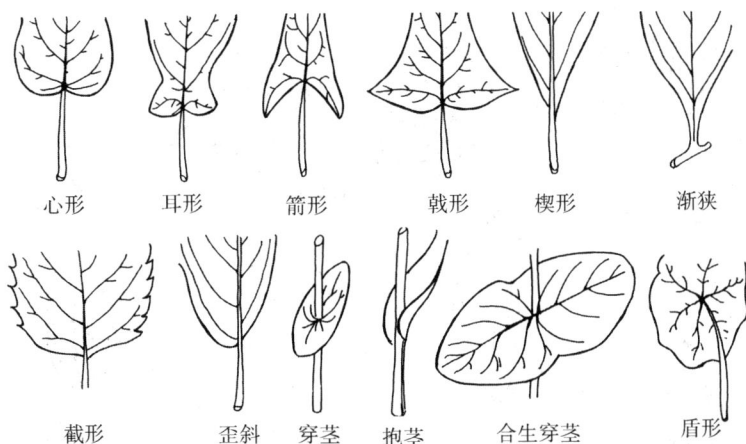

图 7-21　叶基的形状

5. 脉序　各级叶脉在叶片上的排列方式称脉序，主要有三种（图 7-22）。

脉序的类型	特征及植物
网状脉序	主脉明显，侧脉和细脉分枝形成网状，是双子叶植物叶脉的特征
羽状网脉	侧脉自主脉分出，似羽毛状，细脉仍呈网状。如枇杷叶、夹竹桃叶
掌状网脉	一对以上的侧脉自主脉基部分出，形如掌状，细脉也连结成网。如蓖麻叶、葡萄叶
平行脉序	主脉和侧脉自叶片基部发出，大致互相平行，至叶片顶端汇合，平行脉序是大多数单子叶植物叶脉的特征
射出平行脉	叶脉自叶片基部以辐射状态分出。如棕榈、蒲葵叶等
直出平行脉	各叶脉自基部平行直达叶尖的。如竹、玉米叶等
横出平行脉	有显著的中央主脉，侧脉垂直于主脉，彼此平行，直达叶缘，称侧出平行脉或羽状平行脉，如芭蕉、美人蕉叶等
弧形脉	叶片较宽而短，各叶脉从基部平行发出，彼此逐渐远离，稍作弧状，最后在叶尖汇合。如百部、玉簪叶等
分叉脉序	每条叶脉为多级二叉分枝，是较原始的脉序，常见于蕨类植物和少数裸子植物。如银杏等

6. 叶的质地

质地类型	特征及植物
草质	叶片薄而柔软。如薄荷、藿香等
革质	叶片稍厚而较坚韧，上面常有光泽。如枇杷叶等
膜质	叶片薄而半透明，如半夏；有的膜质叶干薄而脆，不呈绿色称干膜质，如麻黄的鳞片叶
肉质	叶片肥厚而多汁。如芦荟、垂盆草等

7. 叶的分裂　植物的叶片常是完整的或仅叶缘具齿或细小缺刻，但有些植物的叶片叶缘缺刻深而大，形成分裂状态，常见的叶片分裂有羽状分裂、掌状分裂和三出分裂三种。依据叶片裂隙的深浅不同，一般又可分为浅裂、深裂和全裂。裂隙深度不超

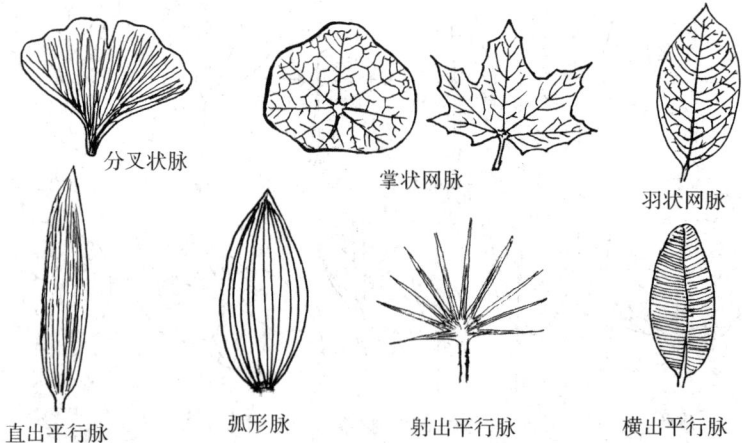

分叉状脉　　　　掌状网脉　　　　羽状网脉

直出平行脉　　　弧形脉　　　射出平行脉　　横出平行脉

图 7 - 22　叶缘的形状

过或约至整个叶片宽度的四分之一，称浅裂，如天仙子、曼陀罗叶等。裂隙深度超过整个叶片宽度的四分之一，称深裂，如蒲公英、老鹳草叶等。裂隙深度几乎达到主脉或叶柄顶部，称全裂，如荠菜、胡萝卜叶等。有些植物的叶片具有大小深浅不规则的裂片时，称为缺刻状，如菊叶。（图 7 - 23）

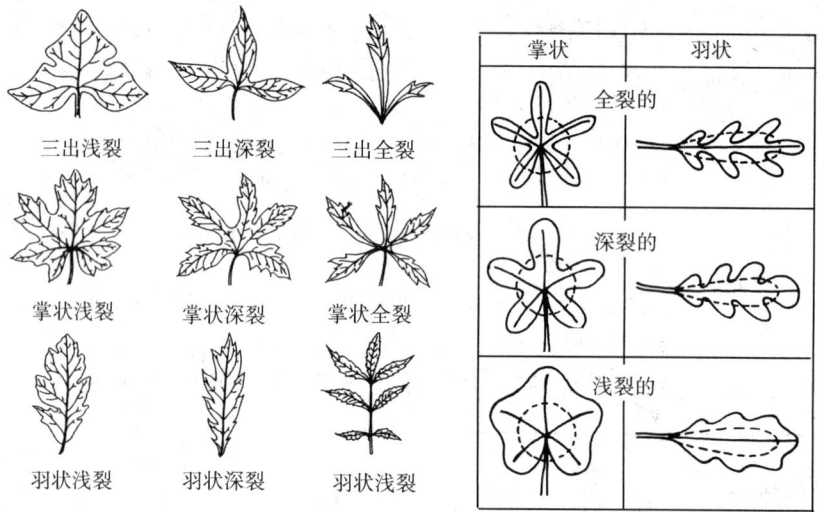

三出浅裂　　　三出深裂　　　三出全裂

掌状浅裂　　　掌状深裂　　　掌状全裂

羽状浅裂　　　羽状深裂　　　羽状浅裂

掌状	羽状
全裂的	
深裂的	
浅裂的	

图 7 - 23　叶片的分裂类型

8. 异形叶性　每一种植物一般只有特定形状的叶，但有些植物，在同一植株上的不同部位会形成不同形状的叶，这种现象称为异形叶性。人参叶 1 年生者为 1 枚三出复叶，2 年生者为一枚 5 小叶的掌状复叶，3 年生者为 2 枚 5 小叶的掌状复叶，4 年生者为 3 枚 5 小叶的掌状复叶，以后每年递增一枚 5 小叶的掌状复叶，最多可达 6 枚，以此可以判断 7 年以下人参的参龄。

二、叶的类型

根据叶柄上叶片的数量可将叶分为单叶和复叶。

（一）单叶

单叶是指一叶柄上只生一枚叶片，如枇杷、蓖麻、女贞、桃等多种植物的叶。

（二）复叶

复叶是指一个叶柄上生两枚以上的叶片。复叶的叶柄称为总叶柄，总叶柄上着生叶片的轴状部分称叶轴，复叶上的每片叶，称小叶，其叶柄称小叶柄。

全裂的单叶与小叶柄不明显的复叶之间有区别，即全裂叶各裂片之间的裂隙底部总是有或多或少的叶片缘。

根据小叶的数目和在叶轴上排列的方式，复叶有以下 4 种类型（图 7 - 24）。

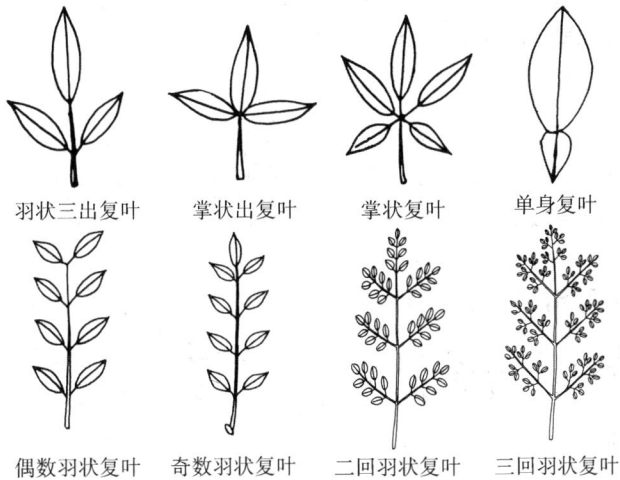

羽状三出复叶　　掌状出复叶　　掌状复叶　　单身复叶

偶数羽状复叶　　奇数羽状复叶　　二回羽状复叶　　三回羽状复叶

图 7 - 24　复叶的类型

1. 羽状复叶　多数小叶排列在叶轴的两侧像羽毛状，称为羽状复叶。

羽状复叶类型	特征及植物
奇数羽状复叶	叶轴顶部只具一片小叶的羽状复叶，小叶总数为奇数，其侧生小叶可互生或对生，如槐、蔷薇的叶等
偶数羽状复叶	叶轴顶部具有两片小叶的羽状复叶，小叶总数为偶数，如落花生、蚕豆、决明的叶等。
二回羽状复叶	叶轴作一次羽状分枝，形成许多侧生小叶轴，在每一小叶轴上又形成二级羽状复叶的羽状复叶。如云实、合欢的叶等。
三回羽状复叶	叶轴进行二次羽状分枝的羽状复叶，第二级羽状复叶亦称羽片和羽轴，第三级羽状复叶称小羽片和小羽轴。如南天竹、苦楝的叶等。

2. 三出复叶　叶轴上着生三片小叶，称为三出复叶。若顶生小叶具有柄的，称羽状三出复叶，如大豆的叶等。若顶生小叶无柄的，称掌状三出复叶，如酢浆草、半夏的叶等。

3. 掌状复叶　三片以上的小叶着生在叶轴的顶端，似从叶轴的顶端、呈掌状展开，称为掌状复叶，如鹅掌藤、鸭脚木、刺五加的叶等。

4. 单身复叶　由三出复叶退化形成的一种特殊形态的复叶，即叶轴顶端只有一片发达的小叶，侧生小叶退化，作翼（翅）状附着于叶轴的两侧，使整个外形看起来好像是一单叶，但顶生小叶与叶轴连接处有明显的关节，与真正的单叶是有区别的，故称为单身复叶，如柚、橙、柑橘的叶等。

📚 **知识链接**

复叶与具单叶的小枝条的主要区别在于复叶叶轴的先端没有顶芽，小叶的叶腋内没有侧芽，小叶与叶轴一般构成一平面，落叶时整个复叶由叶轴处脱落，或小叶先脱落，然后叶轴脱落；而小枝的先端有顶芽，每一单叶的叶腋内均有侧芽，单叶与小枝常成一定角度（叶镶嵌），小枝一般不脱落。

三、叶序

叶在茎上着生的次序，称叶序。叶序有五种基本类型：互生、对生、轮生、簇生和基生叶序。（图7-25）

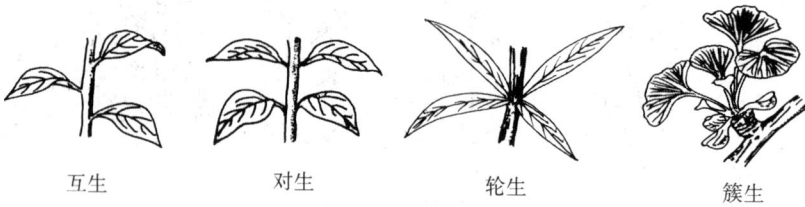

| 互生 | 对生 | 轮生 | 簇生 |

图7-25　叶序的类型

叶序类型	特征及植物
互生叶序	茎节上只生一片叶的叶，各叶交互而生，沿茎枝螺旋状排列，如桃、桑、柳等植物的叶序
对生叶序	每一茎节上相对着生二片叶的叶序，如女贞、薄荷、忍冬等植物的叶序。可分为交互对生和二列状对生等
轮生叶序	每一茎节上着生三或三片以上叶，并排成轮状的叶序，如夹竹桃、栀子、直立百部等植物的叶序
簇生叶序	两片或两片以上的叶成簇状着生在节间极为缩短的侧生短枝上所成的叶序。如银杏、落叶松等植物的叶序
基生叶序	茎极为短缩，节间不明显，叶生茎基，似从根上生出，如蒲公英、车前的叶丛等

![知识链接]

叶镶嵌：所有植物的叶序，相邻两节的叶总是不相遮盖，并成一定角度的夹角，形成镶嵌状态排列，这样所有叶片均能充分有效地接受阳光，有利于光合作用。这种同一枝上叶以镶嵌状态排列的现象，称为叶镶嵌。

四、叶的变态

叶的变态是指叶由于功能改变引起的形态和结构的变化，所形成的叶称变态叶。叶的变态主要有以下几种类型。

1. 苞片　着生于花或花序下面的变态叶，称苞片。其中花序外围或下面一至多层的苞片合称为总苞片；花序中每朵小花的花柄上或花萼下的苞片称小苞片。苞片一般较小，一至多数，排成一轮或数轮，常呈绿色，也有较大而呈其他颜色的，如天南星科植物的肉穗花序外面，常围有一片大型的苞片，称为佛焰苞，如马蹄莲的佛焰苞呈白色或乳白色，展开似花冠状，而菊科植物头状花序的总苞是由多数绿色的总苞片组成。

2. 鳞叶　特化或退化成鳞片状的叶，称为鳞叶。鳞叶有肉质和膜质二类：肉质鳞叶，肥厚，含有丰富的贮藏养料，可供次年发芽、开花用，也可食用或药用，如百合、贝母、洋葱等鳞茎上的肥厚鳞叶；膜质鳞叶，菲薄，干燥而脆，呈褐色，是退化的叶，常生球茎、根茎的节上，如麻黄的叶、洋葱鳞茎外层的包被及慈菇、荸荠球茎上的鳞叶等。

3. 叶刺　叶片或托叶变态成刺状，称叶刺，起保护作用或适应干旱环境，如小檗、仙人球的刺，是叶退化而成；刺槐、酸枣的刺是由托叶变态而成。根据来源及生长位置的不同，可以与刺状茎或皮刺（由茎的表皮向外突起所形成，位置不固定，常易剥落，如月季、玫瑰等）相区别。

4. 叶卷须　由叶片或托叶变态成纤细的卷须，称叶卷须，可借以攀援他物，如豌豆的卷须是由复叶顶端的小叶片变态而成，菝葜的卷须是由托叶变态而成。

另外还有特殊的捕虫叶，为捕食昆虫，以满足其对氮的需求，叶片形成囊状、盘状或瓶状等捕虫结构，上有许多能分泌消化液的腺毛或腺体，并有感应性，当昆虫触及时，立即能自动闭合或靠黏液，将昆虫捕获，再被消化液所消化。如捕蝇草、茅膏菜、猪笼草等的叶。（图7-26）

台湾相思树　　　　猪笼草　　　　捕蝇草

图 7-26　几种典型的变态叶

五、叶的内部构造

（一）双子叶植物叶的一般结构

一般双子叶植物叶片的上面（腹面）为深绿色，下面（背面）为淡绿色，而两面的内部结构也有较大的分化，称异面叶，如牡丹、杜仲叶等。有些植物的叶两面颜色相近，而叶片两面的内部结构也相似，称等面叶，如桉叶等。无论是异面叶还是等面叶，外部形态表现多种多样，但内部都有三种基本结构：表皮、叶肉和叶脉。（图7－27）

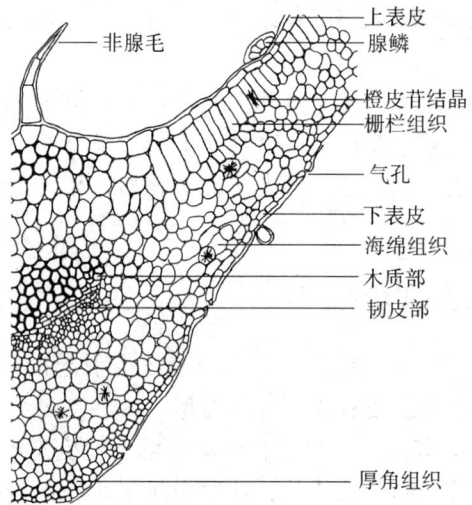

图 7－27　双子叶植物叶片（薄荷）横切面详图

1. 表皮　覆盖在整个叶片的最外层，位于腹面的为上表皮，位于背面的为下表皮。通常由一层生活细胞组成，也有少数植物，是由多层细胞组成，称为复表皮，如夹竹桃叶具有 2~3 层细胞组成的复表皮，印度橡胶树叶具有 3~4 层细胞组成的复表皮。表皮细胞中一般不具有叶绿体。叶的表皮细胞表面观一般呈不规则形，侧面（径向壁）凹凸不齐，细胞间彼此紧密嵌合，除气孔外没有间隙。横切面观，表皮细胞呈方形或长方形，外壁较厚，具角质层，有的角质层外，还有一层不同厚度的蜡质层。角质层的存在，起着保护作用，可以控制水分蒸腾，防止病菌侵入，但也有着不同程度的吸收能力。

叶的表皮具有较多的气孔，这是和叶的功能有密切联系的一种结构，它既是与外界进行气体交换的门户，又是水汽蒸腾的通道。气孔器的保卫细胞中含有叶绿体，在近气孔侧细胞壁增厚，细胞吸水膨胀时，因细胞壁的厚度不均，延展性不一，从而使气孔张开，失水则气孔关闭。

各种植物的气孔数目、位置和分布是不同的，这与生态条件也密切相关，也是生药显微鉴定的辅助依据之一。一般植物下表皮较多，如薄荷、洋地黄等叶；也有些植物，气孔只限于下表皮，如小檗、旱金莲、苹果叶等；还有些植物的气孔只限于下表皮的局部区域，如夹竹桃叶的气孔，仅存在凹陷的气孔窝内；浮水植物的气孔只限于上表皮，如莲、睡莲叶等；沉水叶一般没有气孔。

2. 叶肉　叶肉是上、下表皮之间的绿色组织的总称，是由含有丰富的叶绿体的薄壁细胞所组成，是植物进行光合作用的主要部分。

在异面叶中，叶肉组织明显地分化为栅栏组织和海绵组织两部分。栅栏组织位于上表皮之下，细胞呈圆柱形，其长径和上表皮相垂直，排列整齐，细胞间隙比较小，呈栅栏状，细胞内含有较多的叶绿体，而使叶上表面颜色较深。栅栏组织一般多为 1~2 列，有时有 3 列以上，因植物的种类和生态环境而异。在栅栏组织中，叶绿体的分布因光强而变化，强光下，叶绿体移向细胞侧壁，以减少受光面，避免热害；在弱光下，

图中标注：非腺毛　上表皮　腺鳞　橙皮苷结晶　栅栏组织　气孔　下表皮　海绵组织　木质部　韧皮部　厚角组织

叶绿体移向细胞外围，以增加受光面，保证光合作用正常进行。

知识链接

有的植物叶尖或叶缘的表皮上，还有一种类似气孔的结构，但它的保卫细胞分化不完全，没有自动调节开闭的作用，而长期张开着，称水孔。水孔通过通水组织（由一群排列疏松的薄壁小细胞组成）与脉梢的管胞相连接。当夜间或清晨空气湿度高，叶片的蒸腾微弱时，土壤温度又高于气温，植物体内过剩的水分，就从水孔中溢出，于是在叶尖、叶缘上集成水滴，这种现象称为吐水作用。在有的植物叶片的表面还常常有多样的表皮毛，有单细胞、多细胞、分支、星状和鳞片状等，还有的有分泌功能的腺毛和具有保护作用的螫毛等。表皮毛主要可以减少水分的蒸腾和免受动物的啃食等。表皮毛的有无和类型因植物的种类而异，这在分类及叶类生药显微鉴定时，常常是很有价值的鉴别特征。

海绵组织位于栅栏组织和下表皮之间，细胞呈不规则形状，排列疏松，细胞间隙发达，呈海绵状，细胞内含有较少的叶绿体，使叶下表面绿色较浅。

等面叶则由于叶片的两面受光的情况基本相似，因而内部叶肉组织的差异不大，即没有明显的栅栏组织和海绵组织的分化，或上、下两面都同样具有栅栏组织。如番泻叶、桉叶等。

上、下表皮气孔的内侧，叶肉组织形成较大的腔隙，称气孔下室，气孔下室与栅栏组织和海绵组织的细胞间隙互相连接，构成了叶片内部的通气系统，并通过气孔与外界相通，使叶肉细胞也能与空气直接接触，且接触面比叶片表皮与外界空气接触面积增大很多倍，扩大了叶肉细胞对 CO_2 的吸收。对于光合作用有着重要意义。

在生长季节，叶肉细胞中叶绿素含量高，类胡萝卜素的颜色被遮盖，叶色浓绿；秋天，植物逐渐进入休眠，叶绿素减少，类胡萝卜素的黄橙色使叶色变黄。另由于部分植物叶中花青素在细胞液中受 pH 变化而使叶呈红、紫等色。

3. 叶脉 叶脉是叶内的维管束，与叶柄维管束相连，它的内部结构，随叶脉的发育程度和植物种类的不同而异，主脉和大的侧脉，是由维管束和机械组织所组成，维管束和叶柄中一样，木质部位于腹面，韧皮部位于背面。在木质部和韧皮部之间还常具有形成层，不过活动期很短，只产生少量的次生组织。在维管束的上、下方常有多层机械组织，尤其下方的机械组织更为发达，因此，主脉和大的侧脉在叶片的背面常形成显著的突起。

随叶脉越分越细，结构也愈简化，先是形成层消失，然后机械组织逐渐减少，至完全没有，木质部和韧皮部的组成分子数目也逐渐减少，到达脉梢时，木质部仅有1~2个螺纹管胞，韧皮部仅有短狭的筛管分子和增大的伴胞，甚至由长型的薄壁细胞完成输导作用。

（二）单子叶植物叶的构造

单子叶植物的叶，多为等面叶，在外形上是多样的，在内部构造上，也具有表皮、

叶肉和叶脉三种基本结构，但有较多变化，并具有一些独特的组成和结构。这里以禾本科植物为例加以说明。（图 7 - 28）

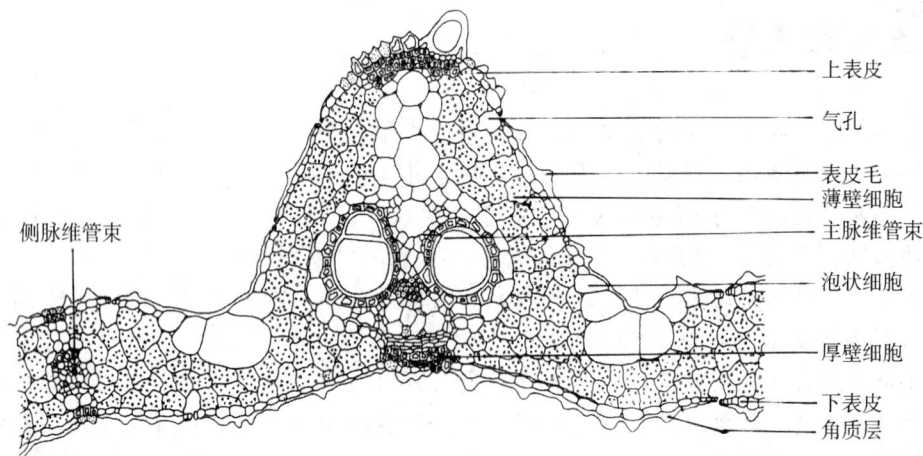

图 7 - 28　单子叶植物叶的结构（水稻）

1. 表皮　禾本科植物叶表皮的结构比较复杂，由表皮细胞、泡状细胞和气孔器等有规律地排列组成。表皮细胞有长细胞和短细胞两种类型，长细胞是构成表皮的大部分，其长径与叶的纵长轴平行，外壁角质化，而且硅质化，形成一些硅质的乳突；短细胞又分为硅质细胞和栓质细胞，硅质细胞向外突出如齿，细胞中常充满着硅质体，栓质细胞则细胞壁木栓化，细胞内常含有有机物质。长细胞与短细胞的形状、数目和相对位置，常因植物种类而异。

泡状细胞是大型细胞，壁较薄，有较大的液泡，不含或少含叶绿体，分布于相邻两个叶脉之间的上表皮，排列成若干纵列。在叶片横切面上，每组泡状细胞常呈扇形，中间的细胞最大，两旁的较小。泡状细胞与叶片的伸展、卷缩有关，又有运动细胞之称。

禾本科植物叶片的上、下表皮上有数目近相等的气孔器，而且成行排列。气孔器的两个保卫细胞呈狭长的哑铃状，细胞两端膨大成球形，壁薄、中部狭窄、壁特别厚。两个保卫细胞的外侧各有一个和一般表皮细胞形状完全不同，近似长棱形的副卫细胞，有时其内含物也不同，容易被误认为气孔器的一部分，但实际上副卫细胞是由气孔器侧面的表皮细胞衍生而来。

2. 叶肉　禾本科植物叶为等面叶，没有明显的栅栏组织和海绵组织分化，有时紧接在上、下表皮内侧的叶肉细胞往往比其余的叶肉细胞排列得有规则。叶肉细胞或呈典型的薄壁细胞状，如早熟禾本科植物；或细胞壁向内凹陷，成折迭状、分叉状或具臂状等。

3. 叶脉　叶脉内的维管束是有限外韧型维管束，与茎内的结构基本相似。较大维管束的上、下两端与上、下表皮间有厚壁组织，外有一或二层细胞组成的维管束鞘。

第四节 花

花是种子植物特有的繁殖器官，由茎尖的花原基分化发育形成，可通过传粉、受精作用，产生果实和种子，使种族得以繁衍。通常种子植物又称显花植物或有花植物。

花入药的情况有多种，其中有的是已开放的花，如洋金花、槐花、木棉花等；有的是花蕾，如金银花、槐米、辛夷等；有的为花的某部分，如莲须是雄蕊、玉米须是花柱、西红花是柱头、莲房是花托、蒲黄是花粉等；有的是花序，如菊花、旋覆花、款冬花等。花的形态和构造特征相对稳定，变异较小，因此，掌握花的形态和构造特征，对学习中药的原植物鉴定等均有重要意义。

一、花的组成和形态

花一般是由花梗、花托、花萼、花冠、雄蕊群及雌蕊群组成（图 7 - 29）。花梗是连接茎的小枝，花托是节间缩短的枝端，有支持花各部的作用。花萼、花冠、雄蕊群及雌蕊群着生于花托上，都是变态的叶。雄蕊群及雌蕊群是花中最重要的部分，执行生殖功能。花萼及花冠又合称花被，具有引诱昆虫传粉和保护等作用。

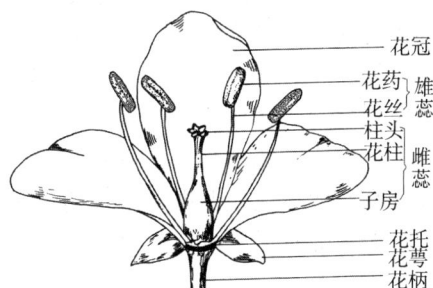

图 7 - 29 花的组成部分

（一）花梗

位于花的下部，连接茎节与花，支持花使其位于一定空间，并有输导作用。花梗常为绿色柱状，粗细、长短多样，有的很长，如莲等；有的很短或缺，如地肤、车前等。

（二）花托

花托位于花柄的顶端，稍膨大，花萼、花冠、雄蕊及雌蕊着生其上。花托一般成平坦或稍凸起的圆顶状；有的显著增大、凸起成圆锥状或圆头状，如悬钩子、草莓等；有的特别延长成圆柱状，而花被、雄蕊及雌蕊都螺旋式的排列在柱状花托的周围，如木兰、厚朴等；也有的中央部分下凹成杯状或瓶状，花被及雄蕊着生花托的周缘，雌蕊生底部，如桃、玫瑰等；还有个别植物的花托形态比较特殊，如莲的花托膨大成倒圆锥状；有些植物在花托顶部形成肉质增厚部分，呈平坦垫状、环状或裂瓣状等，称为花盘，如卫矛、芸香等。

（三）花被

花被是花萼和花冠的总称。当植物的花萼和花冠形态相似不易区分时都称花被，如百合、黄精、厚朴等。

1. 花萼 花萼生于花的最外层，通常呈绿色片状，称萼片，常有相对固定的数目，不同种类的植物数目不同，以3、4或5数多见。有些植物的萼片彼此分离，称离生萼，如毛茛、萝卜。有些植物的萼片互相连合，称合生萼，如丹参、地黄等，合生萼下部的连合部分称萼筒，上部分离的部分称萼齿或萼裂片。有的植物在萼片基部向外凸出形成一细管或囊状物，称为距，如旱金莲、凤仙花等。一般花凋谢后，花萼也枯萎或脱落。有的在花开放之前即脱落，称早落萼，如虞美人、白屈菜等。也有的花落以后仍不脱落，并随着果实增大，称为宿萼，如柿、茄子等。花萼通常排成一轮，有的在花萼之外有一层萼状物，称为副萼，如翻白草、棉花等。

不少植物的花萼，大而具色，像花冠，称瓣状萼，如乌头、铁线莲、飞燕草等。有些植物的花萼变态成半透明的膜质，如补血草、鸡冠花等。菊科多种植物的花萼变态成冠毛，如蒲公英、旋覆花等。

2. 花冠 花冠位于花萼的内侧，并与其交互排列，是花中最显眼的部分，常具有鲜艳的色彩。花冠由一定数目的花瓣组成，以3、4或5基数多见。有的花瓣彼此分离，称离瓣花冠，其花称离瓣花，如毛茛、玉兰等。有的花瓣互相连合，称合瓣花冠，其花称合瓣花，合瓣花下部较窄细的部分称花冠筒，上部不连合部分称花冠裂片，花冠筒与宽展部分的交界处称喉，如牵牛、桔梗等。

有些植物的花瓣基部也可形成囊状或管状的距，如紫花地丁、延胡索等。还有少数植物在花冠或花被上生有瓣状的附属物，称副花冠或副冠，如水仙等。

植物花冠常形成特定的形态，主要有以下几种。（图7－30）

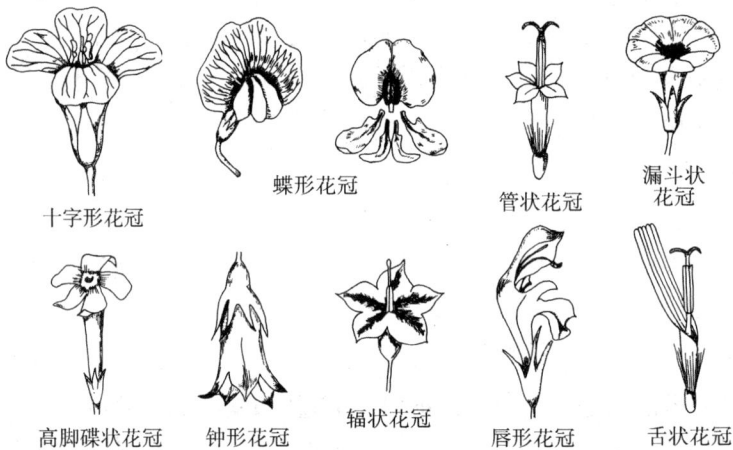

十字形花冠　　蝶形花冠　　管状花冠　　漏斗状花冠

高脚碟状花冠　　钟形花冠　　辐状花冠　　唇形花冠　　舌状花冠

图7－30　花冠的类型

花冠类型	花冠特点及植物
蝶形花冠	花瓣5枚，分离，排列似蝴蝶，上面的一枚在最外面，常较宽大，称旗瓣；侧面的两片较小，称翼瓣；最下面的两片上部常互相连接，并弯曲似船的龙骨，称龙骨瓣。如黄芪、甘草等
十字形花冠	花瓣4枚，分离，上部外展呈十字形。如菘蓝、白菜、芥菜等十字花科植物
唇形花冠	为合瓣花，花冠下部筒状，上半部成二唇状，上面两枚连成上唇，下面3枚连合成下唇。如益母草、黄芩、薄荷等

续表

花冠类型	花冠特点及植物
舌状花冠	花冠合生，下部连合成短管，上部开裂，并向一侧平展成舌状。如紫菀、蒲公英等
管状花冠	花冠筒较细长。如漏芦、野菊花等的盘花
高脚碟状花冠	花冠合生，下部细长管状，上部水平展开呈碟状，如长春花、迎春花等
钟状花冠	花冠筒宽而较短，上部裂片外展，形如古钟，如党参、风铃草等。如花冠筒更短阔，称杯状花冠，如柿树、铃兰等
漏斗形花冠	花冠管上部渐粗，上部外展似漏斗状，如甘薯、牵牛等
辐状或轮状花冠	花冠筒甚短而广展，裂片亦向四周开展，如龙葵、枸杞等
壶状或坛状花冠	花冠合生，花冠筒靠下部分胀大成圆形或椭圆形，上部收缩成一短颈，顶部裂片向外展，如君迁子、石楠等

3. 花被的卷叠式 花被片之间的排列形式及关系，称花被卷迭式。在花蕾即将绽开时较明显，易于分辨。常见的有以下类型（图7－31）：

卷叠式类型	特征及植物
镊合状	花被各枚的边缘互相接触，但不彼此压覆，如桔梗的花冠。如各枚的边缘稍向内弯，称为内向镊合，如臭椿的花冠。如各枚的边缘稍向外弯，称为外向镊合，如蜀葵的花萼
旋转状	花被各枚边缘均依次互相压覆，每枚都是一边在内，一边在外，如夹竹桃、栀子的花冠
覆瓦状	花被各枚边缘依次互相压覆，但有1枚两边完全在内，1枚两边完全在外的，如紫草、三色堇的花冠
重覆瓦状	与覆瓦状相似，但有两枚边缘完全覆盖于外，两枚完全被压覆于内的，如桃、杏等的花冠

镊合状　内向镊合状　外向镊合状　旋转状　覆瓦状　重覆瓦状

图7－31　花被的卷叠式

（四）雄蕊群

雄蕊群是一朵花中全部雄蕊的总称。雄蕊的数目一般与花瓣同数或为其倍数，最少的只有1枚雄蕊，如大戟属，有的为花瓣数的两倍以上，多达数十或百枚以上，如桃金娘科植物等。数目在10枚以上的称雄蕊多数。

1. 雄蕊的组成 雄蕊着生于花被内方的花托上或贴生于花冠上，通常由花丝、花药组成。

（1）花丝 为雄蕊下部细长的柄状部分，基部生于花托上，上部生花药；有的成扁平状，如草乌；有的上部分叉，如某些桦树；有的被毛或腺体，如樟等；有的特别发达，为花中最显著的部分，如合欢；也有的特别短小，以至不易分辨，如细辛、半夏等。

（2）花药 花药生花丝顶端，一般为稍扁的椭圆形或近球形，常黄色。花药通常由四个或二个花粉囊或药室组成，分为左右两半，中间由药隔相连。雄蕊成熟时，花药自行裂开，散发出花粉粒。

花药在花丝上着生的方式常有多种类型。(图 7-32)

花药着生方式	特征及植物
基着药	花药的底部着生在花丝的顶端。如茄、莲等
背着药	花药背部近中间部分着生于花丝上。如马鞭草、杜鹃等
丁字着药	背着的花药而成横向排列，与花丝成丁字状。如卷丹、石蒜等
个字着药	花药下部叉开，上部与花丝相连而成个字状。如地黄、无梗五加等
广歧着药	花药左右两半完全分离平展，与花丝成垂直状。如一些唇形科植物

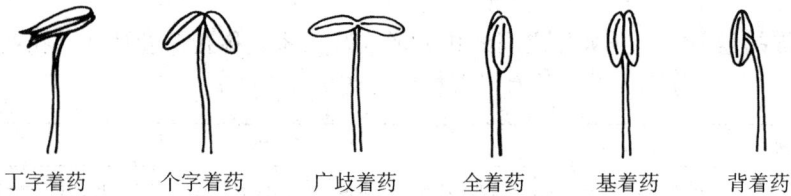

丁字着药　　个字着药　　广歧着药　　全着药　　基着药　　背着药

图 7-32　花药的着生形式

2. 雄蕊的类型　植物种类不同，花中雄蕊的数目、形态及排列方式等也不同，据此雄蕊常可分为以下类型（图 7-33）。

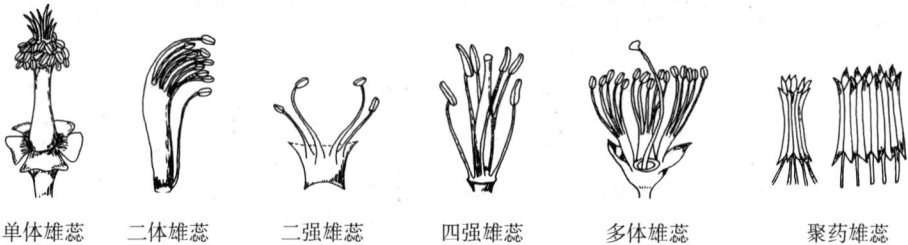

单体雄蕊　　二体雄蕊　　二强雄蕊　　四强雄蕊　　多体雄蕊　　聚药雄蕊

图 7-33　雄蕊的类型

雄蕊类型	特征及植物
单体雄蕊	雄蕊的花丝愈合在一起，连成筒状，只有花药分离。如棉、朱槿等
二体雄蕊	雄蕊的花丝分别连成二束，花药彼此分离。如大豆、甘草等雄蕊群共有 10 枚雄蕊，其中 9 枚连成一体，另外 1 枚单成一体；如延胡索、紫堇等雄蕊群有 6 枚雄蕊，每 3 枚连在一起，成为二束
多体雄蕊	雄蕊多数，花丝分别连合组成多束，花药分离。如金丝桃等
聚药雄蕊	雄蕊花药互相连合，而花丝彼此分离。如向日葵、蒲公英等
二强雄蕊	雄蕊 4 枚，其中两枚较长，两枚较短。如薄荷、益母草等
四强雄蕊	雄蕊 6 枚，排成两轮，外轮两枚较短，内轮 4 枚较长，如萝卜、芥菜等

少数植物全部雄蕊的花丝变态成瓣状，如花唐松草。有的植物大部雄蕊发生变态，花药退化，没有花丝与花药的区别而呈艳丽颜色的瓣状，如姜、美人蕉等。还有些植物部分雄蕊不具花药，或仅留痕迹，称不育雄蕊或退化雄蕊，如鸭跖草等。

知识链接

花粉中含有丰富的蛋白质、人体必需的氨基酸、多种维生素、100多种活性酶、脂类、多种矿物质、微量元素，还有激素、黄酮、有机酸等，对人体有良好的营养保健作用，并对某些疾病有一定的辅助治疗作用。

但有些花粉有毒（花蜜也有毒），如马钱科钩吻、百合科藜芦、毛茛科乌头、罂粟科博落回、卫矛科雷公藤、杜鹃花科闹羊花等。也有的花粉不但有毒，还易引起人体变态反应，产生气喘、枯草热等花粉疾病，如木麻黄科的木麻黄、桑科的葎草、苋科的野苋菜、楝科的苦楝、大戟科的蓖麻、菊科黄花蒿等植物的花粉。

（五）雌蕊群

雌蕊群是一朵花中全部雌蕊的总称。

1. 雌蕊的组成　雌蕊位于花的中心部分，包括子房、花柱、柱头三部分。子房是雌蕊基部膨大的囊状部分，其底部着生于花托上，有圆球状、椭圆状、卵状、圆锥状、三角锥状等形状，表面平或具棱沟、光滑或被毛。花柱常为柱状体，有的具不同形态的分枝；有的甚至没有明显的花柱；也有的插生于纵向深裂的子房基底，称花柱基生，如丹参、益母草等；还有少数雄蕊与花柱合生成柱状体，称合蕊柱，如马兜铃、春兰等。柱头在花柱的顶端，有头状、棒状、盘状、羽状、凹陷等形态，表面多不光滑，有分泌黏液的功能，以利花粉的固着及萌发，少数植物的柱头特别膨大呈瓣状，如马蔺、藏红花等。

花柱及柱头除在形态上有不同变化外，其结构都比较简单，而子房结构较复杂。

2. 雌蕊的类型　雌蕊由心皮构成，心皮是一种变态的有生殖作用的叶。心皮通过边缘内卷愈合形成雌蕊，每个心皮的边缘部分称腹缝，愈合后形成腹缝线，腹缝线处生有1、2以至多数胚珠，背面中间（相当叶片中脉部分）称背缝线。根据构成雌蕊的心皮数目，雌蕊分为以下类型（图7-34）。

（1）单雌蕊　植物在一朵花中只有1个雌蕊，其由1个心皮构成，如杏、大豆等。

（2）离生心皮雌蕊　植物在一朵花中由多数离生的心皮构成的雌蕊，如八角茴香、毛茛、覆盆子、五味子等。

（3）复雌蕊　一朵花中由2个以上心皮彼此连合构成一个雌蕊，称为复雌蕊，也称合生心皮雌蕊，如连翘、龙胆等是2心皮的复雌蕊；蓖麻、石斛等是3心皮的复雌蕊；白松、柳兰等是4心皮的复雌蕊；凤仙花、亚麻等是5心皮的复雌蕊；罂粟、马兜铃、柑橘等则是5个以上心皮的复雌蕊。组成复雌蕊的心皮数可以由柱头或花柱的分裂数、子房上的主脉数以及子房室数等来确定。

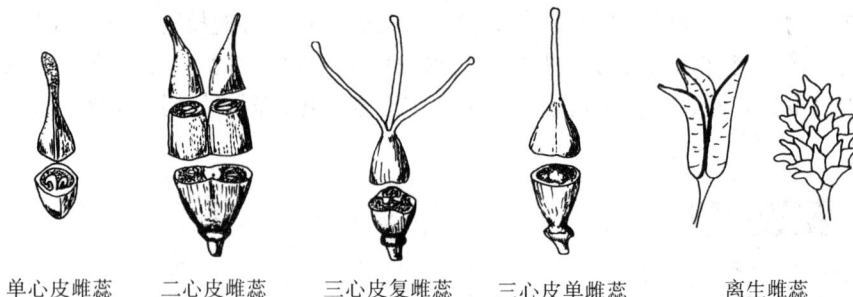

| 单心皮雌蕊 | 二心皮雌蕊 | 三心皮复雌蕊 | 三心皮单雌蕊 | 离生雌蕊 |

图 7 - 34　雌蕊的类型

有少数植物的雌蕊退化或发育不全，在花中仅留一残迹，不能执行生殖功能，称为退化雌蕊或不育雌蕊，如桑的雄花中即常有退化雌蕊残迹。

3. 子房的位置　由于花托的形状不同，子房在花托上着生的位置及其与花被、雄蕊之间的关系也不同，常有以下三种类型（图 7 - 35）。

| 子房上位（下位花） | 子房上位（周位花） | 子房半下位（周位花） | 子房下位（上位花） |

图 7 - 35　子房的位置简图

子房位置	子房特点、花位及及植物
子房上位	花托扁平或凸起，子房只有底部与花托相连，花的其他部分着生在子房下方的花托上，其花称为下位花，如葡萄、茄等；若花托中央下凹，略呈杯状，子房底部着生于杯状花托的中心，而四周游离，仍属于子房上位，花的其他部分着生在杯状花托的边缘，位于雌蕊的周围，此类花称周位花，如桃、梅等
子房半下位	子房着生在凹下的花托之中，下半部与花托愈合，上半部及花柱、柱头外露或游离，其花称为周位花，如马齿苋、桔梗等
子房下位	子房全部被下凹的花托包裹并愈合，其花称上位花，如人参、当归等。

4. 子房的室数　子房呈膨大的囊状，外面是由心皮围绕形成的子房壁，壁内的小室称子房室，子房室的数目据雌蕊的种类不同而异，单雌蕊、离生心皮雌蕊的子房为单室；复雌蕊的子房有的腹缝线相互连接而围成 1 个子房室，有的连接后又向内卷入，在子房的中心彼此相互结合，心皮一部分形成子房壁，一部分形成隔膜，把子房分隔成与心皮数目相同的子房室，此外还有少数植物产生假隔膜，使子房的数目多于心皮数，如某些茄科植物等。

5. 胎座的类型　胚珠在子房内的着生的部位称胎座，一般有以下几种类型（图 7 - 36）。

胎座类型	特征及植物
边缘胎座	由 1 心皮构成 1 室，胚珠着生于腹缝线上。如甘草、黄芪等
侧膜胎座	由多心皮连合构成 1 室，胚珠着生于腹缝线。如南瓜、栝楼等

续表

胎座类型	特征及植物
中轴胎座	由多心皮连合构成多室，各心皮边缘向中央伸入形成一个轴，胚珠着生于轴上。如百合、枸杞等
特立中央胎座	复雌蕊多室子房的隔膜消失成1室，胚珠着生于中轴上的胎座。如石竹、报春花、车前等
基生胎座	子房1室，胚珠着生在子房室基部。如胡桃、大黄、向日葵等
顶生胎座	子房1室，胚珠着生在子房室顶部。如桑、杜仲等

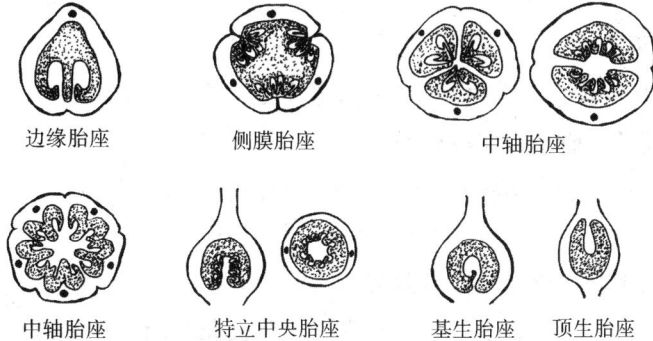

边缘胎座　　　侧膜胎座　　　　　中轴胎座

中轴胎座　　　特立中央胎座　　基生胎座　顶生胎座

图 7-36　胎座的类型

6. 胚珠的构造及类型　胚珠是将来发育成种子的部分，着生在子房室内的胎座上。

（1）胚珠的构造　胚珠一般呈椭圆状或近圆状，有一短柄，称珠柄，与胎座相连，维管束从胎座通过珠柄进入胚珠。多数被子植物胚珠的外面具有两层包被，称珠被，在外的一层称外珠被，在内的一层称内珠被。裸子植物及少数被子植物只具有一层珠被，如胡桃科植物。还有少数植物根本不具珠被，如檀香科植物。珠被之内为珠心，它是由许多细胞构成的实体，珠心内部产生胚囊，一般发育成熟的胚囊有1个卵细胞、2个助细胞、3个反足细胞和1个中央大细胞（2个极核）等，常称为七细胞八核胚囊。珠心顶端为珠被所包围处有一小孔，称珠孔，受精时花粉管经此到达珠心。珠柄的末端与珠被、珠心基部汇合的部位，称合点。

（2）胚珠的类型　由于胚珠各部生长速度不同而有不同的变化，一般常形成以下几种类型（图 7-37）。

胎珠类型	特征及植物
直生胚珠	胚珠各部均匀生长，珠柄较短，位于下端，而珠孔位于相对的一端，珠柄、合点及珠孔三者在一条直线上，并与胎座成垂直状态，称直生胚珠，如三白草科、胡椒科及蓼科植物等
弯生胚珠	与直生胚珠基本相似，合点仍在下方，接近珠柄，上半部一侧生长快，一侧生长慢，生长快的一侧向慢的一侧弯曲，珠孔也弯向珠柄，整个胚珠近肾状，如十字花科及某些豆科植物等
横生胚珠	胚珠在生长时，一侧生长快，一侧生长较慢，珠柄位于下部，整个胚珠横列，合点与珠孔之间的直线约与珠柄垂直，如玄参科、茄科中的某些植物
倒生胚珠	胚珠一侧生长快，一侧生长慢，胚珠向生长慢的一侧弯转，约达180°，胚珠倒置，珠孔靠近珠柄，而合点位于另一端，珠孔与合点的连接线与珠柄大体平行。这是最常见类型，如蓖麻、百合等

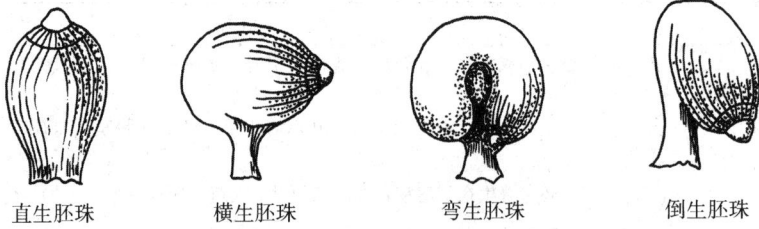

| 直生胚珠 | 横生胚珠 | 弯生胚珠 | 倒生胚珠 |

图 7 - 37　胚珠的类型

二、花的类型

植物的花具有丰富的多样性，一般可以按下述几方面来分类。

（一）按照花的组成是否完整分类

1. 完全花　具有花萼、花冠、雄蕊群和雌蕊群的花称完全花。；

2. 不完全花　缺少其中一部分或几部分的花称不完全花。

（二）按照花中有无花萼与花冠分类

1. 重被花　有花萼和花冠的花称重被花（双被花），例如萝卜、玫瑰、栝楼、丝瓜等。

2. 单被花　花萼和花冠不分化的花称单被花，不少单被花颜色鲜艳，花被瓣状，如铁线莲、白头翁、百合、石蒜等。

3. 无被花　花萼及花冠均不存在时，称无被花或裸花，如金粟兰、胡椒、杨柳、杜仲等。

（三）按照花中有无雄蕊和雌蕊分类

1. 两性花　一朵花中雄蕊和雌蕊都存在的花称为两性花，如木兰、石竹、花生、贝母等。

2. 单性花　只有雄蕊或雌蕊的花称为单性花，其中只有雄蕊的称雄花，只有雌蕊的称雌花；对单性花植物，雄花及雌花共同生长在同一植株上，称雌雄同株或单性同株，如胡桃、蓖麻、冬瓜、玉蜀黍等；雄花、雌花分别在不同的植株上，称雌雄异株或单性异株，如桑、大麻、杨、柳等；只具雄花的植株称雄株，只具雌花的称雌株；

3. 无性花　花中的雄蕊和雌蕊都退化或发育不全，称无性花或中性花，又称不育花，如八仙花花序周围的花，小麦小穗顶端的花等。

若在同一植株上既有两性花，也有单性花或在同种的不同植株上分别具有单性花或两性花的现象称为杂性，单性花与两性花同时存在于同一植株上的又称为杂性同株，如朴树；单性花与两性花分别于不同的植株上的称杂性异株，如臭椿。

（四）按照花冠的对称方式分类

1. 辐射对称花　花被呈辐射状排列，各片形态大小近似，通过花的中心可作几个对称面，这种花称为辐射对称花，也称整齐花，如毛茛、荠菜等。

2. 两侧对称花　花被各片形态大小不同，通过花的中心只能作一个对称面的花，称两侧对称花，也称不整齐花或左右对称花，如扁豆、薄荷、石斛等。

3. 不对称花 通过花的中心不能作出对称面的花称不对称花，如美人蕉、缬草等。

三、花程式

为了简化对花的文字描述，用字母、数字和符号来表示植物花各部分的组成、数目、排列方式和彼此关系的公式称花程式。

1. 以字母代表花的各部 一般是用花部拉丁名的第一个字母大写来代表，P 为花被，K 为花萼（为德文单词首字母），C 为花冠，A 为雄蕊，G 为雌蕊。

2. 以符号表示花的情况 "＊"表示为辐射对称的整齐花，"↑"表示为左右对称的不整齐花，"♀"表示雌性花，"♂"表示雄性花，"☿"表示两性花，两性花也可不表示，"（ ）"表示合生，不加括号则表示为离生，"＋"意为与、和，表示花部排列的轮数关系，"$\underline{G}$表示子房上位，"$\overline{G}$"表示子房下位，在 G 上面和下面都有一横线时，表示子房半下位。

3. 以数字表示花各部的数目 直接用数字 1、2、3……写在代表字母的右下方来表明各轮花部的数目，数目在 10 个以上或不定数者以"∞"表示，如退化或不存在时以"0"表示。雌蕊右下方的三个数字间用"："相连，分别表示心皮数、子房室数和每室胚珠数等。

例如：

桑的花程式为：♂P_4A_4；♀$P_4\underline{G}_{(2:1:1)}$

表示桑为单性花，雄花花被4枚，分离，雄蕊4枚，分离；雌花花被4枚，雌蕊子房上位，2心皮合生，子房1室，每室1枚胚珠。

百合的花程式为：☿＊$P_{3+3}A_{3+3}\underline{G}_{(3:3:\infty)}$

表示百合为两性整齐花，花被分两轮，每轮3枚；雄蕊6枚，亦分两轮，每轮3枚；雌蕊子房上位，3心皮，3心室，每室胚珠多数。

扁豆的花程式为：☿↑$K_{(5)}C_5A_{(9)+1}\underline{G}_{(1:1:\infty)}$

表示扁豆为两性两侧对称花，花萼5，连合；花瓣5，分离；雄蕊10枚，二体，其中9枚连合，1枚分离；雌蕊子房上位，1心皮，1心室，每室胚珠多数。

桔梗的花程式为：☿＊$K_{(5)}C_5A_\infty\overline{G}_{(3:5:\infty)}$

表示桔梗花为两性整齐花，花萼5枚，连合；花冠5枚，分离；雄蕊多数，分离；雌蕊子房下位，5心皮，5心室，每室胚珠多数。

四、花序

花在花轴上排列的方式，称花序，大多数植物的花按一定方式有规律地排列在花枝上形成花序。有些植物的花单生于枝的叶腋处或枝顶，称单生花，如玉兰、牡丹、木槿等。

花序下部的梗称花序梗，又称总花梗，总花梗向上延伸成为花序轴或称花轴，花序轴可以不分枝或再分枝成小花轴。花序上的花称小花，小花的柄称小花柄，小花柄及总花梗下面的苞片分别称小苞片和总苞片。无叶的总花梗称花葶。

花序常分成无限花序和有限花序二大类。（图7-38）

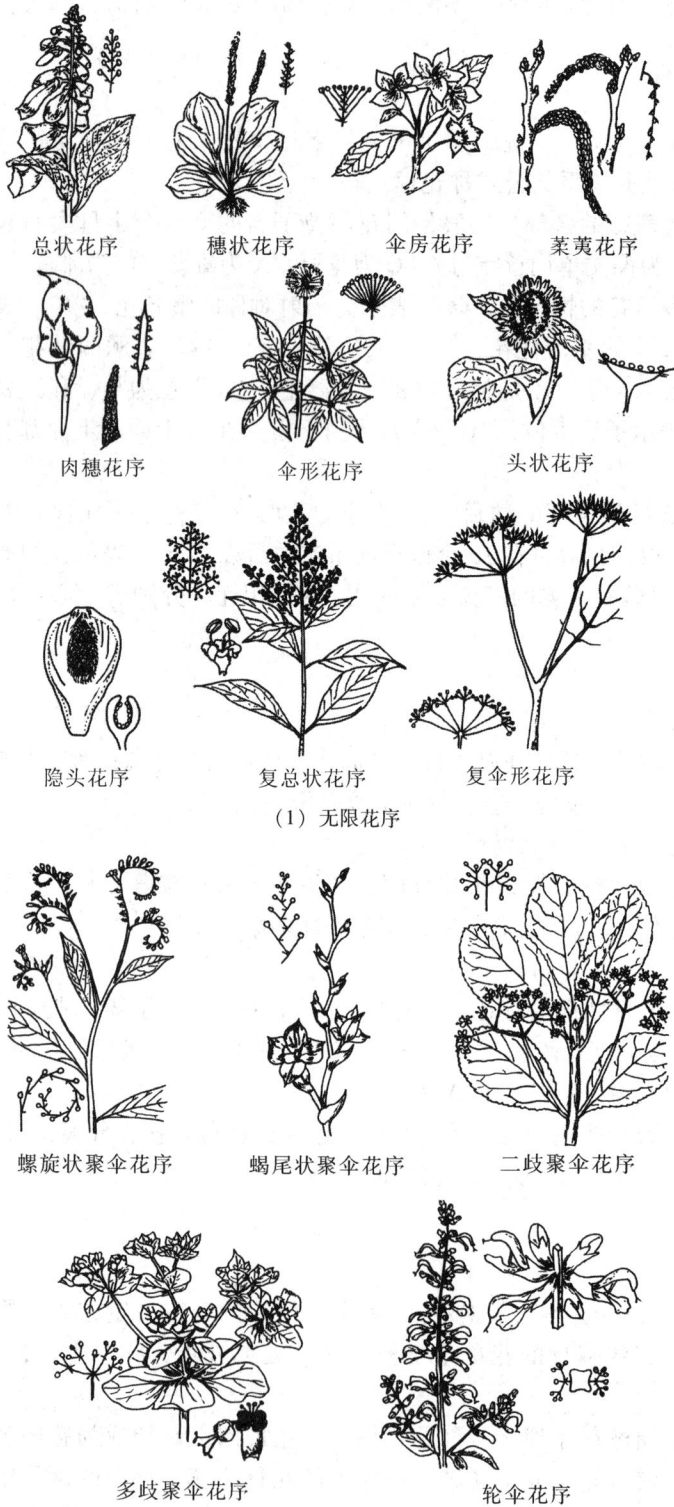

总状花序　　　穗状花序　　　伞房花序　　　葇荑花序

肉穗花序　　　　伞形花序　　　　头状花序

隐头花序　　　复总状花序　　　复伞形花序

（1）无限花序

螺旋状聚伞花序　　蝎尾状聚伞花序　　二歧聚伞花序

多歧聚伞花序　　　　轮伞花序

（2）有限花序

图 7-38　花序的类型

（一）无限花序

开花期内，花序轴顶端可以继续伸长，产生新的花蕾。开花顺序是从下逐步向上开放。如果花序轴缩短，小花密集，则先从外缘开始，而后向中心开放，这种花序称无限花序。

无限花序类型	特征及植物
穗状花序	花序轴细长，小花无柄，螺旋排列于花轴的周围。如车前、牛膝等的花序；另有部分花序轴短缩，且具多数大型苞片，整个花序近球状，称为球穗花序。如律草的雌花序
荑荑花序	花序轴柔软，整个花序下垂，小花无柄，且为单性、单被或无被等不完全花，常整个花序脱落。如胡桃的雄花序、白杨等的花序
肉穗花序	与穗状花序略同，花序轴肉质粗大，上密生多数无柄、不完全的小花，花序外面常具一大型苞片，称佛焰苞。是天南星科植物主要特征
头状花序	花序轴极短缩，膨大成头状或盘状，上密生多数无柄花，外围生有多数苞片组成的总苞。如菊花、紫菀、向日葵等的花序
隐头花序	花序轴膨大内凹成中空囊状体，内壁隐生多数无柄单性小花。如无花果、薜荔等的花序
总状花序	花序轴细长，小花柄近等长，如油菜、刺槐等的花序
伞房花序	小花排列略似总状花序，小花柄不等长，下部长，向上逐渐缩短，花序上的花几乎排在同一平面上。如绣线菊、山楂等的花序
伞形花序	花序轴缩短，在总花梗顶端着生许多小花柄近等长的小花，整个花序似张开的伞。如刺五加、人参等的花序

总状花序、穗状花序、伞形花序、伞房花序、头状花序的花序轴还可分枝，组成较复杂的复总状花序、复穗状花序、复伞形花序、复伞房花序、复头状花序。

（二）有限花序

有限花序与无限花序相反，由于顶生小花首先开放，花序轴顶端不能继续延长，整个花序从上向下、从内向外开放，又称聚伞花序。主要有以下几种。

有限花序类型	特征及植物
单歧聚伞花序	花序轴顶端1花先开放，后在其下部主轴一侧发出一分枝，生一小花，如此继续多次，称单歧聚伞花序。如果轴下分枝均向同一侧排列，称螺旋状聚伞花序，如附地菜、勿忘我等。如果轴下分枝左右交替排列，称蝎尾状聚伞花序，如射干、唐菖蒲等
二歧聚伞花序	花序顶端1花先开放，后在其下主轴两侧发出二个等长的分枝，枝顶各生1花，如此继续多次，称二歧聚伞花序。每一个3出小枝，称小聚伞，如白杜、杠柳等。如果花序轴、小聚伞的小轴及小花柄均很短，小花密集，称密伞花序，如剪夏罗、紫茉莉等。如果小轴及小花柄短到几近无柄，小花密集如头状，称团伞花序，如山茱萸属、假卫矛属中的一些植物
多歧聚伞花序	花序轴顶端1花先开放，在花序轴周围生有三个以上分枝，每一分枝又以同样方式分枝，称多歧聚伞花序。若花序轴下面生有杯状总苞，则称杯状聚伞花序（大戟花序），如大戟、甘遂等
轮伞花序	有些植物在茎节两侧对生叶的叶腋处，各具一个多花的密伞花序，成轮状排列于茎的周围，如益母草、夏枯草等

花序的类型常随植物种类而异。有的植物的花序既有无限花序又有有限花序的特征，称混合花序，如葡萄、七叶树的花序轴呈无限式，但生出的每一侧枝为有限的聚

伞花序，特称为聚伞圆锥花序或聚伞花序圆锥状。

第五节　果实和种子

果实是被子植物开花、传粉、受精后，由雌蕊的子房或连同其相连部位发育形成的特殊结构。果实包括果皮和种子两部分。果皮包被着种子，有保护和散布种子的作用。

中药中以果实或果实某部入药的情况多种，有的以整个果实入药，如枸杞子、瓜蒌、马兜铃、连翘、乌梅、木瓜等；有的以外层果皮入药，如陈皮、橘红，有的以果实维管束入药，如橘络、丝瓜络等。

一、果实

（一）果实的发育与结构

1. 果实的发育　被子植物的花，经过传粉和受精后，花萼、花冠一般脱落，雄蕊及雌蕊的柱头、花柱枯萎，子房发育成果实，胚珠发育形成种子。由子房发育形成的果实称真果，如桃、杏、柑橘、枸杞等。除子房外，花托、花萼、花序轴等参与形成的果实，称假果，如苹果、梨由下位子房连同花萼筒发育而成的假果，无花果是由膨大的囊状花序轴参与形成的假果，菠萝是由花序轴等参与形成的假果。

也有少数植物的雌蕊不受精而发育成果实，称单性结实，这类果实无种子，称无子果实。单性结实若是自发形成的，称自发单性结实，如香蕉和无籽葡萄；也有些是通过人为诱导形成的，称诱导单性结实。无子果实除由单性结实形成外，也可能是受精后胚珠发育受阻而成；还有些无子果实则是由四倍体和二倍体植物进行杂交，产生不孕性的三倍体植株形成的，如无子西瓜。

2. 果实的结构　果实由果皮和种子组成，果皮分外、中、内三层，有的植物三层果皮比较明显，如桃、梅等，外果皮薄膜质，中果皮厚肉质，内果皮硬骨质；有的植物果皮分层不明显，如苹果，外果皮和中果皮均为肉质，不易分辨，内果皮为硬膜质；还有的果实，果皮菲薄与种皮愈合不易区别，如禾本科植物的颖果。

知识链接

果实在成熟过程中，由于叶绿素的分解，胡萝卜素或花青素等的积累，果实由绿色转变为黄绿、黄、红、橙等颜色。有的果实因内部合成醇类、脂类和羧基化合物等芳香性物质而散发香气。同时因原有的单宁、有机酸减少，糖分增多，致使涩、酸味减少，甜味明显增加。

不少鲜果采收后还有一段后熟过程，这是指果实离开植株后的成熟现象，是由采收成熟度向食用成熟度过度的过程。也可进行人工催熟。

（二）果实的类型

根据果实来源、结构和果皮特性等，果实可分为单果、聚合果和聚花果三大类。

1. 单果　由一个心皮或多心皮合生雌蕊所形成的果实称单果，分干果和肉果两类。

（1）干果　果实成熟时果皮干燥，根据成熟后开裂或不开裂，分裂果和不裂果（闭果）。（图7-39）

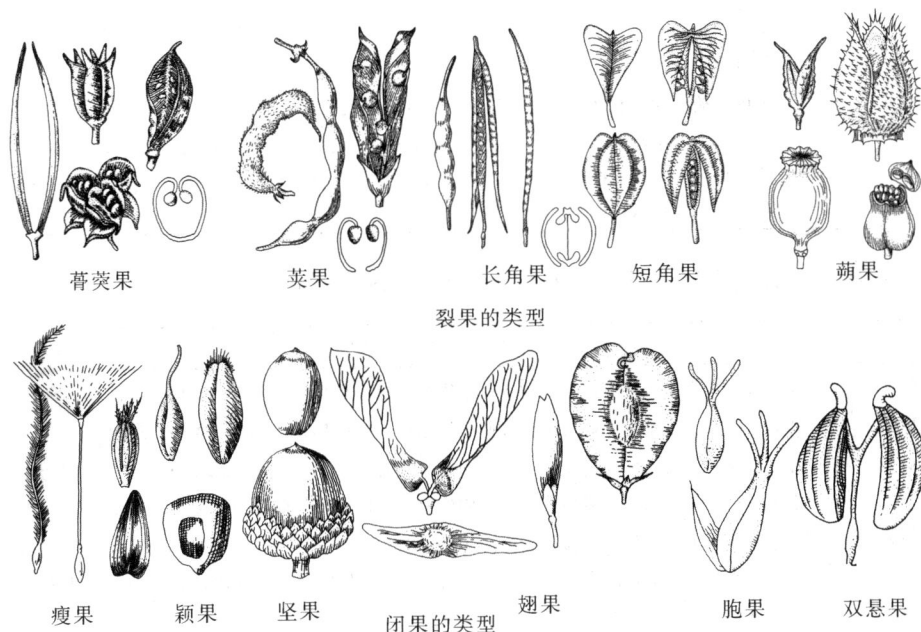

| 蓇葖果 | 荚果 | 长角果 | 短角果 | 蒴果 |

裂果的类型

| 瘦果 | 颖果 | 坚果 | 闭果的类型 | 翅果 | 胞果 | 双悬果 |

图7-39　干果的类型

裂果类型	特征及植物
蓇葖果	由1个心皮发育成，成熟后沿腹缝线或背缝线开裂。由1朵花中1个心皮形成的蓇葖果，如淫羊藿、银桦等；1朵花中两个离生心皮则形成两枚蓇葖果；如杠柳、徐长卿等；1朵花中多个离生心皮则形成聚合蓇葖果。如芍药、牡丹、辛夷等
荚果	由1心皮发育成，成熟时由腹缝钱和背缝线两边开裂，为豆科植物所特有；如扁豆、赤豆等。有些不开裂，如花生、紫荆、皂荚等；有的种子间具节，成熟时一节一节断裂，如含羞草、山蚂蝗、小槐花等
角果	由2心皮合的子房发育形成的果实，合生处生出隔膜——假隔膜，将1室子房分为2室，成熟后，果皮从两侧腹缝线开裂、脱落，假隔膜仍留在果柄上。为十字花科的特征，分长角果和短角果。长角果长为宽的多倍，如芥菜、油菜等；短角果的长与宽近等长，如荠菜、独行菜等
蒴果	由合生由皮复雌蕊发育形成的果实，是最多的一类。成熟时开裂的方式有：纵裂（又称瓣裂）：果实沿长轴方向开裂；孔裂：果实顶端呈小孔状开裂，种子由小孔散出，如罂粟、虞美人、桔梗等；盖裂：沿果实中部或中上部呈环形横裂，中部或中上部果皮呈盖状脱落，如马齿苋、车前、莨菪等；齿裂：顶端呈齿状开裂，如王不留行、瞿麦等

不裂果类型	特征及植物
坚果	果皮坚硬，内含一粒种子，如板栗、白栎等；有的较小，果皮光滑、坚硬，称小坚果，如薄荷、益母草、紫草等
瘦果	果皮薄，稍韧或硬，内含 1 粒种子，成熟时果皮与种皮分离，为最普通的一种。如向日葵、蒲公英等
胞果	单粒种子的果实，果皮薄，膨胀疏松地包围种子，极易与种子分离，如牛膝、青葙等
颖果	单粒种子的果实，果皮薄并与种皮愈合，不易分离，如稻、麦、玉米等，为禾本科植物所特有
翅果	果皮一端或周边延伸成翅状，为单粒种子的果实，如杜仲、榆等
双悬果	由 2 心皮合生雌蕊，下位子房发育形成的 2 个分果，2 个分果的顶端分别与二裂的心皮柄的上端相连，心皮柄的基部与果柄的顶端相接，每个分果中有一种子，如当归、小茴香等。为伞形科植物所特有

（2）肉果　果皮肉质多汁，成熟时不开裂。（图 7 - 40）

肉果类型	特征及植物
浆果	外果皮薄，中果皮、内果皮肉质多汁，内有 1 至多粒种子。如葡萄、番茄、枸杞、柿等
核果	外果皮较薄，中果皮肉质，内果皮坚硬，木质，形成果核。如桃、杏、乌梅等
柑果	外果皮较厚，革质，内含多数油室；中果皮疏松海绵状，具多分枝的维管束，与外果皮界限不明显；内果皮膜质，分离成多室，内生有许多肉质多汁的毛囊。如橙、柚、柑橘等
梨果	多为 5 心皮，下位子房与花托共同形成的一种假果。外果皮薄，中果皮肉质（外、中果皮由花托形成），内果皮坚韧（由心皮形成），常分隔为 5 室，每室常含 2 粒种子。如苹果、梨、山楂等
瓠果	由 3 心皮，下位子房与花托共同形成的假果。外果皮坚韧，中果皮及内果皮肉质，为果实的可食部分。如南瓜、葫芦、西瓜，为葫芦科所特有的果实类型

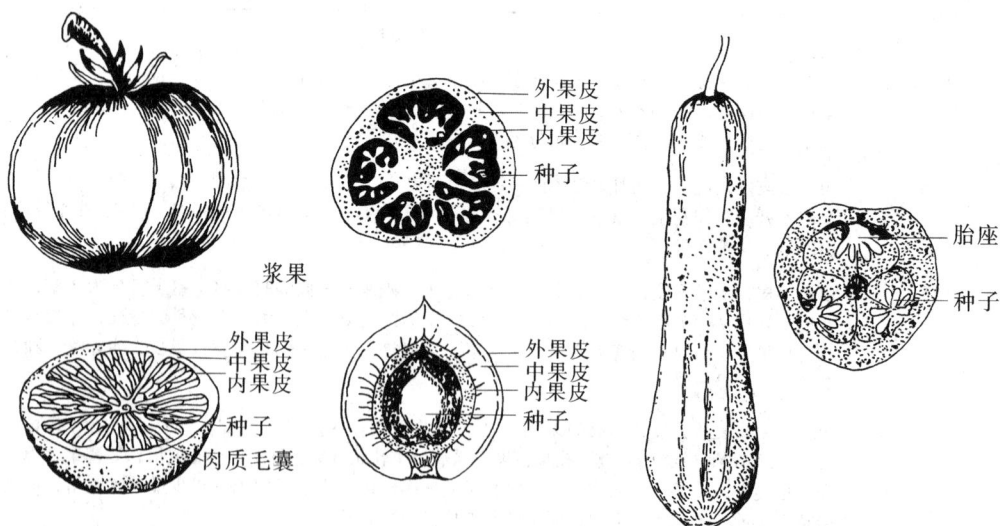

图 7 - 40　肉果

2. 聚合果 是一朵花中许多离生心皮雌蕊的子房分别形成的小果聚集在同一花托上形成的果实，根据小果类型不同可分为以下几种（图7-41）。

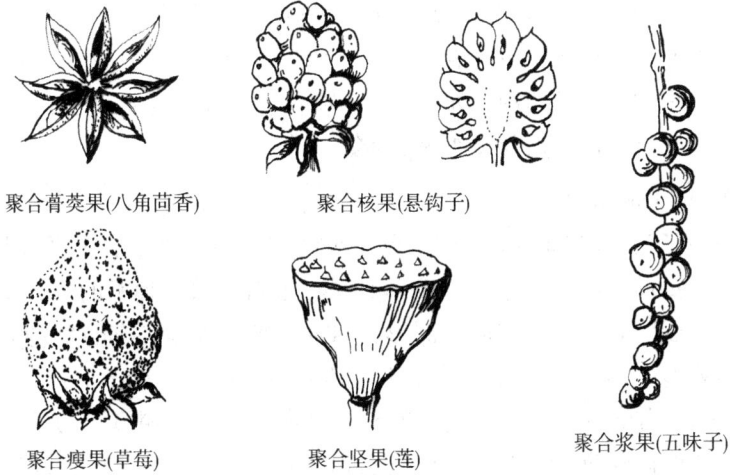

聚合蓇葖果(八角茴香)　　　聚合核果(悬钩子)

聚合瘦果(草莓)　　　聚合坚果(莲)　　　聚合浆果(五味子)

图7-41　聚合果

聚合果类型	特征及植物
聚合蓇葖果	由许多蓇葖果聚生而成，如乌头、芍药、厚朴、八角等
聚合瘦果	由许多瘦果聚生而成，如毛茛、白头翁等。另外蔷薇、金樱子这类聚合瘦果，为蔷薇科、蔷薇属特有，特称蔷薇果
聚合浆果	由许多浆果聚生在延长或不延长的花托上，如五味子等
聚合坚果	由许多坚果嵌生于膨大、海绵状的花托中，如莲等
聚合核果	由许多核果聚生于突起的花托上，如悬钩子属植物的果等

3. 聚花果 是由整个花序发育成的果实，又称花序果、复果等。如桑椹，由桑的雌花序发育而成，每小花发育成一小果，包于肥厚多汁的花萼中，可食部分为花萼；又如菠萝，由凤梨的花序轴肉质化而成；再如无花果等桑科榕属植物所形成的复果，由内陷成囊状的花序轴肉质化而成。（图7-42）

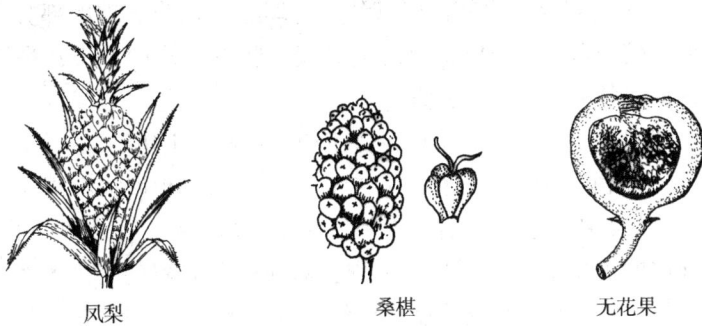

凤梨　　　桑椹　　　无花果

图7-42　聚花果（复果）

91

二、种子

种子是种子植物特有的器官，是新一代孢子体的雏体，是由胚珠受精后发育而成。种子中多含丰富的营养物质，包括有蛋白质、脂肪、糖类等，可为胚的发育提供充足的养料。很多植物种子可供药用，如：杏仁、桃仁、酸枣仁、牵牛子、槟榔、菟丝子、马钱子等，还有的以假种皮入药，如龙眼肉等。

（一）种子的形态特征

不同植物种子具有不同的大小、形状、色泽、表面纹理等，大的如椰子的种子，直径可达 15~20cm，小的如白及、天麻的种子，呈粉尘状。种子的形状差异较大，有的呈肾形，如大豆、菜豆等；有的呈圆形，如豌豆、油菜等；有的呈扁平状，如蚕豆等；有的呈椭圆形，如落花生等；另外还有其他多种形状。种子的颜色也各有不同，有的为纯一色的，有的具杂色，如蓖麻的种子有彩色斑纹，相思子的种子脐点端为黑色，另一端为红色；有的种子表面光滑有光泽；有的粗糙或具纹理、皱褶等；有的具有毛茸、翅等。种子形态特征的多样性，是鉴别植物种类以及种子类药材的重要依据。

（二）种子的组成

种子由种皮、胚乳和胚三部分组成。

1. 种皮　位于种子的外围，起保护种子内部各部分的作用。种皮由珠被发育而成，但在许多植物中，珠被的一部分在胚发育过程中被胚吸收，因而只有一部分珠被细胞发育成种皮。单珠被发育的种皮只有一层。双珠被通常发育成内外两层种皮，外层一般比较坚韧，由外珠被发育而成，称为外种皮；内层一般较薄，由内珠被发育而成，称为内种皮。在种皮上常可见到下列各种构造。

（1）种脐　为种子成熟后从种柄或胎座上脱落后留下的疤痕，通常呈圆形或椭圆形。

（2）种孔　胚珠形成种子后，珠孔即成为种孔。种子萌发时多由种孔吸收水分，胚根从此孔伸出。

（3）种脊　为种脐到合点之间的隆起线，是联结珠柄与胚珠的部分。由倒生胚珠形成的种子，种脊较明显，如蓖麻；由弯生或横生胚珠形成的种子，种脊较短或不明显；由直生胚珠形成的种子，则无种脊。

（4）合点　即胚珠的合点，种皮的维管束通常在此点汇集。

（5）种阜　有些植物种子的外种皮，在珠孔处由珠被扩展为海绵状突起物，将种孔掩盖，称种阜，具有吸水作用，有利于种子萌发，如蓖麻、巴豆的种子。

有些植物种皮的表皮上有附属物，如柳、棉种皮上的表皮毛。此外，有的种子在种皮外方尚有假种皮，它是由珠柄或胎座延伸发育而形成的，且多为肉质，如龙眼肉、荔枝肉、肉豆蔻衣、苦瓜和卫矛种子外方的红色假种皮等；有的呈菲薄的膜质，如豆蔻、砂仁等。

2. 胚乳　位于种皮内方、胚的周围，通常呈白色。胚乳细胞中含丰富的营养物质，如淀粉、蛋白质、脂肪等，在种子萌发时供作胚的养料。有些植物成熟种子中无胚乳，营养物质贮存在子叶中。

3. 胚　胚是种子未发育的植物体雏形，包藏于种皮和胚乳内。胚由以下几部分组成。

（1）胚根　是幼小未发育的根，顶端为生长点和覆盖其外的幼期根冠，其位置总是对着种孔。当种子萌发时，胚根从种孔处伸出，发育成植物的主根。

（2）胚轴　又称胚茎，是连接胚根、子叶和胚芽的短轴。

（3）胚芽　为胚的顶端未发育的地上枝，包括生长锥以及数片幼叶和叶原基，种子萌发后发育成植物的地上茎和叶。

（4）子叶　其数目在被子植物中相当稳定，很多种类是胚中代替胚乳吸收或贮藏养料的结构，占胚的较大部分，如大豆、花生等。双子叶植物种子中具 2 枚子叶，如：巴豆、白扁豆等；单子叶植物种子具 1 枚子叶，如天麻、薯蓣等；裸子植物的种子具 2 至多枚子叶，如：银杏具 2 ~ 3 枚子叶、松树具多枚子叶等。

（三）种子的类型

被子植物的种子常依据胚乳的有无有下列两种类型。

1. 有胚乳种子　种子内具有较发达胚乳的种子，称为有胚乳种子。这类种子由种皮、胚乳和胚三部分组成，大部分单子叶植物及少量双子叶植物种子属此，如蓖麻、小麦、稻、玉蜀黍等的种子。（图 7 - 43）

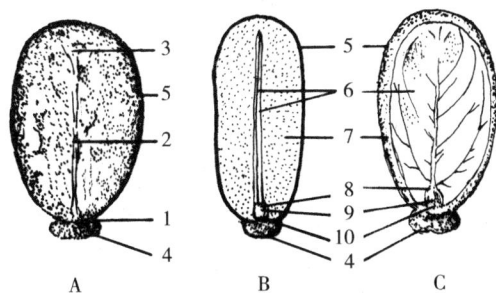

图 7 - 43　有胚乳种子（蓖麻）
A. 外形　B. 与子叶垂直面纵切　C. 与子叶平行面纵切

1. 种脐　2. 种脊　3. 合点　4. 种阜　5. 种皮　6. 子叶
7. 胚乳　8. 胚芽　9. 胚轴　10. 胚根

2. 无胚乳种子　种子内不具有胚乳的种子，称无胚乳种子。这类种子由种皮和胚两部分组成。有的可有极少量胚乳细胞存在，但通常不为人们所注意。无胚乳种子的形成过程为胚在发育时，胚乳被胚全部吸收，并将营养物质贮藏在子叶中，所以种子成熟后就没有胚乳或仅残留一薄层，而成为无胚乳种子。无胚乳种子常有发达的子叶，大部分双子叶植物及少量单子叶植物属此，如菜豆、大豆、杏仁、南瓜子、向日葵、泽泻、慈菇等。（图 7 - 44）

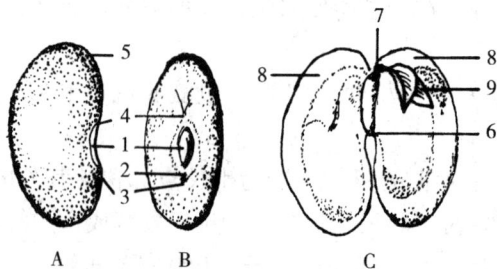

图 7 - 44　无胚乳种子（菜豆）

A. B. 菜豆外形　C. 菜豆的构造剖面

1. 种脐　2. 种脊　3. 合点　4. 种孔　5. 种皮
6. 胚根　7. 胚轴　8. 子叶　9. 胚芽

职业对接 ∙∙∙

学习本门课程主要从事以下工作：医院、药店的中药调剂员，医药公司的中药材采购员、中药饮片厂、中药厂等的中药鉴别的相关岗位，岗位要求掌握药材的性状特征、鉴别药材真伪，学好了植物器官根、茎、叶、花、果实与种子性状特征，能很好的鉴别中药材真伪优劣，为胜任以上相关岗位打下基础。

目标检测

一、填空题

1. 主根是由_____发育而来。

2. 根尖可分为_____、_____、_____和_____四部分。

3. 豌豆的根系类型是_____；玉米的根系类型是_____。

4. 贮藏根的类型有_____、_____、_____、和_____。

5. 根的变态类型有_____、_____、_____、_____和_____。

6. 依茎的生长习性可分为_____、_____、_____、_____和_____；依茎的质地可分为_____、_____、和_____三个类型。

7. 常见的地下茎可分为_____、_____、_____和_____四类。

8. 完全叶具有_____、_____和_____三部分。

9. 复叶依小叶的数目和排列方式可分为_____、_____、_____和_____四类。

10. 叶序的类型有_____、_____、_____和_____四种。

11. 叶的变态有_____、_____、_____和_____四类。

12. 一朵完整的花可分为_____、_____、_____、_____、_____和_____六部分。

13. 花萼与花冠合称为_____。

14. 雄蕊是由_____和_____两部分组成。

15. 雌蕊是由_____、_____和_____三部分组成。

16. 雄蕊依其数目、长短、离合情况分为 _____、_____、_____、_____、_____、_____ 几种类型。十字花科植物的雄蕊为 _____，唇形科植物的雄蕊为 _____，豆科植物的雄蕊为 _____，菊科植物的雄蕊为 _____。

17. 胚珠分为 _____、_____、_____、_____ 类型。

18. 根据胚珠在子房内着生的部位，将胎座分为 _____、_____、_____、_____ 和 _____。

19. 重被花是具有 _____ 和 _____ 的花。

20. 在花程式中，K 代表 _____，C 代表 _____，A 代表 _____，G 代表 _____。

21. 草莓的主要可食部分是 _____；西瓜的主要可食部分是 _____；菠萝的主要可食部分是 _____。

22. 果实依据来源和结构不同分为 _____、_____ 和 _____。

23. 肉质果有 _____、_____、_____ 和 _____。

24. 种子是由 _____、_____ 和 _____ 组成。

25. 胚是由 _____、_____、_____ 和 _____ 构成。

26. 种子可分为 _____ 和 _____ 两种类型。

二、单项选择题

1. 红薯自茎节上产生的不定根为
   A. 圆柱根   B. 块茎   C. 圆球根   D. 块根

2. 由种子的胚根发育而来的根称为
   A. 不定根   B. 块根   C. 气生根   D. 定根

3. 天麻的药用部位是
   A. 块根   B. 块茎   C. 肉质根   D. 根状茎

4. 榕树自树干长出倒垂下来的根为
   A. 水生   B. 寄生   C. 攀援根   D. 气生根

5. 半夏的入药部位是
   A. 根茎   B. 球茎   C. 块茎   D. 鳞茎

6. 主干明显，高达 5 米以上的木本植物为
   A. 灌木   B. 乔木   C. 亚灌木   D. 木质藤本

7. 一个年轮通常包括一个生长季内形成的
   A. 春材和秋材   B. 边材和心材   C. 春材和早材   D. 秋材和心材

8. 中药厚朴在采集时，是从树干的哪一部分剥离的
   A. 皮层   B. 木栓形成层   C. 形成层   D. 周皮

9. 何首乌的托叶变态为
   A. 叶状   B. 翅状   C. 刺状   D. 膜质鞘状

10. 每茎节上着生二片叶的叶序是
    A. 互生   B. 对生   C. 轮生   D. 簇生

11. 瓠果是下列哪科的主要特征
    A. 桔梗科   B. 葫芦科   C. 毛茛科   D. 菊科

12. 下列植物的花冠为蝶形花冠的是

　　　A. 十字花科　　　B. 豆科　　　C. 菊科　　　D. 桑科

13. 牵牛共的花冠类型是

　　　A. 钟状　　　B. 舌状　　　C. 高脚碟状　　　D. 漏斗状

14. 豌豆具有 10 枚雄蕊，其中 9 枚的花丝连合，一枚分离，其雄蕊类型为

　　　A. 单体雄蕊　　　B. 多体雄蕊　　　C. 二体雄蕊　　　D. 二强雄蕊

15. 下列哪一个不是无限序花序

　　　A. 头状花序　　　B. 圆锥花序　　　C. 聚伞花序　　　D. 柔荑花序

16. 四强雄蕊共有（　　）雄蕊，二强雄蕊的雄蕊数目是

　　　A. 4 枚　　　B. 10 枚　　　C. 6 枚　　　D. 8 枚

17. 以下植物花序属于复伞形花序的是

　　　A. 当归　　　B. 灵芝　　　C. 油菜　　　D. 向日葵

18. 花中雌蕊由 1 枚心皮组成，胎座着生于腹缝线上，这种胎座为

　　　A. 侧膜胎座　　　B. 边缘胎座　　　C. 基生胎座　　　D. 中轴胎座

19. 不属于表皮附属物的是

　　　A. 腺毛　　　B. 非腺毛　　　C. 气孔　　　D. 皮孔

20. 萝卜的果实属于

　　　A. 荚果　　　B. 角果　　　C. 坚果　　　D. 颖果

21. 荔枝、龙眼等果实的可食部位是

　　　A. 中果皮　　　B. 内果皮　　　C. 假种皮　　　D. 胚乳

22. 下列植物的果实为聚合果的是

　　　A. 橘子　　　B. 八角茴香　　　C. 菠萝　　　D. 梨

23. 下列植物中具有无胚乳种子的是

　　　A. 小麦　　　B. 玉米　　　C. 大豆　　　D. 蓖麻

第八章
植物分类基础知识

学习目标

1. 掌握被子植物门的主要特征。
2. 掌握双子叶植物纲和单子叶植物纲的区别特征。
3. 熟悉桑科、蓼科、毛茛科、木兰科、蔷薇科、豆科、芸香科、五加科、伞形科、唇形科、桔梗科、菊科、禾本科、百合科、姜科、兰科等重点科的主要科特征。
4. 了解植物分类方法及系统。

第一节　植物分类概述

世界上植物大约有五十万种，植物的多样性构成了绚丽多彩的大千世界，植物为我们提供了天然食物、天然保健食品、天然色素、天然甜味剂、天然药物等，我们日常生活和医疗保健等各方面与植物密切相连。植物分类学是研究植物界不同类群的起源、探索植物相互之间的亲缘关系以及进化发展规律的学科。掌握植物分类学的原理和方法，对天然药物进行分类鉴定、研究和合理开发具有重要意义。

一、植物分类的等级

植物分类的主要等级有：界、门、纲、目、科、属、种。在各等级单位之间，有时因范围过大包含种类过多，不能完全包括其特征或系统关系，一般在各等级后设立亚级单位，如亚门、亚纲、亚目、亚科、亚属、亚种等。

种：是生物分类的基本单位。是具有一定的自然分布区、一定的形态特征和生理特性的生物类群，在同一种中的各个个体具有相同的遗传性状，彼此交配（传粉受精）可以产生能育的后代，种是生物进化和自然选择的产物。

现以甘草为例示其分类等级如下：

界　　植物界 Regnum vegtabile

门　　被子植物门 Angiospermae

纲　　　双子叶植物纲 Dicotyledoneae

目　　　　豆目 Leguminosales

科	豆科 Leguminosae
亚科	蝶形花亚科 Papilionoideae
属	甘草属 *Glycyrrhiza*
种	甘草 *Glycyrrhiza uralensis* Fisch

二、植物的命名

植物的种类繁多，且随着各个国家语言和文字的不同，各有其习用的植物名称。即使在一个国家内，同一植物在各地区也各有其不同的名称，因而出现同物异名，同名异物现象，造成了识别和利用植物的障碍，为了交流、识别和利用植物的便利，"国际植物命名法规"规定植物的种名采用统一的科学名称，简称"学名"，用两个拉丁词表述，即林奈 1753 年所倡用的"双名法"。如果采用其他文字的语音时，必须使之拉丁化。种名的第一个词是"属"名，是学名的主体，必须是名词，用单数第一格，且第一个字母必须大写；第二个词是"种加词"，是形容词或者是名词的第二格，第一个字母不大写。如形容词作种加词时必须与属名（名词）同性同数同格。最后附定名人的姓名或其缩写，且第一个字母必须大写。如：

1. 荔枝　　　*Litchi*　　*chinensis*　　　　Sonn
　　　　　（属名）　（种加词）　　（定名人姓名缩写）
2. 掌叶大黄　*Rheum*　*palmatum*　　　　　L.
　　　　　（属名）　（种加词）　　（定名人姓名缩写）
3. 桔梗　　　*Platvcodon*　*grandiflorum*　　A. DC.
　　　　　（属名）　（种加词）　　（定名人姓名缩写）

种以下的分类单位，在学名中通常用缩写，如亚种用 subsp. 或 ssp. 、变种用 var. 、变型用 f. 等表示。如此学名由属名＋种加词＋亚种（变种或变型）加词组成，如：

（1）紫花地丁 *Viola philippicd* Cav. ssp. *munda* W. Beck.
（2）山里红 *Crataegus pinnatifida* Bge. var. *major* N. E. Br.

三、植物的分类方法及系统

植物的分类系统有分人为分类系统、自然分类系统两类。人为分类系统仅就形态、习性、用途上的不同进行分类，往往用一个或少数几个性状作为分类依据，而不考虑亲缘关系和演化关系。现代被子植物的自然分类系统常用的有两大体系。一个是以德国植物学家恩格勒（A. Engler）和勃兰特（K. Prantl）为代表的系统，另一个是英国植物学家哈钦松（J. Hutchinson）为代表的系统。

知识链接

科学的发展，使分类学出现新的分支，有形态分类学、植物解剖分类学、超微结构分类学、细胞分类学、数值分类学、化学分类学，实验分类学、分子分类学等。

四、植物分类检索表

检索表的编排形式有定距式、平行式和连续平行式三种，现以植物分门的分类为例，介绍定距式和平行式两种。

（一）定距检索表

将相对立的特征，编为同样号码，分开间隔在一定距离处，依次进行检索直到查出所要鉴定的对象为止。

1. 植物体无根、茎、叶的分化，没有胚胎（低等植物）
  2. 植物体不为藻类和菌类所组成的共生体。
    3. 植物体内有叶绿素或其他光合色素，自养 …………… 藻类植物
    3. 植物体内无叶绿素或其他光合色素，异养 …………… 菌类植物
  2. 植物体为藻类和菌类所组成的共生体 …………………… 地衣植物
1. 植物体根、茎、叶的分化，有胚胎（高等植物）
    4. 植物体有茎、叶而无真根 …………………………… 苔藓植物
    4. 植物体有茎、叶也有真根。
      5. 不产生种子，用孢子繁殖 ………………………… 蕨类植物
      5. 产生种子，用种子繁殖 …………………………… 种子植物

（二）平行检索表

将相对立的特征，编为同样号码紧紧并列，而每一条文之后还注明下一步依次查阅的号码或所需要鉴定的对象。

1. 植物体无根、茎、叶的分化，没有胚胎（低等植物）
1. 植物体有根、茎、叶的分化，有胚胎（高等植物）
2. 植物体为藻类和菌类所组成的共生体 …………………… 地衣植物
2. 植物体不为藻类和菌类所组成的共生体 …………………… 3.
3. 植物体内有叶绿素或其他光合色素，为自养生活方式 …… 藻类植物
3. 植物体内无叶绿素或其他光合色素，为异养生活方式 …… 菌类植物
4. 植物体有茎、叶而无真根 ………………………………… 苔藓植物
4. 植物体有茎、叶也有真根 ………………………………… 5.
5. 不产生种子，用孢子繁殖 ………………………………… 蕨类植物
5. 产生种子，用种子繁殖 …………………………………… 种子植物

第二节　低等植物

低等植物包括藻类植物、菌类植物和地衣植物三种，它们共有特征为植物体构造简单，多为单细胞、或多细胞个体，没有根、茎、叶的分化，生殖器官是单细胞，个体发育不经过胚的阶段，由配子结合成合子直接发育成新的植物体。

一、藻类植物

主要特征

项　　目	特　　征
生长环境	多生于水中，少生于潮湿的环境
植物体特征	形态、构造简单，为单细胞、多细胞群体、丝状体、叶状体和枝状体；没有真正的根、茎、叶和组织分化
营养方式	绝大多数含有叶绿素和其他色素，为自养植物；因为各藻类含有的色素种类不同，色素的比例不同，呈现出不同的颜色
贮藏营养物质	各藻类不同，如：蓝藻含有蓝藻淀粉，蛋白质粒；绿藻含有淀粉，脂肪；褐藻含有褐藻淀粉，甘露醇等
生殖结构	生殖结构为单细胞，如孢子囊，配子囊，精子囊，卵囊等
繁殖方式	有营养繁殖、无性繁殖和有性繁殖三种
无胚形成	受精卵发育时离开母体，不形成胚，故称为无胚植物

藻类植物约有 3 万种，广布于全世界。大多数生活于水中，少数生活于潮湿的土壤、树皮、石头上。有些海藻可能在零下数十度的南、北极或终年积雪的高山上生活，也有些蓝藻能在高达 85℃ 的温泉中生活，还有的藻类能与真菌共生，形成共生复合体——地衣。

常用药用藻类植物

海带 *Laminaria japonica* Aresch. ：为多年生的大型褐藻，整个植物体分为三个部分：根状分枝的固着器、基部细长的带柄和叶状带片。海带的孢子体一般长到第二年的夏末秋初，带片两面的一些细胞发展成为棒状的单室孢子囊，囊内的孢子母细胞经过减数分裂和有丝分裂，产生孢子，孢子成熟后散出，附在岩石上萌发成极小的丝状体——雌雄配子体，几个月内即长成大型的海带。海带的孢子体和配子体是异型的，其世代交替称异型世代交替。分布于辽宁、河北、山东沿海。现人工养殖已扩展到广东沿海。产量居世界首位。海带除食用外，作昆布入药，能消炎、软坚、清热、利尿、降血脂、降血压。还能用于治疗缺碘性甲状腺肿大等病。（图 8-1）

药用植物还有：葛仙米 *Nostoc commune* Vauch. ：民间习称"地木耳"，可供食用和药用。能清热、收敛、明目。甘紫菜 *Porphyra tenera* Kjellm. 全藻供食用。入药能清热利尿、软坚散结、消痰。石花菜 *Gelidium amansii* Lamouroux. 可供提取琼胶（琼脂）用于医药、食品和作细菌培养基。石花菜亦可食用。入药有清热解毒和缓泻作用。海人藻 *Digenea simplex*（Wulf.）C. Ag.，全藻能驱蛔虫、鞭虫、绦虫等。

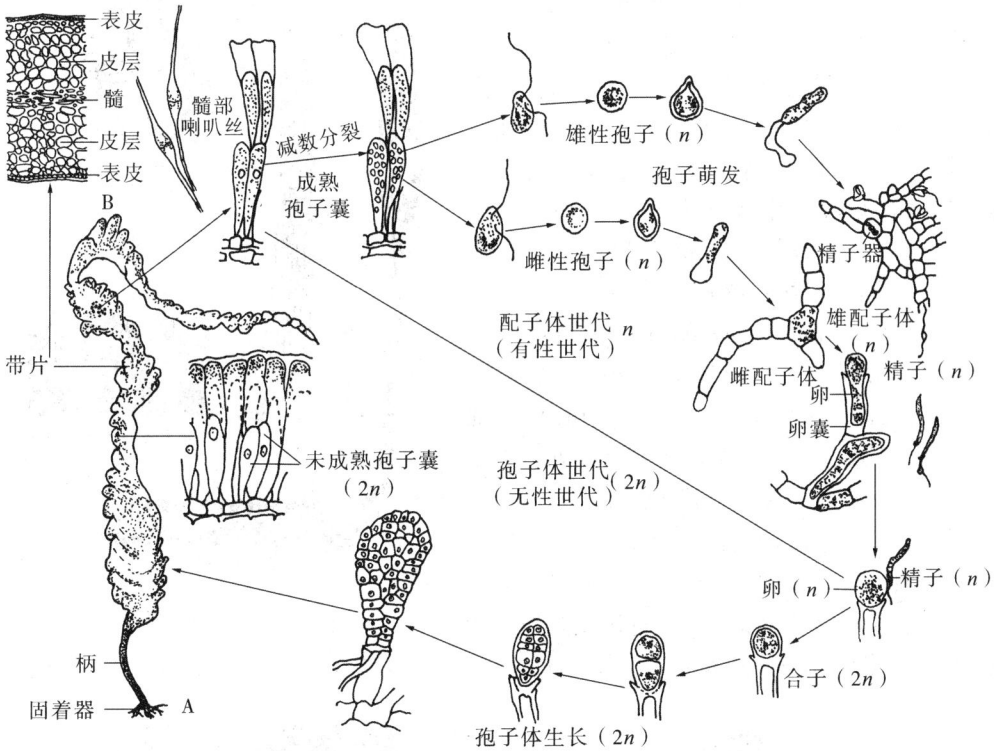

图8-1　海带属植物生活史

二、菌类植物

菌类植物的主要特征

项　目	特　　　　　征
植物体	由单细胞菌类和多细胞构成的菌丝体。小的细菌仅有0.15μm，大的菌如茯苓可达数十千克，但没有根、茎、叶器官和组织分化
细胞结构	有明显的细胞核及细胞壁
光合色素	没有光合色素
生活方式	异养生活植物

真菌数量很多，约有64 200种，我国已知约有8000种。

【药用植物】

冬虫夏草 *Cordyceps sinensis*（Berk.）Sacc.：是麦角菌科冬虫夏草菌寄生于蝙蝠蛾科昆虫幼体上的子座及幼虫尸体的复合体。其子囊孢子为多细胞的针状物，由子囊散出后分裂成小段，侵入昆虫的幼虫体内，萌发并蔓延伸展，破坏虫体内部的结构，把虫体变成充满菌丝的僵虫，冬季形成菌核，夏季自幼虫体的头部长出棍棒状的子座，子座上端膨大，近表面生有许多子囊壳，壳内生有许多长形的子囊，每个子囊具2~8个子囊孢子，子囊孢子细长、有多数横隔，它从子囊壳孔口散射出去，又继续侵入其他幼虫。冬虫夏草主产我国西南、西北，分布在海拔3000米以上的高山草甸上。带子座的菌核（僵虫）即药材冬虫夏草，含虫草酸，能补肺益肾、止血化痰。（图8-2）

茯苓 *Poria cocos*（Fries）Wolf.：属多孔菌科。菌核近球形、椭圆形、或不规则块状，大小不一；表面粗糙，呈瘤状皱缩，灰棕色或黑褐色。内部白色或略带粉红色，由无数菌丝及贮藏物质聚集而成。全国大部分地区均有分布，现多栽培。寄生于赤松、马尾松、黄山松、云南松等的根上。菌核入药，能利水渗湿、健脾宁心。（图8-3）

灵芝 *Ganoderma lucidum*（Leyss ex Fr.）Karst.：属多孔菌科，为腐生真菌。子实体木栓质，由菌盖和菌柄组成。菌盖（菌帽）半圆形或肾形，初黄色后渐变成红褐色，外表有漆样光泽，具环状棱纹和辐射状皱纹，菌盖下面有许多小孔，呈白色或淡褐色，为孔管口。菌柄生于菌盖的侧方。孢子卵形，褐色，内壁有无数小疣。我国许多省区有分布，生于栎树及其他阔叶树木桩上。多栽培。子实体入药，为滋补强壮剂，用于失眠、神经衰弱等症。（图8-4）

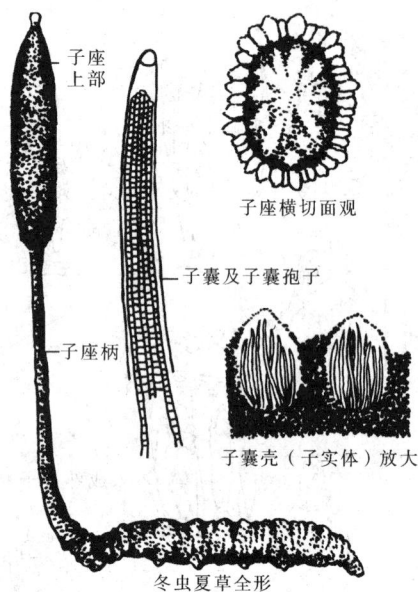

图8-2　冬虫夏草

图8-3　茯苓的菌核

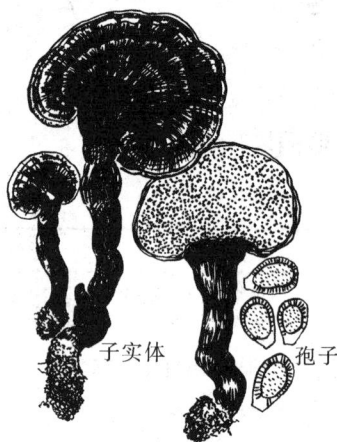

图8-4　灵芝

三、地衣植物门

地衣的一般特征

项　目	特　征
地衣植物体的组成	为一种真菌和一种藻类植物组成的复合体
构成地衣的藻类	90%为绿藻和蓝藻
构成地衣的菌类	多数属于子囊菌亚门
适宜环境	适宜光照强、空气新鲜、人烟稀少的环境 地衣抗旱、抗寒，在峭壁、荒漠、高山、冻土带和南北两极均能很好生长

地衣中的藻类光合作用制造的营养物质供给整个植物体使用，菌类则吸收水分和无机盐，为藻类提供进行光合作用的原料。

地衣约有 500 属，2600 种。它们分布极为广泛。地衣分泌的地衣酸，可腐蚀岩石，对土壤的形成起着开拓先锋的作用。

【药用植物】

松萝（节松萝、破茎松萝）*Usnca diffracta* Vain.：属于菘萝科。植物体丝状，长 15～30cm，二叉分枝，基部较粗，分枝少，先端分枝多。表面灰黄绿色，具光泽，有明显的环状裂沟，横断面中央有韧性丝状的中轴，具弹性，由菌丝组成，其外为藻环，常由环状沟纹分离或成短筒状。分布全国大部分省区。生于深山老林树干上或岩壁上。全草入药，能止咳平喘、活血通络、清热解毒。在西南地区常作"海风藤"入药。

同属植物长松萝（老君须）*U. longissima* Ach.：全株细长不分枝，长可达 1.2m，两侧密生细而短的侧枝，形似蜈蚣。分布和功用同上种。（图 8-5）

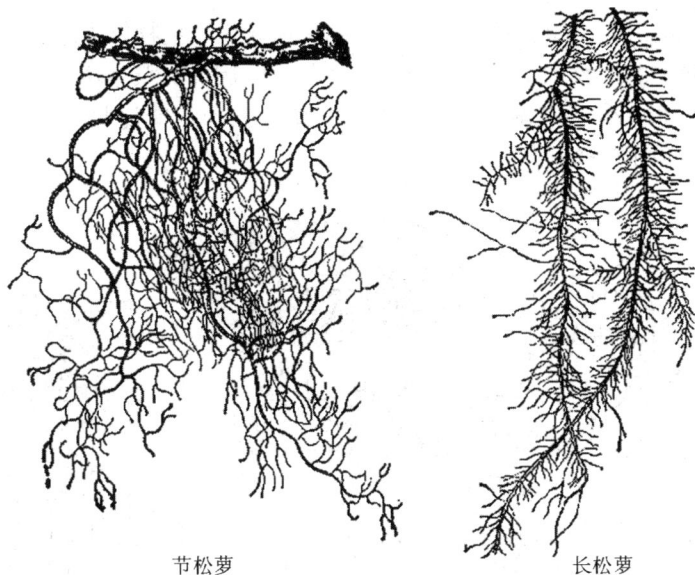

节松萝　　　　　　　　长松萝

图 8-5　两种松萝

第三节　高等植物

高等植物包括苔藓植物门、蕨类植物门、裸子植物门、被子植物门。它们的共同特征是植物体是由多细胞组成，有根、茎、叶的分化，内部构造从蕨类植物开始出现维管组织，生殖器官为多细胞，经过胚的阶段发育成新的个体，所以高等植物又称为有胚植物。

一、苔藓植物门

苔藓植物的主要特征

项　目	具体特征
配子体（营养体）	植物体为配子体，也是营养体，呈扁平的叶状体或矮小茎叶体，仅具假根，没有维管组织
生殖器官	配子体上形成多细胞的生殖器官，雄性生殖器官称精子器，可产生精子，雌性生殖器官称颈卵器，可产生卵细胞
生殖过程	精子借助水与卵细胞在颈卵器中结合形成受精卵，也称合子
胚的形成	合子在颈卵器中发育成胚，进一步发育成孢子体
孢子体	孢子体简单，仅由孢蒴．蒴柄和基足构成，孢子体不能独立生存，寄生在配子体上，孢蒴内的孢原组织经减数分裂，产生大量孢子，孢子萌发形成新的植物体（配子体）
世代交替	苔藓植物的有性配子体世代占优势，可独立生存，而无性的孢子体世代只能寄生在配子体上
生活环境	多生长在潮湿的环境中

现已知全国约有9科，50多种可供药用。

【药用植物】

地钱 *Marchantia polymorpha* L.：属于苔纲，地钱科。植物体为绿色扁平二分叉有背腹之分的叶状体，在背面可见表皮上有气室和气孔，腹面具紫色鳞片及假根。

全国各地分布，生于阴湿土壤和岩石上。全草入药，能清热解毒、祛瘀生肌，可治黄疸性肝炎。（图 8 - 6）

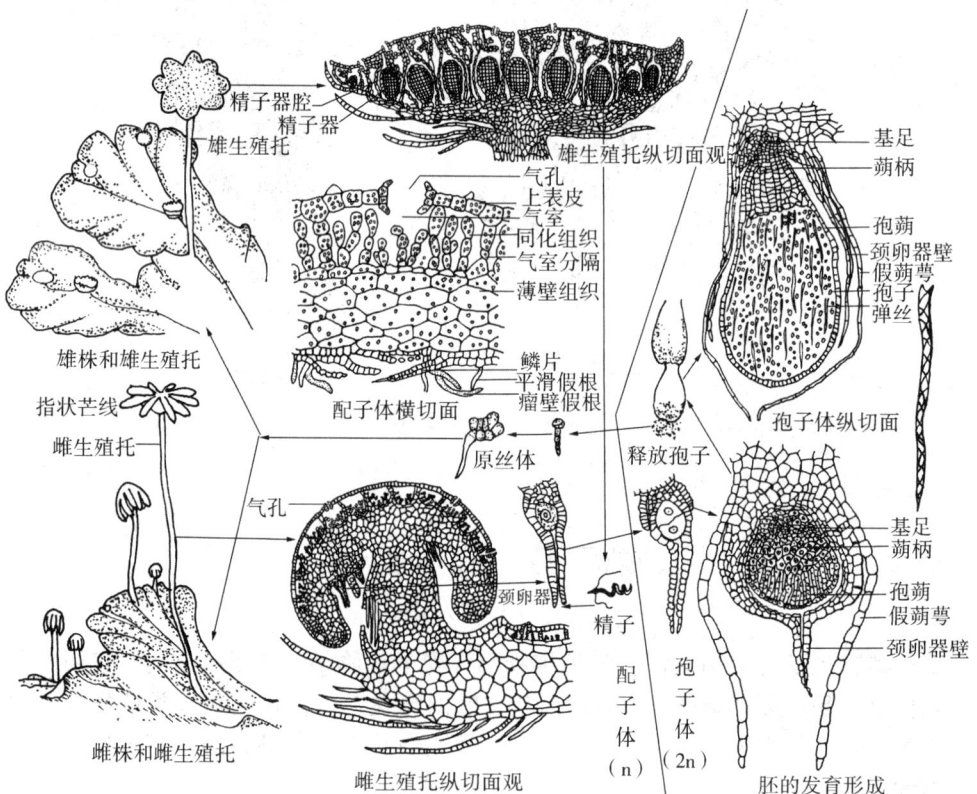

图 8 - 6　地钱的雌生殖托、雄生殖托与生活史

大金发藓（土马鬃）*Polytrichum commune* L. ex Hedw. ：全草入药，能清热解毒，凉血止血。

二、蕨类植物门

蕨类植物的主要特征

项　目		内　容
孢子体	根	为不定根
	茎	多为根状茎，并斜向或横向生长，具有毛绒或鳞片叶，少有直立生长。茎内维管系统形成孢子叶中柱
	叶	叶的种类较多，常分为：小型叶、大型叶、营养叶、孢子叶、同型叶、异型叶；又有单叶、复叶和羽状分裂等
	孢子囊	孢子囊在孢子叶上着生并形成不同结构： 孢子叶穗（或孢子叶球）、孢子囊群（孢子囊堆）等 孢子囊群形状多样：如圆形、肾形、线形等。有或没有囊群盖；孢子囊形状多样；上有不同生长方式的环带
	孢子	不同种类产生的孢子也不相同。有的孢子大小相同称孢子同型；孢子大小不同又称孢子异型；大孢子囊产生大孢子，将发育成雌配子体；小孢子囊产生小孢子，将形成雄配子体
配子体		由成熟孢子在适宜的环境下发育形成绿色的叶状体称原叶体。蕨类植物的配子体小，但能独立生存，在其腹面有球形的精子器和瓶状的颈卵器。精子具有鞭毛，借助水与颈卵器中的卵细胞结合形成胚
生活史		蕨类植物的生活史为异型世代交替，孢子体发达占有优势，为营养体；配子体小，但可独立生存

通常将蕨类植物门下分为 5 个纲：松叶蕨纲、石松纲、水韭纲、木贼纲、真蕨纲。

知识链接

我国蕨类植物学的奠基人——秦仁昌（1898～1986）

秦仁昌，植物学家。中国蕨类植物学的奠基人，世界著名的蕨类植物系统学家。1940 年发表的《水龙骨科的自然分类》对国际蕨类植物学界产生了历史性的影响，其科属概念大都被世界蕨类植物学家所采用；1978 年发表的新系统，形成了秦仁昌系统学派；1959 年编辑出版的《中国植物志》（第二卷），是《中国植物志》这部历史性巨著的第一本，为其他卷册的编写起了典范作用，对发展中国和世界的植物系统学作出了重要贡献。

现存的蕨类植物约有 12 000 种，广泛分布于世界各地，尤其是热带和亚热带最为丰富。我国有 61 科 223 属，约 2600 种，主要分布在华南及西南地区，仅云南就有 1000 多种，在我国有"蕨类王国"之称。已知可供药用的蕨类植物有 39 科，300 余种。

【药用植物】

石松（伸筋草）*Lycopodium japonicum* Thunb. ：多年生草本，匍匐茎蔓生，直立茎高 30cm 左右，二叉分枝。叶小，线状钻形，螺旋状排列。分布于东北、内蒙、河南及长江流域以南地区。生于林下阴坡的酸性土壤上。全草能祛风散寒、舒筋活血、利尿

通经，孢子可作丸药包衣。（图8-7）

紫萁 *Osmunda japonica* Thunb.：多年生草本。根状茎短块状，有残存叶柄，无鳞片。叶丛生，二型，幼时密被绒毛，营养叶三角状阔卵形，顶部以下二回羽状，小羽片披针形至三角状披针形，叶脉叉状分离；孢子叶小羽片狭窄，卷缩成线形，沿主脉两侧密生孢子囊，成熟后枯死。分布于秦岭以南温带及亚热带地区，生于山坡林下、溪边、山脚路旁酸性土壤中。根状茎及叶柄残基入药作"贯众"用，能清热解毒、止血杀虫。有小毒。（图8-8）

图8-7 石松

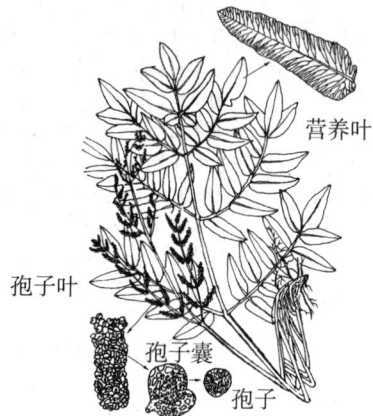

图8-8 紫萁

海金沙 *Lygodium japonicum*（Thunb.）Sw.：缠绕草质藤本。根茎横走。叶二型，能育叶羽片卵状三角形，不育叶羽片三角形，二至三回羽状，小羽片2~3对；孢子囊穗生于孢子叶羽片的边缘，排列成流苏状；孢子表面有疣状突起。分布于长江流域及南方各省区。多生于山坡林边、灌木丛、草地中。孢子、根状茎、茎藤入药，能清利湿热、通淋止痛。（图8-9）

金毛狗脊 *Cibotium barometz*（L.）J. Sm.：植株呈树状，高2~3m，根状茎粗壮，木质，密生黄色有光泽的长柔毛，状如金毛狗。生于山脚沟边及林下阴湿处酸性土壤中。根状茎入药，能补肝肾、强腰脊、祛风湿。（图8-10）

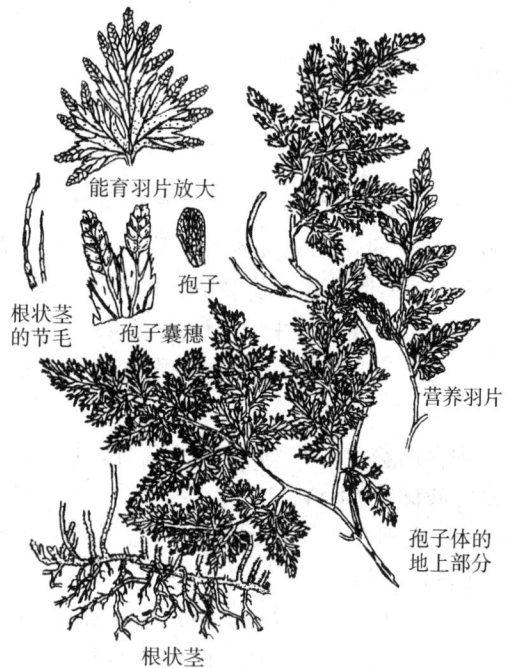

图8-9 海金沙

绵马鳞毛蕨（东北贯众、粗茎鳞毛蕨）*Dryopteris crassirhizoma* Nakai：多年生草本。根状茎直立，连同叶柄密生棕色大鳞片。生于林下潮湿处。根状茎及叶柄残基作"贯众"入药，能驱虫、止血、清热解毒。（图8-11）

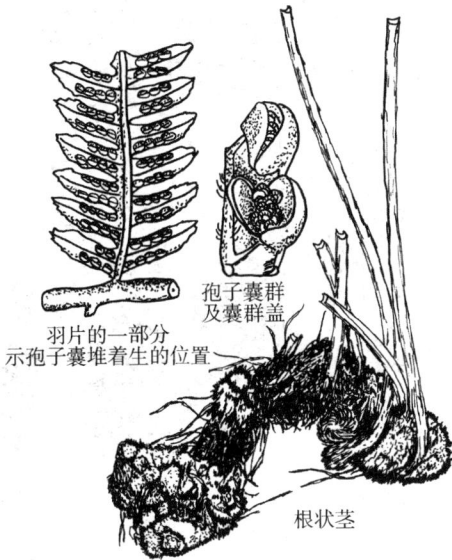

图8-10 金毛狗脊

图8-11 绵马鳞毛蕨

贯众 *Cyrtomium fortunei* J. Sm.：多年生草本。根状茎短，斜生或直立。叶柄密被黑褐色大鳞片；叶簇生。根状茎及叶柄残基入药，能清热解毒、止血、杀虫，治高血压、头晕、头痛等。（图8-12）

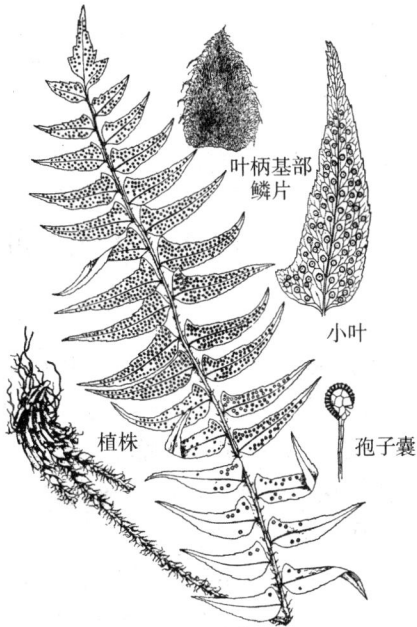

图8-12 贯众

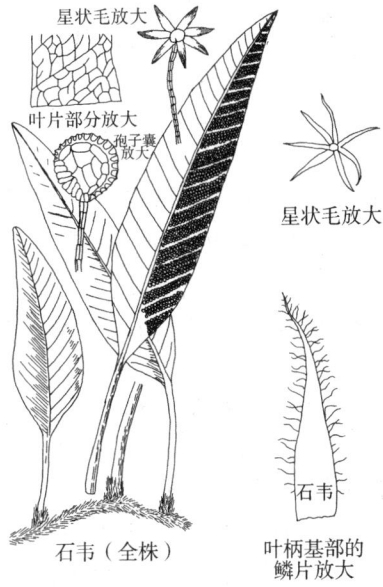

图8-13 石韦

石韦 *Pyrrosia lingua* (Thunb.) Farwell.：多年生草本，高10～30cm。根状茎横走，密生褐色披针形鳞片。全草药用，能清热止血、利尿通淋。(图8-13)

槲蕨（骨碎补、石岩姜）*Drynaria fortunei* (Kze.) J. Sm.：多年生草本。根状茎肉质横走，密生钻状披针形鳞片，边缘流苏状。叶二型。附生于岩石或树上。根状茎入药，能补肾坚骨，活血止痛。(图8-14)

三、裸子植物门

裸子植物同苔藓植物和蕨类植物，都属于颈卵器植物。但因能产生种子，故裸子植物和被子植物，合称种子植物。

我国是裸子植物种类最多、资源最丰富的国家之一，其中有许多种类是中国特产种，不少为第三纪孑遗植物，或称"活化石"植物，如银杏、银杉、金钱松、水杉、水松、侧柏等。

羽片局部

孢子囊

鳞片

图8-14 槲蕨

裸子植物的形态特征

项目	特 征
孢子体	孢子体发达，器官、组织分化明显，多为常绿木本植物。木质部主要由管胞组成，韧皮部主要由筛胞组成
生活史	世代交替现象明显，孢子体占优势，配子体完全寄生在孢子体上
花	花单性，无花被，心皮不包卷，胚珠裸露
种子	种子裸露，无果皮，具多胚现象
颈卵器	多数植物具有颈卵器的构造，但是更为简化

裸子植物分成12科，71属，约800种。我国有11科，41属，300种，其中已知药用的有10科，25属，100余种。

【药用植物】

银杏（白果、公孙树）*Ginkgo biloba* L.：落叶乔木，主干端直，枝有长枝和短枝之分。单叶，扇形，具柄，长枝上的叶螺旋状散生，2裂，短枝上的叶丛生，常具波状缺刻。球花单性，雌雄异株，生于短枝上，雄球花成荑黄花序状，雄蕊多数，各具2药室，裸生2个直生胚珠，常只1个发育。种子核果状，外种皮肉质，成熟时橙黄色，中种皮骨质，白色，内种皮纸质，棕红色；胚乳丰富，子叶2枚。

银杏的种子（白果）供食用（多食有毒），种仁能敛肺定喘、止带浊、缩小便。叶中提取的总黄酮能扩张动脉血管，改善微循环，用于治疗冠心病。(图8-15)

侧柏（扁柏）*Platycladus orientalis* (L.) Franeo：常绿乔木，小枝扁平，排成一平面，伸展。鳞片叶交互对生，贴生于小枝上。球花单性，同株。球果单生枝顶，卵状矩圆形；种鳞 4 对，扁平，覆瓦状排列，有反曲的尖头，熟时开裂，中部种鳞各有种子 1～2 枚。种子卵形，无翅。分布几遍全国。各地常有栽培，为我国特产树种。枝叶（侧柏叶）能凉血、止血。种子（柏子仁）能养心安神、润燥通便。（图 8－16）

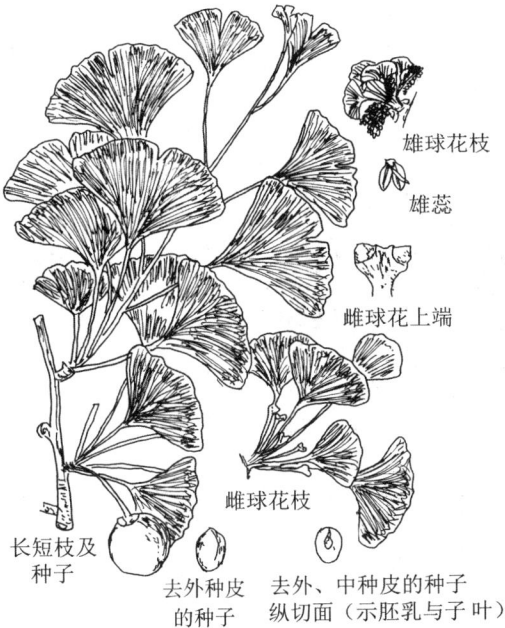

图 8－15　银杏

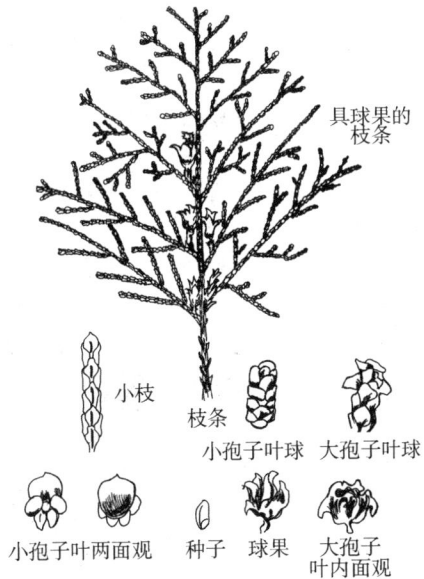

图 8－16　侧柏

草麻黄（麻黄）*Ephedra sinica* Stapf. ：草本状小灌木，高 30～40cm。木质茎短，匍匐地上或横卧土中。草质茎绿色，小枝对生或轮生，节明显，叶鳞片状，基部鞘状，下部 1/3～2/3 合生，上部 2 裂，裂片锐三角形，常向外反曲。雄球花常聚集成复穗状，生于枝端，具苞片 4 对。雌球花单生枝顶，有苞片 4～5 对，红色，浆果状。内有种子 2 枚。草质茎能发汗散寒、宣肺平喘、利水消肿。亦作提取麻黄碱原料。根能止汗。（图 8－17）

木贼麻黄 *E. equisetina* Bge. 中麻黄 *E. intermedia* Schr. et Mey. 均供药用。

四、被子植物门

被子植物是现今植物界中最进化、种类最多、分布最广和生长最茂盛的类群。已知全世界被子植物共有 25 万种，占植物界总数的一半以上。我国被子植物已知 3 万余种。

被子植物和裸子植物相比，器官更加复杂。孢子体高度发达，配子体极度退化，有草本、灌木和乔木。有高度发达的输导组织，木质部中有导管，韧皮部中有伴胞。有真正的花，花通常由花被（花萼和花冠）、雄蕊群和雌蕊群组成。胚珠生于密闭的子房内。具有双受精现象。受精后，子房发育成果实，胚珠发育成种子，种子有果皮包被（被子植物即由此而得名）。

被子植物门分双子叶植物纲和单子叶植物纲，它们的主要区别特征见下表：

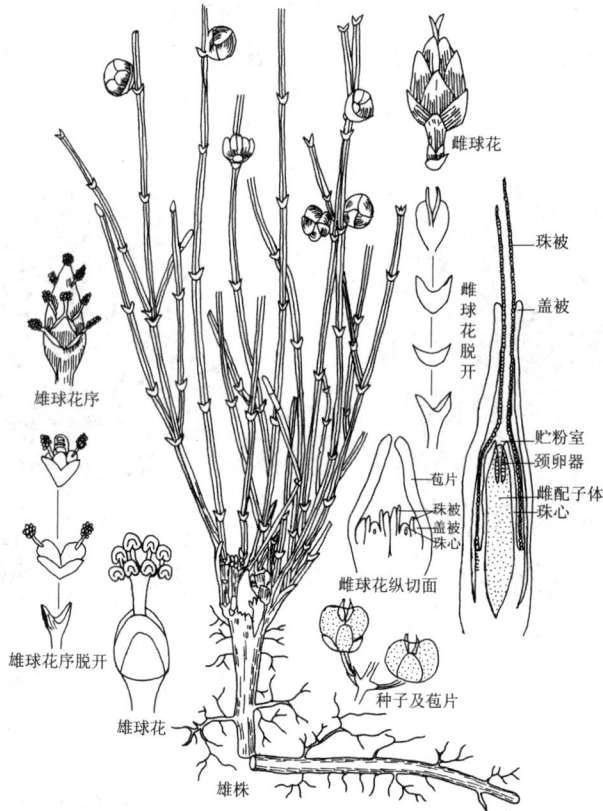

图 8 - 17　草麻黄

双子叶植物纲和单子叶植物纲的区别

器官	双子叶植物纲	单子叶植物纲
根	直根系	须根系
茎	维管束环列，具形成层	维管束散生，无形成层
叶	具网状脉	具平行脉
花	通常为 5 或 4 基数	3 基数
	花粉粒具 3 个萌发孔	花粉粒具单个萌发孔
胚	具 2 片子叶	具 1 片子叶

（一）双子叶植物纲

双子叶植物纲分离瓣花亚纲和合瓣花亚纲两亚纲。

离瓣花亚纲

1. 桑科 Moraceae

$$\male \, P_{4-6} A_{4-6}; \quad \female \, P_{4-6} \underline{G}_{(2:1:1)}$$

桑科主要特征

一般特征	多木本，常有乳汁
叶	单叶互生，托叶早落
花序	雌雄异株或同株，常集成葇荑、穗状、头状或隐头花序
花	单被花，雄蕊与花被片同数且对生，2 心皮复雌蕊
果实	多为聚花果

约有 53 属，1400 种，分布于热带和亚热带。我国有 12 属，153 种，分布于全国各省区，长江以南为多。已知药用的有 15 属，约 80 种。

【药用植物】

桑 *Morus alba* L.：落叶小乔木或灌木。有乳汁。单叶互生，卵形。雌雄异株。葇荑花序腋生。聚花果（桑椹）由多数外包肉质花被的小瘦果组成。产全国各地。根皮（桑白皮）能泻肺平喘、利水消肿；叶（桑叶）能疏散风热、清肺润燥、清肝明目；嫩枝（桑枝）能祛风湿，利关节；果穗（桑椹）能滋阴养血，生津润肠。（图 8 - 18）

本科常见的药用植物尚有：大麻 *Cannabis sativa* L.：果实（火麻仁）能润燥滑肠、利水通淋、活血。薜荔 *Ficus pumila* L.：清热利湿、活血通经。茎叶能祛风除湿、活血通络、解毒消肿。构树 *Broussonetia papyrifera*（L.）Vent.，果实（楮实子）能滋阴益肾、清肝明目、健脾利水。

2. 马兜铃科 Aristolochiaceae　　　　$\male\female * \uparrow P_{(3)} A_{6\sim12} \overline{G}_{(4\sim6:4\sim6:\infty)} \underline{\overline{G}}_{(4\sim6:4\sim6:\infty)}$

马兜铃科主要特征

一般特征	多年生草本，藤本
叶	单叶互生，叶基常心形
花	花两性，单被，多数合生成各式花被管，雄蕊 6～12，雌蕊 4～6 心皮合生，子房下位或半下位
果实	蒴果

约有 8 属，600 种，分布于热带和温带。我国有 4 属，70 种，分布全国各地。几乎全部可供药用。

【药用植物】

北细辛（辽细辛）*Asarum heterotropoides* Fr. Schmidt *var. mandshuricum*（Maxim.）Kitag.：多年生草本。根状茎横走，生有多数细长根，有浓烈辛香气味。分布于东北各省。生于林下阴湿处。根和根茎（细辛，辽细辛）能祛风散寒、通窍止痛、温肺祛痰。（图 8 - 19）

雄花

雌花枝　　雌花

图 8 - 18　桑

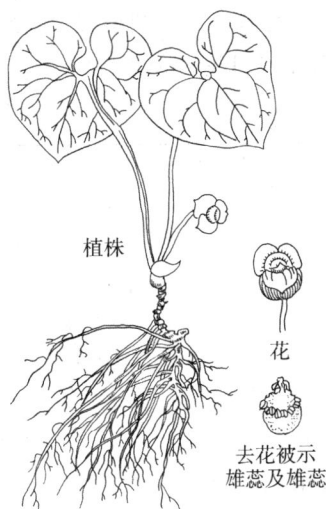

植株

花

去花被示
雄蕊及雄蕊

图 8 - 19　北细辛

马兜铃 Aristolochia debilis Sieb. et Zucc.：多年生缠绕性草本。叶互生，三角状狭卵形，基部心形。花被管弯曲呈喇叭状，暗紫色，基部膨大成球状，上部逐渐扩大成一偏斜的舌片。蒴果近球形，细长果柄裂成6条。根（青木香）能平肝止痛、行气消肿。茎（天仙藤）能行气活血、利水消肿。果实（马兜铃）能清肺化痰、止咳平喘。（图8-20）

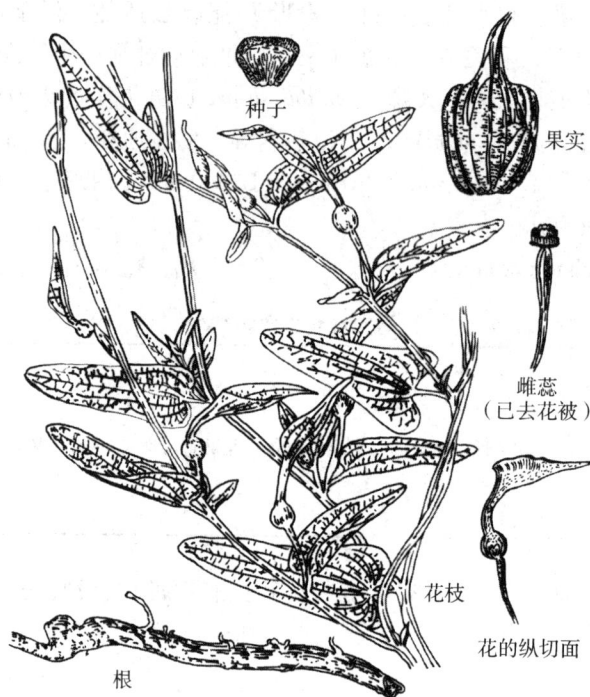

图8-20　马兜铃

本科常见的药用植物尚有：杜衡 Asarum forbesii Maxim.，全草（杜衡）祛风散寒、消痰行水、活血止痛。绵毛马兜铃 Aristolochia mollissima Hance，全草（寻骨风）为祛风湿药、能祛风除湿，活血通络、止痛。木通马兜铃 A. mandshuriensis Kom.，茎藤（关木通）能清心火、利小便、通经下乳，用量过大易中毒而引起肾功能衰竭。

3. 蓼科 Polygonaceae

$$\female * P_{3-6,(3-6)} A_{3-9} \overline{G}_{(2-4:1;1)}$$

蓼科主要特征

一般特征	草本
茎	节稍膨大
叶	单叶互生，具明显的膜质托叶鞘
花	单被花，常花瓣状，花被结果时宿存；雄蕊3~9，雌蕊常由3或2心皮组成1室，子房上位，基生胎座
果实	瘦果包于宿存的花被内

约50属，1150种，分布于北温带。我国13属，235种。分布全国。已知药用的有10属，136种。

【药用植物】

掌叶大黄 *Rheum palmatum* L.：多年生高大草本。根和根状茎粗壮，肉质，断面黄色。基生叶有长柄，叶片掌状深裂；茎生叶较小，柄短；托叶鞘长筒状。圆锥花序大型顶生；花小；紫红色；花被片6，2轮；雄蕊9；花柱3。瘦果具3棱翅，暗紫色。根状茎（大黄）能泻热通肠、凉血解毒、逐瘀通经。

药用大黄 *Rheum officinale* Baill.：与上种主要区别为基生叶掌状浅裂，边缘有粗锯齿。功效同掌叶大黄。（图8－21）

何首乌 *Polygonum multiflorum* Thunb.：块根入药，能解毒消痈、润肠通便。制首乌能补肝肾、益精血、乌须发、强筋骨；茎藤（夜交藤，首乌藤）能养血安神、祛风通络。（图8－22）

图8－21 药用大黄

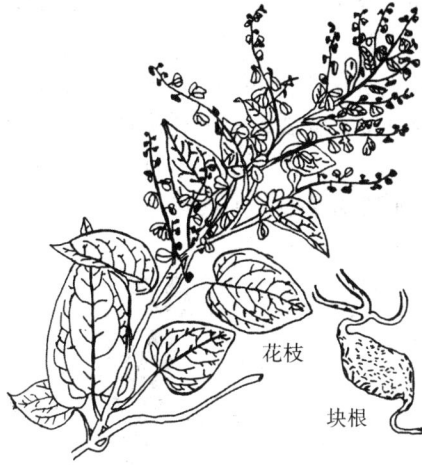

图8－22 何首乌

本科常见的药用植物尚有：虎杖 *P. cuspidatum* S. et Z. 根和根状茎能祛风利湿、散瘀定痛、止咳化痰。酸模 *Rumex acetosa* L.：根能清热、利尿、凉血、杀虫。萹蓄 *Polygonum aviculare* L. 全草能利尿通淋、杀虫止痒。蓼蓝 *P. tinctorium* Ait.，叶为"大青叶"入药（我国北方习用），能清热解毒、凉血消斑，茎叶可加工制成青黛；野荞麦 *Fagopyrum cymosum*（Trev.）Meisn.，根（金荞麦）能清热解毒、活血消痈、祛风除湿。

4. 毛茛科 Ranunculaceae

$$♀ * ↑ K_{3-\infty} C_{3-\infty,0} A_\infty \underline{G}_{(1-\infty:1:1-\infty)}$$

毛茛科主要特征	
一般特征	草本或藤本
叶	无托叶
花序	单生或成聚伞花序、总状花序、圆锥花序
花	花多两性，萼片变化较大，常花瓣状，形成距等，雄蕊和心皮常多数，离生，螺旋状排列在隆起的花托上，子房上位
果实	聚合蓇葖果，聚合瘦果，少浆果

约50属，2000种，主要分布于北温带。我国有42属，800种，各省均有分布。已

知药用的有 30 属，约 500 种。

【药用植物】

乌头 Aconitum carmichaeli Debx.：多年生草本。主根纺锤形或倒圆锥形，周围常生数个圆锥形侧根，棕黑色。叶互生，3 深裂，裂片再行分裂。总状花序狭长，花序轴密生反曲柔毛；萼片 5，蓝紫色，上萼片盔帽状；花瓣 2，变态成蜜腺叶；有长爪；雄蕊多数；心皮 3 ~ 5，离生。聚合蓇葖果。栽培种其主根作（川乌）药用，有大毒，能祛风除湿、温经止痛；侧根（附子）能回阳救逆、温中散寒、止痛；野生种块根作（草乌）药用，有大毒，能祛风除湿、温经散寒、消肿止痛。一般经炮制药用。

同属北乌头 A. kusnezoffii Reichb.：叶 3 全裂，中裂片菱形，近羽状分裂。花序无毛。分布于东北、华北。块根作草乌入药，功效同川乌。叶（草乌叶）能清热、解毒、止痛。（图 8 - 23）

黄连 Coptis chinensis Franch.：多年生草本。根状茎常分枝成簇，生多数须根，均黄色。叶基生，3 全裂，中央裂片具柄，各裂片再作羽状深裂，边缘具锐锯齿。聚伞花序有花 3 ~ 8 朵，。蓇葖果具柄。生于海拔 500 ~ 2000m 高山林下阴湿处，多栽培。根状茎（味连）能清热燥湿、泻火解毒。（图 8 - 24）

块根　　　　　花枝

图 8 - 23　北乌头

花瓣　萼片

植株

图 8 - 24　黄连

同属植物三角叶黄连（雅连）C. deltoidea C. Y. Cheng et Hsiao.，特产于四川峨嵋、洪雅一带。云南黄连（云连）C. teeta Wall.，主产于云南西北部、西藏东南部。功效与黄连相同。

芍药 Paeonia lactiflora Pall.：栽培的刮去栓皮的根（白芍）能养血调经、平肝止痛、敛阴止汗。野生者不去栓皮的根（赤芍）能清热凉血、散瘀止痛。（图 8 - 25）

知识链接

芍药属是毛茛科的一个属，但其外部形态和内部构造均与毛茛科有显著区别（芍药科花粉粒大，有雕纹；染色体大：X＝5，含芍药苷、牡丹酚苷。毛茛科含毛茛苷和木兰花碱，染色体：X＝6～9 等），因此，现在多数学者把芍药属提升为芍药科。

图8－25　芍药

本科常见的药用植物尚有：威灵仙 *Clematis chinensis* Osbeck：根及根状茎能祛风除湿、通络止痛。白头翁 *Pulsatilla chinensis*（Bge.）Regel：根能清热解毒、凉血止痢。毛茛 *Ranunculus japonicus* Thunb.：全草有毒能利湿、消肿、止痛、退翳、杀虫。一般外用作发泡药。升麻 *Cimicifuga foetida* L.，根状茎能发表透疹、清热解毒、升举阳气。天葵（紫背天葵）*Semiaquilegia adoxoides*（DC.）Mak.，块根（天葵子）能清热解毒、消肿散结。

5. 木兰科 Magnoliaceae $\female * P_{6-12} A_\infty \overline{G}_{(\infty : 1 : 1-2)}$

落叶或常绿乔木或灌木。树皮、叶、花有香气。单叶互生，托叶大，脱落后在节上留下环状托叶痕。花常单生，两性，稀单性，辐射对称；花被片常3基数，排成数轮，每轮3片；雄蕊和雌蕊均多数，分离，螺旋状或轮状排列于伸长或隆起的花托上。每心皮含胚珠1～2个。聚合蓇葖果或聚合浆果。

约18属，330种，分布于美洲和亚洲的热带和亚热带地区。我国约有14属，160种，分布于西南和南部各地。已知药用的有8属，约90种。

【药用植物】

厚朴 *Magnolia officinalis* Rehd. et Wils.：落叶乔木。树皮棕褐色，具椭圆形皮孔。叶大，倒卵形，革质，集生于小枝顶端。花大型，白色，花被片9～12或更多。聚合蓇葖果长圆状卵形，木质。分布于长江流域和陕西、甘肃东南部，生于土壤肥沃及温暖的坡地。茎皮和根皮能燥湿消痰、下气除满。花蕾（厚朴花）能行气宽中、开郁化湿。（图8－26）

凹叶厚朴（庐山厚朴）*Magnolia biloba*（Rehd. et Wils.）Cheng：与上种主要区别为叶先端凹陷成2钝圆浅裂，功效与厚朴相同。

五味子 *Schisandra chinensis*（Turca.）Baill.：落叶木质藤本。叶纸质或近膜质，阔椭圆形或倒卵形，边缘疏生有腺齿的细齿。雌雄异株；花被片6～9，乳白色红色；雄蕊5；雌蕊17～40。聚合浆果排成长穗状，红色。分布于东北、华北、华中及四川等地。生于山林中。果实（北五味子）能敛肺、滋肾、生津、收涩。（图8－27）

本科常见的药用植物还有：望春花 *Magnolia biondii* Pamp.。花蕾（辛夷）能散风寒、通鼻窍。玉兰 *Magnolia denudata* Desr.：花蕾亦作"辛夷"入药。

八角 *Illicium verum* Hook. f.：果实（八角茴香、八角）能温阳散寒、理气止痛。木莲 *Manglietia fordiana*（Hemsl.）Oliv. 果实（木莲果）能通便、止咳。华中五味子

Schisandra sphenanthera Rehd. et Wils. ，果（南五味子）功同五味子。

图 8 - 26　厚朴

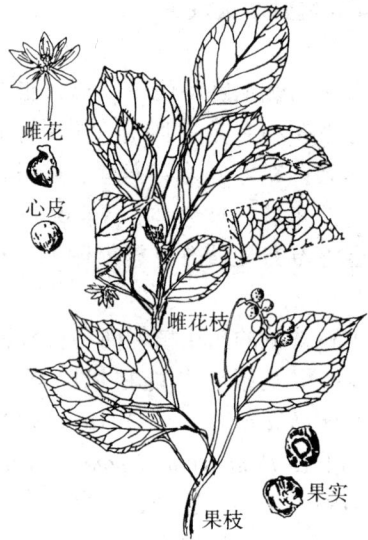

图 8 - 27　北五味子

6. 樟科 Lauraceae

$$\text{\Female} * P_{(6 \sim 9)} A_{3 \sim 12} \underline{G}_{(3:1:1)}$$

樟科主要特征

一般特征	多为常绿乔木，有香气
叶	单叶互生，无花托
花序	花序多种
花	花小，两性。辐射对称，单被花，3 基数，基部合生；雄蕊 3 ~ 12，花丝基部具腺体，合生心皮雌蕊，子房上位，一室
果实	核果或浆果状核果

约 40 多属，2000 余种，分布于热带及亚热带地区。我国有 20 属，400 多种，主要分布于长江以南各省区。已知药用 120 余种。

【药用植物】

肉桂 *Cinnamomum cassia* Presl.：常绿乔木，具香气。树皮灰褐色，幼枝略呈四棱形。叶互生，长椭圆形，革质，全缘，具离基三出脉。圆锥花序腋生或顶生；花小，黄绿色，花被 6；能育雄蕊 9，3 轮。子房上位，1 室，1 胚珠。核果浆果状，紫黑色，宿存的花被管（果托）浅杯状。分布于广东、广西、福建和云南。多为栽培。树皮（肉桂）能温肾壮阳、散寒止痛；嫩枝（桂枝）能解表散寒、温经通络。（图 8 - 28）

本科常见的药用植物还有：樟树（香樟）*C. camphora*（L.）Presl.，根、木材及叶的挥发油主含樟脑，内服开窍辟秽，外用除湿杀虫、温散止痛。乌药 *Lindera aggregata*（Sims）Kosterm.，根（乌药）能行气止痛、温肾化痰。

7. 罂粟科 Papaveraceae

$$\text{\Female} * \uparrow K_2 C_{4 \sim 6} A_{4 \sim 6}, \infty \underline{G}_{(2 \sim \infty : 1 : \infty)}$$

草本或稀为亚灌木、小灌木或灌木，极稀乔木状（但木材软），多含乳汁或有色汁液。基生叶具长柄，茎生叶多互生，无托叶。花单生或成总状、聚伞、圆锥花序；花辐射对称或两侧对称；萼片常2，早落；花瓣4~6，离生；子房上位，2至多心皮，合生，1室，侧膜3胎座，胚珠多数。蒴果孔裂或瓣裂。种子细小。

约42属，600种，主要分布于北温带。我国19属，约280种，南北均有分布。已知药用的有15属，130种。

【药用植物】

罂粟 *Papaver somnifarum* L.：一年生或二年生草本，全株粉绿色，具白色乳汁。叶互生，长椭圆形，基部抱茎，边缘具缺刻。花大，单生于花茎顶；萼片2，早落；花瓣4，有白、红、淡紫等色；雄蕊多数，离生；子房多心皮合生；1室，侧膜胎座；柱头具8~12辐射状分枝。蒴果近球形，孔裂。多栽培。果壳（罂粟壳）能敛肺止咳、涩肠止泻、止痛。从未熟果实中割取的乳汁（阿片）为镇痛、止咳、止泻药。（图8-29）

本科常见的药用植物还有：延胡索 *Corydalis yanhusuo* W. T. Wang，块茎（元胡、延胡索）能行气止痛、活血散瘀；白屈菜 *Chelidonium majus* L.，全草有毒，能镇痛、止咳、利尿、解毒。

图8-28 肉桂

图8-29 罂粟

8. 十字花科 Cruciferae，Brassicaceae $\female * K_{2+2} C_4 A_{2+4} \underline{G}_{(2:1-2:1-\infty)}$

十字花科主要特征

一般特征	草本，常有辛辣气味
叶	单叶互生
花序	多为总状花序
花	花萼，花冠排成十字形，四强雄蕊，2心皮复雌蕊，子房上位，侧膜胎座，具假隔膜
果实	角果

约350属，3200种，广布于全球，以北温带为多。我国约96属，425种，分布于我国各省区。已知药用的有30属，103种。

【药用植物】

菘蓝 *Isatis indigotica* Fort.：一至二年生草本。主根圆柱形，灰黄色。全株灰绿色。主根深长，圆柱形，灰黄色。各地均有栽培。根（板蓝根）能清热解毒、凉血利咽。叶（大青叶）能清热解毒、凉血消斑；茎叶加工品（青黛），能清热解毒、凉血、定惊。（图8－30）

欧菘蓝（草大青）*Isatis tinctoria* L.：与上种主要区别为茎、叶被长柔毛；茎生叶基部垂耳箭形。原产欧洲，华北各省有栽培。药用与菘蓝相同。

本科常见的药用植物还有：白芥 *Brassica alba* (L.) Boiss.：种子（白芥子）能温肺豁痰利气、散结通络止痛。萝卜 *Raphanus sativus* L.，各地均栽培，种子（莱菔子）能消食除胀、降气化痰。独行菜 *Lepidium apetalum* Willd.，播娘蒿 *Descurainia Sophia* (L.) Schur，后两种植物的种子均作"葶苈子"药用，能泻肺平喘、行水消肿。

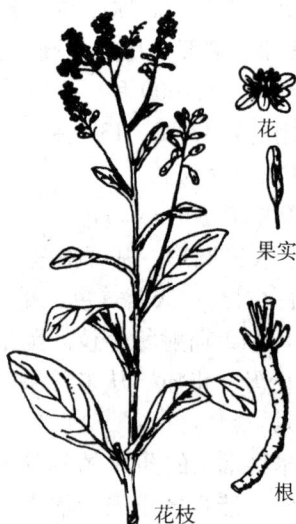

花

果实

根

花枝

图8－30　菘蓝

9. 蔷薇科 Rosaceae　　　　$\female * K_5 C_5 A_{4-\infty} \underline{G}_{1-\infty:1:1-\infty} \overline{G}_{(2-5:2-5:2)}$

蔷薇科主要特征

一般特征	草本或木本，常具刺
叶	多互生，常有托叶
花序	单生或伞房，圆锥花序等
花	两性，辐射对称，花托常凸起或凹陷，花被常与雄蕊、花托愈合成各式花筒边缘，子房上位或下位
果实	蓇葖果，瘦果，核果，梨果，小蒴果

约有124属，3300种，广布全球。我国有51属，1100余种，分布全国各地。已知药用的有48属，400余种。本科分为绣线菊亚科、蔷薇亚科、梨亚科、梅亚科四个亚科。

【药用植物】

地榆 *Sanguisorba officinalis* L.：多年生草本。根多数，粗壮，表面暗棕红色。茎带紫红色。全国大部分地区有分布。生于山坡、草地。根能凉血止血、清热解毒、消肿敛疮。（图8－31）

金樱子 *Rosa laevigata* Michx.：常绿攀缘有刺灌木。羽状复叶，小叶3，稀5片，椭圆状卵形，叶片近革质。花大，白色，单生于侧枝顶端。蔷薇果熟时红色，倒卵形，外有刺毛。分布于华中、华东、华南各省区。生于向阳山野。果能涩精益肾、固肠止泻。（图8－32）

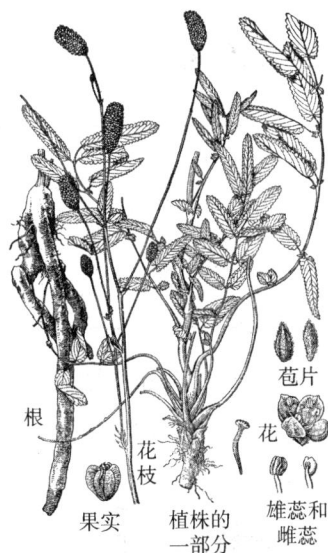

图 8 - 31　地榆

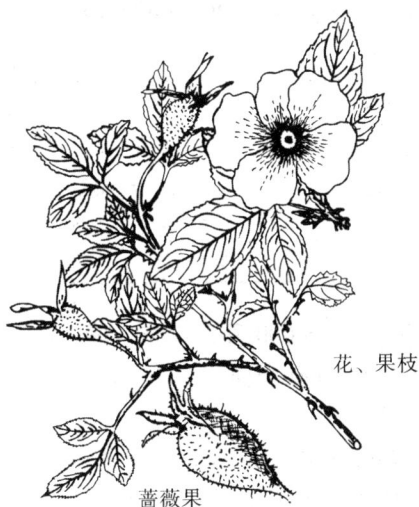

图 8 - 32　金樱子

杏 *Prunus Armeniaca* L. ：落叶小乔木。小枝浅红棕色，有光泽。产于我国北部，均系栽培。种子（苦杏仁）能降气化痰、止咳平喘、润肠通便。（图 8 - 33）

山里红 *Crataegus pinnatifida* Bge. var. *major* N. E. Br. ：落叶小乔木。分枝多，无刺或少数短刺。华北、东北普遍栽培。果实（北山楂）能消食健胃、行气散瘀。

山楂 *C. pinnatifida* Bge. ：多为栽培。果实亦称北山楂，功效同山里红。（图 8 - 34）

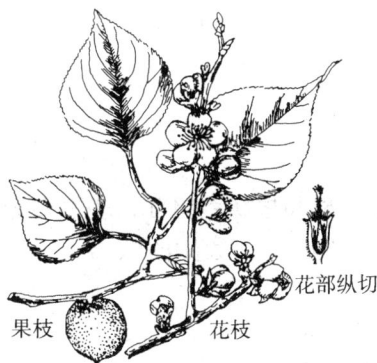

图 8 - 33　杏

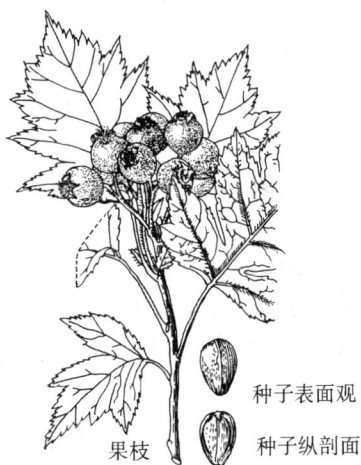

图 8 - 34　山楂

本科常见的药用植物还有：华东覆盆子 *Rubus chingii* Hu ，聚合果（覆盆子）能益肾、固精、缩尿、止血、止痢。玫瑰 *Rosa rugosa* Thunb. ，各地均有栽培，花能行气解郁、和血、止痛。桃 *P. persica* （L. ）Batsh. ，种子（桃仁）能活血祛瘀、润肠通便。贴梗海棠 *Chaenomeles speciosa* （Sweet）Nakai，果实（皱皮木瓜）能舒筋活络、和胃化湿。同属植物木瓜（榠樝）*C. sinensis* （Thouin）Koehne. ：果实（光皮木瓜、榠楂）入药，功效同皱皮木瓜。

10. 豆科 Leguminosae，Fabaceae

$$\male\female \ast \uparrow K_{5,(5)} C_5 A_{(9)+1,10,\infty} \underline{G}_{(1:1:1-\infty)}$$

豆科主要特征	
一般特征	草本，木本或藤本
叶	多复叶，互生，具托叶
花	多两侧对称，花萼、花冠5，多为蝶形花冠，少为假蝶形或辐射对称，雄蕊多为二体雄蕊，少为雄蕊多数或雄蕊定数，单心皮雌蕊，边缘胎座
果实	荚果

约 650 属，18 000 种，广布全球。我国有 169 属，约 1539 种，分布全国。已知药用的有 109 属，600 余种。

【药用植物】

决明 *Cassia obtusifolia* L.：一年生半灌木状草本。叶互生；偶数羽状复叶，小叶 6 枚，叶片倒卵形或倒卵状长圆形。花成对腋生；萼片 5，分离；花瓣黄色，最下面的两片较长；发育雄蕊 7。荚果细长，近四棱形。种子多数，菱状方形，淡褐色或绿棕色，光亮。分布全国，多栽培。种子（决明子）能清肝明目、利水通便。（图 8 - 35）

膜荚黄芪 *Astragalus membranaceus* (Fisch) Bge.：多年生草本。主根长圆柱形，外皮土黄色。分布于东北、华北、西北及四川、西藏等省区。生于向阳山坡、草丛或灌丛中。根（黄芪）

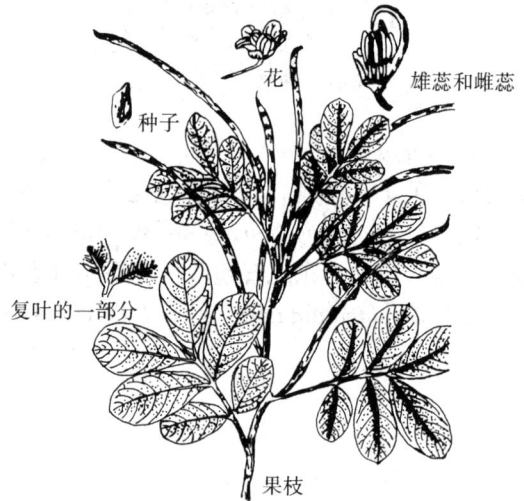

图 8 - 35 决明

能补气固表、利水托毒、排脓、敛疮生肌。（图 8 - 36）

甘草 *Glycyrrhiza uralensis* Fisch.：多年生草本。根和根状茎粗壮，表面多为红棕色至暗棕色。根状茎及根能补脾益气、清热解毒、祛痰止咳、缓急止痛、调合诸药。（图 8 - 37）

本科常见的药用植物还有：合欢（马缨花）*Albixia julibrissin* Durazz.，树皮（合欢皮）能解郁安神，活血消肿。花（合欢花）能解郁安神。扁槐树 *Sophora japonica* L.：花（槐花）和花蕾（槐米）能凉血止血，清肝泻火。槐花还是提取芦丁的原料。果实（槐角）能清热泻火、凉血止血。野葛 *Pueraria lobata* (Willd.) Ohwi，块根（葛根）能解肌退热、生津、透疹、升阳止泻。密花豆 *Spatholobus suberectus* Dunn.，藤茎作"鸡血藤"药用，能补血、活血、通络。香花崖豆藤（丰城鸡血藤）*Millettia dielsiana* Harms ex Diels，藤茎在部分地区亦作"鸡血藤"药用。

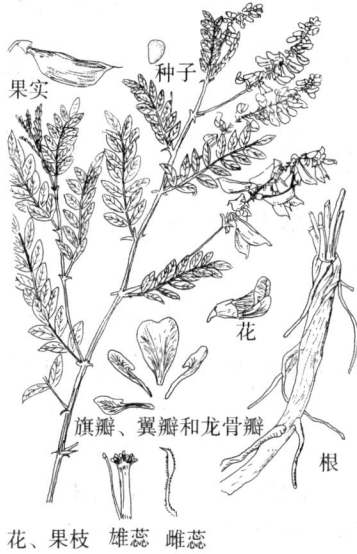

图 8 – 36 膜荚黄芪

图 8 – 37 甘草

11. 芸香科 Rutaceae

$$\hat{\female} * K_{3-5} C_{3-5} A_{3-\infty} \underline{G}_{(2-\infty : 2-\infty : 1-2)}$$

芸香科主要特征

一般特征	多为木本，常具透明油腺点，含挥发油
叶	多复叶，互生
花序	花单生或排成各式花序
花	萼片，花冠 3 ~ 5 瓣，雄蕊与花瓣同数或倍数，具下位花盘，子房上位，中轴胎座
果实	柑果，蒴果，核果，蓇葖果

约 150 属，1700 种，分布于热带和温带。我国有 28 属，约 150 种，分布全国。已知药用的有 23 属，105 种。

【药用植物】

酸橙 *C. aurantium* L.：与上种的主要区别为小枝三棱形，叶柄有明显叶翼，柑果近球形，橙黄色，果皮粗糙。主产四川、江西等各省区，多为栽培。未成熟横切两半的果实（枳壳）能理气宽中，行滞消胀。幼果（枳实）能破气消积，化痰除痞。（图 8 – 38）

本科常见的药用植物还有：橘 *Citrus reticulata* Blanco，成熟果皮（陈皮）能理气健脾、燥湿化痰。中果皮及内果皮间维管束群（橘络）能通络理气、化痰；种子（橘核）能理气散结，止痛；叶（橘叶）能行气，散结；幼果或未成熟果皮（青皮）能疏肝破气、消积化滞。黄檗 *Phellodendron amurense* Rupr.，除去栓皮的树皮（关黄柏）能清热燥湿、泻火除蒸、解毒疗疮。香圆 *Citrus Wilsonii* Tanaka，果实（香橼）能舒肝理气、和胃止痛。花椒（川椒、蜀椒）*Zanthoxylum bungeanum* Maxim.，果皮（花椒）能温中止痛、除湿止泻、杀虫止痒，种子（椒目）能利水消肿、祛痰平喘。白鲜 *Dictamnus dasycarps* Turca.，根皮（白鲜皮）能清热燥湿，祛风止痒，解毒。

12. 大戟科 Euphorbiaceac

$$♂ * K_{0-5} C_{0-5} A_{1-∞} ; \quad ♀ * K_{0-5} C_{0-5} \underline{G}_{(3:3:1-2)}$$

大戟科主要特征

一般特征	常含乳汁
叶	单叶互生，叶基部有腺体，有托叶
花序	花序各式，常为聚伞或杯状聚伞花序
花	花常单性，多单被花，萼状，具花盘或腺体，雌蕊由 3 心皮组成，3 室，子房上位，中轴胎座
果实	多为蒴果

约 300 属，8000 余种，广布于全世界。我国 66 属，约 364 种，分布于全国各地。已知药用的有 39 属，160 种。

【药用植物】

大戟 *Euphorbia pekinensis* Rupr.：多年生草本，全株含乳汁。根圆锥形。茎直立，上部分枝被短柔毛。叶互生，长圆形至披针形。杯状聚伞花序，总苞钟状，顶端 4 裂，腺体 4，总苞内面有多数雄花，每雄花仅具 1 雄蕊，花丝与花柄间有 1 关节，花序中央有 1 雌花具长柄，伸出总苞外而下垂，子房上位，3 心皮合生，3 室，每室 1 胚珠。蒴果三棱状球形，表面具疣状突起。分布于全国各地。生于路旁、山坡及原野湿润处。根（京大戟）有毒，能泻水逐饮。（图 8-39）

图 8-38 酸橙

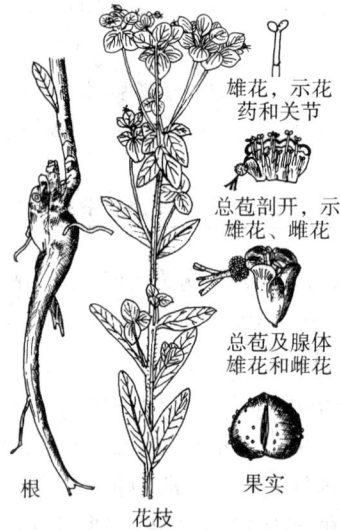

图 8-39 大戟

本科常见的药用植物尚有：续随子 *Euphorbia lathyris* L.，种子（千金子）有毒，能逐水消肿，破血消癥；地锦 *E. humifusa* Willd.，全草（地锦草）清热解毒，凉血止血；巴豆 *Croton tiglium* L.，种子有大毒，外用能蚀疮，制霜用能峻下积滞、逐水消肿。

13. 五加科 Araliaceae

$$♀ * K_5 C_{5-10} A_{5-10} \overline{G}_{(2-15:2-15:1)}$$

五加科主要特征

一般特征	多木本
茎	茎常有刺
叶	叶多互生，单数羽状复叶或掌状复叶
花序	伞形或假头状花序
花	花小，花萼，花冠. 雄蕊常 5 基数，具上位花盘，雄蕊着生于花盘的边缘，合生心皮雌蕊，子房下房
果实	浆果或核果

约 80 属，900 种，广布于热带和温带。我国有 23 属，172 种，除新疆外，全国均有分布。已知药用的有 19 属，112 种。

【药用植物】

人参 *Panax ginseng* C. A. Mey：多年生草本。主根圆柱形或纺锤形，上部有环纹，下面常有分枝及细根，细根上有小疣状突起（珍珠点），顶端根状茎结节状（芦头），上有茎痕（芦碗），其上常生有不定根（艼）。茎单一，掌状复叶轮生茎端，一年生者具 1 枚 3 小叶的复叶，二年生者具 1 枚 5 小叶的复叶，以后逐年增加 1 枚 5 小叶复叶，最多可达 6 枚复叶，小叶椭圆形，中央的一片较大。上面脉上疏生刚毛，下面无毛。伞形花序单个顶生；花小，淡黄绿色；萼片、花瓣、雄蕊均为 5 数；子房下位，2 室，花柱 2。浆果状核果，红色扁球形。分布东北，现多栽培。根能大补元气、复脉固脱、补脾益肺、生津、安神。叶能清肺、生津、止渴。花有兴奋功效。（图 8 - 40）

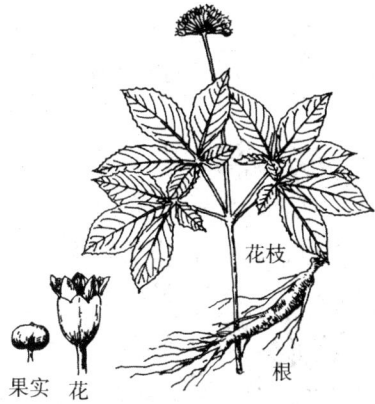

图 8 - 40 人参

西洋参 *P. quinquefolium* L.：形态和人参相似，但本种的总花梗与叶柄近等长或稍长，小叶片上面脉上几无刚毛，边缘的锯齿不规则且较粗大而容易区别。原产加拿大和美国，全国部分省区引种栽培。根能补气养阴、清热生津。

三七（田七）*P. notoginseng*（Burk.）F. H. Chen：多年生草本。主根倒圆锥形或短圆柱形，常有瘤状突起的分枝。分布于云南、广西、四川等地，多栽培。根能散瘀止血、消肿定痛。（图 8 - 41）

本科常见的药用植物尚有刺五加 *Acanthopanax semicosus*（Rupr. et Maxim.）Harms：根及根状茎或茎能益气健脾、补肾安神。通脱木 *Tetrapanax papyrifera*（Hook.）K. Koch，茎髓（通草）能清热解毒、消肿、通乳。细柱五加 *Acanthopanax gracilistlus* W. W. Smith，根皮（五加皮）能祛风湿、补肝肾、强筋骨。

14. 伞形科 Umbelliferae

$$\text{☿} * K_{(5),0} C_5 A_5 \overline{G}_{(2:2:1)}$$

伞形科主要特征

一般特征	草本，含挥发油
茎	茎常中空，有纵棱
叶	叶柄基部呈鞘状
花序	多为复伞形花序
花	花萼，花冠，雄蕊均5，子房下位，上位花盘，2心皮，2室，花柱2
果实	双悬果

约275属，2900种，主要分布在北温带。我国约95属，540种，全国各地均产。已知药用的有55属，234种。

【药用植物】

当归 *Angelica sinensis*（Oliv.）Diels：多年生草本。主根粗短，下部有数个分枝，根头部有环纹，具特异香气。分布于西北、西南地区。多为栽培。根（当归）能补血活血、调经止痛、润肠通便。（图8－42）

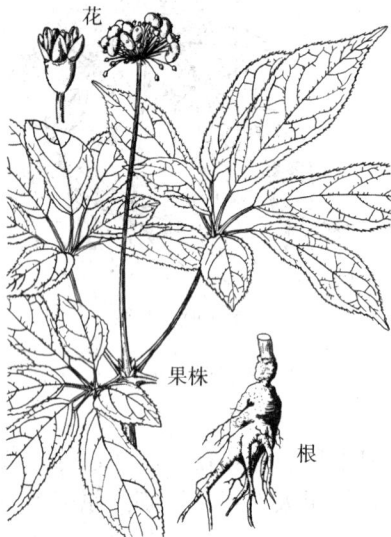

图8－41　三七

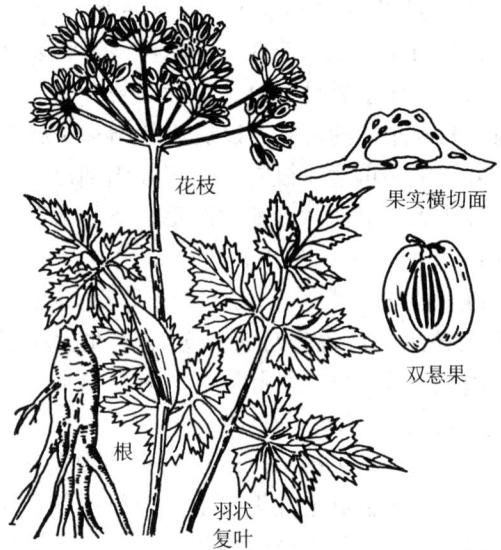

图8－42　当归

柴胡 *Bupleurm chinense* DC.：多年生草本。主根较粗，少有分枝，黑褐色，质硬。茎多丛生，上部多分枝，稍成"之"字形弯曲。基生叶早枯，中部叶倒披针形或披针形，全缘，具平行叶脉7~9条。复伞形花序；伞辐3~8；小总苞片5，披针形；花黄色。双悬果宽椭圆形，两侧略扁，棱狭翅状。分布于东北、华北、华东、中南、西南等地。生于向阳山坡。根（北柴胡）能发表退热、舒肝解郁、升阳。（图8－43）

同属植物狭叶柴胡 *B. scorzonerifolium* Willd. 的根（南柴胡）也作柴胡入药。注意大叶柴胡 *B. longeradiqtum* Turcz. 有毒，不能作柴胡药用。

白芷（兴安白芷）*Angelica dahurica*（Fisch. ex Hoffm.）Benth. et Hook. f.：多年生

高大草本。根长圆锥形，黄褐色。分布于东北、华北。多为栽培。生沙质土及石砾质土壤上。根（白芷）能祛风、活血、消肿、止痛。（图8-44）

　　本科常见的药用植物尚有：川芎 *Ligusticum chuanxiong* Hort.，根茎（川芎）能活血行气、祛风止痛。前胡（紫花前胡）*Peucedanum decursivum*（Miq.）Maxim.，根（前胡）能化痰止咳、发散风热。同属白花前胡 *P. praeruptorum* Dunn. 的根亦作前胡入药，功效同前胡。防风 *Saposhnikovia diaricata*（Turez.）Schischk.，根（防风）能解表祛风、止痛。珊瑚菜 *Glehnia littoralis* F. Schmidt et. Miq.，根（北沙参）能养阴清肺、益胃生津。野胡萝卜 *Daucus carota* L.，果实（南鹤虱）有小毒，能杀虫消积。毛当归 *Angelica pubescens* Maxim.，根（独活）能祛风除湿、通痹止痛。藁本（西芎）*Ligusticum sinense* Oliv.，根（藁本）能祛风散寒、除湿、止痛。蛇床 *Cnidium monnieri*（L.）Cuss.，果实（蛇床子）能温肾壮阳，燥湿，祛风，杀虫；明党参 *Changium smyrnioides* Wolff，分布于长江流域各省，根（明党参）能润肺化痰，养阴和胃，平肝，解毒；羌活 *Notopterygium incisum* Ting et H. T. Chang，根茎及根（羌活）能散寒，祛风，除湿，止痛；茴香 *Foeniculum vulgare* Mill.，各地均有栽培，果实（小茴香）能散寒止痛，理气和胃。

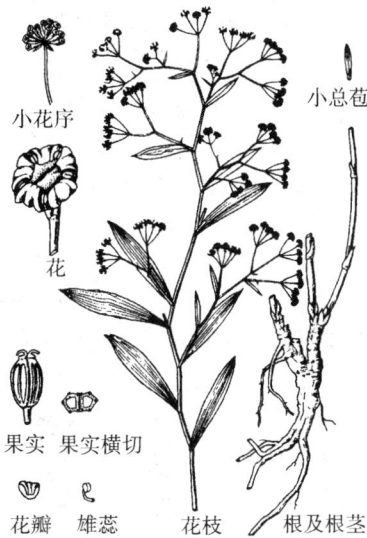

图8-43　柴胡

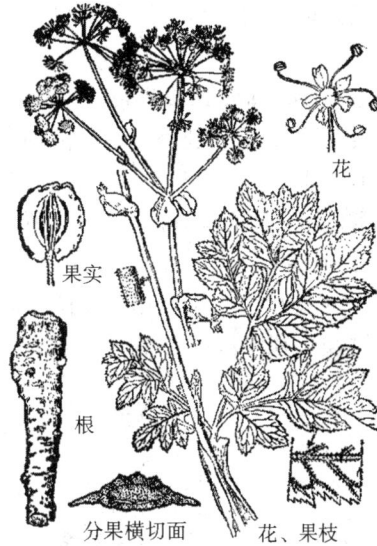

图8-44　白芷

合瓣花亚纲

　　合瓣花亚纲又称后生花被亚纲。花瓣多少连合成合瓣花冠，增强了对昆虫传粉的适应及对雄蕊、雌蕊的保护作用。合瓣花类群较离瓣花类群进化。

15. 唇形科 Labiatae　　　　　　　$\diamondsuit \uparrow K_{(5)} C_{(5),(4)} A_{4,2} \underline{G}_{(2:4)}$

唇形科主要特征	
一般特征	多草本，常含挥发油
根、茎	茎四棱形
叶	单叶对生
花序	花由聚伞花序集成轮伞花序，再排成穗状、总状、圆锥或头状等

花	花两侧对称，花萼5裂，宿存，花冠5裂，常二唇形，雄蕊通常4枚，2强，常具花盘，雌蕊2心皮，子房上位，常深裂成假4室，每室胚珠1枚，花柱着生在子房裂隙的中央基部
果实	四枚小坚果，稀核果状

约220属，3500种，广布于全世界。我国有99属，800余种。已知药用的有75属，436种。

【药用植物】

薄荷 *Mentha haplocalyx* Briq.：多年生草本，有清凉香气。茎四棱，叶对生，叶片卵形或长圆形，两面均有腺鳞及柔毛。轮伞花序腋生；花冠淡紫色或白色，4裂，上唇裂片较大，顶端2裂，下唇3裂片近相等；雄蕊4，二强。小坚果椭圆形，藏于宿存的花萼内。全国各地均有分布，多栽培。地上部分入药，能疏散风热、清利头目、透疹。（图8-45）

丹参 *Salvia miltiorrhiza* Bge.：多年生草本，全株密被长柔毛及腺毛。根圆柱形，外皮砖红色。茎四棱形。全国大部分地区有分布。也有栽培。根能活血调经、祛瘀止痛、清心除烦。（图8-46）

益母草 *Leonurus japonicus* Houtt.：一年生或二年生草本。茎方形。基生叶有长柄，叶片近圆形，茎生叶掌状3深裂。地上部分入药，能活血调经、利尿消肿；果实（茺蔚子）能活血调经、清肝明目。（图8-47）

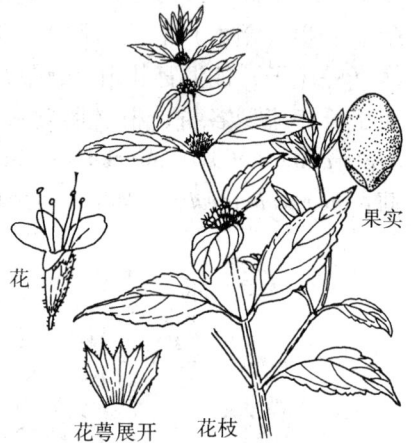

图8-45 薄荷

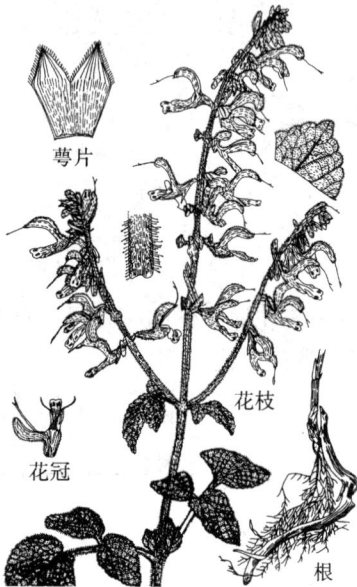

图8-46 丹参

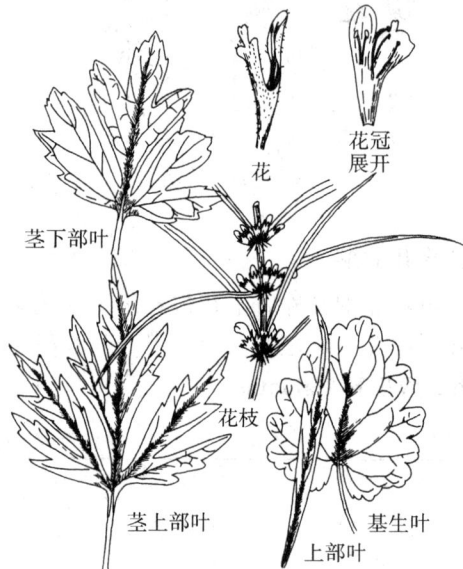

图8-47 益母草

本科药用植物尚有：黄芩 *Scutellaria baicalensis* Georgi，根入药，能清热燥湿、泻火解毒、止血、安胎。广藿香 *Pogostemon cablin*（Blanco）Benth.，地上部分能芳香化浊、祛暑解表、开胃止呕。紫苏 *Perilla frutescens*（L.）Britt.，多栽培，果实（苏子）能降气消痰、平喘、润肠，叶及嫩枝（紫苏叶）能解表散寒、行气和胃，茎（紫苏梗）能理气宽中、止痛、安胎。夏枯草 *Prunella vulgaris* L.，全草或果穗入药，能清火、明目、散结、消肿。荆芥 *Schizonepeta tenuifolia* Briq.，能解表散风、透疹，炒炭用于止血。半枝莲（并头草）*Scutellaria barbata* D. Don，全草能清热解毒、活血消肿。

16. 茄科 Solanaceae

$$\male\female * K_{(5)} C_{(5)} A_{5,4} \underline{G}_{(2:2:\infty)}$$

茄科主要特征

一般特征	草本，灌木或小乔木
叶	单叶互生，多全缘或有时为复叶
花序	簇生或排成聚伞花序或单生
花	花萼常5裂或平截，宿存，花冠漏斗状或辐状，常5裂，雄蕊5，常着生于花冠筒上，与裂片互生，花盘常位于子房之下，子房上位，由2心皮合生，2室，中轴胎座，胚珠多数
果实	浆果或蒴果

约80属，3000种，分布于温带及热带地区。我国约有26属，115种，各省区均有分布。已知药用的有25属，84种。

【药用植物】

宁夏枸杞 *Lycium barbarum* L.：灌木，主枝数条，粗壮，果枝细长，具枝刺。叶互生或丛生，长椭圆状披针形。花数朵簇生于短枝上，花冠漏斗状，5裂，粉红色或淡紫色，花冠管长于裂片。浆果椭圆形，长1~2cm，熟时红色。主产宁夏、甘肃。各地有栽培。果实（枸杞子）能滋补肝肾、益精明目。根皮（地骨皮）能凉血除蒸、清肺降火。同属植物枸杞 *L. chinense* Mill.，全国大部分地区有分布，药用同宁夏枸杞。（图8-48）

白花曼陀罗 *Datura metel* L.：一年生粗壮草本。单叶互生，卵形或宽卵形，叶基不对称，全缘或有稀疏锯齿。花单生于枝叉间或叶腋；萼筒状，先端5裂；花冠喇叭状，白色，具5棱角。蒴果斜生，近球形，表面有稀疏短粗刺，熟时4瓣裂。我国各地有分布。花（洋金花）有毒，能平喘止咳、镇痛、解痉。（图8-49）

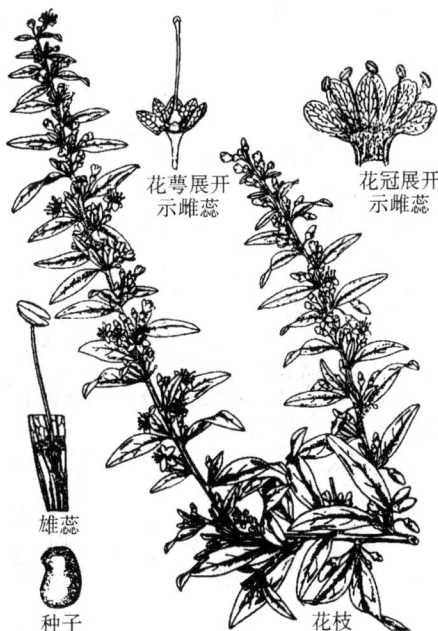

花萼展开示雌蕊　花冠展开示雌蕊

雄蕊

种子　花枝

图8-48 宁夏枸杞

本科药用植物还有：颠茄 *Atropa belladona* L.，全草能松弛平滑肌，抑制腺体分泌，加速心率，扩大瞳孔。莨菪 *Hyoscyamus niger* L.，亦有栽培，叶、种子（天仙子）能解痉止痛、安神定喘。龙葵 *Solanum nigrum* L.，全草有小毒，能清热解毒、活血消肿。酸浆 *Physalis alkengi* L. var. *franchetii*（Mast.）Makino，各地均产，带萼果实（锦灯笼）、根及全草能清热、利咽、化痰、利尿。

17. 玄参科 Scrophulariaceae

$$♀ ↑ K_{(4-5)} C_{(4-5)} A_{4,2} \underline{G}_{(2:2:\infty)}$$

玄参科主要特征

一般特征	多为草本
叶	多对生
花序	排为总状、聚伞花序等多种花序
花	花常两侧对称，花萼 4～5 深裂，宿存，花冠常二唇形，有的属花冠筒极短，裂片呈辐状，雄蕊多生于花冠管上，多为 4 枚，常 2 强，花盘位于子房基部，环状或一侧退化，雌蕊由 2 心皮组成，子房上位，2 室，中轴胎座，胚珠多数，花柱顶生
果实	蒴果，稀为浆果

约 200 属，3000 种，广布世界各地。我国约有 60 属，634 种，分布南北各地。已知药用的有 45 属，233 种。

【药用植物】

玄参 *Scrophularia ningpoensis* Hemsl.：多年生高大草本。根数条，粗大呈纺锤形，灰黄褐色，干后内部变黑色。茎方形。下部叶对生，上部叶有时互生；叶片卵形至披针形。聚伞花序集成疏散圆锥花序，花萼 5 裂；花冠斜壶状，褐紫色，5 裂，上唇长于下唇。蒴果卵形。分布于华东、中南、西南。根（玄参）能滋阴降火、生津、消肿、解毒。（图 8-50）

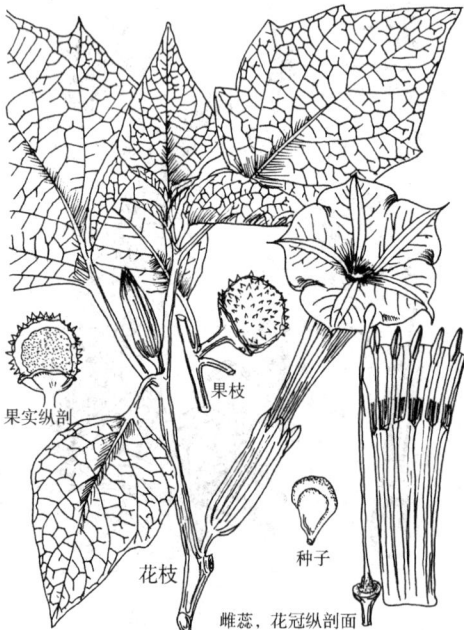

图 8-49　白花曼陀罗

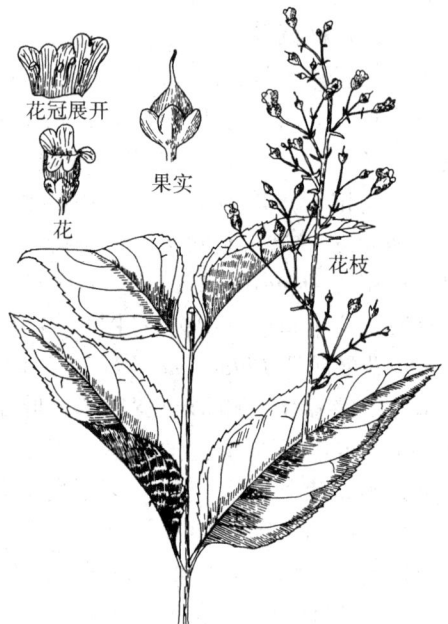

图 8-50　玄参

本科常用药用植物还有：地黄（怀地黄）*Rehmannia glutinosa*（Gaertn.）Libosch. ex Fish. et Mey.，根状茎（生地黄）能清热凉血、养阴生津，加工炮制后的熟地黄能滋阴补肾、补血调经。胡黄连 *Picrorhiza scrophulariiflora* Pennell.，根状茎（胡黄连）能清虚热燥湿、消疳。

18. 茜草科 Rubiaceae $\quad\quad\quad\quad\quad\quad ♀ * K_{(4-6)} C_{(4-6)} A_{4-6} \overline{G}_{(2:2:1-\infty)}$

茜草科主要特征	
一般特征	草本或木本，有些种呈藤本状
叶	单叶对生或轮生，托叶2枚，位于叶柄间或叶柄内
花序	二歧聚伞花序排成圆锥状或假头状
花	花萼4~5，花冠常4裂或5裂，稀6裂，雄蕊5枚，与花冠裂片同数且互生，均着生于花冠筒内，偶有2枚，子房下位，2心皮合生，常为2室
果实	蒴果、浆果或核果

本科约500属，6000余种，广布于热带和亚热带。我国有98属，676种，主要分布西南至东南部。已知药用59属，210种。

【药用植物】

茜草 *Rubia cordifobia* L.：攀援草本。根丛生，橙红色。茎四棱，棱上具倒生刺。叶4片轮生，有长柄，卵形至卵状披针形，下面中脉及叶柄上有倒刺。花小，5数，黄白色，子房下位，2室。浆果，成熟时黑色。全国各地均有分布。生于灌丛中。根（茜草）能凉血、止血、祛瘀、通经。（图8-51）

钩藤 *Uncaria rhynchophylla*（Miq.）Miq. ex. Havil.：常绿木质大藤本。小枝四棱形，叶腋有钩状变态枝。分布于福建、江西湖南、广东、广西等地；带钩茎枝（钩藤）能清热平肝、熄风定惊。

本科常见的药用植物还有：栀子 *Gardenia jasminoides* Ellis，果实（栀子）能泻火解毒、清热、利尿，是天然黄色素的重要原料。白花舌蛇草 *Hedyotis diffusa* Willd.，全草（白花舌蛇草）能清热解毒、活血散瘀。巴戟天 *Morinda officinalis* How，根能补肾壮阳，强筋骨、祛风湿。鸡矢藤 *Paederia scandens*（Lour.）Merr.，全草能消食化积、祛风利湿、止咳、止痛。

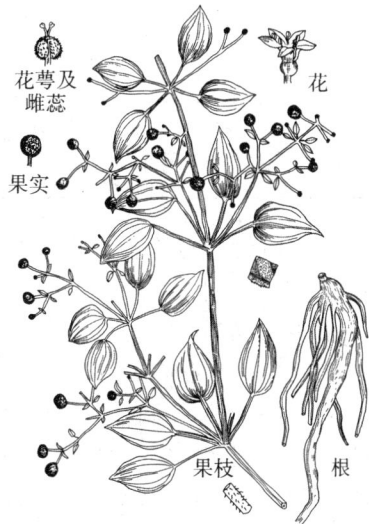

图8-51　茜草

19. 忍冬科 Caprifoliaceae $\quad\quad\quad ♀ * ↑ K_{(4-5)} C_{(4-5)} A_{4-5} \overline{G}_{(2-5:1-5:1-\infty)}$

灌木、木质藤本，有时为小乔木或小灌木，落叶或常绿，很少为多年生草本。茎干有的具有皮孔，有时纵裂，木质松软，常有发达的髓部。单叶，少数为羽状复叶，多对生，常无托叶。花两性，辐射对称或两侧对称，聚伞花序；萼合生，4~5裂；花冠管状，多5裂，有时二唇形；雄蕊与花冠裂片同数且互生，着生于花冠管上；子房下位，心皮 2~5，1~5 室，每室胚珠 1 枚。浆果、核果或蒴果。

本科有 15 属，约 450 种，主产北温带。我国有 12 属，259 种，广布全国。已知药用的有 9 属，106 种。

【药用植物】

忍冬 *Lonicera japonica* Thunb.：半常绿缠绕灌木。茎多分枝，老枝外表棕褐色，幼枝密生柔毛。花初开时白色，后变黄色，故称"金银花"。花蕾（金银花）能清热解毒、凉散风热。茎枝（忍冬藤）能清热解毒、疏风通络。（图 8-52）

本科常见的药用植物还有：陆英（接骨草）*Sambucus chinensis* Lindl.，分布于东北、华北、华东及西南等地，全草能祛风活络、散瘀消肿、续骨止痛。接骨木 *S. williamsii* Hance，全草入药，能接骨续筋、活血止痛、祛风利湿。

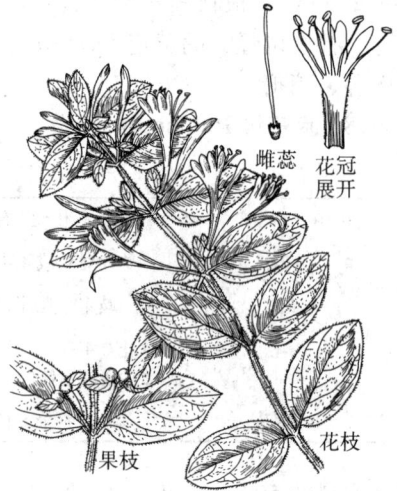

图 8-52 忍冬

20. 葫芦科 Cucurbitaceae

$♂ * K_{(5)} C_{(5)} A_{5,(3-5)}$；$♀ * K_{(5)} C_{(5)} \overline{G}_{(3:1:∞)}$

葫芦科主要特征

一般特征	草质藤本，攀援或蔓生，常具卷须
叶	常为单叶互生，多掌状分裂
花序	花单生
花	花单性，同株或异株，萼管与子房合生，花瓣 5，多合瓣；雄蕊 3 或 5，分离或合生，花药常曲折，雌花子房下位，由 3 心皮组成，1 室，侧膜胎座
果实	瓠果

约 113 属，800 多种，分布于热带及亚热带地区。我国约 32 属，155 种。已知药用的有 21 属，53 种。

【药用植物】

栝楼 *Trichosanthes kirilowii* Maxim.：多年生草质藤本。块根肥厚，圆柱形。叶具长柄，近心形，掌状 3~9 浅裂至中裂，稀不裂。雌雄异株；雄花成总状花序，雌花单生；花冠白色，裂片先端细裂成流苏状。瓠果近球形，熟时果皮果瓤橙黄色。种子扁平，浅棕色。主产于长江以北，江苏、浙江等。多有栽培。成熟果实称栝楼（全瓜蒌），能清热涤痰、宽胸散结、润燥滑肠。种子（瓜蒌子）能润肺化痰，滑肠通便。皮（瓜蒌皮）能清化热痰、利气宽胸。同属植物双边栝楼 *T. rosthornii* Harms，分布于华中、西南、华南及陕西、甘肃等，亦常栽培，入药部位及疗效与栝楼同。（图 8-53）

本科常见的药用植物还有：木鳖 *Momordica*

图 8-53 栝楼

cochinchinensis（Lour.）Spreng.，种子（木鳖子）有毒，能散结消肿、攻毒疗疮。绞股蓝 *Gynostemma pentaphyllum*（Thunb.）Makino，全草能补气生津、清热解毒、止咳祛痰。丝瓜 *Luffa cylindrica*（L.）Roem.，栽培，成熟果实的维管束（丝瓜络）能祛风、通络、活血。

21. 桔梗科 Campanulaceae $\qquad \hat{\varphi} * \uparrow K_{(5)} C_{(5)} A_5 \overline{\underline{G}}_{(2-5:2-5)} ; \overline{G}_{(2-5:2-5)}$

桔梗科主要特征

一般特征	草本，常具乳汁
叶	多单叶互生
花序	花单生或成总状．聚伞等多种花序
花	花萼常 5 裂，宿存，花冠常管状、钟状或辐状，5 裂，雄蕊常 5 枚，与花冠裂片互生；雌蕊 3 心皮，稀 2，，子房下位或半下位，中轴胎座，常 3 室
果实	蒴果，稀为浆果

60 属，约 1500 种，主产温带和亚热带。我国约有 17 属，150 种。已知药用的有 13 属，111 种。

【药用植物】

桔梗 *Platycodon grandiflorum*（Jacq.）A. DC.：多年生草本，具乳汁。根肉质，长圆锥形。叶互生、对生或轮生，叶片卵形至披针形，背面灰绿色。花单生或数朵生于枝顶；萼 5 裂，宿存；花冠阔钟形，蓝色，5 裂；雄蕊 5；子房半下位，5 室，中轴胎座，柱头 5 裂。蒴果倒卵形，顶部 5 瓣裂。广布于全国各地。亦有栽培。根能宣肺利咽、祛痰排脓。（图 8 - 54）

党参 *Codonopsis pilosula*（Franch.）Nannf.：多年生缠绕草本，有乳汁。根圆柱形，顶端有膨大的根状茎（根头），具多数芽和瘤状茎痕，向下有环纹。根能补中益气、健脾益肺。（图 8 - 55）

图 8 - 54　桔梗

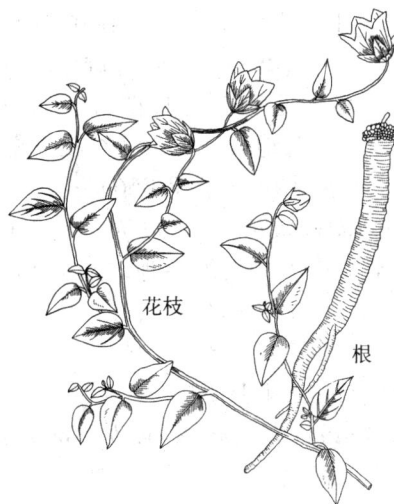

图 8 - 55　党参

本科药用植物还有：沙参（杏叶沙参）*Adenophora stricta* Miq.，根（南沙参）能养阴清肺、化痰、益气。四叶参（羊乳）*Codonopsis lanceolata* Benth. et Hook. f.，根能补虚通乳、排脓解毒。半边莲 *Lobelia chinensis* Lour.，全草能清热解毒、消瘀排脓、利尿及治蛇咬伤。

22. 菊科 Compositae，Asteraceae $\male\female * \uparrow K_0 C_{(3-5)} A_{(4-5)} \overline{G}_{(2:1:1)}$

菊科主要特征

一般特征	多为草本，有些种类具乳汁和油室
叶	叶多互生
花序	头状花序，花序托周围有 1 至多层总苞片组成的总苞，单生或多个排成总状、聚伞状或圆锥状等
花	花两性，稀单性或无性，舌状或管状花冠，有的小花基部常具小苞片，称托片，头状花序中有同形小花或为异形花所组成，萼片变态成冠毛或成刺状、鳞片状或缺，雄蕊常 5 枚，花丝分离，花药合生成管状称为聚药雄蕊，子房下位，雌蕊 2 心皮组成，1 室，胚珠 1 枚，花柱单一，顶端两裂
果实	连萼瘦果

菊科是被子植物第一大科，约 1000 属，25 000～30 000 种，广布于全世界。我国约 230 属，2300 种，广布全国。已知药用的有 155 属，778 种。

本科通常分为 2 个亚科

（1）管状花亚科（Asteroideae，Tubuliflorae） 头状花序全为同形的管状花，或有异形小花（缘花舌状，盘花管状），植物体无乳汁。

【药用植物】

红花 *Carthamus tinctorius* L.：一年生草本。叶互生，近无柄，长卵形或卵状披针形，叶缘齿端有尖刺。头状花序外侧总苞 2～3 列，上部边缘有锐刺，内侧数列卵形，无刺；全为管状花，初开时黄色，后变为红色；瘦果近卵形，具四棱，无冠毛。原产埃及，各地栽培。花（红花）能活血通经、祛瘀止痛。（图 8-56）

菊花 *Chrysanthemum morifolium* Ramat.：多年生草本。全国各地均有栽培，主产于安徽（亳菊、滁菊）、浙江（杭菊）、河南（怀菊）等地。头状花序（菊花）能散风清热、平肝明目。

白术 *Atractylodes macrocephala* Koidz.：多年生草本。根状茎肥大，略呈骨状。分

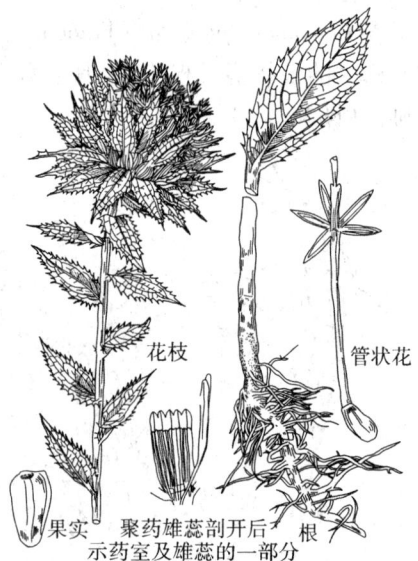

花枝　管状花

果实　聚药雄蕊剖开后　根
示药室及雄蕊的一部分

图 8-56　红花

布于浙江、江西、湖南、湖北等地。根状茎能健脾益气、燥湿利水、止汗、安胎。（图 8-57）

本亚科药用植物还有：木香（云木香、广木香）*Aucklandia lappa* Decne，根能行气止痛、健脾消食（图 8 - 58）。苍术 *Atractylodes lancea*（Thunb.）DC.，根状茎能燥湿健脾、祛风散寒、明目。茵陈蒿 *Artemisia capillaris* Thunb.，幼苗（绵茵陈）能清湿热、退黄疸。艾蒿 *Artemisia. argyi* Levl. et Vant，叶（艾叶）能散寒止痛、温经止血。牛蒡 *Arctium lappa* L.，果实（牛蒡子）能疏散风热、宣肺透疹、解毒利咽。苍耳 *Xanthium sibiricum* Patr. ex Widder，果实（苍耳子）有毒，能祛风湿、止痛、通鼻窍。旋覆花（金沸草）*Inula japonica* Thunb.，幼苗（金沸草）及头状花序（旋覆花）功效相似，能化痰降气、软坚行水。祁州漏芦 *Rhapontiam uniflorum*（L.）DC.，根（漏芦）能清热解毒、消痈、下乳、舒筋通脉。蓟 *Cirsium japonicum* Fisch. ex DC.，全草（大蓟）能凉血止血、祛瘀消肿。小蓟（刺儿菜）*C. setosum*（Willd）Bieb.，全草（小蓟）能凉血止血、祛瘀消肿。

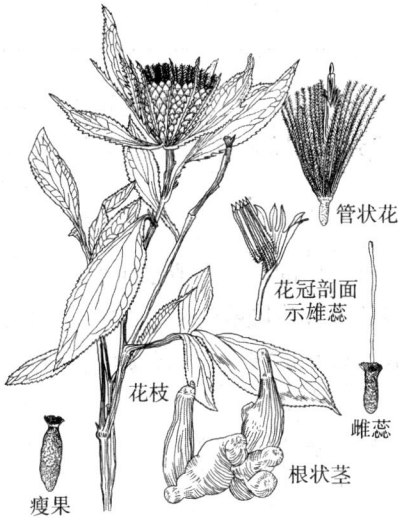

管状花
花冠剖面示雄蕊
花枝
雌蕊
瘦果
根状茎

图 8 - 57　白术

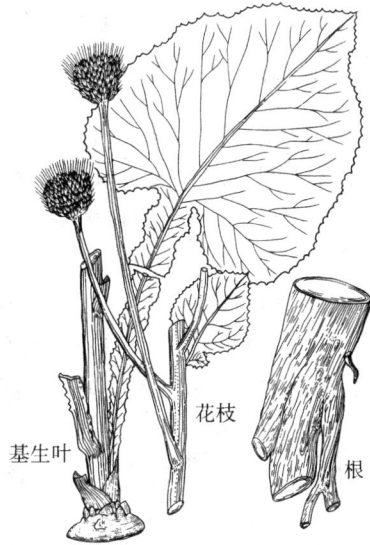

基生叶
花枝
根

图 8 - 58　木香

（2）舌状花亚科（Liguliflorae，Cichorioideae）　头状花序全为舌状花，植物体具乳汁。

【药用植物】

蒲公英 *Taraxacum mongolicum* Hand. - Mazz.：多年生草本，有乳汁。根圆锥形。叶基生，莲座状平展；叶片倒披针形，不规则羽状深裂，顶端裂片较大。花葶中空，顶生一头状花序；外层总苞片先端常有小角状突起，内层总苞片长于外层；全为舌状花，黄色。瘦果先端具长喙，冠毛白色。全国各地均有分布。全草能清热解毒、消肿散结、利尿通淋。

本亚科常见的药用植物还有：苣荬菜 *Sonchus brachyotus* DC.，分布于东北、华北、西北，全草称"北败酱"，能清热解毒、消肿排脓、祛瘀止痛。苦苣菜 *S. oleraceus* L，广布世界各地，全草能清热解毒、凉血。

（二）单子叶植物纲

23. 禾本科 Gramineae

$$♀ * P_{2-3}A_{3,1-6}\underline{G}_{(2-3:1:1)}$$

乔本科主要特征

一般特征	草本或木本
茎	常具根状茎，地上茎通称为秆，节明显，常中空
叶	单叶互生，排成 2 列，叶（竹类通称箨）由叶片、舌片、叶鞘组成，叶片带形.线形或披针形，叶鞘抱秆，一侧开裂，叶舌膜质；在叶鞘顶端之两边各伸出一耳状突出物，称为叶耳
花序	小穗是组成花序的基本单位，在穗轴上由多个小穗排成复穗状等各式花序，每小穗由 1 至多朵小花排于小穗轴上，其基部有 2 苞片称颖片，生于下面或外面的 1 片称为外颖，生于上面或内面的 1 片称为内颖
花	小花常两性。每一小花外有 2 枚苞片，称稃片，分别称为外稃和内稃，退化花被 2～3 片称为浆片，为膜质，雄蕊常 3 枚，雌蕊由 2～3 心皮组成，子房上位，1 室，1 胚珠，柱头常为羽毛状或扫帚状
果实	颖果

本科约 660 属，10 000 余种；广布全球。本科分两个亚科：竹亚科 Bambusoideae （木本）和禾亚科 Agrostidoideae（草本）。我国 228 属，1200 余种，全国分布。已知药用 84 属，174 种，多为禾亚科植物。

【药用植物】

薏苡 *Coix lacryma – jobi* L. var. *ma – yuen*（Roman.）Stapf：一年或多年生草本。颖果成熟时包于骨质、光滑、灰白色球形的总苞内。我国各地有栽培或野生。生河边、溪边、湿地。种仁（薏苡仁）为利水渗湿药，能健脾利湿、除痹止泻、清热排脓。（图 8 – 59）

第一颖（♂）　第二颖（♀）

外稃（♂）　内稃（♀）

雄小穗

雌蕊及退化的3雄蕊

退化雌小穗　第一颖（♀）

雌小穗

植株

第二颖（♀）　第一外稃（♀）　第二外稃（♀）　内稃（♀）

图 8 – 59　薏苡

本科常见药用植物还有：淡竹叶 *Lophatherum gracile* Brongn. ，茎叶（淡竹叶）为清热泻火药，能清热除烦、利尿、生津止渴。白茅 *Imperata cylindrica* Beauv. var. *major*（Ness） C. E. Hubb. ex Hubb et Vaughan，根状茎（白茅根）为止血药，能清热利尿、凉血止血、生津止渴。芦苇 *Phragmites communis* Trin，根状茎（芦根）为清热泻火药，能清热生津、除烦、止呕。

24. 棕榈科 Palmae　$\hooploop * P_{3+3}A_{3+3}\underline{G}_{(3:1-3:1)}$, $\male * P_{3+3}A_{3+3}$, $\female * P_{3+3}\underline{G}_{(3:1-3:1)}$

棕榈科主要特征

一般特征	木本或木质藤本
茎	茎干不分枝
叶	叶片常扇状、掌状或羽状分裂
花序	肉穗花序，具各种佛焰苞
花	花两性，花被片、雄蕊均6枚，2轮，雌蕊3心皮合生
果实	核果或浆果，外果皮常纤维质

本科约217属，2800种，分布于热带、亚热带。我国约28属，100余种，主产东南部至西南部。已知药用16属，26种。

【药用植物】

棕榈 *Trachycarpus fortunei*（Hook. f.） H. Wendl. ：常绿乔木。主干不分枝，有残存的不易脱落的叶柄基。叶大，掌状深裂，裂片条形，顶端2浅裂，集生于茎顶，叶鞘纤维质，网状，暗棕色，宿存。肉穗花序排成圆锥花序状，佛焰苞多数。单性花，雌雄异株，萼片、花瓣各3枚，黄白色；雄花雄蕊6；雌花心皮3，基部合生，3室。核果肾状球形，蓝黑色。分布于长江以南，生于疏林中，栽培或野生。叶鞘纤维（煅后药材名：棕榈炭）为止血药，能收敛止血。（图8-60）

秆顶部与叶

花序　　雄花　　雌花

图8-60　棕榈

本科常见药用植物还有：槟榔 *Areca catechu* L. ，种子（药材名：槟榔）为驱虫药，能杀虫、消积、行气、利水，果皮（药材名：大腹皮）能下气宽中、利水消肿。麒麟竭 *Daemonorops draco* Bl. ，果实或树干中的树脂（药材名：进口血竭）为活血化瘀药，内服能活血化瘀、止痛；外用能止血、生肌、敛疮。椰子 *Cocos nucifera* L. ，根能止痛止血；椰肉（胚乳）能益气驱风。

知识链接

奇特的槟榔

槟榔自古以来就是我国东南沿海各省居民迎宾敬客、款待亲朋的佳果，因古时敬称贵客为"宾"、为"郎"，"槟榔"的美誉由此得来。海南待客有"茶、烟、酒、槟"等四种等级，槟榔只有在迎贵宾、婚庆等重大节日才摆上宴席，可见其地位。鲜食槟榔有一种"饥能使人饱，饱可使人饥"的奇妙效果，苏东坡就曾写过"红潮登颊醉槟榔"的佳句。

25. 天南星科 Araceae

$$♂ P_0 A_{(1-8),(∞),1-8,∞} ; ♀ P_0 \underline{G}_{(1-∞:1-∞)} ; ⚥ * P_{4-6} A_{4-6} \underline{G}_{(1-∞:1-∞)}$$

天南星科主要特征

一般特征	草本
根，茎	常具块茎或根状茎
叶	叶常基生，多为网状脉，叶柄基部常呈鞘状
花序	肉穗花序，外包被有彩色的佛焰苞
花	花小，两性或单性，花被片缺，两性花常具 4~6 鳞片，同株或异株，单性同株时，雌蕊 4 或 6，分离或合生，雌蕊常由 3 心皮组成，子房上位，1 至多室
果实	浆果，密集于肉质轴上

本科约 115 属，2000 余种。主要分布于热带、亚热带。我国 35 属，210 余种，主要分布于长江以南各省区。已知药用 22 属，106 种。

【药用植物】

天南星 *Arisaema erubescens*（Wall.）Schott：草本。块茎扁球形。仅具 1 叶，有长柄，基生，叶片 7~24 裂，放射状排列于叶柄顶端，裂片披针形，末端延伸成丝状。佛焰苞顶端细丝状，花序附属器棒状；雄花雄蕊 4~6。浆果红色，排列紧密。分布几遍全国，生于林下阴湿地。块茎（天南星）为化痰药，能燥湿化痰、驱风止痉、散血消肿。（图 8-61）

半夏 *Pinellia ternata*（Thunb.）Breit.：块茎扁球形。叶异型，一年生叶为单叶，卵状心形或戟形，2 年以上叶为三出复叶，基生。佛焰苞绿色，雄花和雌花之间为不育部分，附属器鼠尾状，伸出佛焰苞外。浆果红色，卵圆形。分布南北各地，生于田间、林下、荒坡。块茎（半夏）为化痰药，能燥湿化痰、降逆止呕、消痞散结。（图 8-62）

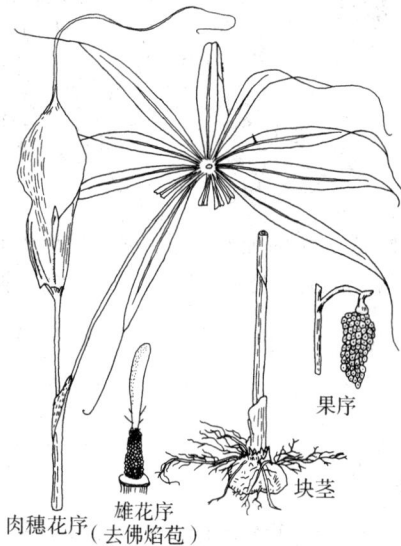

图 8-61　天南星

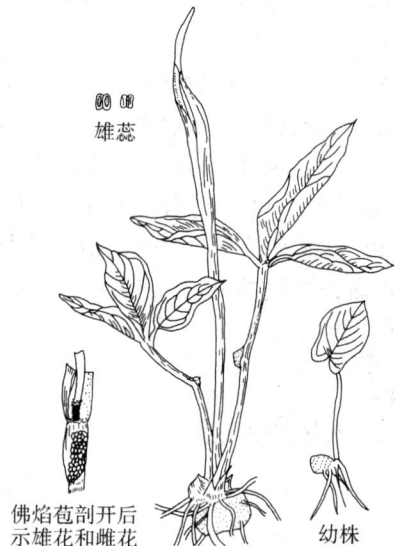

图 8-62　半夏

本科常见药用植物还有：独角莲 *Typhonium giganteum* Engl．，块茎（禹白附）为化痰药，能燥湿化痰、驱风解痉、解毒散结。

26. 百合科 Liliaceae

$\female * P_{3+3,(3+3)} A_{3+3} \underline{G}_{(3:3:\infty)}$

百合科主要特征

一般特征	草本
根，茎	常具鳞茎、根状茎、球茎或块根
叶	单叶互生，少为对生或轮生或全部基生，少有退化成鳞片状
花序	花序总状、穗状或圆锥状，有时单生或成对生于叶腋
花	花常两性，辐射对称，花被6，常为两轮，花瓣状而显著，分离或结合，雄蕊常为6枚，雌蕊常由3心皮组成，子房上位，子房常3室，中轴胎座
果实	蒴果或浆果

本科约233属，4000余种，广布全球，以温带和亚热带地区为多。我国约60属，570种，分布南北各地，主要分布于西南地区。已知药用46属，359种。

【药用植物】

百合 *Lilium brownii* F. E. Brown var. *viridulum* Baker：茎有紫色条纹，无毛。叶倒卵状披针形至倒卵形，上部叶常比较小，3~5脉。花喇叭形，花被片乳白色，背面稍带淡紫色，顶端向外张开或稍外卷，有香味；花粉粒红褐色；子房长圆柱形，柱头3裂。蒴果矩圆形，有棱。分布华北、华南和西南；生于山坡草地，多栽培。鳞茎的鳞叶（百合）为滋阴药，能养阴润肺、清心安神。（图8-63）

川贝母 *Fritillaria cirrhosa* D. Don：鳞茎有鳞叶3~4枚，叶通常对生，少数互生或轮生，下部叶片狭长矩圆形至宽条形，中上部叶狭披针状条形，叶端多少卷曲。单花顶生，花被紫色具黄绿色斑纹，或黄绿色具紫色斑纹，叶状苞片通常3枚，先端卷曲。分布于四川，生于高山灌丛及草甸。鳞茎是川贝母中"青贝"的主要来源。

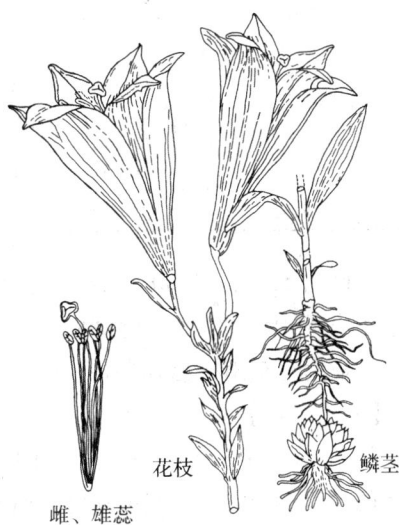

雌、雄蕊　花枝　鳞茎

图8-63　百合

同属植物浙贝母 *F. thunbergu* Miq．，较小鳞茎（珠贝）和鳞叶（大贝）为化痰药，能清热化痰、润肺止咳。暗紫贝母 *F. unibracteata* Hsiao et K. C. Hsia．，鳞茎（川贝母）为化痰药，能清热化痰、润肺止咳，是川贝母中"松贝"的主要来源。甘肃贝母 *F. przewalskii* Maxim. ex Baker．，鳞茎也是川贝母中"青贝"的主要来源。梭砂贝母 *F. delauayi* Franch．，是川贝母中"炉贝"的主要来源。平贝母 *F. ussuriensis* Maxim．，鳞茎（平贝母）为化痰药，能清热化痰、润肺止咳。新疆贝母 *F. walujewii* Regel 和伊犁贝母 *F. pallidiflora* Schrenk，它们的鳞茎（伊贝母）为化痰药，能清热化痰、润肺止咳。

本科常见药用植物还有：黄精 *Polygonatum sibiricum* Delar. ex Red.，根状茎（黄精）为滋阴药，能润肺滋阴、补脾益气。同属玉竹 *P. odoratum*（Mill.）Druce.，根状茎（玉竹）为滋阴药，能滋阴润肺、生津养胃。知母 *Anemarrhena asphodeloides* Bge.，根状茎（知母）为清热泻火药，能清热泻火、滋阴润燥。七叶一枝花 *Paris polyphylla* Smith var. *chinensis*（Franch.）Hara.，根状茎（蚤休）为清热解毒药，能清热解毒、消肿止痛、熄风定惊。麦冬 *Ophiopogon japonicus*（L. f）Ker - Gawl.，块根（麦冬）为滋阴药，能润肺养阴、益胃生津、清心除烦、润肠。天门冬 *Asparagus cochinchinensis*（Lour.）Men.，块根（天冬）为滋阴药，能清肺降火、滋阴润燥。光叶菝葜 *Smilax glabra* Roxb.，块根（土茯苓）为清热解毒药，能清热解毒、通利关节、除湿。

27. 姜科 Zingiberaceae

$$\female \uparrow K_{(3)} C_{(3)} A_1 \overline{G}_{(3:3:\infty)}$$

姜科主要特征

一般特征	通常有芳香或辛辣味
根，茎	具块茎、根状茎
叶	单叶通常排成2列，常有开放的叶鞘、叶舌、具羽状平行脉
花序	单生，总状或圆锥花序
花	花两侧对称，花被6枚，2轮，外轮萼状，常合生成管状，内轮花冠状，花冠管上部3裂，雄蕊6枚，2轮，退化雄蕊2~4，外轮2枚常花瓣状，齿状或缺，内轮2枚联合成显著而美丽的唇瓣，能育雄蕊1枚，子房下位，雌蕊由3心皮合生成中轴胎座，花柱1，细长、柱头漏斗状
果实	多为蒴果

本科约50属，1500多种；主产热带、亚热带地区。我国约20属，近200种，主要分布于西南、华南至东南；已知药用15属，103种。

【药用植物】

姜 *Zingiber officinale* Rosc.：叶片披针形。苞片绿色至淡红色，花冠黄绿色，唇瓣到卵状圆形，中裂片具紫色条纹及淡黄色斑点。原产太平洋群岛，我国广为栽培。根状茎（生姜、干姜）入药，干姜为温里药，能温中回阳、温肺化饮；生姜为解表药能发汗解表、温胃止呕、化痰止咳。（图8-64）

本科常见药用植物还有：姜黄 *Curama longa* L.，根状茎（姜黄）为活血化瘀药，能破血行气、通经止痛、祛风疗痹；块根（黄丝郁金）为活血化瘀药，能破血行气、清心解郁、凉血止血、利胆退黄。同属植物广西莪术 *C. kwangsiensis* S. Lee et C. P. Liang、蓬莪术 *C. aeraginosa* Roxb.、温郁金 *C. wenyujin* Y. H. Chen et

图8-64 姜

C. F. Liang 的根状茎（莪术）为活血化瘀药，能破血行气、消积止痛，上述植物的块根（郁金）为活血化瘀药，能破血行气、清心解郁、凉血止血、利胆退黄，商品药材名分别称为桂郁金、绿丝郁金、温郁金。阳春砂 *Amomum villosum* Lour.，果实（砂仁）为芳香化湿药，能化湿行气、温中止泻、安胎。白豆蔻 *A. kravanh* Pierre ex Gagnep.，果实（豆蔻）为芳香化湿药，能化湿行气、温中止呕。高良姜 *A. officinarum* Hance.，根状茎（高良姜）为温里药，能散寒、暖胃、止痛。益智 *A. oxyphylla* Miq.，果实（益智仁）为补阳药，能温脾开胃摄涎、暖肾固精缩尿。

28. 兰科 Orchidaceae ☿↑$P_{3+3}A_{1-2}\overline{G}_{(3:1:\infty)}$

兰科主要特征

一般特征	草本，陆生，附生或较少为腐生
根茎	常有粗壮的根状茎或块茎和肉质假鳞茎
叶	单叶互生，有时全部基生或鳞片状，平行脉，基部有封闭的叶鞘
花序	总状、穗状、圆锥花序等
花	花两性，两侧对称，花被片6，两轮，外轮3片萼状或花瓣状，中萼片位于中央，侧萼片位于两侧，内轮3片，两侧呈花瓣状，中央一片特化为唇瓣成各种形状，雄蕊与花柱、柱头完全愈合生成柱状，称合蕊柱，与唇瓣对生，雄蕊常1枚生于合蕊柱顶端。花药常2室，常具花粉块2~8个，雌蕊由3心皮构成，子房下位，1室，侧膜胎座
果实	蒴果含极多微小粉状种子

本科为被子植物第二大科，约730属，20 000种，广布全球，主产南美和亚洲的热带地区。我国166属，1000余种，南北均产，以云南、海南、台湾等地种类丰富。已知药用76属，289种。

【药用植物】

天麻 *Gastrodia data* Bl.：块茎椭圆形或卵圆形，有均匀的环节，节上有膜质鳞叶。茎黄褐色或带红色，叶退化成膜质鳞片，颜色与茎色相同，下部鞘状抱茎。花淡绿黄色或橙红色，花被合生，下部壶状，上部歪斜，唇瓣白色，先端3裂。主产西南，生于林下腐殖质较多的阴湿处，现多栽培，与白蘑科密环菌共生。块茎（天麻）为平肝熄风药，能熄风止痉、平肝潜阳、祛风除痹。（图8-65）

白及 *Bletilla striata*（Thunb.）Reichb. f.：块茎三角状扁球形，上有环纹，断面富黏性。块茎（白及）为止血药，能收敛止血、消肿生肌。（图8-66）

本科常见药用植物还有：石斛 *Dendrobium nobile* Lindl.，分布于长江以南，全草（金钗石斛）为滋阴药，能养胃生津、滋阴除热。同属束花石斛 *D. chrysan-thum* Lindl.，流苏石斛 *D. fimbriatum* Hook.，美花石斛（环草石斛）*D. loddigesii* Rolf，细茎石斛 *D. moniliforme*（L.）Sw.，上述植物的茎也作"石斛"用。手参 *Gymnadenia conopsea*（L.）R. Br.，块茎能补益气血、生津止渴。

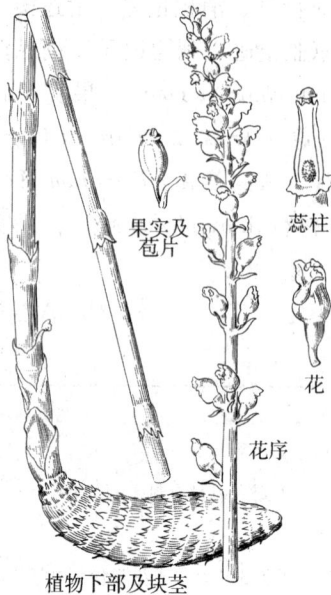

图 8 – 65　天麻

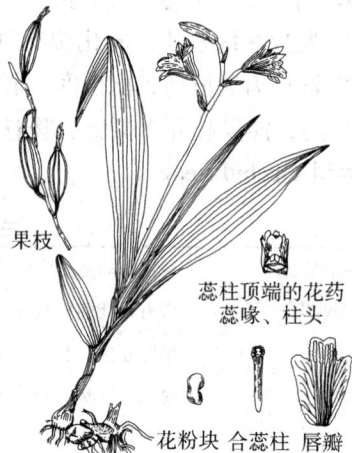

图 8 – 66　白及

职业对接

　　药剂专业今后可以从事医院、药店的调剂员，医药公司的中药材采购员、药品生产企业等岗位，在岗位上将要求对天然药物进行真伪鉴定，学好了植物分类知识，辨认常见药用植物，能很好的鉴别中药材真伪优劣，为胜任以上相关岗位打下基础。

目标检测

一、单项选择题

1. 生物分类的基本单位是

　　A. 种　　B. 属　　C. 目　　D. 科　　E. 纲

2. 具肉穗花序及佛焰苞的科

　　A. 百合科　　B. 天南星科　　C. 五加科　　D. 蓼科　　E. 菊科

3. 子房下位，蒴果，种子具假种皮的单子叶植物是

　　A. 兰科　　B. 百合科　　C. 泽泻科　　D. 薯蓣科　　E. 姜科

4. 下列关于灵芝营养方式的描述正确的是

　　A. 寄生　　B. 共生　　C. 腐生　　D. 自养　　E. 先寄生，后腐生

5. 苔藓植物具

　　A. 假根　　B. 既有真根又有假根　　C. 真根　　D. 既有真根又有鳞片

　　E. 维管束

6. 下列以孢子入药的是

　　A. 木贼　　　B. 海金沙　　　C. 紫箕　　　D. 卷柏　　　E. 金毛狗脊

7. 下列以根状茎入药的是

　　A. 石韦　　　B. 海金沙　　　C. 木贼　　　D. 卷柏　　　E. 金毛狗脊

8. 具花粉块的科

　　A. 天南星科　　B. 葫芦科　　　C. 桑科　　　D. 兰科　　　E. 茜草科

9. 胚珠裸露于心皮上，无真正的果实的植物为

　　A. 双子叶植物　　　B. 被子植物　　　C. 单子叶植物　　　D. 裸子植物

　　E. 蕨类

10. 裸子植物没有

　　A. 胚珠　　　B. 颈卵器　　　C. 孢子叶　　　D. 雌蕊　　　E. 心皮

11. 裸子植物的叶形极少数为

　　A. 线形　　　B. 针形　　　C. 鳞片状　　　D. 阔叶　　　E. 条形

12. 植物体常具托叶鞘的是

　　A. 菊科　　　B. 茄科　　　C. 旋花科　　　D. 蓼科　　　E. 唇形科

13. 蓼科植物的果实常包于宿存的

　　A. 花托内　　　B. 花萼内　　　C. 花冠内　　　D. 花被内　　　E. 花柱内

14. 五加科的花序为

　　A. 伞形花序　　　B. 伞房花序　　　C. 轮伞花序　　　D. 头状花序

　　E. 穗状花序

15. 伞形科中具有单叶的植物是

　　A. 当归　　　B. 防风　　　C. 紫花前胡　　　D. 狭叶柴胡　　　E. 川芎

16. 富含挥发油的科是

　　A. 菊科　　　B. 茄科　　　C. 旋花科　　　D. 萝摩科　　　E. 唇形科

17. 大戟、甘遂、续随子属

　　A. 马钱科　　　B. 甘遂科　　　C. 败酱科　　　D. 大戟科　　　E. 紫草科

18. 植物石斛为

　　A. 腐生草本　　　B. 共生草本　　　C. 寄生草本　　　D. 附生草本

　　E. 缠绕草本

19. 属舌状花亚科的植物是

　　A. 红花　　　B. 菊花　　　C. 白术　　　D. 茵陈蒿　　　E. 蒲公英

20. 大戟、甘遂等植物的花序为

　　A. 伞形花序　　　B. 伞房花序　　　C. 杯状聚伞花序　　　D. 轮伞花序

　　E. 圆锥花序

二、问答题

1. 双子叶植物纲与单子叶植物纲的区别。

2. 豆科植物有哪些主要特征？分那几个亚科？常见药用植物有哪些？

3. 伞形科植物有哪些主要特征？常见药用植物有哪些？

4. 菊科有何特征？各亚科有何主要药用植物？

各　论

第九章
根及根茎类药材

学 习 目 标

1. 掌握根及根茎类药材的鉴定方法。
2. 掌握重点根及根茎类药材的来源、主要性状鉴别特征、显微鉴别特征及理化鉴别特征。
3. 熟悉常用根及根茎类药材的化学成分、性味与功能。
4. 了解一般根及根茎类药材的性状特征和鉴定要点、采收加工、主产地。

根和根茎都是植物的地下部分，但根与根茎是植物的两个不同的器官，具有不同的外形和内部构造，这对中药的鉴别又是一个有价值的依据。事实上，要把根与根茎类中药严格分开，这也是不容易的，因为根类中药常带有根茎部分，如人参、桔梗等；而根茎类中药又常带有一些根，如白头翁、黄连等；还有一些是根与根茎同时入药的，如大黄、甘草、紫菀、茜草等。

第一节　根类药材概述

根类中药包括药用为根或以根为主、带有部分根茎的药材。通常没有节、节间和叶，一般无芽。

一、性状鉴别

1. 形状　根类中药一般多呈圆柱形或圆锥形，常弯曲或扭转。也有的根部膨大呈纺锤形或呈圆锥形，称为"块根"。

2. 表面　根的外表无节与节间，亦无叶痕或芽痕，双子叶植物根的表面大多较粗糙，有栓皮；而单子叶植物根的表面则比较光滑，表面无栓皮。

3. 断面　一般双子叶植物根的横断面有次生构造形成的放射状结构（习称"菊花心"），中柱几占横切面的大部，中心通常没有明显的髓部；单子叶植物根的横断面中柱较小，自中心向外无放射状纹理，内皮层环纹一般明显，中心有较明显的髓部。

二、显微鉴别

1. 双子叶植物根　一般均具有次生构造，最外层为周皮（由木栓层、木栓形成层、栓内层组成），无限外韧型维管束多呈放射状排列，形成层多明显，中央通常无髓。少数双子叶植物常见异常构造，如牛膝、川牛膝、商陆等，有多环性同心环状排列的维管束；如何首乌，有韧皮部维管束；如黄芩、秦艽等，有木间木栓。

2. 单子叶植物根　一般只具有初生构造，最外层通常为一列表皮细胞，维管束为辐射型，初生韧皮部和初生木质部相间排列，髓部明显。

其次应注意分泌组织及细胞后含物的有无及分布情况，如人参、三七有草酸钙簇晶，麦冬有针晶，甘草有方晶，牛膝有砂晶等，党参、桔梗有菊糖、乳汁管，半夏、贝母有淀粉粒等。此外还应注意有无韧皮纤维、木纤维、石细胞等厚壁组织特征。

第二节　根茎类药材概述

根茎类中药是以植物地下茎作药用的药材，通常包括根状茎、鳞茎、球茎及块茎等。

一、性状鉴别

1. 形状　根状茎的形状大多呈长柱形或长圆柱形；块茎大多呈纺锤形或长圆柱形；球茎大多呈类球形或扁球形；鳞茎大多呈类圆形而顶端略尖，分离的鳞叶则呈肉质的厚片状，一面凹入，一面凸出。

2. 表面　根茎类中药的表面和地上茎一样，有节和节间（双子叶植物根茎的节与节间不甚明显，如苍术、白术；而单子叶植物的根茎则较明显，如黄精、玉竹），节上常有退化的鳞片或膜状的小叶及叶柄基部的残余，如贯众，或叶脱落后的叶痕，有时可见幼芽或芽痕，根茎的两侧和下面常有细长的不定根或根脱落后的痕迹。

蕨类植物根茎的表面常有鳞片或金黄色的鳞毛（如狗脊）。

3. 断面　双子叶植物的根茎横断面外层常为木栓层，维管束环列，大多具放射状的花纹，中心具髓；单子叶植物根茎的横断面外层无木栓层，常有表皮或较薄的栓化组织，无放射状花纹，内皮层环纹大多明显，环圈内外均散有筋脉小点（维管束），髓部常不明显。

二、显微鉴别

1. 双子叶植物根茎　一般双子叶植物的根茎具次生构造，最外层常为木栓层，维管束环列，大多具放射状的花纹，中心具髓。

2. 单子叶植物根茎　单子叶植物根茎的最外层无木栓组织，常有表皮或较薄的栓化组织，无放射状纹理，内皮层环纹大多明显，均散有筋脉小点（维管束），髓部常不明显。

3. 蕨类植物 最外层为一列厚壁性的表皮或下皮细胞，下皮层为数列厚壁细胞；基本组织由薄壁细胞构成，维管束周韧型，断续环列成分体中柱，有髓。

在根茎类药材的粉末特征中，注意观察有无分泌组细胞、黏液细胞、厚壁组织、草酸钙结晶或淀粉粒存在。如石菖蒲、干姜中有油细胞，半夏、天麻中有含草酸钙针晶束的黏液细胞，味连的皮层和中柱鞘部位有石细胞等。

第三节 根及根茎类药材的鉴定

大黄 Rhei Radix et Rhizoma

本品为蓼科植物掌叶大黄 *Rheum palmatum* L. 、唐古特大黄 *R. tanguticum* Maxim. ex Balf. 或药用大黄 *R. officinale* Baill. 的干燥根及根茎，前二种习称"北大黄"，后者习称"南大黄"。主产于甘肃、青海、西藏、四川、贵州、云南、湖北、陕西等省。以掌叶大黄产量大，占大黄药材的大部分，药用大黄产量很小。秋末茎叶枯萎或次春发芽前采挖，除去细根，或刮去外皮，切瓣或段，绳穿成串干燥或直接干燥。

【性状鉴别】呈圆柱形、圆锥形或不规则块片状，长 3～17cm，直径 3～10cm。除去外皮者表面黄棕色至红棕色，可见类白色网状纹理；未去外皮者表面棕褐色，有横皱纹及纵沟。质坚实，断面淡红棕色或黄棕色；根茎髓部宽广，有星点（异型维管束）环列或散在，颗粒性；根木部发达，具放射状纹理及形成层环纹，无星点。气清香，味苦而微涩，嚼之粘牙，有沙粒感，唾液被染成黄色。（图 9 - 1）

以个大、质坚实、气味明显者为佳。

图 9 - 1 大黄药材

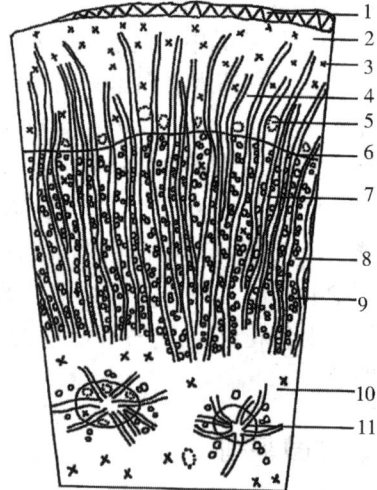

图 9 - 2 大黄根茎横切面简图
1. 木栓层 2. 皮层 3. 草酸钙簇晶 4. 韧皮部
5. 黏液腔 6. 形成层 7. 射线 8. 木质部
9. 导管 10. 髓部 11. 异型维管束

【显微鉴别】**1. 根茎横切面**　①木栓层与皮层大多除去，偶有残留。②韧皮部筛管群明显，射线一至数列细胞，内含棕色物。③形成层成环。④木质部射线密，1~2列细胞，导管稀疏，径向排列，非木化。⑤髓部宽广，有异型维管束散在，木质部位于形成层环外侧，内侧为韧皮部，射线呈星状放射。⑥薄壁细胞中含淀粉粒及大型草酸钙簇晶。（图 9-2）

2. 粉末　棕黄色。①草酸钙簇晶众多，直径 20~160μm（~190μm），棱角大多短钝。②导管多为网纹，并有具缘纹孔及细小螺纹导管，非木化。③淀粉粒众多，单粒球形或长圆形，直径 3~45μm，脐点星状；复粒由 2~8 粒组成。（图 9-3）

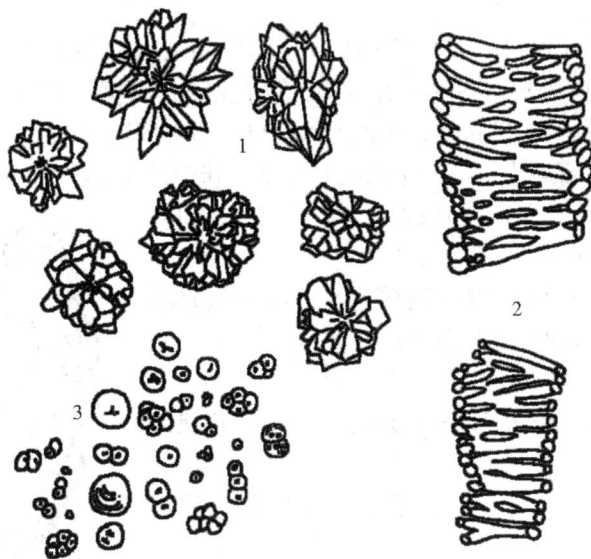

图 9-3　大黄粉末特征图
1. 草酸钙簇晶　2. 导管　3. 淀粉粒

【成分】含蒽醌类化合物，其中游离性蒽醌衍生物有大黄酸、大黄素、大黄酚等，具抗菌作用；结合性蒽醌衍生物有双蒽酮苷，如番泻苷 A、B、C、D 等，是大黄的主要泻下成分。另含大量鞣质，为大黄收敛止血的主要成分。

【理化鉴别】

1. 大黄粉末遇碱液呈红色。

2. 粉末微量升华得黄色菱状针晶或羽状结晶。

3. 取稀醇浸出液，滴于滤纸上，滴加稀醇扩散后呈黄色至淡棕色环，置紫外光灯下呈棕色至棕红色荧光，不得呈现亮蓝紫色荧光（土大黄苷）。

【性味与功能】苦，寒。泻下攻积，清热泻火，凉血解毒，逐瘀通经，利湿退黄。

知识链接

伪品　蓼科波叶大黄 *Rheum pran zenbachii* Munt 的根茎及根。主产河北、山西、内蒙古等地。无泻下作用，其成分亦不含大黄泻下成分，而含土大黄苷，供出口作提取染料的原料或部分作兽药用。因此应作伪品处理。药材形状扭曲，质紧密，折断面红棕色，不具星点。味苦涩，无药用大黄香气。紫外光灯下显蓝紫色荧光，与正品大黄区别。

何首乌　Polygoni Multiflori　Radix

本品为蓼科植物何首乌 *Polygonum multiflorum* Thunb. 的干燥块根。主产于河南、湖北、广西、广东、贵州。秋、冬二季叶枯萎时采挖，削去两端，洗净，个大的切成块，干燥。

【性状鉴别】呈团块状或不规则纺锤形，大小不一，长 6.5~15cm，直径 4~12cm。表面红棕色或红褐色，皱缩不平，有浅沟，皮孔横长。体重，质坚实，不易折断，断面浅黄棕色或浅红棕色，显粉性，皮部有 4~11 个类圆形异型维管束环列，形成"云锦状花纹"，中央木部较大，有的呈木心。气微，味微苦而甘涩。

以体重、质坚实、断面浅黄棕色、有云锦纹、粉性足者为佳。(图9-4)

【成分】含卵磷脂约 3.7%；蒽醌类化合物约 1.1%，主要为大黄酚、大黄素、大黄酸等；另含丰富的铁、锌、锰、钙等微量元素。

【理化鉴别】粉末微量升华得黄色柱状或针簇状结晶，遇碱液显红色。

【性味功能】苦、甘、涩，微温。解毒消痈，润肠通便。

【附注】制何首乌《中国药典》收载的炮制品。取何首乌片或块，加入黑豆汁炖或蒸，至内外均呈黑褐色

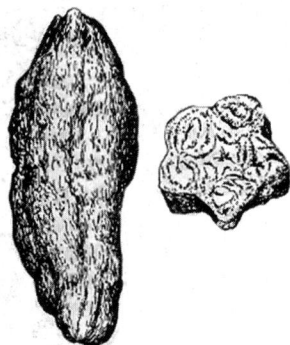

图9-4　何首乌药材与饮片

或棕褐色时即得。质地坚硬，断面角质样。气微，味微甘而苦涩。炮制后功能发生变化，有补肝肾，益精血，乌须发，强筋骨，化浊降脂的作用，现代常用于高血脂、高血压、冠心病的治疗。

知识链接

1. 夜交藤　又称首乌藤，《中国药典》收载品种，为何首乌的干燥藤茎。

秋、冬二季割取。药材呈细长圆柱形，稍扭曲，表面紫红色至紫褐色，有突起的皮孔小点和侧枝痕。质脆，易折断，中央髓部类白色。气微，味微苦、涩。功能养血安神，祛风通络。

2. 白首乌　为萝藦科植物牛皮消 *Cynanchum auriculatum* Royle ex Wight 的块根。主产江苏省滨海县。呈长圆柱形或纺锤形，表面土黄色，断面白色，粉性，无"云锦花纹"，味先甜后苦。功能补肝肾，益精血，强筋骨，止心痛，健脾益气。现多用作营养保健品原料，市场需求大。

川乌 Aconiti Radix

本品为毛茛科植物乌头 *Aconitum carmichaelii* Debx. 的干燥母根（主根）。主产四川、陕西、湖北等地。6月下旬至8月上旬采挖，除去子根、须根及泥沙，晒干。

【性状鉴别】呈不规则圆锥形，稍弯曲，中部多向一侧膨大，顶端有残存的茎基，长 2~7.5cm，直径 1.2~2.5cm。表面棕褐色或灰棕色，皱缩，有小瘤状突起的支根，习称"钉角"，并有支根脱落后的痕迹。质坚实，断面类白色或浅灰黄色，粉性，可见多角形的形成层环纹。气微，味辛辣而麻舌。（图9-5）

以个匀、肥大、无须根、坚实无空心者为佳。

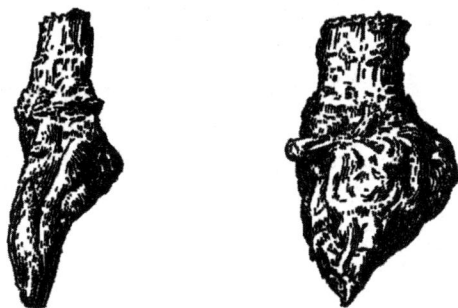

图9-5 乌头药材

【成分】根含总生物碱 0.82~1.56%，其中主要为剧毒的双酯类生物碱如乌头碱、中乌头碱、次乌头碱等。

知识链接

乌头类生物碱类局部应用有镇痛作用，但毒性很强，人的致死量为 3~4 毫克，但在高温条件下水解为苯甲酰乌头胺，毒性即降低约仅为乌头碱的 1/200，继续水解成乌头胺，而乌头胺的毒性更小，仅为乌头碱的 1/2000 左右。制川乌含生物碱以乌头碱（$C_{33}H_{47}NO_{11}$）、次乌头碱（$C_{33}H_{45}NO_{10}$）、新乌头碱（$C_{33}H_{45}NO_{11}$）的总量计，不得过 0.040%。

【性味与功能】辛、苦，热。有大毒。祛风除湿，温经止痛。

【附注】制川乌《中国药典》收载的炮制品。炮制方法是取川乌，大小个分开，用水浸泡至内无干心，取出，加水煮沸 4~6 小时（或蒸 6~8 小时）至内外透心，口尝微有麻舌感时，切片，干燥。炮制品为不规则或长三角形的片。表面黑褐色或黄褐色，有灰棕色形成层环纹。体轻，质脆，断面有光泽。气微，微有麻舌感。

附子 Aconiti Lateralis Radix Preparata

本品为毛茛科植物乌头 *Aconitum carmichaelii* Debx. 的侧根（子根）的加工品。四川、陕西为主要栽培区。

知识链接

附子的加工方法　6月下旬至8月上旬采挖乌头，除去母根、须根及泥沙，习称"泥附子"，再加工成下列品种：

1. 盐附子　选择个大、均匀的泥附子，洗净，浸入食用胆巴水溶液中，过夜，再加食盐，继续浸泡，每日取出晒晾，并逐渐延长晒晾时间，直到附子表面出现大量结晶盐粒（盐霜）、体质变硬为止，捞起滴干水分即为盐附子。

2. 黑顺片　取泥附子，按大小分别洗净，浸入食用胆巴水溶液中数日，连同浸液煮至透心，捞出，水漂，纵切成约0.5cm的厚片，再用水浸漂，用调色液使附片染成浓茶色，取出，蒸到出现油面、光泽后，烘至半干，再晒干或继续烘干。

3. 白附片　选择大小均匀的泥附子，洗净，浸入食用胆巴水溶液中数日，连同浸液煮至透心，捞出，刮去外皮，纵切成约0.3cm的薄片，用水浸漂，取出，蒸透，晒干。

【性状鉴别】

1. 盐附子　呈圆锥形，长4～7cm，直径3～5cm。顶端有凹陷的芽痕，周围有瘤状突起的支根（习称"钉角"）或支根痕。外表灰黑色，被盐霜。质重而坚硬，夏季多潮解变软，难折断，断面灰褐色，可见充满盐霜的小空隙及多角形的形成层环纹，内侧筋脉点（维管束）排列不整齐。气微，味咸而麻，刺舌。

2. 黑顺片　为纵切饮片，上宽下窄，长1.7～5cm，宽0.9～3cm，厚0.2～0.5cm，外皮黑褐色，切面暗黄色，油润具光泽，半透明状，并有纵向筋脉（维管束）。质硬而脆，断面角质样。气微，味淡。

3. 白附片　形状、气味与黑顺片相同，但去外皮，黄白色，半透明，片厚约0.3cm。（图9-6）

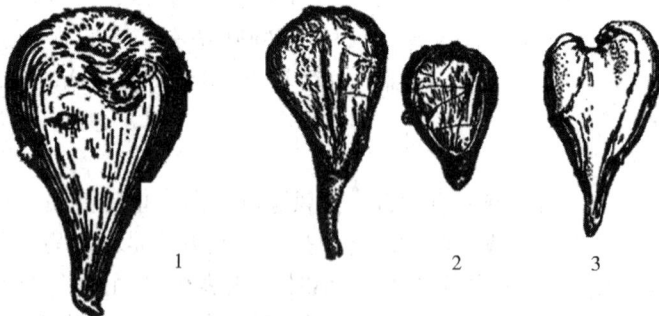

图9-6　附子药材
1. 盐附子　2. 黑顺片　3. 白附片

【成分】生附子主要含剧毒的双脂类生物碱，在加工炮制的过程中易水解，失去一分子醋酸，生成毒性较小的单酯类碱苯甲酰乌头胺、苯甲酰中乌头胺和苯甲酰次乌头胺。如继续水解，则又失去一分子苯甲酸，生成毒性更小的不带酯键的胺醇类碱乌头胺、中乌头胺和次乌头胺。

因此炮制品的附子、川乌及草乌的毒性均较其生品为小。盐附子的毒性则较蒸煮过的黑顺片、白附片为大。除生物碱外，尚含强心成分氯化棍掌碱。

【性味与功能】辛、甘，大热。有毒。回阳救逆，补火助阳，散寒止痛。

黄连 Coptis Rhizoma

本品为毛茛科植物黄连 *Coptis chinensis* Franch.、三角叶黄连 *C. deltoidea* C. Y. Cheng et Hsiao、云连 *C. teeta* Wall. 的干燥根茎。商品药材分别习称为"味连"、"雅连"和"云连"。味连主产于重庆市石柱县，湖北西部、陕西、甘肃等地亦产，主为栽培品，为商品黄连的主要来源。雅连主产于四川洪雅等地。云连主产于云南及西藏地区。秋季采挖，除去须根和泥沙，干燥，撞去残留须根。

【性状鉴别】1. 味连　根茎多簇状分枝，弯曲互抱，形如倒鸡爪，故有"鸡爪黄连"之称，单枝长 3~6cm，直径 0.3~0.8cm。上部多残留褐色鳞叶，顶端常留有残余的茎或叶柄。表面灰黄色或黄褐色，粗糙，节密生，有不规则结节状隆起、细硬须根及须根痕，形如连珠，下方常有细长光滑圆柱形的节间，习称"过桥"。质坚硬，断面不整齐，皮部橙红色或暗棕色，木部鲜黄色或橙黄色，呈放射状排列，髓部有时中空。气微，味极苦。

2. 雅连　多单枝粗壮，略呈圆柱形，略弯曲，长 4~8cm，直径 0.5~1cm。顶端有少许残茎，"过桥"较长，形如"蚕"形。

3. 云连　多单枝且细小，弯曲呈钩状，形如"蝎尾"。色浅，表面常被有黄粉。（图 9-7）

均以根茎粗壮、坚实、断面皮部橙红色、木部鲜黄色为佳。

图 9-7　黄连药材
1. 味连　2. 雅连　3. 云连

【显微鉴别】根茎横切面

1. 味连　木栓层为数列细胞，有的外侧附有鳞叶组织。皮层较宽，石细胞黄色，单个或成群散在。中柱鞘纤维成束，或拌有少数石细胞，均显黄色。维管束外韧型，环列；束间形成层不明显；木质部黄色，均木化，木纤维较发达。髓部均为薄壁细胞，无石细胞。薄壁细胞中含淀粉粒。

2. 雅连 髓部有石细胞。

3. 云连 皮层、中柱鞘、髓部均无石细胞。（图9-8）

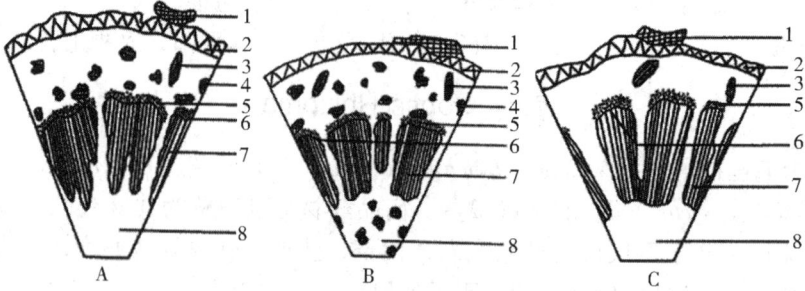

图9-8 黄连根茎横切面简图
A. 味连 B. 雅连 C. 云连
1. 鳞叶组织 2. 木栓层 3. 根迹维管束 4. 石细胞
5. 韧皮部 6. 形成层 7. 木质部 8. 髓

4. 味连粉末 黄棕色或黄色，味极苦。①石细胞淡黄色，方形或类多角形，直径3~50μm，壁木化或微木化，壁孔明显。②木纤维成束，壁不甚厚，微木化。③中柱鞘纤维成束，壁较厚。④导管为网纹或孔纹，短节状。⑤鳞叶组织碎片，细胞多呈长方形，壁弯曲。⑥淀粉粒多单粒，圆形或类圆形，层纹、脐点均不明显。（图9-9）

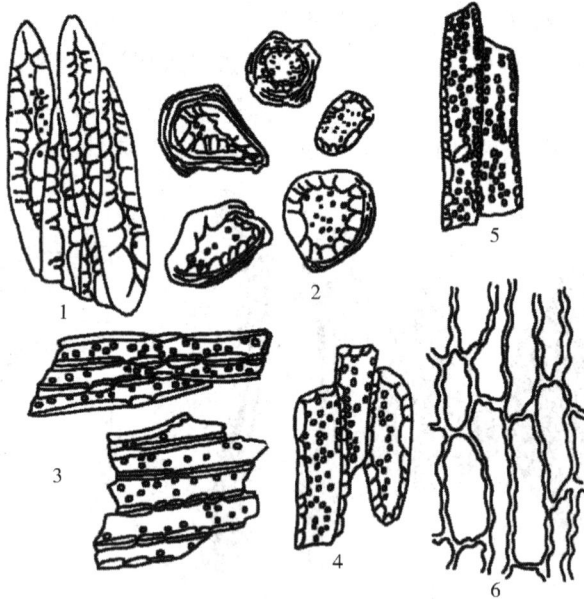

图9-9 味连粉末显微特征图
1. 中柱鞘纤维 2. 石细胞 3. 木纤维 4. 木薄壁细胞
5. 导管 6. 鳞叶表皮细胞

【成分】含生物碱、酚类、无机元素等成分。生物碱主要为小檗碱，又称黄连素，其次为黄连碱、甲基黄连碱、巴马汀等。酚类成分有阿魏酸、绿原酸等。无机元素有钾、钠、磷、镁等。其中黄连碱为黄连的特征性成分。小檗碱具有广谱抗菌作用。

【理化鉴别】

1. 取黄连饮片在紫外光灯下显金黄色荧光，木质部尤为显著。

2. 取粉末少许于玻片上，加95%乙醇1~2滴及30%硝酸1滴，放置片刻，镜检，可见黄色硝酸小檗碱针晶簇。加热则结晶消失而显红色（检查小檗碱）。

【性味与功能】苦，寒。清热燥湿，泻火解毒。

【附注】各地使用的黄连还有如下品种：

1. 短萼黄连（*Coptis chinensis* Franch. var. *brevisepala* W. T. Wang et Hsiao）　主要分布在广东、广西、福建、安徽等省区，多野生，当地作商品黄连药用。其根茎细小，单枝，常弯曲，表面随处有不规则的结节状隆起，无"过桥"。

2. 峨眉野连（*C. omeiensis*（Chen）C. Y. Cheng）　分布在四川蛾眉山一带的野生品种，又称"凤尾连"。其根茎多单枝，微弯曲，结节密集，无"过桥"。顶端常带有长7~10cm的地上部分，作为野连的标记。

白芍 Paeoniae Radix Alba

本品为毛茛科植物芍药 *Paeonia lactiflora* Pall. 的干燥根。主产浙江（称"杭白芍"）、安徽（称"亳白芍"）、四川（称"川白芍"）等地，以安徽产量最大，均系栽培。夏、秋二季采挖种植3~4年（杭白芍传统栽培7年）植株的根，洗净，除去头尾及细根，置沸水中煮后除去外皮或去皮后再煮，晒干。

【性状鉴别】呈圆柱形，平直或稍弯曲，两端平截，长5~18cm，直径1~2.5cm。表面类白色或淡红棕色，光洁或有纵皱纹及细根痕，偶有残存的棕褐色外皮。质坚实，不易折断，断面较平坦，类白色或微带棕红色，形成层环明显，射线放射状，有菊花心。气微，味微苦、酸。（图9-10）

以根粗、坚实、无白心或裂隙、菊花心明显者为佳。

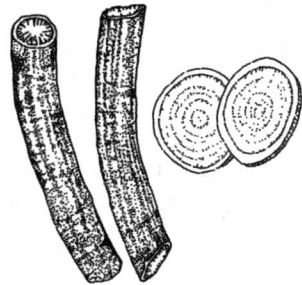

图9-10　白芍药材

【成分】含芍药苷、芍药内酯苷、苯甲酸等成分。芍药苷是解痉的有效成分。

【性味与功能】苦、酸，微寒。养血调经，敛阴止汗，柔肝止痛，平抑肝阳。

延胡索 Corydalis Rhizoma

本品为罂粟科植物延胡索 *Corydalis yanhusuo* W. T. Wang 的干燥块茎，又称"元胡"。主产于浙江省，全国大部分地区有栽培。夏初茎叶枯萎时采挖，除去须根，洗净，置沸水中煮至恰无白心时，取出，晒干。

【性状鉴别】呈不规则扁球形，直径0.5~1.5cm。表面黄色或黄褐色，有不规则网状皱纹，顶端有略凹陷的茎痕，底部常有疙瘩状凸起，或稍凹陷呈脐状。质硬而脆，断面黄色，角质样，有蜡样光泽。气微，味苦（图9-11）。

以个大、饱满、质坚实、断面色黄者为佳。

【成分】含多种生物碱，主要有：延胡索甲素、去氢延胡索甲素、延胡索乙素、延胡索丙素、延胡索丁素、延胡索戊素等。延胡索乙素为主要镇痛、镇静成分。

【理化鉴别】药材断面或粉末置紫外光灯下观察，均有亮黄色荧光。

【性味与功能】辛、苦，温。活血，行气，止痛。

【附注】伪品 ①薯蓣珠芽 为薯蓣科植物薯蓣 *Dioscorea opposite* Thunb. 珠芽加工后的仿制品。呈不规则球形。直径 0.8～1.4cm。表面棕色至棕褐色，具明显的不规则网状皱纹。质坚硬，不易折断，断面黑褐色，角质样。气微香，味淡。②姜黄块 为姜科植物姜黄 *Curcuma longa* L. 根茎加工的仿制品。呈不规则块状。表面棕黄色。质坚硬，不易折断，断面棕黄色，角质样。气香特异，味苦辛。

图 9-11　延胡索药材

板蓝根 Isatidis Radix

本品为十字花科植物菘蓝 *Isatis indigotica* Fort. 的干燥根。主产于河北、江苏等地，有栽培。秋季采挖，除去泥沙，晒干。

【性状鉴别】呈圆柱形，稍扭曲，长 10～20cm，直径 0.5～1cm。表面淡灰黄色或淡棕黄色，有纵皱纹、横长皮孔样突起及支根痕。根头略膨大，可见暗绿色或暗棕色轮状排列的叶柄残基和密集的疣状突起。体实，质略软，断面皮部黄白色，木部黄色。气微，味微甜后苦涩。（图 9-12）

以粗长、体实者为佳。

知识链接

图 9-12　板蓝根药材
与饮片图

板蓝根具有良好的抗菌、抗病毒作用，一向被奉为抗病毒的"灵丹妙药"，广泛用于病毒性流感及其他病毒性疾病。

【成分】含靛蓝、靛玉红、芥子苷等。

【理化鉴别】取药材水煎液，置紫外光灯（365nm）下观察，显蓝色荧光。

【性味与功能】苦，寒。清热解毒，凉血利咽。

【附注】南板蓝根 《中国药典》收载品种。为爵床科植物马蓝 *Baphicacanthus cusia* (Nees) Bremek. 的根茎及根。主产福建等地。根茎多弯曲，有分枝。表面灰棕色，节膨大，外皮易剥落，蓝灰色。质硬而脆，断面皮部蓝灰色，木部灰蓝色至淡黄褐色，中央有髓。功能与板蓝根类似。

甘草 Glycyrrhizae Radix et Rhizoma

本品为豆科植物甘草 *Glycyrrhiza uralensis* Fisch. 、胀果甘草 *G. inflata* Bat. 或光果甘草 *G. glabra* L. 的干燥根及根茎。主产于新疆、内蒙古、甘肃等地区。春、秋二季采挖，除去须根，晒干。

知识链接

甘草产于内蒙古西部、陕西、甘肃、新疆等地者称为"西草"，产于内蒙古东部、东北、河北等地者称为"东草"，通称为"内蒙古甘草"，以内蒙伊盟的杭旗一带、巴盟的橙口及甘肃、宁夏的阿拉善旗一带所产品质最佳。胀果甘草主产新疆、陕西、甘肃等地，习称"新疆甘草"或"西北甘草"。光果甘草主产新疆、甘肃等地，欧洲亦产，习称"欧甘草"或"洋甘草"。

【性状鉴别】

1. 甘草 根呈圆柱形，长 25～100cm，直径 0.6～3.5cm。表面红棕色或灰棕色，具显著的纵皱纹、沟纹、皮孔。质坚实，断面略显纤维性，黄白色，粉性，形成层环明显，射线放射状，有的有裂隙，习称"菊花心"。根茎呈圆柱形，表面有芽痕，断面中部有髓。气微，味甜而特殊。

2. 胀果甘草 木质粗壮，有的分枝，外皮粗糙，多灰棕色或灰褐色。质坚硬，木质纤维多，粉性小。根茎不定芽多而粗大。

3. 光果甘草 质地较坚实，有的分枝，外皮不粗糙，多灰棕色，皮孔细而不明显。以外皮紧细、色红棕、质坚实、断面黄白色、粉性足、味甜者为佳。

【显微鉴别】

1. 根横切面 ①木栓层为数列红棕色细胞。皮层较窄。②韧皮部及木质部中均有纤维束，周围薄壁细胞中常含草酸钙方晶，形成晶纤维。③束间形成层不明显。④导管单个或成群。射线明显，韧皮部射线常弯曲，有裂隙。⑤薄壁细胞含淀粉粒，少数细胞含棕色块状物。（图9–13）

2. 粉末 淡棕黄色。①纤维成束，直径8～14μm，壁厚，微木化，周围薄壁细胞含草酸钙方晶，形成晶纤维。②草酸钙方晶多见。具缘纹孔导管较大，稀有网纹导管。③木栓细胞红棕色，多角形，微木化。（图9–14）

【成分】含甘草甜素、甘草酸、甘草苷等。甘草甜素是甘草酸的钾、钙盐，为甘草的甜味成分。

【理化鉴别】取甘草粉末少量，置白瓷板上，加80%硫酸溶液数滴，显黄色，渐变为橙黄色

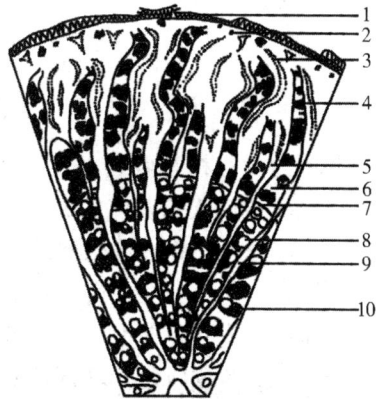

图9–13 甘草根横切面简图
1. 木栓层 2. 皮层 3. 裂隙
4. 韧皮纤维束 5. 韧皮射线
6. 韧皮部 7. 形成层 8. 木质部
9. 木射线 10. 木纤维

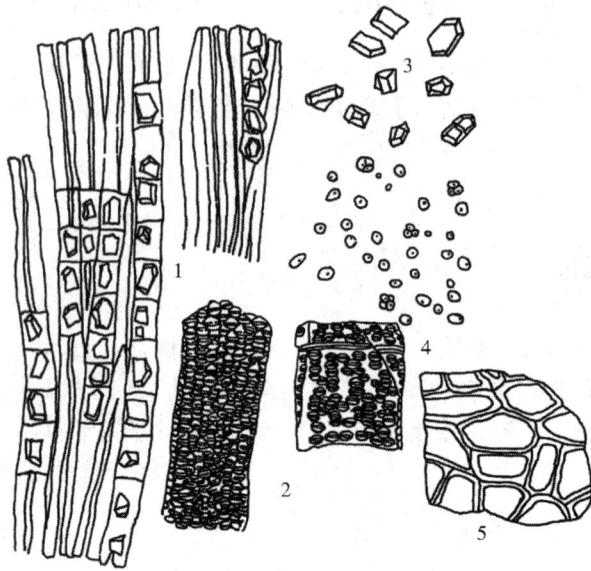

图 9 - 14　甘草粉末特征图
1. 晶纤维　2. 导管　3. 草酸钙方晶　4. 淀粉粒　5. 木栓细胞

（甘草甜素反应）。

【性味与功能】甘，平。补脾益气，清热解毒，祛痰止咳，缓急止痛，调和诸药。

知识链接

甘草甜素是甘草酸的钾、钙盐，是甘草的甜味成分。具有解毒、抗炎、抗癌、抑制艾滋病毒复制的作用，因此甘草被称为抗艾滋病的"仙草"。

黄芪 Astragali Radix

本品为豆科植物蒙古黄芪 *Astragalus membranaceus*（Fisch.）Bge. var. *mongholicus*（Bge.）Hsiao 或膜荚黄芪 *A. membranaceus*（Fisch.）Bge. 的干燥根。主产于山西、黑龙江、内蒙古等地。春、秋二季采挖，除去须根及根头，晒干。

【性状鉴别】呈圆柱形，有的有分枝，上端较粗，长 30～90cm，直径 1～3.5cm。表面淡棕黄色或淡棕褐色，有纵皱纹或纵沟。质硬而韧，不易折断，断面纤维性强，并显粉性，皮部黄白色，木部淡黄色，有放射状纹理及裂隙。气微，味微甜，嚼之微有豆腥味。

以根粗长、质韧、断面色黄白、无黑心与空洞、味甜、粉性足者为佳。

【成分】含三萜皂苷类、黄酮类、多糖类、氨基酸类、及多种微量元素。其中黄芪甲苷为主要成分。

【性味与功能】甘，微温。补气升阳，固表止汗，利水消肿，生津养血，行滞通痹，托毒排脓，敛疮生肌。

知识链接

1. 红芪　豆科植物多序岩黄芪 *Hedysarum polybotrys* Hand. – Mazz. 的干燥根。主产甘肃。红芪表面为灰红棕色。功能与黄芪类同，临床药理显示其抗菌力更强。《中国药典》收载为另一品种。

2. 民间习惯用黄芪作为日常补益之品，煲鸡汤时常用，民间有"鸡无芪不补"的说法。

人参 Ginseng Radix et Rhizoma

本品为五加科植物人参 *Panax ginseng* C. A. Mey. 的干燥根及根茎。主产吉林、辽宁、黑龙江等地，朝鲜、韩国、日本也有分布。吉林省抚松县被称为"人参之乡"。栽培品为商品主流，习称"园参"；野生品极少，习称"野山参"（或山参）；播种在山林野生状态下自然生长的称"林下参"，又称"籽海"。多于秋季采挖，洗净（鲜园参又称"水参"），晒干或烘干。

【性状鉴别】

1. 园参　主根呈纺锤形或圆柱形，长 3～15cm，直径 1～2cm。表面灰黄色，上部或全体有疏浅断续的粗横纹及明显的纵皱纹，下部有支根 2～3 条，全须生晒参着生多数细长的须根，须根上常有不明显的细小疣状突起。根茎（芦头）长 1～4cm，直径 0.3～1.5cm，多拘挛而弯曲，具不定根和稀疏的凹窝状茎痕（芦碗）。质较硬，断面淡黄白色，显粉性，形成层环纹棕黄色，皮部有黄棕色的点状树脂道及放射状裂隙。香气特异，味微苦、甘。

2. 山参　主根与根茎等长或较短，呈人字形、菱角形或圆柱形，长 1～6cm。表面灰黄色，具纵纹，上端或中下部有紧密而深陷的环状横纹，习称"铁线纹"。根茎细长，习称"雁脖芦"，少数粗短，中上部具稀疏或密集而深陷的茎痕，有的靠近主根的一段根茎较光滑而无茎痕，习称"圆芦"。不定根较粗，形似枣核，习称"枣核艼"。支根 2～3 条，须根少而细长，清晰不乱，有较明显的疣状突起，习称"珍珠疙瘩"。通常用"芦长碗密枣核艼，紧皮细纹珍珠须"来概述其外形。

3. 林下参　其性状因产地、生长环境、生长年限等的不同而有较大差异，多与山参相似，少数同园参。（图 9 – 15）

均以粗壮、质硬、完整者为佳。

【显微鉴别】

1. 主根横切面　①木栓层为数列细胞，皮层窄。②韧皮部外侧有裂隙，内侧薄壁细胞排列较紧密，有树脂道散在，内含黄色分泌物，韧皮射线宽 3～5 列细胞。③形成层成环。④木质部导管单个散布或数个相聚，径向稀疏排列成放射状，导管旁偶有非木化的纤维，木射线宽广，中央可见初生木质部导管。⑤薄壁细胞含草酸钙簇晶。（图 9 – 16）

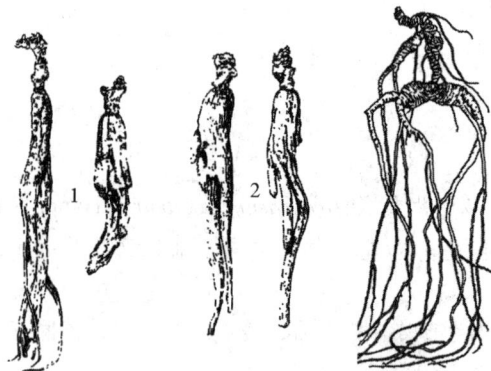

图 9－15　人参药材
1. 生晒参　2. 红参　3. 山参

2. 粉末（生晒参）　淡黄白色。①树脂道碎片众多，内含黄色块状或滴状分泌物。②木栓细胞表面观呈类方形或多角形，壁细波状弯曲。③草酸钙簇晶棱角锐尖。④淀粉粒众多，单粒类球形、半圆形或不规则多角形，脐点点状或裂缝状；复粒由 2～6 个分粒组成。⑤导管多为网纹或梯纹，稀有螺纹。（图 9－17）

【成分】含三萜皂苷类，如人参总皂苷 30 余种，含量约占 2%～12%。还含有挥发油、人参多糖、低分子肽、氨基酸类、维生素及多种无机元素。

【性味与功能】甘、微苦，微温。大补元气，复脉固脱，补脾益肺，生津养血，安神益智。

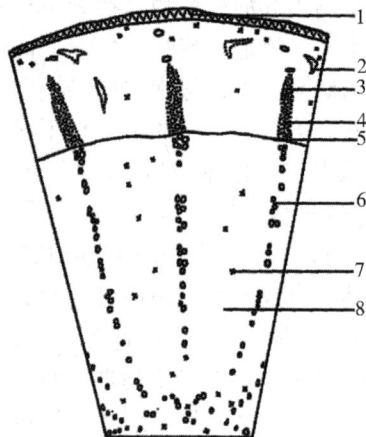

图 9－16　人参根横切面简图
1. 木栓层　2. 裂隙　3. 树脂道　4. 韧皮部
5. 形成层　6. 木质部　7. 簇晶　8. 木射线

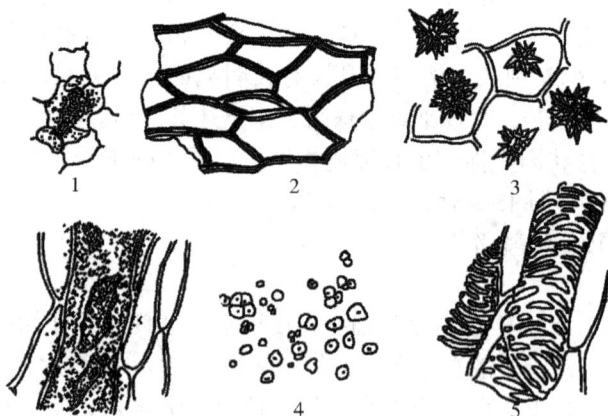

图 9－17　人参粉末图
1. 树脂道　2. 木栓细胞　3. 草酸钙簇晶　4. 淀粉粒　5. 导管

【附注】

1. 红参 为人参 *Panax ginseng* C. A. Mey.（栽培品）的根及根茎经蒸制加工而成。秋季采挖，洗净，蒸约3h，取出，干燥。主根长 3～10cm，直径 1～2cm，下部有的具 2～3 条扭曲交叉的支根。表面红棕色，半透明，偶有不透明的暗褐色斑块，具纵沟、皱纹及细根痕，上部可见断续的不明显环纹，根茎上有茎痕。质硬而脆，折断面平坦，角质样。味甘，微苦，性温。功能大补元气，复脉固脱，益气摄血。《中国药典》单列为人参的炮制品种。

2. 人参叶 为人参 *P. ginseng* C. A. Mey. 的干燥叶。常扎成小把，呈束状或扇状，长 12～35cm。掌状复叶带有长柄，暗绿色，3～6 枚轮生。小叶通常 5 枚，偶有 7 或 9 枚，呈卵形或倒卵形，基部楔形，先端渐尖，边缘具细锯齿及刚毛，上表面叶脉生刚毛，下表面叶脉隆起。纸质，易碎。气清香，味微 苦而甘。性寒、味苦、甘。归肺、胃经。功能补气，益肺，祛暑，生津。

📚 **知识链接**

人参的综合利用

1. 人参花蕾 含七种人参皂苷，含量高于叶和根，主要用来制作饮料。

2. 人参果实 为浆果状核果，果实成熟采收后，搓洗种子所得的果肉、果汁，称为"人参果浆"，含十多种人参皂苷，可用于制作药物、饮料、美容化妆品。（如人参果汁、人参果冲剂、人参果汁膏等）

3. 人参露 在蒸制红参过程中收集产生的具有芳香气味的蒸汽，冷凝后得到。含人参挥发油及少量人参皂苷，可用于生产酒类、饮料、美容化妆品。

4. 人参糖浆 为加工糖参过程中，剩余的浅黄色糖液，含有人参的多种成分，可直接稀释出售，或用于生产人参糖果。

西洋参 Panacis Quinquefolii Radix

本品为五加科植物西洋参 *Panax quinquefolium* L. 的干燥根。均为栽培品，原产加拿大和美国，我国东北、华北、西北等地有引种。秋季采挖，除去地上部分、泥土、芦头、侧根及须根，洗净，晒干或低温干燥。

【性状鉴别】主根呈纺锤形、圆柱形或圆锥形，中下部有一至数条侧根，多已折断，有的上端有根茎（芦头）。长 3～12cm，直径 0.8～2cm。表面浅黄褐色或黄白色，可见横向环纹、线状皮孔、浅纵皱纹及须根痕。体重，质坚实，不易折断，断面平坦，略显粉性，浅黄白色，形成层环纹棕黄色，皮部有黄棕色点状树脂道，木部略呈放射状纹理。气特异，味微苦、甘。

以根粗、完整、皮细、横纹多、质地坚实者为佳。

【性味与功能】甘、微苦，凉。补气养阴，清热生津。

三七 Notoginseng Radix et Rhizoma

本品为五加科植物三七 *Panax notoginseng*（Burk.）F. H. Chen 的干燥根和根茎。主产于云南、广西等地区，多栽培。种后 3~4 年秋季开花前采挖的称"春七"，根饱满，质较好；冬季种子成熟后采挖的称为"冬七"根较松泡，质较次。采挖，洗净，分开主根、根茎，支根及须根干燥。主根即"三七"，根茎习称"剪口"，支根习称"筋条"，须根习称"绒根"。

【性状鉴别】主根呈圆锥形或短圆柱形，长 1~6cm，直径 1~4cm。顶端有茎痕，周围有瘤状突起的支根痕，形似猴头，习称"猴头三七"。表面灰褐色或灰黄色，有断续的纵皱纹及支根痕。体重，质坚实，断面灰绿色、黄绿色或灰白色，木部微呈放射状排列。气微，味苦回甜。（图 9-18）

以个大、体重坚实、断面灰绿色或黄绿色、无裂隙、气味浓者为佳。

图 9-18　三七药材

【成分】含多种皂苷成分，如三七皂苷和人参皂苷等。另含止血活性成分田七氨酸和三七素。尚含氨基酸、挥发油、无机元素等成分。

【性味与功能】甘，微苦。散瘀止血，消肿定痛。

【附注】民间当三七应用的药材尚有多种，通称"土三七"，现简述如下：

1. 菊科植物　菊三七 *Grynura segetum*（Lour.）Merr. 的根茎。鲜用或晒干用。其根茎呈拳形圆块状。表面灰棕色或棕黄色（鲜品常带淡紫红色），全体多有瘤状突起，突起物顶端常有茎基或芽痕，下部有细根或细根断痕，质坚实，断面淡黄色（鲜品白色）。味淡而后微苦。

2. 景天科植物　景天三七 *Sedum aizoon* L 或费莱 *S. kamtschaticum* Fisch. 的根茎或全草。多鲜用。

3. 落葵科植物　落葵薯 *Anredera ifolia*（Tenore）Van Steenis 的块茎，习称"藤三七"。呈类圆柱形，珠芽呈不规则的块状。断面粉性，经水煮者角质样。味微甜，嚼之有黏性。

4. 伪品　姜科植物蓬莪术 *Curcuma phaeocaulis* Val.、广西莪术 *C. kwangsiensis* S. G. Lee et C. F. Liang 或温郁金 *C. wenyujin* Y. H. Chen et C. Ling 的根茎加工品。呈卵形或圆锥形，表面黄褐色，有人工刀刻痕。体重，断面黄褐色至淡棕褐色，具蜡样光泽，常附有淡黄色至黄棕色粉末。气香，味辛，微苦。

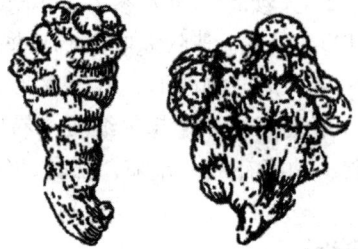

当归 Angelicae Sinensis Radix

本品为伞形科植物当归 *Angelica sinensis*（Oliv.）Diels. 的干燥根。主产于甘肃岷县、武都等地，是甘肃省的道地药材，多为栽培。秋末采挖，除去须根及泥沙，待水分稍蒸发后，捆成小把，上棚，用烟火慢慢熏干。

【性状鉴别】"全归"长 15~25cm，根上端（归头）膨大，直径 1.5~4cm，钝圆，有残留的叶鞘及茎基。主根（归身）略呈圆柱形，上粗下细，多扭曲，长1~3cm，直径1.5~3cm。下部有支根（归尾）3~5条或更多。外表黄棕色至棕褐色，有纵皱纹及横长皮孔。质柔韧，断面黄白色或淡黄棕色，皮部厚，有棕色油点，形成层呈黄棕色环状，木部色较淡，具放射状纹理，似菊花心。根头部分断面中心常有髓和空腔。香气浓郁，味甘、辛、微苦。（图9-19）

以主根粗长、油润、外皮色黄棕、断面色黄白、气味浓郁者为佳。

【成分】含挥发油，油中主要成分为藁本内酯及正丁烯基酞内酯，为解痉主要活性成分。另含水溶性成分阿魏酸等、维生素类、氨基酸类、及多种微量素如钾、钠、钙、镁、磷、铁、硒等。

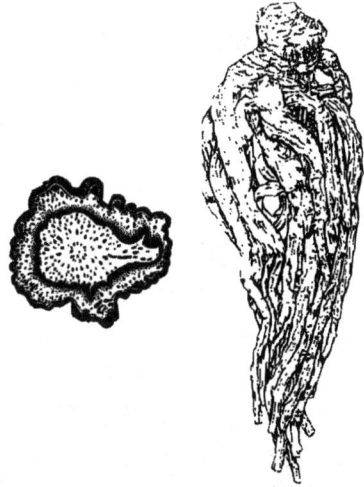

图9-19 当归药材与饮片

【性味与功能】甘、辛，温。补血活血，调经止痛，润肠通便。

【附注】伪品为同科植物欧当归 *Levisticum officinale* Koch. 的根，华北地区习用。主根粗长，顶端常有数个根茎痕。表面灰褐色，有纵皱纹和皮孔疤痕，又称"多头当归"。断面黄白色或浅棕黄色。气微，味稍甜，有麻舌感。

柴胡 Bupleuri Radix

本品为伞形科植物柴胡 *Bupleurum chinenes* DC. 或狭叶柴胡 *B. scorzonerifolium* Willd. 的干燥根。前者习称"北柴胡"，后者习称"南柴胡"。北柴胡主产河北、河南、辽宁等地，南柴胡主产江苏、安徽、黑龙江等地。春、秋两季采挖，除去茎叶和泥沙，干燥。

【性状鉴别】

1. 北柴胡 呈圆柱形或长圆锥形，顶端残留3~15个茎基或短纤维状叶基，根头膨大，下部常分枝。长6~15cm，直径0.3~0.8cm。表面黑褐色或浅棕色（又称黑柴胡），具纵皱纹、支根痕及皮孔。质硬而韧（又称硬柴胡），不易折断，断面显纤维性，皮部浅棕色，木部黄白色。气微香，味微苦。

2. 南柴胡 呈圆锥形，较细，顶端有多数细毛状枯叶纤维，下部多不分枝或稍分枝。表面红棕色或黑棕色（又称红柴胡），靠近根头处多具细密环纹。质稍软（又称软柴胡），易折断，断面略平坦，不显纤维性。具败油气。（图9-20）

均以根粗长、须根少者为佳。

【成分】主含柴胡皂苷等成分。

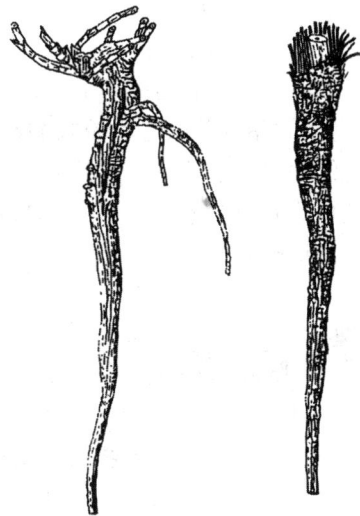

图9-20 柴胡药材
A. 北柴胡 B. 南柴胡

【理化鉴别】

1. 化学定性 取粉末 0.5g，加水 10ml，用力振摇，产生持久性泡沫。（检查皂苷）

2. 显微化学定位 柴胡横切片加无水乙醇－浓硫酸（1∶1）混合液 1 滴，在显微镜下观察可见木栓层以内至次生韧皮部之间初显黄绿色至绿色，5～10min 后渐变为蓝绿色、蓝色，持续 1h 以上变为浊蓝色而消失。示其有效成分柴胡皂苷存在于以上部位。

【性味与功能】 辛、苦，微寒。疏散退热，疏肝解郁，升举阳气。

【附注】 1. 柴胡属植物在我国约有 30 多个种，很多种都可入药。如东北和华北地区用兴安柴胡 *Bupleurum sibircum* Vest；四川，贵州、云南等省用竹叶柴胡（膜缘柴胡）*B. marginatum* Wall. ex DC.，陕西、甘肃、宁夏、内蒙古等省区用银州柴胡 *B. yinchowense* Shan et Y. Li 等。

2. 大叶柴胡 *B. longiradiatum* Turcz.，分布于东北地区和河南、陕西、甘肃、安徽、江西、湖南等省。根表面密生环节。有毒。不可当柴胡使用。

3. 某些地区将柴胡地上部分或带根全草入药，应予纠正。

丹参 Salviae Miltiorrhizae Radix et Rhizoma

本品为唇形科植物丹参 *Salvia miltiorrhiza* Bge. 的干燥根及根茎。主产于安徽、山东、河北等地。春、秋二季采挖，除去泥沙，干燥。

【性状鉴别】 根茎粗短，顶端有时残留茎基，根长圆柱形，长 10～20cm，直径0.3～1cm。表面棕红色或暗棕红色，粗糙，具纵皱纹，老根外皮疏松，多显紫棕色，常呈鳞片状剥落。质硬而脆，易折断，断面疏松，有裂隙，皮部棕红色，木部灰黄色或紫褐色，导管束黄白色，呈放射状排列。气微，味微苦涩。（图 9－21）

以条粗壮、紫红色者为佳。

【成分】 含脂溶性二萜醌类成分和水溶性的酚酸类的成分。脂溶性成分有丹参酮 I 、丹参酮 II$_A$、丹参酮 II$_B$ 等。水溶性成分有丹酚酸 B、原儿茶醛等。

图 9－21　丹参药材
A. 野生品　B. 栽培品

【理化鉴别】 取丹参粉末的水提醇沉的滤液数滴，点于滤纸条上，干后，置紫外光（365nm）灯下观察，显亮蓝灰色荧光。取上述滤液，加三氯化铁试液 1～2 滴，显污绿色。

【性味与功能】 苦，微寒。活血祛瘀，通经止痛，清心除烦，凉血消痈。

知识链接

1. 丹参为活血化瘀要药。现代药理研究发现，丹参对缺血缺氧所致的心肌损伤有保护作用，能改善微循环、抑制血小板聚集和抗血栓形成，已成为治疗心脑血管疾病的主要药物之一。临床常用的有复方丹参片、复方丹参滴丸等。

2. 1997 年 12 月，复方丹参滴丸成为我国第一个以药品身份通过美国 FDA 审批的中药复方制剂。至今已取得了韩国、阿联酋、越南、古巴的销售许可，并在俄罗斯、加拿大、丹麦、澳大利亚等多个医药发达国家申请了药品注册，还进入了有的国家的处方药名录。

"复方丹参滴丸"成为走向国际市场的成功案例，也是传统中药的继承与现代技术创新相结合的典范。

黄芩 Scutellariae Radix

本品为唇形科植物黄芩 *Scutellaria baicalensis* Georgi 的干燥根。主产华北、东北等地。春、秋两季采挖，除去须根及泥沙，晒至半干后撞去粗皮，再晒干。忌用水洗。商品将新根色鲜黄、内部充实者称"子芩"或"条芩"；老根内部暗黄色、中心枯朽者称"枯芩"。

【性状鉴别】呈圆锥形，扭曲，根头部粗大，有茎痕或茎基，长 8～25cm，直径 1～3cm。表面棕黄色或深黄色，有扭曲的纵皱纹或不规则的网纹，有稀疏的疣状细根痕。质硬而脆，易折断，断面黄色，中心红棕色，老根中心枯朽状或中空（枯芩），呈暗棕色或棕黑色。气微，味苦。（图 9-22）

以根长、质坚实、色鲜黄、味苦者为佳。

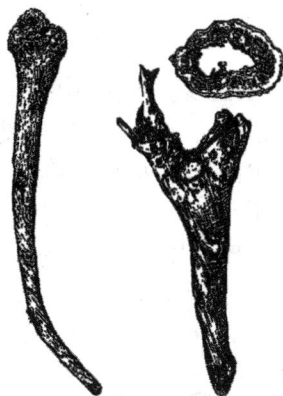

图 9-22 黄芩药材与饮片

知识链接

黄芩根折断面如果是绿色说明什么？

黄芩中的主要有效成分为黄芩苷，为淡黄色，同时还存在着黄芩苷酶，在适宜的湿度温度条件下黄芩苷酶能使黄芩苷发生水解反应，生成的黄芩素分子中具有邻三酚羟基，易被氧化转为醌类衍生物而显绿色。

所以黄芩变绿后，说明有效成分受到破坏，质量随之降低。这是由于保存或炮制不当致使黄芩变绿色的原因。

【成分】含多种黄酮类衍生物，主要有黄芩苷、汉黄芩苷、黄芩素、汉黄芩素等。
【理化鉴别】取黄芩的乙醇提取液 1 毫升，加醋酸铅试液 2～3 滴，即发生桔黄色沉淀；另取 1 毫升，加镁粉少量与盐酸 3～4 滴，显红色（黄酮反应）。
【性味与功能】苦，寒。清热燥湿，泻火解毒，止血，安胎。

地黄 Rehmanniae Radix

本品为玄参科植物地黄 *Rehmannia glutinosa* Libosch. 的新鲜或干燥块根。主产河南省。秋季采挖，除去芦头、须根及泥沙，鲜用；或将地黄缓缓烘焙至约八成干。前者习称"鲜地黄",后者习称"生地黄"。

【性状鉴别】

1. 鲜地黄 呈纺锤形或条状,长 8～24cm,直径 2～9cm。外皮薄,表面浅红黄色,具弯曲的纵皱纹、横长皮孔及不规则疤痕。肉质,断面皮部淡黄白色,可见橘红色油点,木部黄白色,呈放射状。气微,味微甜、微苦。

以粗壮、色红黄者为佳。

2. 生地黄 呈不规则团块状或长圆形,中间膨大,两端稍细,长 6～12cm,直径2～6cm。有的细小,长条状,稍扁而扭曲。表面棕黑色或棕灰色,极皱缩,具不规则

图9－23 生地黄药材

横曲纹。体重,质较软而韧,不易折断,断面棕黑色或乌黑色,有光泽,具黏性。无臭,味微甜。(图9－23)

以体重、断面乌黑色者为佳。

【成分】含环烯醚萜苷类成分如梓醇、二氢梓醇等,为其活性主要成分。

【性味与功能】鲜地黄 甘、苦,寒;清热生津,凉血,止血。生地黄 甘,寒;清热凉血,养阴生津。

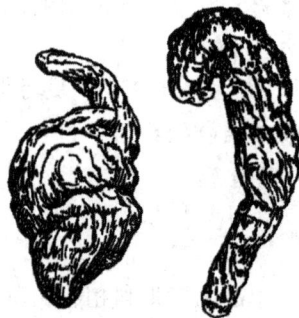

知识链接

熟地黄 是生地黄,加黄酒作辅料,采用炖法炖至酒吸尽或照蒸法蒸至黑润,取出,晾晒至外皮黏液稍干时,切厚片或块,干燥,即得。药材表面乌黑色,有光泽,黏性大。质柔软而带韧性,不易折断,断面乌黑色,有光泽。气微,味甜。

传统加工方法,须"九蒸九晒"。加工后,气味发生改变,味甘,微温。功能补血滋阴,益精填髓。用于血虚萎黄,心悸怔忡,月经不调,崩漏下血,肝肾阴虚,腰膝酸软,骨蒸潮热,盗汗遗精,内热消渴,眩晕,耳鸣,须发早白。是中医传统滋补名方《六味地黄丸》中的主药。

巴戟天 Morindae Officinalis Radix

本品为茜草科植物巴戟天 *Morinda officinalis* How 的干燥根。主产于广东、广西、福建等地。全年均可采挖,洗净,除去须根,晒至六、七成干,轻轻捶扁,晒干。

【性状鉴别】呈扁圆柱形,略弯曲,长短不等,直径0.5～2cm。表面灰黄色或暗灰色,具纵纹及横裂纹,有的皮部横向断离露出木部。质韧,断面皮部厚,紫色或淡紫色,易与木部剥离;木部坚硬,黄棕色或黄白色,直径1～5mm。无臭,味甘而微涩。

以根粗、呈连珠状、肉厚色紫、木心小者为佳。

【成分】含有甲基异茜草素、甲基异茜草素－1－甲醚、大黄素甲醚等蒽醌类化合物,尚含水晶兰苷、四乙酰车叶苷、β－谷甾醇、多种氨基酸等成分。

【性味与功能】甘,辛,微温。补肾阳,强筋骨,祛风湿。

党参 Codonopsis Radix

本品为桔梗科植物党参 *Codonopsis pilosula*（Franch.）Nannf.、素花党参 *C. pilosula* Nannf. var. *modesta*（Nannf.）L. T. Shen 或川党参 *C. tangshen* Oliv. 的干燥根。前者习称"潞党"，后两者分别习称"西党"和"条党"。主产于山西、甘肃、四川等地。秋季采挖，洗净，晒干。

【性状鉴别】呈长圆柱形，稍弯曲，长 10～35cm，直径 0.4～2cm。表面黄棕色至灰棕色，根头部膨大，有多数疣状突起的茎痕及芽，习称"狮子盘头"，每个茎痕的顶端呈凹下的圆点状。根头下有致密的环状横纹，向下渐稀疏，有的达全长的一半，栽培品环状横纹少或无，根头也较小。全体有纵皱纹及散在的横长皮孔，支根断落处常有黑褐色胶状物。质稍硬或略带韧性，断面稍平坦，有裂隙及放射状纹理，皮部淡黄白色至淡棕色，木部淡黄色。有特殊香气，味微甜。（图 9 – 24）

以粗壮、狮子盘头大、横纹多、质柔润、气味浓、嚼之无渣者为佳。

图 9 – 24　党参药材

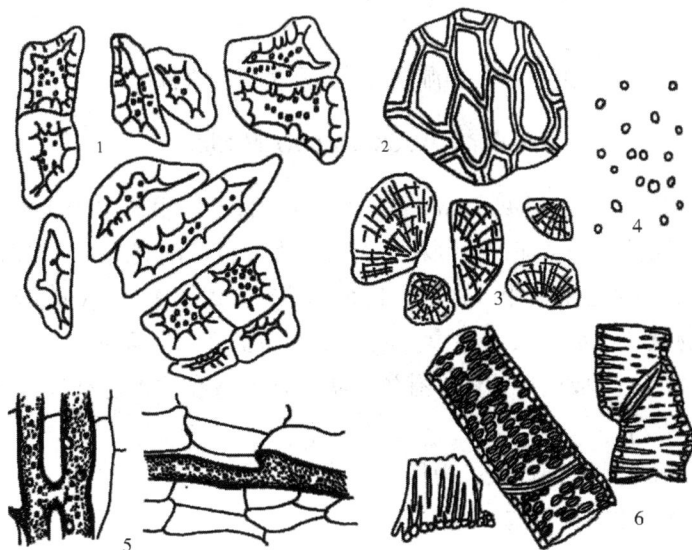

【显微鉴别】

1. 根横切面　①木栓细胞数列至 10 数列，外侧有石细胞，单个或成群。②皮层窄。③韧皮部宽广，外侧常有裂隙，散有淡黄色乳管群并常与筛管群交互排列。④形成层成环。⑤木质部导管单个散在或数个相聚，成放射状排列。⑥薄壁细胞内含菊糖及淀粉粒

2. 粉末　①淀粉粒脐点呈星状或裂缝状。②石细胞方形、长方形或多角形，壁不甚厚。③节状乳管碎片甚多，含淡黄色颗粒状物。④导管为网纹或具缘纹孔导管。⑤菊糖团块呈扇形，表面显放射状纹理。（图 9 – 25）

图 9 – 25　党参粉末显微图
1. 石细胞　2. 木栓细胞　3. 菊糖　4. 淀粉粒
5. 节状乳管碎片　6. 导管

【成分】含皂苷、菊糖、果糖、多种氨基酸及微量元素等。

【理化鉴别】粉末的乙醚提取物加醋酐溶解，倾取上清液于干燥试管中，沿管壁加硫酸，两液接界面呈棕色环，上层蓝色立即变为污绿色（检查皂苷）。

【性味与功能】甘，平。健脾益肺，养血生津。

苍术 Atractylodis Rhizoma

本品为菊科植物茅苍术 *Atractylodes lancea*（Thunb.）DC. 或北苍术 *A. chinensis*（DC.）Koidz. 的干燥根茎。茅苍术主产于江苏、湖北等地，北苍术主产于河北、山西等地。春、秋二季采挖，除去泥沙，晒干，撞去须根。

【性状鉴别】

1. 茅苍术 呈不规则连珠状或结节状圆柱形，略弯曲，偶有分枝，长 3 ~ 10cm，直径 1 ~ 2cm。表面灰棕色，有皱纹、横曲纹及残留须根，顶端具茎痕或残留茎基。质坚实，断面黄白色或灰白色，散有多数橙黄色或棕红色油室，暴露稍久，可析出白色细针状结晶，习称"起霜"或"吐脂"。气香特异，味微甘、辛、苦。（图 9 – 26）

2. 北苍术 呈疙瘩状或结节状圆柱形，长 4 ~ 9cm，直径 1 ~ 4cm。表面黑棕色。质较疏松，断面散有黄棕色点状油室。香气较淡，味辛、苦。

均以个大、质坚实、断面朱砂点多、香气浓者为佳。

【成分】含挥发油 3% ~ 9%。油中主要成分为茅术醇、β – 桉油醇、苍术素、苍术醇等。

图 9 – 26 苍术药材与饮片

【性味与功能】辛、苦，温 燥湿健脾，祛风散寒，明目。

木香 Aucklandiae Radix

本品为菊科植物木香 *Aucklandia lappa* Decne. 的干燥根。主产于云南，习称云木香。秋、冬二季采挖，除去泥沙及须根，切段，大的再纵剖成瓣，干燥后撞去粗皮。

【性状鉴别】呈圆柱形或半圆柱形，长 5 ~ 10cm，直径 0.5 ~ 5cm。表面黄棕色至灰褐色，有明显的皱纹、纵沟及侧根痕。质坚，不易折断，断面灰褐色至暗褐色，周边灰黄色或浅棕黄色，形成层环棕色，有放射状纹理及散在的褐色点状油室。气香特异，味微苦。（图 9 – 27）

以质坚实、香气浓、油性大者为佳。

【成分】含挥发油、木香碱、菊糖等。

【性味与功能】辛、苦，温。行气止痛，健脾消食。

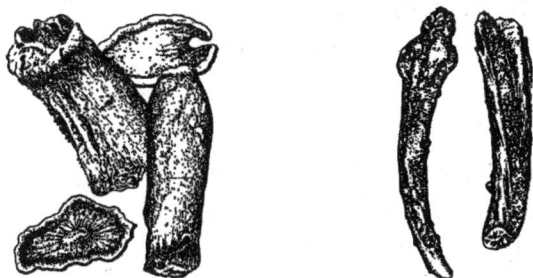

图 9-27 木香药材与饮片

知识链接

川木香：为菊科植物川木香 *Vladimiria souliei*（Franch.）Ling 或灰毛川木香 *V. souliei*（Franch.）Ling var. *cinerea* Ling 的干燥根。主产于四川、西藏。与木香的主要区别点为：川木香呈圆柱形（习称铁杆木香）或有纵槽的半圆柱形（习称槽子木香），根头偶有黑色发黏的胶状物，习称"油头"或"糊头"，体较轻，质硬脆，易折断，断面油点少。性味同木香，功能行气止痛。

半夏 Pinelliae Rhizoma

本品为天南星科植物半夏 *Pinella ternate*（Thunb.）Breit. 的干燥块茎。主产于四川、湖北等地。夏、秋二季采挖，洗净泥土，除去外皮及须根，干燥。

知识链接

1. 生半夏有毒，可致人呕吐、咽喉肿痛失音，外用可治疮痈。内服不能直接生用，须炮制后用于临床。

2. 炮制品有法半夏、姜半夏、清半夏，各自的加工方法分别介绍如下：

法半夏 取净半夏，大小分开，用水浸泡至内无干心，取出；加入甘草水煎液和已配好的石灰液中，搅匀，浸泡，每日搅拌 1~2 次，并保持浸液 pH 12 以上，至剖面黄色均匀，口尝微有麻舌感时，取出，洗净，干燥。每100kg 净半夏，用甘草15kg、生石灰 10kg。

姜半夏 取净半夏，大小分开，用水浸泡至内无干心，取出。用生姜片切片煎汤，加白矾与半夏共煮透，切片，晾干。每100kg 净半夏，用生姜25kg、白矾12.5kg。

清半夏 用8% 白矾溶液浸泡至内无干心，口尝微有麻舌感，取出洗净，切厚片，干燥。

每100kg 净半夏，用白矾 20kg。

【性状鉴别】呈类球形，有的稍扁斜，直径 1~1.5cm。表面白色或浅黄色，顶端有凹陷的茎痕，周围密布麻点状根痕，习称"针眼"。下面钝圆，较光滑。质坚实，断面洁白，富粉性。无臭，味辛辣、麻舌而刺喉。（图 9-28）

以个大、色白、质坚实、粉性足者为佳。

法半夏呈类球形或破碎成不规则颗粒状。表面淡黄白色、黄色或棕黄色。质较松脆或硬脆，断面黄色或淡黄色，颗粒者质稍硬脆。气微，味淡略甘、微有麻舌感。

姜半夏 呈片状、不规则颗粒状或类球形。表面棕色或棕褐色，质硬脆，断面淡黄色，具角质样光泽。气微香，味淡、微有麻舌感，嚼之略粘牙。

清半夏 呈椭圆形、类圆形或不规则的片，切面淡灰色至灰白色，有的可见灰白色点状或短线状维管束迹，有的残留栓皮处下方显淡紫红色斑纹。质脆，易折断，断面类白色。气微，味微涩、微有麻舌感。

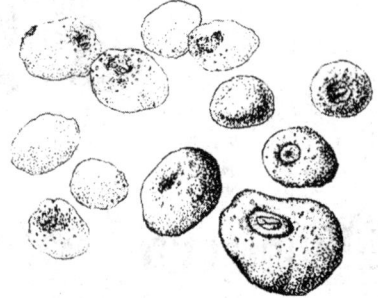

图 9-28 半夏药材

【成分】含 β-谷甾醇-D-葡萄糖苷、黑尿酸、多种氨基酸、微量元素、原儿茶醛等。原儿茶醛是半夏的辛辣刺激性成分。

【性味与功能】辛、温。有毒。燥湿化痰，降逆止呕，消痞散结。

【附注】伪品水半夏 为天南星科植物鞭檐犁头尖 *Typhonium flaglliforme*（Lodd.）Blume 的干燥块茎。药材呈圆锥形、半圆形、或椭圆形，高 0.8~3cm，直径 0.5~1.5cm。表面类白色或浅黄色，常残留有棕黄色外皮，全体有多数隐约可见的点状根痕。上端类圆形，有凸起的叶痕或芽痕，下端略尖。质坚实，断面白色，粉性。气微，味辛辣、麻舌而刺喉，有毒。不可代半夏使用。其功能燥湿化痰、止咳，但无止呕作用。

川贝母 Fritillariae Cirrhosae Bulbus

本品为百合科植物川贝母 *Fritillaria cirrhosa* D. Don、暗紫贝母 *F. unibracteata* Hsiao et K. C. Hsia、甘肃贝母 *F. przewalskii* Maxim.、梭砂贝母 *F. delavayi* Franch.、太白贝母 *F. taipaiensis* P. Y. Li 或瓦布贝母 *F. unibracteata* Hsiao et K. C. Hsia var. *wabuensis*（S. Y. Tang et S. C. Yue）Z. D. Liu, S. Wang et S. C. chen 的干燥鳞茎。按性状不同分别习称"松贝"、"青贝"、"炉贝"和"栽培品"。主产四川、甘肃、青海等地。夏、秋二季或积雪融化时采挖，除去须根、粗皮及泥沙，晒干或低温干燥。

【性状鉴别】

1. 松贝 呈类圆锥形或近球形，先端钝圆或稍尖，底部平，微凹入，中心有一灰褐色的鳞茎盘，偶有残存须根，可直立放稳，俗称"观音坐莲"。高 0.3~0.8cm，直径 0.3~0.9cm。表面类白色。外层鳞叶 2 瓣，大小悬殊，大瓣紧抱小瓣，未抱部分呈新月形，习称"怀中抱月"。顶部闭合，内有类圆柱形、顶端稍尖的心芽和小鳞叶 1~2枚。质硬而脆，断面白色，富粉性。气微，味微苦。

2. 青贝 呈扁球形或圆锥形。高 0.4~1.4cm，直径 0.4~1.6cm。表面白色或黄白色。外层鳞叶 2 瓣，大小相近，相对抱合，顶端多开口，内有心芽和小鳞叶 2 ~ 3 枚及细圆柱形的残茎。

3. 炉贝　呈长圆锥形，底部偏斜不平，稍凸尖，不能直立，高 0.7 ~ 2.5 cm，直径 0.5 ~ 2.5cm。表面类白色（白炉贝）或浅棕黄色（黄炉贝），有的具棕色斑块，习称"虎皮斑"。外层鳞叶 2 瓣，大小相近，顶端开裂而略尖。（图 9 - 29）

图 9 - 29
A. 松贝　B. 青贝　C. 炉贝

4. 栽培品　呈类球形或或短圆柱形，高 0.5 ~ 2cm，直径 1 ~ 2.5cm。表面类白色或浅棕黄色，稍粗糙，有的具浅黄色斑点。外层鳞叶 2 瓣，大小相近，顶部多开裂而较平。

以质坚实、粉性足、色白者为佳。松贝最佳。

【成分】含多种甾体类生物碱，有西贝母碱、贝母素甲、贝母素乙等。

【性味与功能】苦、甘，微寒　清热润肺，化痰止咳，散结消痈。

【附注】

1. 平贝母　《中国药典》收载品种。为百合科植物平贝母 *Fritillaria ussuriensis* Maxim. 的干燥鳞茎。主产于东北地区。呈扁球形，高 0.5 ~ 1cm，直径 0.6 ~ 2cm；表面乳白色或淡黄色。外层鳞叶 2 枚，肥厚，大小相近或一片稍大，抱合。顶端略平或微凹入，稍开裂，内有小鳞叶和残茎。质硬而脆，断面白色，粉性。气微，味苦。性微寒，味苦、甘，功能清热润肺，化痰止咳。

2. 川贝母　常见伪品。

（1）一轮贝母（*Fritillaria maximowiczii* Freyn）主产黑龙江、河北。鳞茎呈圆锥形，由 4 ~ 5 枚或更多肥厚鳞叶组成。表面浅黄色，透明状，顶端梢尖，基部生多枚鳞芽，一侧具一浅纵沟。质坚硬，断面角质样，气微，味淡。

（2）草贝母（丽江山慈菇 *Iphigenia indica* Kunth.）主产云南、四川呈短圆锥形。顶端渐尖，基部常脐状凹入或平截；表面黄白或黄棕色，一侧有纵沟，自基部伸至顶端。质坚硬，断面角质或略带粉质，味苦，有麻舌感。含秋水仙碱约 0.1%，有毒，应注意鉴别。

（3）光慈菇（老鸦瓣 *Tulipa edulis* Baker）主产我国东部地区和山东、广东等地。呈卵状圆锥形，表面黄白色，一侧有纵沟自基部伸向顶端。质硬脆，断面白色，粉质，内有一圆锥形心。味淡。

麦冬 Ophiopogonis Radix

本品为百合科植物麦冬 *Ophiopogon japonicus*（L. f）Ker - Gawl. 的干燥块根。主产浙江（杭麦冬）、四川（川麦冬）等地。夏季采挖，洗净，反复暴晒、堆置，至七八成干，除去须根，干燥。

【性状鉴别】呈纺锤形，两端略尖，中部充实或略收缩，长1.5~3cm，直径0.3~0.6cm。表面黄白色或淡黄色，半透明，具细纵纹。质柔韧或硬脆，断面黄白色，角质样，中央有细小中柱。气微，味甘、微苦。

以个大、黄白色、半透明、质柔、嚼之发黏者为佳。

【显微鉴别】

1. 横切面 ①表皮为一列长方形薄壁细胞，有的分化成根毛状，根被细胞3~5列。②皮层宽广，散有含针晶束的黏液细胞。内皮层细胞木化增厚，有通道细胞。内皮层外侧有一列侧壁、内壁增厚的石细胞，纹孔明显。③中柱为辐射型维管束，韧皮部束16~22个，与木质部束相间排列。④髓小，薄壁细胞类圆形。（图9-30）

2. 粉末 白色或黄白色 ①草酸钙针晶较多，散在或成束存在于黏液细胞中。②石细胞常成群存在，类方形或长方形，壁孔细密，有的一边甚薄，纹孔沟密而明显。③内皮层细胞长方形或长条形，纹孔较稀疏，孔沟明显。④木纤维细长，末端倾斜，纹孔斜裂缝状、十字形、人字形。⑤导管和管胞多为单纹孔及网纹。（图9-31）

【成分】含多种甾体类皂苷及多种黄酮类成分。

【理化鉴别】取药材薄片，置紫外光灯下观察，显浅蓝色荧光。

【性味与功能】甘、微苦，微寒。养阴生津，润肺清心。

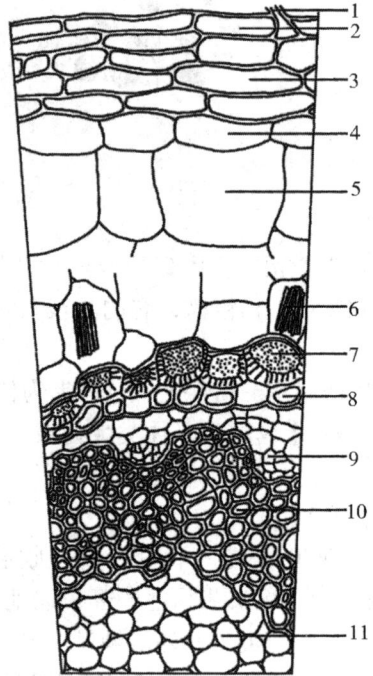

图9-30 麦冬根横切面详图
1. 表皮毛 2. 表皮 3. 根被 4. 外皮层
5. 中皮层 6. 草酸钙针晶束 7. 石细胞
8. 内皮层 9. 韧皮部 10. 木质部 11. 髓

知识链接

1. 山麦冬 为百合科植物湖北麦冬 *Liriope spicata* （Thunb.） Lour. var. *prolifera* Y. T. Ma 或短葶山麦冬 *Liriope muscari* （Decne.） Baily 的干燥块根。功能与麦冬类似。《中国药典》单列为另一品种。

2. 伪品

（1）大麦冬 为百合科同属植物阔叶麦冬 *Liriope platyphylla* Wang et Tang 的块根。块根圆柱形，较大，两端钝圆，有中柱露出，长2~5cm，直径0.5~1.5cm。表面土黄色至暗黄色，不透明，有粗大皱纹，干后坚硬，断面中柱细小。

（2）竹叶麦冬 为禾本科植物淡竹叶 *Lophatherum gracile* Brongn. 的块根，又名碎骨子，在部分地区曾伪充麦冬使用。其块根纺锤形，暗灰棕色，瘦小细长，中央无木质心。质坚，味淡，有毒，有堕胎作用。

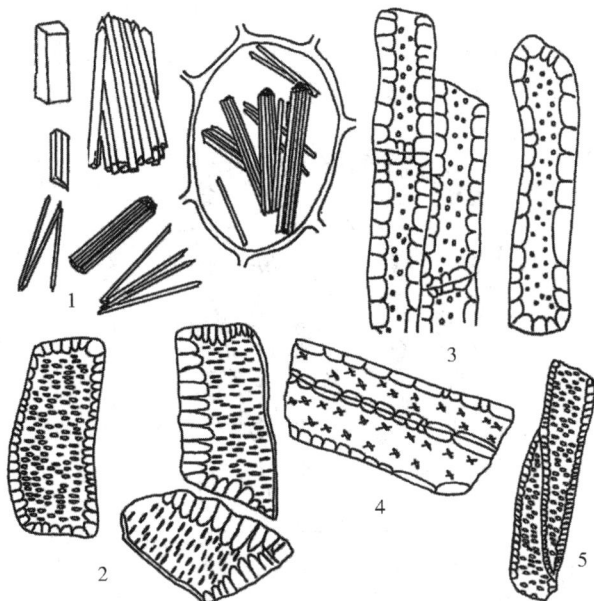

图9-31　麦冬粉末特征
1. 针晶束及柱状结晶　2. 石细胞
3. 内皮层细胞　4. 木纤维　5. 管胞

天麻 Gatrodiaei Rhizoma

本品为兰科植物天麻 *Gatrodia elata* Bl. 的干燥块茎。主产四川、云南、贵州、陕西等地。立冬后至次年清明前采挖，洗净，除去粗皮，蒸透，低温干燥。

【性状鉴别】呈扁椭圆形或长条形，皱缩而稍弯曲，长3~15cm，直径1.5~6cm，厚0.5~2cm。表面黄白色至淡黄棕色，有纵皱纹及由潜伏芽排列而成的多轮横环纹，习称"竹节环纹"；有时顶端有红棕色至深棕色鹦嘴状的芽苞（冬麻），习称"鹦哥嘴"或"红小辫"。末端残留茎基，有自母麻脱落后留下的圆脐形疤痕，习称"肚脐疤"。质坚硬，不易折断，断面较平坦，黄白色至淡棕色，角质样。气微，味甘。（图9-32）

以个大、饱满、体重、质坚实、有鹦哥嘴、断面角质明亮、半透明、无空心者为佳；质地轻、有残茎，断面空心者质次。野生品较栽培品为佳。

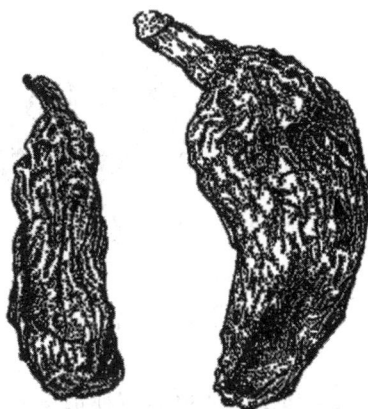

图9-32　天麻药材

【显微鉴别】1. 横切面　①表皮有时残留，下皮由2~3列栓化细胞组成。②皮层为10余列多角形细胞，有的含草酸钙针晶束，较老块茎皮层与下皮相接处有2~3列椭圆形厚壁细胞，木化，纹孔明显。③中柱大，散列小型周韧型或外韧型维管束，

薄壁细胞亦含草酸钙针晶束，髓部细胞类圆形，具纹孔。④薄壁细胞含多糖团块。（图9－33）

2. 粉末 黄白色至黄棕色。①厚壁细胞椭圆形或类多角形，木化，纹孔明显。②草酸钙针晶成束或散在。③螺纹、网纹或环纹导管。④薄壁细胞含黏液质及长卵形或长椭圆形多糖颗粒，加碘液显棕色或淡棕紫色。（图9－32）

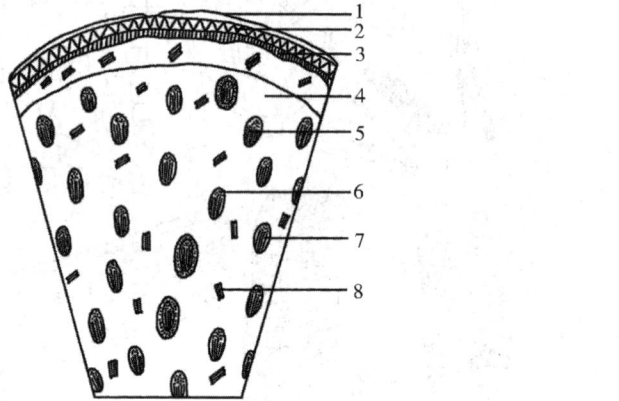

图9－33 天麻横切面简图
1. 表皮 2. 下皮 3. 厚壁细胞 4. 中柱
5. 维管束 6. 韧皮部 7. 木质部 8. 针晶束

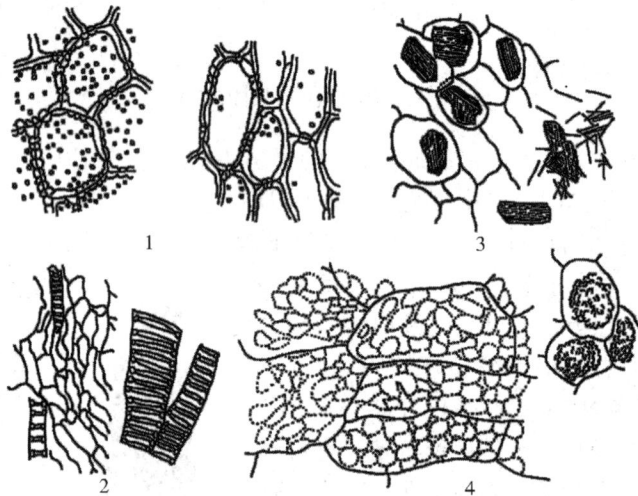

图9－34 天麻粉末图
1. 厚壁细胞 2. 导管 3. 草酸钙针晶 4. 多糖颗粒

【成分】含天麻素、赤箭苷、对羟基苯甲醛、对羟基苯甲醇、β－谷甾醇等。

【理化鉴别】

1. 取粉末1g，加水10ml浸渍4小时，时时振摇，滤过，滤液加碘试液2～4滴，显紫红色至酒红色。

2. 取粉末1g，加45%乙醇10ml浸泡4小时，时时振摇，滤过，滤液加硝酸汞试液0.5ml，加热，溶液显玫瑰红色，并发生黄色沉淀。

【性味与功能】甘，平。息风止痉，平抑肝阳，祛风通络。

【附注】天麻为贵重药材，伪品较多，常见伪品有

1. 芭蕉芋　为美人蕉科植物芭蕉芋 *Canna edulis* Her – Gawl 的块茎。呈长圆形或扁椭圆形。表面有 5~8 个节状环纹及细纵纹。断面可见多数筋脉点。气微，味微甜。

2. 大理菊　为菊科植物大理菊 *Dahlia pinnata* Cav 的块根。呈长纺锤形，微弯曲。表面灰白色或类白色，有明显不规则的纵纹，无横环纹，顶端有茎痕。顶端及尾部呈纤维状。断面类白色，角质样。无臭，味淡。

3. 蟹甲草　为菊科植物羽裂蟹甲草 *Cacalia davidii* 的根茎。呈长椭圆形，略弯曲似羊角状，习称"羊角天麻"。表面淡灰黄色，具稀疏环节、纵皱及沟纹，顶端残留茎基。断面稍呈角质样，灰白色或黄白色。气微，味微甜。

4. 马铃薯　为茄科植物马铃薯 *Solanum tuberosum* L. 的块茎。呈扁椭圆形；表面黄白色，有不规则纵皱纹及浅沟，无横环纹或有仿制的环纹，断面角质样，颗粒性。气微，味淡微甜，嚼之有马铃薯味。加硝酸汞试液会有白色絮状沉淀物。

5. 赤瓟　为葫芦科植物赤瓟 *Thladiantha dubia* Bunge 块茎。呈纺锤形，微显四棱状。表面有纵沟纹及横长皮孔样疤痕。质坚硬，难折断，断面粉质。味微苦，有刺喉感。

表 9 – 1　根及根茎类一般药材

药名	来源	性状	功能
狗脊	蚌壳蕨科植物金毛狗脊 *Cibotium barometz*（L.）J. Sm. 的干燥根茎	不规则的长块状。表面深棕色，残留金黄色绒毛；上面有数个红棕色的木质叶柄，下面残存黑色细根。质坚硬，不易折断。无臭，味淡、微涩生狗脊片呈不规则长条形或圆形，切面浅棕色，较平滑，近边缘 1~4mm 处有 1 条棕黄色隆起的木质部环纹或条纹，边缘不整齐，偶有金黄色绒毛残留；质脆，易折断，有粉性。熟狗脊片呈黑棕色，质坚硬	祛风湿，补肝肾，强腰膝
骨碎补	水龙骨科植物槲蕨 *Drynaria fortunei*（Kunze）J. Sm. 的干燥根茎	扁平长条状，表面密被深棕色至暗棕色的小鳞片，柔软如毛，经火燎后呈棕褐色或暗褐色，两侧及上表面均具突起或凹下的圆形叶痕，少数有叶柄残基及须根残留。体轻，质脆，易折断，断面红棕色，维管束呈黄色点状，排列成环。气微，味淡、微涩	疗伤止痛，补肾强骨，外用消风祛斑
绵马贯众	鳞毛蕨科植物粗茎鳞毛蕨 *Dryopteris crassirhizoma* Nakai 的干燥根茎和叶柄残基	呈长倒卵形，略弯曲，上端钝圆或截形，下端较尖。表面黄棕色至黑褐色，密被排列整齐的叶柄残基及鳞片，并有弯曲的须根。叶柄残基呈扁圆形，每个叶柄残基的外侧常有 3 条须根，鳞片条状披针形，全缘，常脱落。质坚硬，断面略平坦，深绿色至棕色，有黄白色维管束 5~13 个，环列，其外散有较多的叶迹维管束。气特异，味初淡而微涩，后渐苦、辛	清热解毒，止血，杀虫
牛膝	苋科植物牛膝 *Achyranthes bidentata* Bl. 的干燥根	呈细长圆柱形，表面灰黄色或淡棕色，有微扭曲的细纵皱纹、排列稀疏的侧根痕和横长皮孔样的突起。质硬脆，易折断，受潮后变软，断面平坦，淡棕色，略呈角质样而油润，中心维管束木质部较大，黄白色，其外周散有多数黄白色点状维管束，断续排列成 2~4 轮。气微，味微甜而稍苦涩	逐瘀通经，补肝肾，强筋骨，利尿通淋，引血下行

续表

药名	来源	性状	功能
太子参	石竹科植物孩儿参 *Pseudostellaria heterophylla* (Miq.) Pax ex Pax et Hoffm. 的干燥块根	细长纺锤形或细长条形，稍弯曲，表面黄白色，较光滑，微有纵皱纹，凹陷处有须根痕。顶端有茎痕。质硬而脆，断面平坦，淡黄白色，角质样，或类白色，有粉性。气微，味微甘	益气健脾，生津润肺
远志	远志科植物远志 *Polygala tenuifolia* Willd. 或卵叶远志 *Polygala sibirica* L. 的干燥根	呈圆柱形，表面灰黄色至灰棕色，有较密并深陷的横皱纹、纵皱纹及裂纹，老根的横皱纹较密更深陷，略呈结节状。质硬而脆，易折断，断面皮部棕黄色，木部黄白色，皮部易与木部剥离。气微，味苦、微辛，嚼之有刺喉感	安神益智，交通心肾，祛　痰，消肿
赤芍	毛茛科植物芍药 *Paeonia lactiflora* Pall. 或川赤芍 *Paeonia veitchii* Lynch 的干燥根	圆柱形，稍弯曲，表面棕褐色，粗糙，有纵沟和皱纹，并有须根痕和横长的皮孔样突起，有的外皮易脱落。质硬而脆，易折断，断面粉白色或粉红色，皮部窄，木部放射状纹理明显，有的有裂隙。气微香，味微苦、酸涩	清热凉血，散瘀止痛
葛根	豆科植物野葛 *Pueraria lobata* (Willd.) Ohwi 的干燥根。习称野葛	纵切的长方形厚片或小方块，外皮淡棕色，有纵皱纹，粗糙。切面黄白色，纹理不明显。质韧，纤维性强。气微，味微甜	解肌退热，生津止渴，透疹，升阳止泻，通经活络，解酒毒
南沙参	桔梗科植物轮叶沙参 *Adenophora tetraphylla* (Thunb.) Fisch. 或沙参 *Adenophora stricta* Miq. 的干燥根	圆锥形或圆柱形，表面黄白色或淡棕黄色，凹陷处常有残留粗皮，上部多有深陷横纹，呈断续的环状，下部有纵纹和纵沟。顶端具1或2个根茎。体轻，质松泡，易折断，断面不平坦，黄白色，多裂隙。气微，味微甘	养阴清肺，益胃生津，化　痰，益气
桔梗	桔梗科植物桔梗 *Platycodon grandiflorum* (Jacq.) A. DC. 的干燥根	圆柱形或略呈纺锤形，下部渐细，略扭曲。表面白色或淡黄白色，不去外皮者表面黄棕色至灰棕色，具纵扭皱沟，并有横长的皮孔样斑痕及支根痕，上部有横纹。质脆，断面不平坦，形成层环棕色，皮部类白色，有裂隙，木部淡黄白色。气微，味微甜后苦	宣肺，利咽，祛痰，排脓
北沙参	伞形科植物珊瑚菜 *Glehnia littoralis* Fr. Schmidt ex Miq. 的干燥根	细长圆柱形，表面淡黄白色，略粗糙，偶有残存外皮，不去外皮的表面黄棕色。全体有细纵皱纹和纵沟，并有棕黄色点状细根痕；顶端常留有黄棕色根茎残基；上端稍细，中部略粗，下部渐细。质脆，易折断，断面皮部浅黄白色，木部黄色。气特异，味微甘	养阴清肺，益胃生津
防风	伞形科植物防风 *Saposhnikovia divaricata* (Turcz.) Schischk. 的干燥根	长圆锥形或长圆柱形，下部渐细,，表面灰棕色，粗糙，有纵皱纹、多数横长皮孔样突起及点状的细根痕。根头部有明显密集的环纹，有的环纹上残存棕褐色毛状叶基。体轻，质松，易折断，断面不平坦，皮部浅棕色，有裂隙，木部浅黄色。气特异，味微甘	祛风解表，胜湿止痛，止痉
白芷	伞形科植物白芷 *Angelica dahurica* (Fisch. ex Hoffm.) Benth. et Hook. f. 或杭白芷 *Angelica dahurica* (Fisch. ex Hoffm.) Benth. et Hook. f. var. *formosana* (Boiss.) Shan et Yuan 的干燥根	长圆锥形，表面灰棕色或黄棕色，根头部钝四棱形或近圆形，具纵皱纹、支根痕及皮孔样的横向突起，顶端有凹陷的茎痕。质坚实，断面白色或灰白色，粉性，形成层环棕色，近方形或近圆形，皮部散有多数棕色油点。气芳香，味辛、微苦	解表散寒，祛风止痛，宣通鼻窍，燥湿止带，消肿排脓

续表

药名	来源	性状	功能
川芎	伞形科植物川芎 *Ligusticum chuanxiong* Hort. 的干燥根茎	不规则结节状拳形团块，直径 2～7cm。表面黄褐色，粗糙皱缩，有多数平行隆起的轮节，顶端有凹陷的类圆形茎痕，下侧及轮节上有多数小瘤状根痕。质坚实，不易折断，断面黄白色或灰黄色，散有黄棕色的油室，形成层环呈波状。气浓香，味苦、辛，稍有麻舌感，微回甜	活血行气，祛风止痛
羌活	伞形科植物羌活 *Notopterygium incisum* Ting ex H. T. Chang 或宽叶羌活 *Notopterygium franchetii* H. de Boiss. 的干燥根茎和根	1. 羌活　圆柱状略弯曲，顶端具茎痕。表面棕褐色至黑褐色，外皮脱落处呈黄色。节间缩短，呈紧密隆起的环状，形似蚕，习称"蚕羌"；节间延长，形如竹节状，习称"竹节羌"。节上有多数点状或瘤状突起的根痕及棕色破碎鳞片。体轻，质脆，易折断，断面不平整，有多数裂隙，皮部黄棕色至暗棕色，油润，有棕色油点，木部黄白色，射线明显，髓部黄色至黄棕色。气香，味微苦而辛 2. 宽叶羌活　根茎类圆柱形，顶端具茎和叶鞘残基，根类圆锥形，表面棕褐色，近根茎处有较密的环纹，习称"条羌"。有的根茎粗大，不规则结节状，顶部具数个茎基，根较细，习称"大头羌"。质松脆，易折断，断面略平坦，皮部浅棕色，木部黄白色。气味较淡	解表散寒，祛风除湿，止痛
独活	伞形科植物重齿毛当归 *Angelica pubescens* Maxim. f. biserrata Shan et Yuan 的干燥根	略呈圆柱形，下部 2～3 分枝，根头部膨大，圆锥状，多横皱纹，顶端有茎、叶的残基或凹陷。表面灰褐色或棕褐色，具纵皱纹，有横长皮孔样突起及稍突起的细根痕。质较硬，受潮则变软，断面皮部灰白色，有多数散在的棕色油室，木部灰黄色至黄棕色，形成层环棕色。有特异香气，味苦、辛、微麻舌	祛风除湿，通痹止痛
前胡	伞形科植物白花前胡 *Peucedanum praeruptorum* Dunn 的干燥根	不规则的圆柱形、圆锥形或纺锤形，稍扭曲，下部常有分枝。表面黑褐色或灰黄色，根头部多有茎痕和纤维状叶鞘残基，上端有密集的细环纹，下部有纵沟、纵皱纹及横向皮孔样突起。质较柔软，干者质硬，断面不整齐，淡黄白色，皮部散有多数棕黄色油点，形成层环纹棕色，射线放射状。气芳香，味微苦、辛	降气化痰，散风清热
白术	菊科植物白术 *Atractylodes macrocephala* Koidz. 的干燥根茎	不规则的肥厚团块，表面灰黄色或灰棕色，有瘤状突起及断续的纵皱和沟纹，并有须根痕，顶端有残留茎基和芽痕。质坚硬不易折断，断面不平坦，黄白色至淡棕色，有棕黄色的点状油室散在；烘干者断面角质样，色较深或有裂隙。气清香，味甘、微辛，嚼之略带黏性	健脾益气，燥湿利水，止汗，安胎
玄参	玄参科植物玄参 *Scrophularia ningpoensis* Hemsl. 的干燥根	类圆柱形，中间略粗或上粗下细，表面灰黄色或灰褐色，有不规则的纵沟、横长皮孔样突起和稀疏的横裂纹及须根痕。质坚实，不易折断，断面黑色，微有光泽。气特异似焦糖，味甘、微苦	清热凉血，滋阴降火，解毒散结

续表

药名	来源	性状	功能
天花粉	葫芦科植物栝楼了 *Trichosanthes kirilowii* Maxim. 或双边栝楼 *Trichosanthes rosthornii* HarIlls 的干燥根	不规则圆柱形、纺锤形或瓣块状，表面黄白色或淡棕黄色，有纵皱纹、细根痕及略凹陷的横长皮孔，有的有黄棕色外皮残留。质坚实，断面白色或淡黄色，富粉性，横切面可见黄色木质部，略呈放射状排列，纵切面可见黄色条纹状木质部。气微，味微苦	清热泻火，生津止渴，消肿排脓
泽泻	泽泻科植物泽泻 *Alisma orientale* (Sam.) Juzep. 的干燥块茎	类球形、椭圆形或卵圆形，长 2～7cm，直径 2～6cm。表面黄白色或淡黄棕色，有不规则的横向环状浅沟纹和多数细小突起的须根痕，底部有的有瘤状芽痕。质坚实，断面黄白色，粉性，有多数细孔。气微，味微苦	利水渗湿，泄热，化浊降脂
白茅根	禾本科植物白茅 *Imperata cylindrica* Beauv. var. *major* (Nees) C. E. Hubb. 的干燥根茎	长圆柱形，表面黄白色或淡黄色，微有光泽，具纵皱纹，节明显，稍突起。体轻，质略脆，断面皮部白色，多有裂隙，放射状排列，中柱淡黄色，易与皮部剥离。气微，味微甜	凉血止血，清热利尿
香附	莎草科植物莎草 *Cyperus rotundus* L. 的干燥根茎	纺锤形，表面棕褐色或黑褐色，有纵皱纹，并有 6～10 个略隆起的环节，节上有未除净的棕色毛须和须根痕；去净毛须者较光滑，环节不明显。质硬，经蒸煮者断面黄棕色或红棕色，角质样；生晒者断面色白而显粉性，内皮层环纹明显，中柱色较深，点状维管束散在。气香，味微苦	疏肝解郁，理气宽中，调经止痛
生姜	姜科植物姜 *Zingiber officinale* Rosc. 的新鲜根茎	不规则块状，略扁，具指状分枝，长 4～18cm，厚 1～3cm。表面黄褐色或灰棕色，有环节，分枝顶端有茎痕或芽。质脆，易折断，断面浅黄色，内皮层环纹明显，维管束散在。气香特异，味辛辣	解表散寒，温中止呕，化痰止咳，解鱼蟹毒
黄精	百合科植物滇黄精 *Polygonatum kingianum* Coll. et Hemsl.、黄精 *Polygonatum sibiricum* Red. 或多花黄精 *Polygonatum cyrtonema* Hua 的干燥根茎。按形状不同，习称"大黄精"、"鸡头黄精"、"姜形黄精"	1. 大黄精　肥厚肉质的结节块状，结节长可达 10cm 以上。表面淡黄色至黄棕色，具环节，有皱纹及须根痕，结节上侧茎痕呈圆盘状，圆周凹入，中部突出。质硬而韧，不易折断，断面角质，淡黄色至黄棕色。气微，味甜，嚼之有黏性 2. 鸡头黄精　结节状弯柱形，表面黄白色或灰黄色，半透明，有纵皱纹，茎痕圆形 3. 姜形黄精　长条结节块状，长短不等，常数个块状结节相连。表面灰黄色或黄褐色，粗糙，结节上侧有突出的圆盘状茎痕	补气养阴，健脾，润肺，益肾
土茯苓	百合科植物光叶菝葜 *Smilax glabra* Roxb. 的干燥根茎	略呈圆柱形，稍扁或呈不规则条块，有结节状隆起，表面黄棕色或灰褐色，有坚硬的须根残基，分枝顶端有圆形芽痕，有的外皮现不规则裂纹，并有残留的鳞叶。质坚硬。切片呈长圆形或不规则，厚 1～5mm，边缘不整齐；切面类白色至淡红棕色，粉性，可见点状维管束及多数小亮点；质略韧，折断时有粉尘飞扬，以水湿润后有黏滑感。气微，味微甘、涩	解毒，除湿，通利关节

续表

药名	来源	性状	功能
浙贝母	百合科植物浙贝母 *Fritillaria thunbergii* Miq. 的干燥鳞茎	1. 大贝 外层的单瓣鳞叶，略呈新月形，外表面类白色至淡黄色，内表面白色或淡棕色，被有白色粉末。质硬而脆，易折断，断面白色至黄白色，富粉性。气微，味微苦 2. 珠贝 完整的鳞茎，呈扁圆形，表面类白色，外层鳞叶 2 瓣，肥厚，略似肾形，互相抱合，内有小鳞叶 2~3 枚和干缩的残茎 3. 浙贝片 外层的单瓣鳞叶切成的片。椭圆形或类圆形，直径 1~2cm，边缘表面淡黄色，切面平坦，粉白色。质脆，易折断，断面粉白色，富粉性	清热化痰止咳，解毒散结消痈
山药	薯蓣科植物薯蓣 *Dioscorea opposita* Thunb. 的干燥根茎	略呈圆柱形，稍扁，表面黄白色或淡黄色，有纵沟、纵皱纹及须根痕，偶有浅棕色外皮残留。体重，质坚实，不易折断，断面白色，粉性。气微，味淡、微酸，嚼之发黏。光山药呈圆柱形，两端平齐，表面光滑，白色或黄白色	补脾养胃，生津益肺，补肾涩精
知母	百合科植物知母 *Anemarrhena asphodeloides* Bge. 的干燥根茎	长条状，一端有浅黄色的茎叶残痕。表面黄棕色至棕色，上面有一凹沟，具紧密排列的环状节，节上密生黄棕色的残存叶基，由两侧向根茎上方生长；下面隆起而略皱缩，并有凹陷或突起的点状根痕。质硬，易折断，断面黄白色。气微，味微甜、略苦，嚼之带黏性	清热泻火，滋阴润燥
天南星	天南星科植物天南星 *Arisaema erubescens*（Wall.）Schott、异叶天南星 *Arisaema heterophyllum* Bl. 或东北天南星 *Arisaema amurense* Maxim. 的干燥块茎	扁球形，高 1~2cm，直径 1.5~6.5cm。表面类白色或淡棕色，较光滑，顶端有凹陷的茎痕，周围有麻点状根痕，有的块茎周边有小扁球状侧芽。质坚硬，不易破碎，断面不平坦，白色，粉性。气微辛，味麻辣	散结消肿
郁金	姜科植物温郁金 *Curcuma wenyujin* Y. H. Chen et C. Ling、姜黄 *Curcuma longa* L. 、广西莪术 *Curcuma kwangsiensis* S. G. Lee et C. F. Liang 或蓬莪术 *Curcuma phaeocaulis* Val. 的干燥块根。前两者分别习称"温郁金"和"黄丝郁金"，其余按性状不同习称"桂郁金"或"绿丝郁金"	1. 温郁金 呈长圆形或卵圆形，两端渐尖，表面灰褐色或灰棕色，具不规则的纵皱纹，纵纹隆起处色较浅。质坚实，断面灰棕色，角质样；内皮层环明显。气微香，味微苦 2. 黄丝郁金 呈纺锤形，一端细长，表面棕灰色或灰黄色，断面橙黄色，外周棕黄色至棕红色。气芳香，味辛辣 3. 桂郁金 呈长圆锥形或长圆形，表面具疏浅纵纹或较粗糙网状皱纹。气微，味微辛苦 4. 绿丝郁金 呈长椭圆形，较粗壮。气微，味淡	活血止痛，行气解郁，清心凉血，利胆退黄
白及	兰科植物白及 *Bletilla sfriata*（Thunb.）Reiehb. f. 的干燥块茎	不规则扁圆形，多有 2~3 个爪状分枝，表面灰白色或黄白色，有数圈同心环节和棕色点状须根痕，上面有突起的茎痕。质坚硬，不易折断，断面类白色，角质样。气微，味苦，嚼之有黏性	收敛止血，消肿生肌

职业对接 ·······

　　本章主要学习常用根及根茎类中药的性状特征和性味功能方面的系统知识，有的药材特征非常典型，如看外形：黄连有"过桥"、党参有"狮子盘头"、防风有"蚯蚓头"、松贝有"怀中抱月"；看断面：大黄有"星点"、何首乌有"云锦纹"、白芍有"菊花心"、茅苍术有"朱砂点"；闻气味：当归、苍术、川芎有明显的香气；尝味道：黄连、黄芩味苦，甘草、党参味甜；另大黄、黄连、麦冬有荧光现象等等。掌握这些知识和技能有助于药剂专业的学生毕业后在工作中认识这些常用中药，准确判断出中药的真伪优劣，能有针对性地向顾客介绍中药方面的知识，更好地从事药品营业员、药品购销员等方面的工作。

目标检测

一、单项选择题

1. 单子叶植物根维管束类型为
   A. 有限外韧型　　B. 双韧型　　C. 周木型　　D. 无限外韧型　　E. 辐射型

2. 蕨类植物根茎的维管束类型一般为
   A. 外韧型　　B. 周木型　　C. 周韧型　　D. 辐射型　　E. 复合型

3. 双子叶植物根维管束类型为
   A. 有限外韧型　　B. 双韧型　　C. 周木型　　D. 无限外韧型　　E. 周韧型

4. 单子叶植物根茎维管束类型为
   A. 有限外韧型或周木型　　B. 双韧型　　C. 复合型　　D. 无限外韧型
   E. 辐射型

5. 双子叶植物根茎断面可见一圈环纹
   A. 髓部　　B. 形成层　　C. 木质部　　D. 内皮层　　E. 石细胞环带

6. 以下哪项不是甘草的鉴别特征
   A. 断面纤维性　　B. 味甜而特殊　　C. 晶纤维　　D. 菊糖　　E. 断面粉性

7. 茎痕周围密布麻点状根痕的药材是
   A. 川贝母　　B. 天麻　　C. 半夏　　D. 三七　　E. 郁金

8. 断面中心有黄白色小木心，周围有黄白色点状维管束断续排列成 2～4 轮的药材为
   A. 何首乌　　B. 牛膝　　C. 川牛膝　　D. 大黄　　E. 白芍

9. 人参的"芐"是何种器官
   A. 支根　　B. 侧根　　C. 块根　　D. 芦头上的不定根　　E. 根茎

10. 断面散有多数点状油室，习称"朱砂点"，暴露稍久，可析出白色细针状结晶，习称"起霜"或"吐脂"。该药材为
    A. 羌活　　B. 当归　　C. 木香　　D. 北苍术　　E. 茅苍术

11. 形似连珠或鸡肠状，习称"鸡肠风"的药材为
    A. 龙胆　　B. 重楼　　C. 商陆　　D. 巴戟天　　E. 黄精

12. 川乌断面可见多角形环纹，它是
    A. 内皮层　　B. 石细胞环带　　C. 纤维层　　D. 形成层　　E. 外皮层

13. 白附片与黑顺片性状最主要区别点是
    A. 形状　　B. 颜色　　C. 气味　　D. 质地　　E. 无外皮

14. 下列药材中呈枯骨形的是
    A. 木香　　B. 桔梗　　C. 当归　　D. 柴胡　　E. 羌活

15. 南柴胡与北柴胡气味的主要区别是南柴胡有
    A. 辛辣味　　B. 微涩　　C. 芳香　　D. 具败油气　　E. 味淡

16. 木香主产于
    A. 广东　　B. 四川　　C. 云南　　D. 贵州　　E. 广西

17. "蚯蚓头"是以下哪种药材的性状特征
    A. 防风　　B. 防己　　C. 当归　　D. 柴胡　　E. 羌活

18. 化学成分遇水易酶解的药材为
    A. 黄柏　　B. 黄芩　　C. 地黄　　D. 黄芪　　E. 黄连

19. 粉末特征中有菊糖和乳管特征的药材是
    A. 黄芪　　B. 甘草　　C. 党参　　D. 葛根　　E. 何首乌

20. 有"怀中抱月"特征的药材是
    A. 青贝　　B. 松贝　　C. 炉贝　　D. 浙贝母　　E. 珠贝

21. 麦冬紫外光灯下观察，显
    A. 黄绿色荧光　　B. 浅蓝色荧光　　C. 亮黄色荧光　　D. 金黄色荧光
    E. 紫红色荧光

22. 有"鹦哥嘴"和"肚脐眼"特征的药材是
    A. 党参　　B. 附子　　C. 天麻　　D. 半夏　　E. 白术

23. 下列哪项为川芎的性状特征
    A. 切片边缘不整齐，形似蝴蝶　　B. 有"鹦哥嘴"　　C. 有"肚脐眼"
    D. 有"针眼"　　E. 有"怀中抱月"

24. 川芎化学成分中有增加冠状动脉血流量、抗心肌缺血作用的活性成分是
    A. 挥发油　　B. 川芎嗪　　C. 阿魏酸　　D. 藁本内酯　　E. 二丁烯基酞内酯

25. 下列哪种柴胡有毒，不能作药用
    A. 南柴胡　　B. 北柴胡　　C. 大叶柴胡　　D. 竹叶柴胡　　E. 银洲柴胡

26. 薄壁细胞中含多糖类团块状物，遇碘液显暗棕色的中药材是
    A. 麦冬　　B. 莪术　　C. 郁金　　D. 天麻　　E. 木香

27. 来源于伞形科的药材为
    A. 白薇　　B. 紫菀　　C. 当归　　D. 徐长卿　　E. 木香

28. 白芍的解痉有效成分是
    A. 羟基芍药苷　　B. 芍药内酯苷　　C. 芍药苷　　D. 苯甲酰芍药苷　　E. 鞣质

29. 红参的产地加工方法为
    A. 去须根，晒干　　B. 去须根，烘干　　C. 去须根，蒸后晒干或烘干
    D. 不去须根，晒干　　E. 不去须根，烘干

30. 人参与西洋参的原植物为
    A. 不同科植物　　　B. 同科不同属植物　　　C. 同科同属不同种植物
    D. 同科同属不同变种植物　　　E. 同科同属同种植物

31. 狗脊的入药部位是
    A. 块根　　B. 根茎　　C. 带叶柄残基的根茎　　D. 根　　E. 鳞茎

32. 伪品大黄折断面在紫外光灯下显何种色的荧光
    A. 黄色　　B. 紫红色　　C. 棕色或红棕色　　D. 蓝色或灰蓝色　　E. 亮紫色

33. 何首乌"云锦花纹"的存在部位为
    A. 栓内层　　B. 皮层　　C. 韧皮部　　D. 木质部　　E. 髓部

34. 质量佳的黄连为
    A. 根茎粗状，坚实者　　　B. 根茎粗状，"过桥"长者
    C. 根茎粗状，质坚实，断面皮部橙红色，木部鲜黄色或橙黄色，味极苦者
    D. 根粗状，断面色棕黄色或黑棕色者　　　E. 根粗状，坚实，断面金黄色者

35. 冬麻的性状特征不包括
    A. 顶端有鹦哥嘴　　　B. 下端有圆脐形疤痕　　　C. 表面有"竹节样环纹"
    D. 断面角质明亮，半透明　　　E. 有残留茎基，断面中空

36. 伪品大黄与大黄成分最主要的区别是
    A. 不含鞣质　　B. 不含蒽醌类　　C. 不含黄酮类
    D. 不含或仅含痕量的番泻苷类　　　E. 不含二苯乙烯类

37. 川乌的剧毒成分为
    A. 异喹啉类生物碱　　B. 双蒽酮苷类　　C. 双酯类生物碱　　D. 乌头多糖
    E. 乌头胺

38. 绵马贯众属于
    A. 鳞毛蕨科　　B. 蓼科　　C. 蚌壳蕨科　　D. 紫萁科　　E. 毛茛科

39. 三七的止血成分为
    A. 人参皂苷 Rb_1　　B. 人参皂苷 Rb_2　　C. 人参皂苷 Rd　　D. 三七皂苷 R_1
    E. 田七氨酸及三七素

40. 甘草的甜味成分为
    A. 甘草酸的钾、钙盐　　B. 甘草酸　　C. 甘草次酸　　D. 甘草苷
    E. 氨基酸

二、多项选择题

1. 组织中均为初生构造的药材主要来源于
    A. 单子叶植物的根　　B. 单子叶植物的根茎　　C. 双子叶植物的根
    D. 双子叶植物的根茎　　E. 蕨类植物的根茎

2. 双子叶植物根类药材的组织构造一般为
    A. 最外大多为周皮　　B. 维管束一般为无限外韧型
    C. 形成层连续成环或束间形成层不明显　　D. 木质部占大部分
    E. 中央一般有髓

3. 鉴定蕨类植物品种的重要依据是

A. 药材外形　　B. 分体中柱的形状　　C. 分体中柱的数目

　　D. 分体中柱的排列方式　　E. 厚壁组织的有无

4. 单子叶植物根类药材的组织构造一般为

　　A. 最外大多为表皮　　B. 维管束一般为有限外韧型　　C. 无形成层

　　D. 中柱小　　E. 中央一般髓不明显

5. 双子叶植物根异型维管束呈多轮同心环状排列的有

　　A. 商陆　　B. 大黄　　C. 何首乌　　D. 川牛膝　　E. 牛膝

6. 关于黄芪说法正确的是

　　A. 补气药　　B. 断面纤维性，显粉性　　C. 入药部位为根

　　D. 原植物为蒙古黄芪或膜荚黄芪　　E. 豆科

7. 对党参的正确描述为

　　A. 根头部有"狮子盘头"　　B. 表面褐色　　C. 支根断落处常有黑褐色胶状物

　　D. 断面有裂隙及放射状纹理　　E. 有特殊香气，味甜

8. 来源于桔梗科的药材为

　　A. 北沙参　　B. 南沙参　　C. 党参　　D. 桔梗　　E. 明党参

9. 川贝母的正品原植物有

　　A. 川贝母　　B. 伊犁贝母　　C. 暗紫贝母　　D. 甘肃贝母　　E. 梭砂贝母

10. 来源于伞形科的药材为

　　A. 苍术　　B. 当归　　C. 羌活　　D. 木香　　E. 黄精

11. 来源于菊科的药材为

　　A. 苍术　　B. 木香　　C. 黄芩　　D. 半夏　　E. 天麻

12. 味甜的药材为

　　A. 白芷　　B. 川贝母　　C. 丹参　　D. 党参　　E. 附子

13. 关于白芍与赤勺药材描述正确的为

　　A. 均来源于毛茛科　　B. 加工方法不同　　C. 断面均为角质状

　　D. 断面均为粉性　　E. 用药部位相同

14. 描述山参性状特征的名词术语有

　　A. 铁线纹　　B. 雁脖芦　　C. 圆芦　　D. 枣核艼　　E. 珍珠疙瘩

15. 黄芩的粉末有

　　A. 韧皮纤维　　B. 石细胞　　C. 木栓细胞　　D. 网纹导管　　E. 木纤维

16. 以下药材来源于百合科，药用块根的有

　　A. 玉竹　　B. 黄精　　C. 天冬　　D. 浙贝母　　E. 麦冬

17. 黄芩的性状特征是

　　A. 根呈圆锥形，扭曲　　B. 表面棕黄色或深黄色，有扭曲的纵皱或不规则的网纹

　　C. 老根中心枯朽状或中空　　D. 断面常呈黄绿色

18. 半夏的粉末特征中有

　　A. 草酸钙针晶　　B. 螺纹导管　　C. 淀粉粒　　D. 木栓细胞　　E. 石细胞

19. 关于天麻的描述正确的有

　　A. 有"肚脐疤"特征　　B. 有"针眼"

C. 冬麻质量较好　　D. 春麻顶端无 "鹦哥嘴" 特征

E. 粉末水浸液加碘试液 2 滴，显紫红色至酒红色

20. 来源于百合科的药材为

A. 麦冬　　B. 玉竹　　C. 土茯苓　　D. 重楼　　E. 白芍

21. 具有乳管的药材为

A. 党参　　B. 当归　　C. 桔梗　　D. 北沙参　　E. 红花

22. 大黄的粉末特征为

A. 纤维　　B. 网纹导管　　C. 草酸钙簇晶　　D. 石细胞　　E. 淀粉粒

23. 何首乌的性状鉴别特征为

A. 呈团块状或不规则纺锤形　　B. 表面红棕色或红褐色，有皮孔

C. 横切断面有云锦状花纹　　D. 质坚硬　　E. 气微味甜

24. 黄连粉末中可见

A. 石细胞　　B. 中柱鞘纤维　　C. 孔纹导管　　D. 鳞叶表皮细胞

E. 草酸钙砂晶

25. 大黄的鉴别特征有

A. 表面呈黄棕色或红棕色　　B. 横断面各部位均具星点

C. 含具有升华性的成分　　D. 断面具持久的亮蓝色荧光

E. 有大型草酸钙簇晶

三、填空题

1. 大黄表面黄棕色至红棕色，有的可见类白色网状纹理，习称_____；根茎髓部有异常维管束，习称_____。

2. 四大怀药是_____、_____、_____、_____。

3. 毛茛科植物乌头的干燥母根称_____，子根的加工品称_____。

4. 白芷木质部约占断面的_____，杭白芷木质部约占断面的_____，杭白芷外形呈_____，形成层环略呈_____形。

5. 北柴胡为伞形科植物_____的干燥根，气_____，味_____；南柴胡为伞形科植物_____的干燥根，具_____气。

6. 麦冬来源于_____科植物，其断面在紫外光灯下显_____荧光。

7. 天麻来源于_____科植物，冬麻的顶端有干枯的_____，习称"_____"或"_____"。

8. 白芍为_____科植物_____的干燥_____。产浙江者称_____；产安徽者称_____；产四川者称_____。

9. 形似 "猴头" 的中药材是_____；表面有 "疙瘩丁" 的药材是_____；黄芩根内部暗棕色、中心枯朽者称_____；有 "油头" 的药材是_____。

四、名词解释

菊花心、云锦花纹、星点、过桥、晶纤维、林下参、铁线纹、蚯蚓头、狮子盘头、朱砂点、怀中抱月、鹦哥嘴

五、简答题

1. 简述三种川贝母主要性状特征的区别。

2. 简述内蒙甘草和新疆甘草的主要性状特征。

3. 简述半夏与水半夏的区别。

4. 黄芩药材变绿色说明什么问题?

5. 简述天麻的性状特征和常见伪品。

6. 生晒参和林下参在外形上有何区别?

7. 简述三种黄连的商品来源及性状、显微等鉴别特征的区别点。

第十章
茎木类药材

学习目标

1. 掌握茎木类药材的来源、主要性状鉴别特征，重点药材的显微及理化鉴别特征。
2. 熟悉重点药材的化学成分、性味功能。
3. 熟悉一般药材的主要鉴别特征。
4. 了解茎木类药材的采收加工和产地。

茎木类药材是茎类药材和木类药材的总称，主要指药用植物地上茎或茎的一部分，多数为木本植物的茎或仅用其木材部分，少数为草本植物的藤茎。茎类药材包括：木质藤本植物的茎藤，如大血藤；木本植物的茎枝，如桂枝；茎刺，如皂角刺；茎的翅状附属物，如鬼箭羽；草本植物的藤茎或茎的髓部，如首乌藤、通草等。木类药材主要采用木本植物形成层以内的木材部分，木材可分为边材和心材。边材形成较晚，一般颜色较浅；心材成形较早，积累了较多的挥发油、树脂和色素类物质等次生代谢产物，颜色较深，质地致密而重。因此，木类药材大多数采用心材，如沉香、降香等。

第一节　茎木类药材的概述

一、性状鉴别

茎类药材多呈圆柱形或扁圆柱形，少数呈类方柱形，有的扭曲不直，粗细大小不一，多有明显的节和节间。有的节部膨大并残存有小枝痕、叶痕或芽痕。表面因有木栓组织而较粗糙，有深浅不一的纵横裂纹或栓皮剥落的痕迹，并可见到皮孔。茎的断面有放射状的射线与木质部相间排列，习称"车轮纹"、"菊花心"等。中央为髓部，有的呈空洞状。质地一般较坚硬。在进行鉴别时，应注意观察外部形态，气味亦是重要的鉴别依据，如海风藤苦味，有辛辣感，青风藤味苦却无辛辣感。

木类药材多呈不规则的块状、厚片或条状，表面颜色特异，如黄白色的沉香、紫红色的降香、棕红色的苏木；多数质重，如（进口）沉香、降香等；少数质轻，如土沉香（白木香）。

茎木类药材鉴别应注意其形状、大小、粗细、表面、颜色、纹理、质地、折断现象及气味等。其中表面纹理、颜色、气味，以及必要的水试或火试特征较为重要。如沉香质佳者，水试能沉于水或半沉于水；燃之发浓烟，香气强烈。

二、显微鉴别

（一）茎类药材

双子叶植物木质茎类中药的横切面观，自外而内依次为周皮、皮层、中柱鞘、韧皮部、形成层、木质部和髓部；单子叶植物茎不形成周皮，没有形成层，不形成次生构造。注意各类组织细胞的分布排列，特别是石细胞和纤维，以及草酸钙结晶和淀粉粒的有无及其形状。

（二）木类药材

应作三个方向的切面进行观察，即横切面，径向纵切面和切向纵切面。注意导管、木纤维、木薄壁细胞及木射线等组织特征。（图10－1）

导管：大多具缘纹孔导管与网纹导管，纹孔呈圆形或斜梯形。松柏科木材无导管，只有管胞。

木纤维：占木材的大部分，丛切面是狭长的厚壁细胞，有单孔。有的属于分隔纤维。

木薄壁细胞：贮藏养分的细胞，有内含物（淀粉、结晶），细胞壁大多木质化。

木射线：类似木薄壁细胞，方向不同（垂直于导管与纤维）。表现不同：①横切面：辐射状，显示射线宽度。②切向纵切面：纺锤型，显示宽度与高度。③径向纵切面：呈现长方形。显高度。

少数具有特殊结构：沉香具有内涵韧皮部（木间韧皮部）。

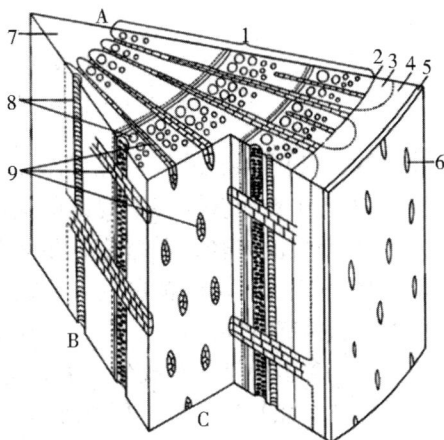

图10－1　木材三切面模式图
A. 横切面　B. 径向纵切面　C. 切向纵切面
1. 木质部　2. 形成层　3. 韧皮部　4. 皮层
5. 周皮　6. 皮孔　7. 髓部　8. 导管　9. 射线

（三）茎木类药材的粉末特征

主要观察木纤维、导管、木薄壁细胞、草酸钙晶体、淀粉粒等，木类药材的粉末中细胞组织通常全部木化。

第二节　茎木类药材的鉴定

木通 Akebiae Caulis

本品为木通科植物木通 *Akebia quinata*（Thunb.）Decne.、三叶木通 *A. trifoliate*（Thunb.）Koidz. 或白木通 *A. trifoliata*（Thunb.）Koidz. var. *australis*（Diels）Rehd. 的

干燥藤茎（图 10 - 2）。主产于四川、湖北、湖南、广西等地。秋季采收，截取茎部，除去细枝，阴干。

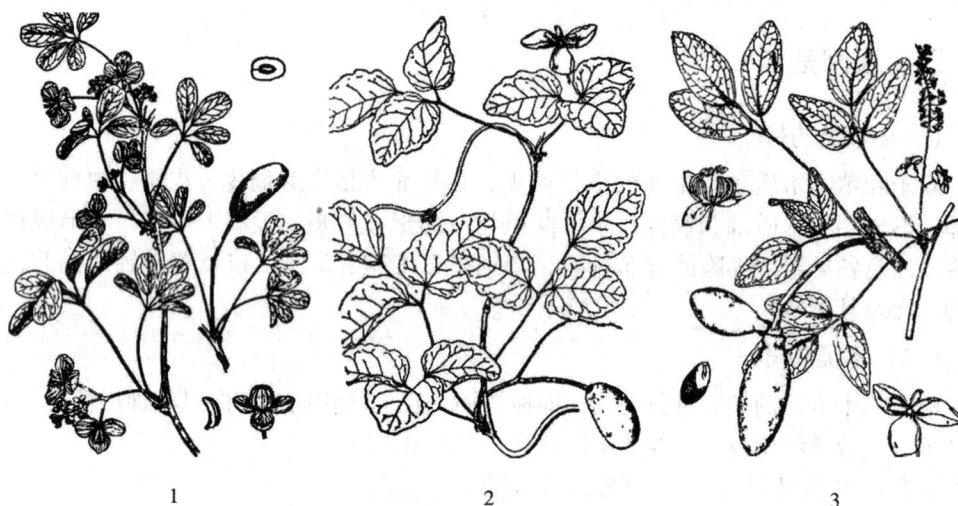

图 10 - 2　木通原植物
1. 木通　2. 三叶木通　3. 白木通

【性状鉴别】呈圆柱形，常稍扭曲，长 30 ~ 70cm，直径 0.5 ~ 2cm。表面灰棕色至灰褐色，外皮粗糙而有许多不规则的裂纹或纵沟纹，具突起的皮孔。节部膨大或不明显，具侧枝断痕。体轻，质坚实，不易折断，断面不整齐，皮部较厚，黄棕色，可见淡黄色颗粒状小点，木部黄白色，射线呈放射状排列，髓小或有时中空，黄白色或黄棕色。气微，味微苦而涩。

【成分】含多种皂苷类成分，主要是齐墩果酸苷和常春藤皂苷元。

【性味与功能】苦，寒。利尿通淋，清心除烦，通经下乳。

【附注】

1. 川木通 Clematidis Armandii Caulis　为毛茛科植物小木通 *Clematis armandii* Franch. 或绣球藤 *C. montana* Buch. – Ham. 的干燥藤茎。药材呈长圆柱形，略扭曲，长 50 ~ 100cm，直径 2 ~ 3.5cm。表面黄棕色或黄褐色，有纵向凹沟及棱线；节处多膨大，有叶痕及侧枝痕。残存皮部易撕裂。质坚硬，不易折断。切片厚 2 ~ 4mm，边缘不整齐，残存皮部黄棕色，木部浅黄棕色或浅黄色，有黄白色放射状纹理及裂隙，其间布满导管孔，髓部较小，类白色或黄棕色，偶有空腔。气微，味淡。性味功能类同木通。《中国药典》收载品种。（图 10 - 3）

2. 关木通（混伪品）　为马兜铃科植物东北马兜铃 *Aristolochia manshuriensis* Kom 的藤茎。主产东北地区。药材呈长圆柱形，略扭曲。表面灰黄色，节部稍膨大。体轻，质硬，不易折断。断面黄色，导管与射线整齐排列成放射状，髓极小。气微，味苦。其产量大、价格低，曾应用到全国，因其具有肾毒性，《中国药典》2005 年版已取消其药用标准。（图 10 - 4）

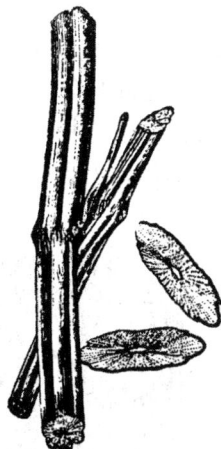

图10-3 川木通药材　　图10-4 关木通植物

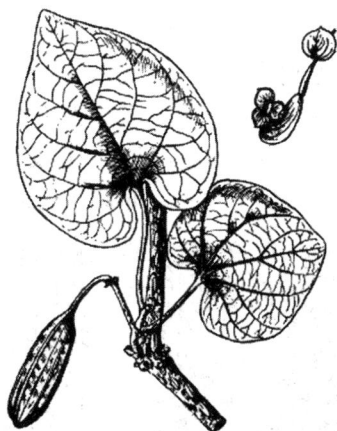

沉香 Aquilariae Lignum Resinatum

本品为瑞香科植物白木香 *Aquilaria sinensis*（Lour.）Gilg 含有树脂的木材。主产于海南省，广东、广西、福建亦产，习称"国产沉香"。全年均可采收，割取含树脂的木材，除去不含树脂的部分，阴干。刨片或磨细粉用。

【性状鉴别】呈不规则块、片状或盔帽状，有的为小碎块。表面凹凸不平，有刀痕，偶有孔洞，可见黑褐色树脂与黄白色木部相间的斑纹，孔洞及凹窝表面多呈朽木状。质较坚实，大多不沉于水，断面刺状。气芳香，味苦。

燃烧时发浓烟及强烈香气，并有黑色油状物渗出。以色黑、质坚硬、油性足、香气浓而持久、能沉水者佳。

知识链接

"香中国老"

沉香与檀香直接闻到浓香不一样，一般嗅闻沉香不觉其味，只有在撕下一小条燃点着了熄火后冒出烟柱，才可闻到它稳定幽雅的馨香来，并见棕黑色油状物渗出。宋代陆游在《雪夜》诗中吟："书卷纷纷杂药囊，拥衾时炷海南香（海南香为沉香别名，李时珍有'海南沉，一片万钱'之说。"就是描述这种意境。沉香熏香是佛家参禅打坐的上等香品，具驱邪化吉、避灾保身作用。古来甘草有"药中国老"之称，沉香则有"香中国老"之称，足见珍贵。

广东的东莞，在古代曾以产"土沉香"闻名，所以"土沉香"又名"莞香"，附近的海湾"石排湾"与码头"尖沙咀"是主要集散地，尖沙咀称为"香埠头"，石排湾称为"香港"，香港之名即由沉香而来。

【显微鉴别】

1. 横切面 ①木射线宽 1～2 列细胞，呈径向延长，壁非木化或微木化，有的具壁孔，含少量棕色树脂。②木纤维呈多角形，壁不甚厚，木化③导管呈圆多角形至类方形，往往 2 个相集成群，偶有单个散在；有的导管中充满树脂状物质。④木间韧皮部呈扁长椭圆状或条带状，常与射线相交，细胞壁薄，非木化，内含棕色树脂；其间散有少数纤维，有的薄壁细胞含草酸钙柱晶。（图 10－5A）

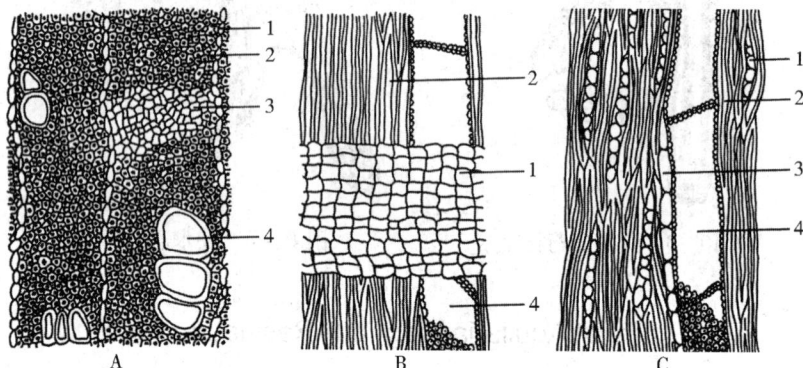

图 10－5　沉香组织图
A. 国产沉香横切面图　B. 国产沉香径向纵切面图　C. 国产沉香切向纵切面图
1. 木射线　2. 木纤维　3. 木间韧皮部　4. 导管

2. 径向纵切面 木射线呈横带状，细胞呈方形或长方形。（图 10－5B）

3. 切向纵切面 射线高 4～20 个细胞，宽 1～2 列细胞。导管分子长短不一，多数较短，端壁平置，具缘纹孔排列紧密。（图 10－5C）

4. 粉末 黑棕色。①纤维管胞多成束，呈长棱形，壁较薄，径向壁上缘纹孔，切向壁上少见。②韧型纤维较少见，多散离，直径 25～45μm，径向壁上有单斜纹孔。③木间韧皮薄壁细胞，含黄棕色物质，壁非木化，可见菌丝腐蚀形成的纵横交错的纹理。④具缘纹孔导管直径约至 128μm，纹孔排列紧密，内含黄棕色树脂块，常破碎脱出。⑤草酸钙柱晶少见，为四柱体，长约至 68μm。直径 9～18μm。⑥木射线宽 1～2 列细胞，壁连珠状增厚。（图 10－6）

【成分】含挥发油及树脂，油中含有沉香螺醇、白木香酸、白木香醇、去氧白木香醇、白木香醛等。

【理化鉴别】取醇溶性浸出物蒸干，进行微量升华，得黄褐色油状物，香气浓郁，在油状物上加盐酸 1 滴与香草醛少量，再滴加乙醇 1～2 滴，渐显樱红色，放置后颜色加深（检查萜类成分）。

【性味与功能】辛、苦，微温。行气止痛，温中止呕，纳气平喘。

知识链接

进口沉香　为同科植物沉香 *Aquilaria agallocha* Roxb. 含树脂的心材。多呈呈圆柱状或不规则棒状、片状、盔帽状，刀劈加工而成，外形极不规则。表面褐色，常有黑

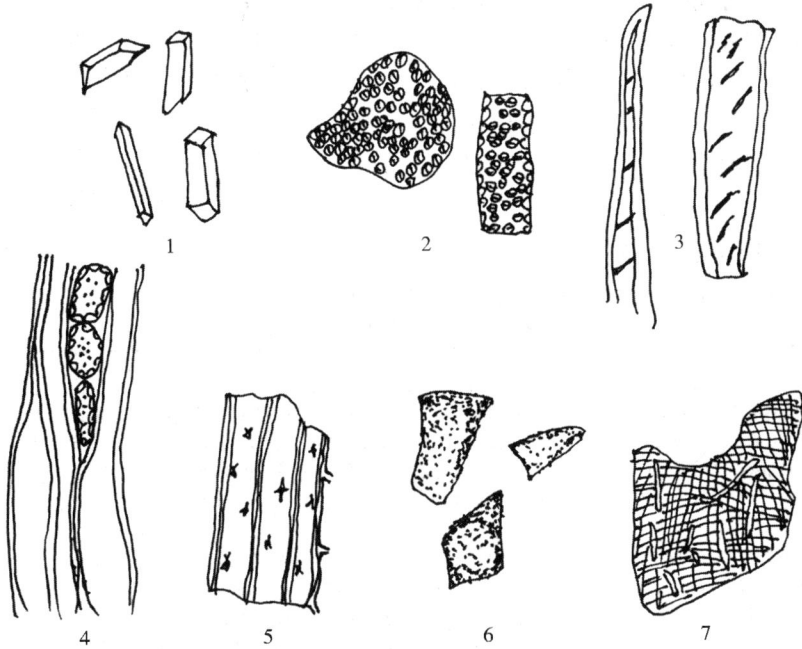

图 10 - 6　沉香粉末图
1. 草酸钙柱晶　2. 导管　3. 韧型纤维　4. 木射线
5. 纤维管胞　6. 树脂团块　7. 木间韧皮薄壁细胞

色与黄色交错的纹理，平滑光润。质坚实，沉重，难折断，用刀劈开，破开面呈灰褐色。能沉于水或半沉半浮。有特殊香气，味苦。燃烧时有油渗出，香气浓烈。主产印度、马来西亚等地。

钩藤 Uncariae Ramulus Cum Uncis

本品为茜草科植物钩藤 *Uncaria rhynchophylla*（Miq.）Miq. ex Havil.、大叶钩藤 *U. macrophylla* Wall.、毛钩藤 *U. hirsuta* Havil.，华钩藤 *U. sinensis*（Oliv.）Havil. 或无柄果钩藤 *U. sessilifructus* Roxb. 的干燥带钩茎枝。主产浙江、广西、广东等地。销全国，以广西产量大，浙江温州产质量最佳。秋、冬两季采收有钩的嫩枝，去叶，剪成短段，晒干或蒸后晒干。

【性状鉴别】茎枝呈圆柱形或类方柱形，长 2～3cm，直径 2～5mm。表面红棕色至紫红色者具细纵纹，光滑无毛；黄绿色至灰褐色者被黄褐色柔毛，有的可见白色点状皮孔。多数枝节上对生两个向下弯曲的钩（不育花序梗），或仅一侧有钩，另一侧为突起的疤痕。钩略扁或稍圆，先端细尖，基部较阔。钩基部的枝上可见叶柄脱落后的窝点状痕迹和环状的托叶痕。质坚韧，断面黄棕色，皮部纤维性，髓部黄白色或中空。气微、味淡。

以双钩、茎细、钩结实、光滑、色紫红，无枯枝钩者为佳。（图 10 - 7）

【成分】主含钩藤碱、异钩藤碱等生物碱成分。钩藤碱、异钩藤碱具有降血压作用。

【理化鉴别】取粉末 1g，加浓氨试液使湿润，加三氯甲烷 30ml，振摇提取 30 分钟，滤过，滤液蒸干，残渣加 1% 盐酸溶液 5ml 使溶解，滤过，滤液分置 3 支试管中，一管中加碘化铋钾试液 1~2 滴，即发生黄色沉淀；一管中加碘化汞钾试液 1~2 滴，即发生白色沉淀；另一管中加硅钨酸试液 1~2 滴，即生成白色沉淀。

图 10-7　钩藤药材图

【性味与功能】甘，凉。息风定惊，清热平肝。

表 10-1　茎木类一般药材

药名	来源	性状	功能
桑寄生	桑寄生科植物桑寄生 Taxillus chinensis (DC.) Danser 的干燥带叶茎枝	茎枝圆柱形，表面红褐色或灰褐色，具细纵纹，并有众多细小皮孔，小枝有棕褐色茸毛。叶多卷缩，完整者呈卵圆形，全缘，表面黄褐色，革质，幼叶亦被棕红色细毛。茎坚硬，断面不整齐，皮部红棕色，木质部色较浅。气微，味涩	祛风湿，补肝肾，强筋骨，安胎元
附：槲寄生	桑寄生科植物槲寄生 Viscum coloratum (Komar.) Nakai 的干燥带叶茎枝	茎枝呈圆柱形，2~5 叉状分枝，节部膨大，表面黄绿色、金黄色或黄棕色；有不规则纵斜皱纹。叶对生，易脱落，无柄；叶片呈长椭圆状披针形。先端钝圆，基部楔形、全缘；表面金黄至黄绿色，多横皱纹，主脉 5 出，中间 3 条明显，革质。体轻，质脆，易折断，断面不平坦，皮部黄色，疏松，形成层环明显，木部有放射状纹理，髓小。气微，味微苦，嚼之有黏性	祛风湿，补肝肾，强筋骨，安胎元
鸡血藤	豆科植物密花豆 Spatholobus suberectus Dunn 的干燥藤茎	茎扁圆柱形，表面灰棕色，有的可见灰白色斑块，栓皮脱落处现红棕色。切面木部呈红棕色或棕色，有多数小孔（导管）；树脂样分泌物红棕色或黑棕色，与木部相间排列呈 3~8 个偏心性半圆环；髓部偏向一侧。质坚实，不易折断，折断面呈不整齐的裂片状。气微，味涩	活血补血，调经止痛，舒筋活络
苏木	豆科植物苏木 Caesalpinia sappan L. 的干燥心材	呈圆柱形，表面黄红色或棕红色，可见红黄相间的纵向条纹，有刀削痕及细小的凹入油孔。质坚硬沉重，断面致密，强纤维性，横断面有显著的类圆形同心环纹（年轮），有的中央具黄白色的髓，并有点状的闪光结晶物。取碎片投入热水，水染成红色，加酸变成黄色，再加碱液，仍变红色。气微，味微涩	活血祛瘀，消肿止痛
大血藤	木通科植物大血藤 Sargentodoxa cuneata (Oliv.) Rehd. et Wils. 的干燥藤茎，药材习称"红藤"	呈圆柱形，略弯曲，表面灰棕色，粗糙，有浅纵沟及明显的横裂纹及突起（小疙瘩）。栓皮有时呈片状剥落而露出暗红棕色内皮，有的可见膨大的节及凹陷的枝痕或叶痕。平整的横断面皮部呈红棕色环状，有六处向内嵌入木部，木部黄白色，被红棕色射线隔开，呈放射状花纹（车轮纹）排列不规则的细孔（导管）。质硬体轻，折断面裂片状。气微，味微涩	清热解毒，活血，祛风止痛
降香	豆科植物降香檀 Dalbergia odorifera T. Chen 的树干和根的干燥心材	呈类圆柱形或不规则块状。表面紫红色或红褐色，有致密的纵向纹理，可见刀削痕。质坚硬，富油性。点燃后有黑烟及油冒出，残留灰烬为白色。气微香，味微苦	化瘀止血，理气止痛
通草	五加科植物通脱木 Tetrapanax papyrifer (Hook.) K. Koch 的干燥茎髓	呈圆柱形，表面白色或淡黄色，有浅纵沟纹。体轻，质松软，稍有弹性，易折断，断面平坦，显银白色光泽，中部有直径约 0.3~1.5cm 的空心或半透明的薄膜，纵剖面呈梯状排列，实心者少见。气微，味淡	清热利尿，通气下乳

职业对接 ••••••••••••••••••••

　　学习本门课程主要从事以下工作：药店方面——药店导购员、药店调剂员、药店的营业人员、药品采购员；医药公司方面——药品销售员、药品采购员；医院方面——中药调剂员、药品采购员，以上岗位要掌握茎木类重点中药的性状特征和功效，以便以后从事工作能对药材进行辨认，判断出药品的真伪，向顾客介绍药材作用。

目标检测

一、单项选择题

1. 钩藤来源于哪科植物
   A. 唇形科　　　B. 茜草科　　　C. 桔梗科　　　D. 菊科　　　E. 藤黄科

2. 大血藤的断面特征为
   A. 髓部偏向一侧　　　B. 皮部红棕色，有六处向内嵌入木部
   C. 形成层环呈多角形　　　D. 皮部厚，有棕色油点
   E. 红棕色皮部与黄白色木部交互排列成 3 ~ 8 轮半圆形环

3. 沉香药用部位来源于瑞香科白木香及沉香的
   A. 边材　　　B. 茎髓　　　C. 含树脂的木材　　　D. 腐烂的心材　　　E. 茎藤

4. 取某药材碎片投于热水，水被染成红色；加酸变成黄色，再加碱液，仍变成红色
   A. 降香　　　B. 苏木　　　C. 大血藤　　　D. 鸡血藤　　　E. 桂枝

5. 具有偏心性髓部的茎木类药材是
   A. 大血藤　　　B. 钩藤　　　C. 鸡血藤　　　D. 川木通　　　E. 木通

6. 以下以茎髓入药使用的药材是
   A. 通草　　　B. 苏木　　　C. 大血藤　　　D. 鸡血藤　　　E. 桂枝

7. 具内涵韧皮部的药材是
   A. 络石藤　　　B. 沉香　　　C. 钩藤　　　D. 大血藤　　　E. 木通

8. 习称"红藤"的药材是
   A. 鸡血藤　　　B. 钩藤　　　C. 大血藤　　　D. 苏木　　　E. 降香

9. 横切片置紫外光灯下观察，外皮呈浓紫褐色，切面呈蓝色的药材是
   A. 鸡血藤　　　B. 钩藤　　　C. 大血藤　　　D. 苏木　　　E. 降香

10. 下列具有降压作用的中药材是：
    A. 鸡血藤　　　B. 钩藤　　　C. 大血藤　　　D. 苏木　　　E. 降香

11. 木通的入药部位是
    A. 木材　　　B. 心材　　　C. 藤茎　　　D. 茎枝　　　E. 根

二、多项选择题

1. 降香和沉香共同之处在于
   A. 药用部位属于茎木类药材　　　B. 为瑞香科植物　　　C. 火烧有油渗出

D. 气微香，味微苦　　　E. 气较浓，味苦

2. 正品木通的原植物来源有

A. 白木通　　　B. 小木通　　　C. 绣球藤　　　D. 三叶木通　　　E. 木通

3. 来源于豆科的中药材有

A. 鸡血藤　　　B. 大血藤　　　C. 苏木　　　D. 苦参　　　E. 山豆根

第十一章
皮类药材

学习目标

　　1. 掌握皮类药材的来源、主要性状鉴别特征，重点药材的显微及理化鉴别特征。
　　2. 熟悉重点药材的化学成分、性味功能。
　　3. 熟悉一般药材的主要鉴别特征。
　　4. 了解皮类药材的采收加工和产地。

　　皮类药材通常是指来源于被子植物（其中主要为双子叶植物）或裸子植物的茎干、枝和根的形成层以外部分入药的药材。它由外向内依次为周皮、皮层、初生和次生韧皮部等部分。大多为木本植物茎干的皮，少数为根皮或枝皮。根据植物四季的生长特性，皮类中药选择树皮养分充沛，且皮部与木部容易剥离的季节采收，因此皮类中药的采收期一般在春末夏初，少数皮类药材于秋冬两季采收。

第一节　皮类药材的概述

一、性状鉴别

　　皮类药材的性状鉴别主要从形状、外表面、内表面、质地、断面、气味等方面进行观察。其中表面和断面特征、气味等，对于区别药材较为重要。下面对描述皮类药材形态的常用术语进行介绍：

　　1. 形状　由粗大老树上剥的皮，大多粗大而厚，呈长条状或板片状；枝皮则呈细条状或卷筒状；根皮多数呈短片状或短小筒状。一般描述术语有平坦、弯曲等；皮类药材多在干燥过程中收缩向内弯曲，根据弯曲的程度不同，分为槽状或半管状、筒状或管状、单卷状、双卷状、复卷状等，少数皮类药材向外弯曲，称为反曲，如石榴皮。（图 11 – 1）

　　2. 外表面　一般较粗糙。外表颜色多为灰黑色、灰褐色、棕褐色或棕黄色等，有的树干皮外表面常有斑片状的地衣、苔藓等物附生，呈现灰白色的斑块，习称"地衣斑"。有的外表面有片状剥离的落皮层和纵横深浅不一的裂纹、或各种形状的突起物而

使表面显得不平坦；多数皮类药材可见皮孔，皮
孔通常是横向的，也有纵向延长的，皮孔的边缘
略突起，中央略向下凹，皮孔的形状、颜色、分
布的密度、排列方式，常是鉴别皮类药材的特征
之一。如牡丹皮的皮孔呈灰褐色，横长略凹陷
状；合欢皮的皮孔呈红棕色，椭圆形；杜仲的皮
孔呈斜方形。少数皮类药材表面有刺毛，如红毛
五加皮；或有钉刺状物，如海桐皮等。部分皮类
药材，木栓层已除去或部分除去而较光滑，如桑
白皮、黄柏等。

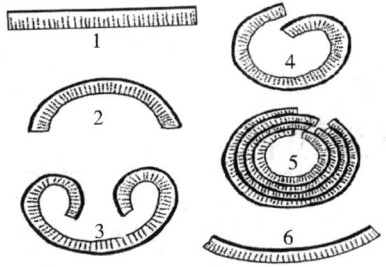

图 11－1　皮类中药的各种形状
1. 平坦　2. 弯曲　3. 双卷状
4. 单卷状　5. 复卷状　6. 反曲

3. 内表面　一般较外表面平滑或具粗细不等
的纵向皱纹，有的显网状纹理，如椿皮。常呈各种不同颜色，如杜仲呈紫褐色，黄柏
呈黄色，肉桂皮呈红棕色。有些含挥发油的皮类药材，经刻划出现油痕，可根据油痕
的情况并结合气味等，评价该药材的质量，如肉桂、厚朴等。

4. 折断面　皮类药材横向折断面的特征与其组织构造和排列方式密切相关。因此
折断面的特征是皮类药材的重要鉴别特征。描述折断面性状的术语主要有平坦、颗粒
状、纤维状、层状等。呈颗粒状者，其组织中石细胞比较丰富，如肉桂；有些皮类药
材外层较平坦，内层纤维状，如厚朴；有的在折断时有胶质丝状物相连，如杜仲；有
的在折断时粉尘飞出，说明含有较多淀粉，如白鲜皮。

5. 气味　气味与药材所含成分有密切关系，有些皮类药材外形很相似，但其气味
却完全不同。如香加皮和地骨皮，前者有特殊香气，味苦而有刺激感，后者气味较微
弱。肉桂与桂皮外形亦较相似，但肉桂味甜而微辛，桂皮则味辛辣而凉。因此气味也
是鉴别皮类药材的重要方面。

二、显微鉴别

1. 组织特征　皮类药材的构造由外向内一般可分为周皮、皮层和韧皮部。

（1）周皮　周皮由外向内依次为木栓层、木栓形成层和栓内层 3 部分。木栓层由
含黄棕色或红棕色物质的厚壁细胞组成；木栓形成层由扁平的薄壁细胞组成，在皮类
药材中不易区分；栓内层细胞壁不栓化，有的与皮层细胞不易区别。

（2）皮层　皮层细胞大多是薄壁细胞，靠近周皮部分常分化为厚角组织。皮层中
常可见到纤维、石细胞和各种分泌组织，如油细胞、乳管、黏液细胞等，常见的细胞
内含物为淀粉粒和草酸钙结晶。

（3）韧皮部　包括韧皮束和射线两部分。韧皮束外方为初生韧皮部，内方为次生
韧皮部占大部分。射线可分为髓射线和韧皮射线两种。注意观察纤维束、石细胞群、
厚壁组织和分泌组织等的分布情况。

2. 粉末特征　主要注意木栓细胞、筛管（或筛胞）、韧皮纤维（常形成晶纤维和
嵌晶纤维）、石细胞、分泌组织、草酸钙晶体、淀粉粒等特征。其中筛管（或筛胞）是
皮类药材粉末鉴别的主要标志之一。皮类药材粉末中一般不应含有木质部组织，如导
管、管胞等。

第二节 皮类药材的鉴定

牡丹皮 Moutan Cortex

本品为毛茛科植物牡丹 *Paeonia suffruticosa* Andr. 的干燥根皮。主产于安徽、河南、四川、湖南、陕西等省。秋季采挖根部，除去细根和泥沙，剥取根皮，晒干或刮去粗皮，除去木心，晒干。前者习称连丹皮或原丹皮，后者习称刮丹皮或粉丹皮。

【性状鉴别】

1. 连丹皮 呈筒状或半筒状，有纵剖开的裂缝，向内卷曲或略外翻，长短不一，通常长 5 ~ 20cm，直径 0.5 ~ 1.2cm，皮厚 1 ~ 4mm。外表面灰褐色或黄褐色，有多数横长略凹陷的皮孔及细根痕，栓皮脱落处粉红色。内表面淡灰黄色或浅棕色，有明显的细纵纹理，常见发亮的结晶（丹皮酚）。质硬而脆，折断面较平坦，粉性，淡粉红色。气芳香，味微苦而涩。（图 11 - 2）

2. 刮丹皮 外表面有刮刀削痕，外表面红棕色或淡灰黄色，有时可见灰褐色斑点状残存外皮。其他特征同原丹皮。

以条粗长、皮厚、无木心、断面白色，粉性足、结晶多、香气浓者为佳。

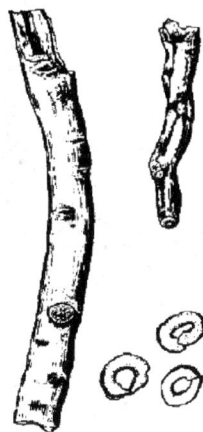

图 11 - 2　牡丹皮药材

知识链接

凤丹，又名铜陵牡丹、铜陵凤丹，属江南品种群，其根皮有镇痛、解热、抗过敏、消炎、免疫等药用，具有根粗、肉厚、粉足、木心细、亮星多、久贮不变质等特色，素与白芍、菊花、茯苓并称为安徽四大名药，亦是中国 34 种名贵药材之一。《中药大辞典》明文记载："安徽省铜陵凤凰山所产丹皮质量最佳"，故称凤丹。

【成分】主含丹皮酚、丹皮酚原苷、丹皮酚苷、芍药苷、及挥发油等。

【理化鉴别】取粉末进行微量升华，升华物在显微镜下呈长柱形、针状、羽状结晶，于结晶上滴加三氯化铁醇溶液，则结晶溶解而成暗紫色。（检查丹皮酚）

【性味与功能】苦、辛，微寒。清热凉血，活血化瘀。

厚朴 Magnoliae Officinalis Cortex

本品为木兰科植物厚朴 *Magnolia officinalis* Rehd. et Wils. 或凹叶厚朴 *M. officinalis* Rehd. et Wils. var. *biloba* Rehd. et Wils. 的干燥干皮、根皮和枝皮。厚朴主产四川、湖北，习称"紫油厚朴"或"川朴"，质量最佳；凹叶厚朴主产浙江，习称"温朴"。4 ~ 6 月剥取，根皮和枝皮直接阴干；干皮置沸水中微煮后，堆置阴湿处，"发汗"至内表面变紫褐色或棕褐色时，蒸软，取出，卷成筒状，干燥。

【性状鉴别】

1. 干皮 呈卷筒状或双卷筒状，长 30 ~ 35cm，厚 2 ~ 7mm，习称"筒朴"；近根部干皮一端展开如喇叭口，长 13 ~ 25cm，厚 3 ~ 8mm，习称"靴筒朴"。外表面灰棕色或灰褐色，粗糙，有时呈鳞片状，易剥落，有明显的椭圆形皮孔和纵皱纹；刮去粗皮者显黄棕色。内表面紫棕色或深紫褐色，较平滑，具细密纵纹，划之显油痕。质坚硬，不易折断。断面颗粒性，外层灰棕色；内层紫褐色或棕色，有油性，有时可见多数发亮的细小结晶（厚朴酚、和厚朴酚）。气香，味辛辣、微苦。（图 11 - 3）

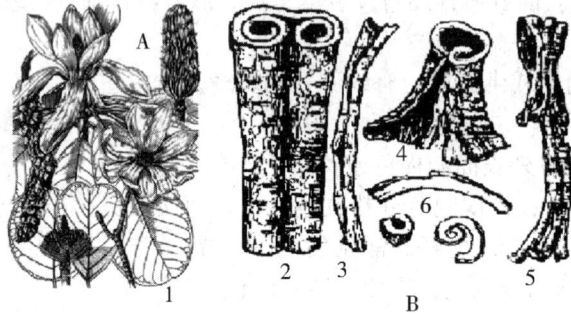

图 11 - 3　厚朴
A. 原植物图　B. 药材图
1. 厚朴叶　2. 干朴　3. 枝朴　4. 靴筒朴　5. 根朴　6. 厚朴饮片

2. 根皮（根朴） 呈单筒状或不规则块片，有的弯曲似"鸡肠"，习称"鸡肠朴"，质硬，较易折断，断面纤维性。

3. 枝皮（枝朴） 皮薄呈单筒状，长 10 ~ 20cm，厚 1 ~ 2mm。质脆，易折断，断面纤维性。

以皮厚、肉细、油性足、内表面紫棕色且有发亮结晶物、香气浓者为佳。

【显微鉴别】

1. 横切面 ①木栓层为 10 余列细胞；有的可见落皮层。②皮层外侧有石细胞环带，内侧散有多数油细胞和石细胞群。③韧皮部射线宽 1 ~ 3 列细胞；纤维多数个成束；亦有油细胞散在。（图 11 - 4）

2. 厚朴粉末 棕色。①纤维甚多，直径 15 ~ 32μm，壁甚厚，有的呈波浪形或一边呈锯齿状，木化，孔沟不明显。②油细胞呈椭圆形或类圆形，直径 50 ~ 85μm，含黄棕色油状物。③石细胞类方形、椭圆形、卵圆形或不规则分枝状，直径 11 ~ 65μm，有时可见层纹。（图 11 - 5）。

【成分】含挥发油，生物碱，厚朴酚及和厚朴酚。此外尚含三羟基厚朴酚、木兰箭毒碱及鞣质。

【理化鉴别】1. 取本品粗粉 3g，加三氯甲烷 30ml，回流 30 分钟，滤过。取滤液在紫外光灯（365nm）下观察。顶面观显紫色；侧面观上层呈黄绿色、下层呈棕色荧光。

2. 取药材粉末 1g，加乙醇 10ml，浸泡 24 小时，滤过，蒸干，加乙醇 0.5ml 溶解，取上述溶液 0.1ml，加改良碘化铋钾试剂，生成橙红色沉淀；取上述溶液 0.1ml，加硅钨酸试剂，产生白色沉淀。（检测生物碱）

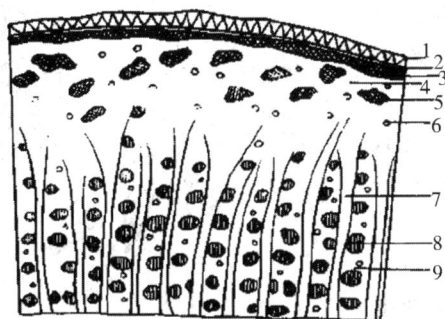

图 11 - 4　厚朴组织横切面简图
1. 木栓层　2. 木栓形成层　3. 栓内层（石细胞环带）
4. 皮层　5. 石细胞群　6. 分泌细胞　7. 韧皮射线
8. 韧皮纤维束　9. 韧皮部

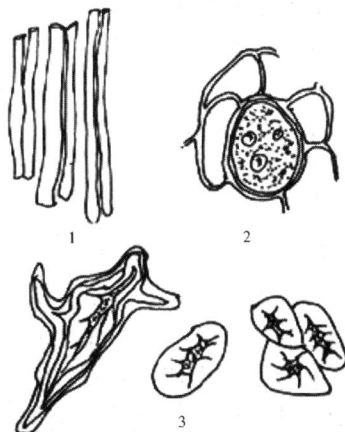

图 11 - 5　厚朴粉末图
1. 纤维　2. 油细胞　3. 石细胞

【性味与功能】苦、辛，温。燥湿消痰，下气除满。

【附注】厚朴花　为厚朴和凹叶厚朴的干燥花蕾。呈长圆锥形，长 4～7cm。红棕色至棕褐色。花被多为 12 片，肉质，外层的呈长方倒卵形，内层的呈匙形。雄蕊多数，花药条形，淡黄棕色，花丝宽而短。心皮多数，分离，螺旋状排列于圆锥形的花托上。花梗长 0.5～2cm，密被灰黄色绒毛，偶无毛。质脆，易破碎。气香，味淡。性微温，味苦。芳香化湿，理气宽中。

肉桂 Cinnamomi Cortex

本品为樟科植物肉桂 *Cinnamomum cassia* Presl 的干燥树皮。主产于广东、广西等省区，云南、福建等省亦产。每年分两期采收，第一期于 4～5 月间，第二期于 9～10 月间，以第二期产量大，香气浓，质量佳。采收时选取适龄肉桂树，按一定的长度、阔度剥下树皮，放于阴凉处，按各种规格修整，或置于木质的"桂夹"内压制成型，阴干或先放置阴凉处 2～3 天后，于弱光下晒干。根据采收加工方法不同，有如下加工品：

1. 桂通（官桂）　为剥取栽培 5～6 年生幼树干皮和粗枝皮、老树枝皮，不经压制，自然卷曲。

2. 企边桂　为剥取十年以上生的干皮，将两端削成斜面，突出桂心，夹在木制的凹凸板中间，压成两侧向内卷曲的浅槽状。

3. 板桂　剥取老年树最下部近地面的干皮，夹在木制的桂夹内，晒至九成干，经纵横堆叠，加压，约一个月完全干燥，成为扁平板状。

4. 桂碎　在桂皮加工过程中的碎块。

【性状鉴别】

呈槽状或卷筒状，长 30～40cm，宽或直径为 3～10cm，厚约 2～8mm。外表面灰棕色，稍粗糙，有不规则的细皱纹和横向突起的皮孔，有的可见灰白色的斑纹。内表面红棕色，略平坦，有细纵纹，划之显油痕。质硬而脆，易折断，断面不平坦，外层棕

色而较粗糙，内层红棕色而油润，两层间有1条黄棕色的线纹。气香浓烈，味甜、辣。（图11-6）

以不破碎、体重、外皮细、肉厚、断面色紫、油性大、香气浓厚、味甜辣，嚼之少渣者为佳。

【显微鉴别】1. 横切面 ①木栓细胞数列，最内层细胞外壁特厚，木化。②皮层散有石细胞、油细胞及黏液细胞。③中柱鞘部位有石细胞群，断续排列成环，外侧伴有纤维束，石细胞通常外壁较薄。④韧皮部射线宽1~2列细胞，含细小草酸钙针晶；纤维常2~3个成束；油细胞随处可见。薄壁细胞含淀粉粒。（图11-7）

图11-6 肉桂
A. 1. 花枝　2. 果实　B. 3. 企边桂　4. 桂通

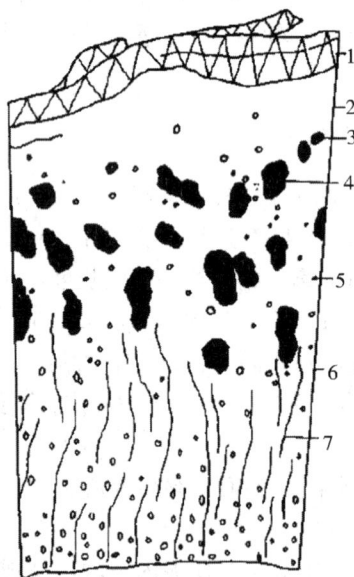

2. 粉末　红棕色。①纤维多单个散在，长梭形，长195~920μm，直径约50μm，平直或波状弯曲，壁厚，木化，纹孔不明显。②石细胞类方形或类圆形，直径32~88μm，壁厚，有的一面菲薄。③油细胞类圆形或长圆形，直径45~108μm，④草酸钙针晶细小，散在于射线细胞中。⑤木栓细胞多角形，含红棕色物质。⑥淀粉粒极多，圆球形或多角形，直径10~20μm。（图11-8）

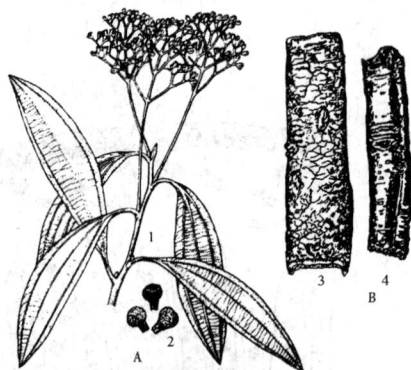

图11-7　肉桂横切面简图
1. 木栓层　2. 皮层　3. 石细胞　4. 纤维
5. 分泌细胞　6. 韧皮部　7. 射线

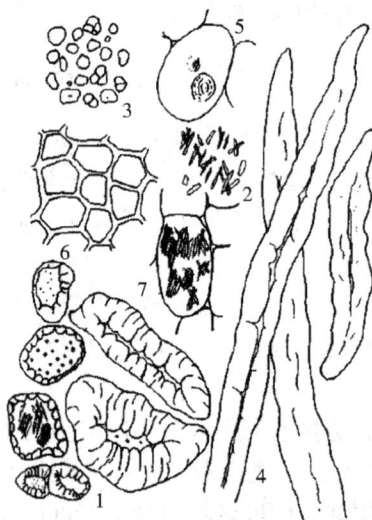

图11-8　肉桂粉末图
1. 石细胞　2. 草酸钙针晶　3. 淀粉粒　4. 纤维
5. 分泌细胞　6. 木细胞　7. 射线细胞

【成分】主要含挥发油，油中主成分为桂皮醛及醋酸桂皮酯。桂皮醛是肉桂镇静、镇痛、解热作用的有效成分。另含少量的苯甲醛、桂皮酸、水杨酸等。

【理化鉴别】

1. 取肉桂挥发油少许，滴加异羟肟酸铁试剂，显橙色。（检查内酯类）

2. 取粉末少许，加三氯甲烷振摇后，吸取三氯甲烷液 2 滴于载玻片上，待干，再滴加 10% 的盐酸苯肼液 1 滴，加盖玻片镜检，可见桂皮醛苯腙的杆状结晶。

【性味与功能】辛、甘，大热。补火助阳，引火归元，散寒止痛，温通经脉。

【附注】桂枝 为肉桂的干燥嫩枝。药材呈长圆柱形，多分枝，直径 0.3～1cm。表面红棕色至棕色，有纵棱线、细皱纹及小疙瘩状的叶痕、枝痕和芽痕，皮孔点状。质硬而脆，易折断。切片厚 2～4mm，切面皮部红棕色，木部黄白色至浅黄棕色，髓部略呈方形。有特异香气，味甜、微辛，皮部味较浓。辛、甘，温。功能发汗解肌，温通经脉，助阳化气，平冲降气。主治风寒感冒、脘腹冷痛、关节痹痛、血寒经闭等。

知识链接

阴香　樟科植物阴香 *Cinnamomum burmanni* （Nees et T. Nees）*Blume* 的树皮常作肉桂代用品。此树种芳香油醛酮含量较高，其皮、叶、根均可提制芳香油，广泛用于香料工业及医药工业。从树皮提取的芳香油称广桂油，从枝叶提取的芳香油称广桂叶油，前者可用于食用香精，皂用香精和化妆品，后者则通常用于化妆品香精。叶可代替月桂树的叶作为腌菜及肉类罐头的香料。

杜仲 Eucommiae Cortex

本品为杜仲科植物杜仲 *Eucommia ulmoides* Oliv. 的干燥树皮。主产于湖北、四川、贵州、云南等省。多为栽培。4～6 月剥取，刮去粗皮，堆置"发汗"至内皮呈紫褐色，晒干。

【性状鉴别】呈板片状或两边稍向内卷，大小不一，厚 3～7mm。外表面淡棕色或灰褐色，有明显的皱纹或纵裂槽纹，有的树皮较薄，未去粗皮，可见明显的皮孔。内表面暗紫色，光滑。质脆，易折断，断面有细密、银白色、富弹性的橡胶丝相连。气微，味稍苦。（图 11－9、图 11－10）

以皮厚、块大、去净粗皮、内表面暗紫色、断面丝多者为佳。

【成分】含木脂素类成分，如松酯醇二葡萄糖苷。另含苯丙素类化合物、环烯醚萜类和黄酮类化合物等。杜仲皮折断后有银白色的杜仲胶，为一种硬质橡胶，其含量因树龄和厚薄不同而不同。

【理化鉴别】取粉末 1g，加三氯甲烷 10ml，浸渍 2 小时，滤过，滤液蒸干，加乙醇 1ml，产生具弹性的胶膜。

【性味与功能】甘，温。补肝肾，强筋骨，安胎。

图 11 - 9　杜仲原植物　　　　　图 11 - 10　杜仲药材图

📚知识链接 ◀

　　杜仲叶　为杜仲科植物杜仲的叶。药材多皱缩，破碎，完整叶片展平后呈椭圆形或卵形。表面黄绿色或黄褐色，微有光泽，先端渐尖，基部圆形或广楔形，边缘具锯齿具短叶柄。质脆，搓之易碎，折断面有少量银白色橡胶丝相连。气微，味微苦。功能与杜仲相似，具有补肝肾，强筋骨的作用。

黄柏 Phellodendri Chinensis Cortex

　　本品为芸香科植物黄皮树 *Phellodendron chinense* Schneid. 的干燥树皮。主产于四川、贵州等省。习称"川黄柏"。3 ~ 6 月间剥取 10 年左右的树皮，晒至半干，压平，刮净粗皮，晒干。

　　【性状鉴别】呈板片状或浅槽状，长宽不一，厚 1 ~ 6mm。外表面黄褐色或黄棕色，平坦或具纵沟纹，有的可见皮孔痕及残存的灰褐色粗皮。内表面暗黄色或淡棕色，具细密的纵棱纹。体轻，质硬，断面纤维性，呈裂片状分层，深黄色。气微，味极苦，嚼之有黏性。

　　以皮厚、色黄、无栓皮者为佳。

　　【显微鉴别】

　　1. 横切面　①未去净外皮者，可见木栓层细胞数列，部分木栓细胞含棕色物。栓内层为数列长方形或近圆形细胞。②皮层比较狭窄，皮层占皮厚的 1/5 ~ 1/3，散有纤维群及石细胞群，石细胞鲜黄色，大多分枝状，壁极厚，层纹明显。③韧皮部射线宽2 ~ 4 列细胞，稍弯曲；韧皮纤维束众多，与韧皮薄壁细胞和筛管群交互排列成层带，纤维黄色，壁极厚，周围薄壁细胞含草酸钙方晶。④薄壁细胞中含有细小的淀粉粒和草酸钙方晶，黏液细胞众多。（图 11 - 11）

2. 粉末 鲜黄色。①纤维鲜黄色，直径 $16 \sim 38 \mu m$，常成束，周围细胞含草酸钙方晶，形成晶纤维；含晶细胞壁木化增厚。②石细胞鲜黄色，类圆形或纺锤形，直径 $35 \sim 128 \mu m$，有的呈分枝状，枝端锐尖，壁厚，层纹明显；有的可见大型纤维状的石细胞，长可达 $900 \mu m$。③草酸钙方晶众多（图 11 – 12）

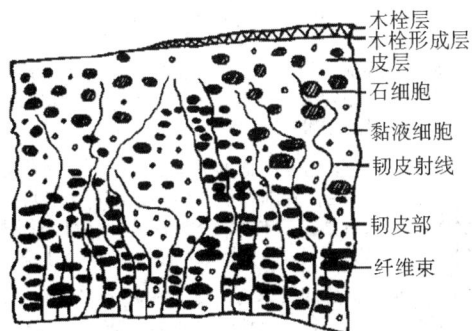

图 11 – 11 黄柏横切面简图

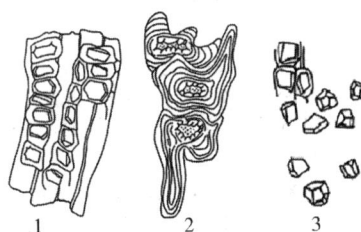

图 11 – 12 黄柏粉末图
1. 晶纤维 2. 石细胞 3. 草酸钙方晶

【成分】含多种生物碱，主要为小檗碱，并含少量黄柏碱、木兰花碱、掌叶防己碱等。含小檗碱以盐酸小檗碱（$C_{20}H_{17}NO_4 \cdot HCl$）计不得少于 3.0%。

【理化鉴别】

1. 取黄柏断面，在紫外光灯下观察，显亮黄色荧光。

2. 取药材粉末 $0.5g$，加甲醇 10ml，水浴温热数分钟，放冷，滤过，取滤液 1ml，加稀盐酸 1ml 与漂白粉少量，显樱红色。（检查小檗碱）

3. 取药材粉末 1g，加乙醚 10ml，冷浸，浸出液蒸去乙醚，残渣以 1ml 冰醋酸溶解，加硫酸 1 滴，放置，溶液显紫棕色。（检查黄柏酮）

【性味与功能】苦，寒。清热燥湿，泻火除蒸，解毒疗疮。

【附注】关黄柏为芸香科植物黄檗 *Phellodendron amurense* Rupr. 的干燥树皮，主产东北。与黄柏的主要区别：外表面黄绿色或淡棕黄色，较平坦，皮孔痕小而少见。内表面黄色或黄棕色。断面纤维性，有的呈裂片状分层，鲜黄色或黄绿色。含盐酸小檗碱（$C_{20}H_{17}NO_4 \cdot HCl$）不得少于 0.60%。其性味功能与黄柏相似。

表 11 –1 皮类一般药材

药名	来源	性状	功能
桑白皮	桑科植物桑 *Morus alba.* L. 的干燥根皮	呈扭曲的卷筒状、槽状或板片状，长短宽狭不一。外表面白色或淡黄白色，平坦，偶有残留未除净的橙黄色或棕色鳞片状粗皮；内表面黄白色或灰黄色，有细纵纹。体轻，质韧，纤维性强，难折断，易纵向撕裂，撕裂时有白色粉尘飞扬。气微，味微甘	泻肺平喘，利水消肿
附：桑枝	桑科植物桑 *Morus alba.* L. 的干燥嫩枝	呈长圆柱形。表面灰黄色或黄褐色，有多数黄褐色点状皮孔及细纵纹，并有灰白色略呈半圆形的叶痕和黄棕色的腋芽。质坚韧，不易折断，断面纤维性。切片厚 $2 \sim 5mm$，皮部较薄，木部黄白色，射线放射状，髓部白色或黄白色。气微，味淡	祛风湿，利关节，

续表

药名	来源	性状	功能
桑叶	桑科植物桑 Morus al-ba. L. 的干燥叶	多皱缩、破碎。完整者有柄，叶片展平后呈卵形或宽卵形。先端渐尖，基部截形、圆形或心形，边缘有锯齿或钝锯齿。上表面黄绿色或浅黄棕色，有的有小疣状突起；下表面颜色稍浅，叶脉突出，小脉网状，脉上被疏毛，脉基具簇毛。质脆。气微，味淡、微苦涩	清肺润燥，清肝明目
桑椹	桑科植物桑 Morus al-ba. L. 的干燥果穗	聚花果，由多数小瘦果集合而成，呈长圆形。黄棕色、棕红色或暗紫色，有短果序梗。小瘦果卵圆形，稍扁，外具肉质花被片 4 枚。气微，味微酸而甜	滋阴补血，生津润燥
五加皮	五加科植物细柱五加 Acanthopanax gracilistylus W. W. Smith 的干燥根皮	呈不规则卷筒状，外表面灰褐色，有稍扭曲的纵皱纹及横长皮孔，内表面淡黄色或灰黄色，有细纵纹。体轻，质脆，易折断。断面不整齐，灰白色，于放大镜下检视可见多数淡黄棕色小油点（树脂道）。气微香，味微辣而苦	祛风除湿，补益肝肾，强筋壮骨，利水消肿
香加皮	萝藦科植物杠柳 Periplo-ca sepium Bge. 的干燥根皮	多呈卷筒状或槽状，外表面灰棕色或黄棕色，栓皮易成鳞片状脱落。内表面淡黄色或淡黄棕色。质地疏松而脆。断面黄白色，不整齐。有特异香气，味苦，稍有麻舌感	利水消肿，祛风湿，强筋骨
地骨皮	茄科植物枸杞 Lycium chinense Mill. 或宁夏枸杞 L. barbarum L. 的干燥根皮	呈筒状或槽状或不规则卷片。外表面灰黄色至棕黄色，粗糙，具纵皱纹及裂纹，易成鳞片状剥落。内表面黄白色或灰黄色，有细纵纹。体轻，质脆，易折断。断面不平坦，外层黄棕色，内层灰白色。气微，味微甘而后苦	凉血除蒸，清肺降火
合欢皮	豆科植物合欢 Albizia julibrissin Durazz. 的干燥树皮	呈卷曲筒状或半筒状。外表面灰棕色至灰褐色，密生明显的椭圆形横向皮孔，棕色或棕红色，内表面淡黄棕色或黄白色，平滑，有细密纵纹。质硬而脆，易折断，断面呈纤维性片状，淡黄棕色或黄白色。气微香，味淡、微涩、稍刺舌，而后喉头有不适感	解郁安神，活血消肿
附：合欢花	豆科植物合欢 Albizia julibrissin Durazz. 的干燥树花序或花蕾。前者习称"合欢花"，后者习称"合欢米"	合欢花 头状花序，皱缩成团。总花梗长 3~4cm，有时与花序脱离，黄绿色，有纵纹，被稀疏毛茸。花全体密被毛茸，细长而弯曲，长 0.7~1cm，淡黄色或黄褐色，无花梗或几无花梗。花萼筒状，先端有 5 小齿；花冠筒长约为萼筒的 2 倍，先端 5 裂，裂片披针形；雄蕊多数，花丝细长，黄棕色至黄褐色，下部合生，上部分离，伸出花冠筒外。气微香，味淡 合欢米 呈棒槌状，长 2~6mm，膨大部分直径约 2mm，淡黄色至黄褐色，全体被毛茸，花梗极短或无。花萼筒状，先端有 5 小齿；花冠未开放；雄蕊多数，细长并弯曲。基部连合，包于花冠内。气微香，味淡	解郁安神
苦楝皮	楝科植物川楝 Melia toosendan Sieb. et Zucc. 或楝 M. azedarach L. 的干燥树皮和根皮	干皮呈不规则块片或槽状卷片，灰棕色至棕褐色，有宽纵裂纹及细横裂纹，并有灰棕色椭圆形横长皮孔，栓皮常呈鳞片状剥离；已除去外皮者，表面淡黄色；幼皮表面紫色，平滑，有蜡质层。内表面类白色或淡黄色。质韧，难折断，断面纤维性，层层黄白相间。气微，味苦。 根皮呈不规则片状或卷片。外表面灰棕色或棕紫色，微有光泽，粗糙，多裂纹	清热燥湿，驱虫
秦皮	木犀科植物苦枥白蜡树 Fraxinus rhynchophylla Hance、白蜡树 F. chinensis Roxb、尖叶白蜡 F. szaboana Lin-gelsh.、或宿柱白蜡树 F. stylosa Lingelsh. 的干燥枝皮或干皮	枝皮 卷筒状或槽状。外表面灰白色、灰棕色至黑棕色或相间呈斑状，平坦或稍粗糙，密布圆点状灰白色的皮孔，并可见马蹄形或新月形叶痕；内表面较平滑，黄白色或棕色。质硬而脆，断面纤维性。气微，味苦 干皮 长条状块片，外表面灰棕色，具龟裂状沟纹及红棕色圆形或横长的皮孔。质坚硬，断面纤维性较强，易成层剥离呈裂片状。 药材热水浸出液呈黄绿色，日光下显碧蓝色荧光	清热燥湿，收涩止痢，止带，明目

职业对接 ....

掌握皮类重点中药的性状特征和功效，能对药材进行辨认，判断出药材的真伪，以便以后从事药店导购员、药店调剂员、药品采购员、药品销售员工作，向顾客介绍药材作用。

目 标 检 测

一、单项选择题

1. 纤维性强，难折断，纤维层易成片地纵向撕裂，撕裂时有白色粉尘飞扬，该药材为
   A. 秦皮　　B. 桑白皮　　C. 牡丹皮　　D. 合欢皮　　E. 肉桂

2. 可进行微量升华的皮类药材是
   A. 牡丹皮　　B. 厚朴　　C. 肉桂　　D. 桑白皮　　E. 五加皮

3. "川黄柏"来源于芸香科哪一种植物的树皮
   A. 黄檗　　B. 黄皮树　　C. 橘　　D. 酸橙　　E. 川椒

4. 水浸液在日光下可见碧蓝色荧光的药材是
   A. 秦皮　　B. 合欢皮　　C. 桑白皮　　D. 厚朴　　E. 牡丹皮

5. 断面不整齐，灰白色，于放大镜下检视可见多数淡黄棕色小油点（树脂道），该药材
   A. 地骨皮　　B. 香加皮　　C. 五加皮　　D. 桑白皮　　E. 秦皮

6. 折断时有细密银白色富弹性的胶丝的药材是
   A. 肉桂　　B. 杜仲　　C. 厚朴　　D. 桑白皮　　E. 秦皮

7. 除哪一项外，均为厚朴的显微特征
   A. 石细胞呈椭圆形、类方形或不规则分枝状
   B. 油细胞含黄棕色油状物，壁木化或非木化
   C. 纤维壁甚厚、平直或一边呈波浪状　　D. 有草酸钙簇晶
   E. 木栓细胞多角形，壁薄微弯曲

8. 牡丹皮粉末中含
   A. 草酸钙砂晶　　B. 草酸钙簇晶　　C. 草酸钙针晶　　D. 草酸钙方晶
   E. 钟乳体

9. 以皮厚，肉细，油性足，内表面色紫棕而有发亮结晶状物，香气浓，渣少者为佳的药材是
   A. 牡丹皮　　B. 肉桂　　C. 秦皮　　D. 厚朴　　E. 杜仲

10. 皮类药材的入药部位是指
    A. 周皮　　B. 木栓形成层以外的部分　　C. 形成层以外的部分
    D. 落皮层　　E. 韧皮部以外的部分

11. 以根皮入药的中药材是
    A. 桑白皮　　B. 肉桂　　C. 秦皮　　D. 黄柏　　E. 杜仲

12. 桑白皮内表面常见的白色发亮的小结晶是
    A. 芍药苷结晶　　B. 丹皮酚结晶　　C. 桉油醇结晶　　D. 草酸钙结晶
    E. 碳酸钙结晶

13. 以皮厚、肉细、油性足、内表面色紫棕而有发亮结晶物、香气浓者为佳的中药材有
    A. 厚朴　　B. 肉桂　　C. 合欢皮　　D. 地骨皮　　E. 香加皮

二、多项选择题

1. 含草酸钙簇晶的中药材是
    A. 杜仲　　B. 牡丹皮　　C. 肉桂　　D. 蓼大青叶　　E. 番泻叶

2. 皮类药材中内表面可见发亮的小结晶的中药材是
    A. 黄柏　　B. 杜仲　　C. 肉桂　　D. 厚朴　　E. 牡丹皮

3. 肉桂的加工品有
    A. 桂通　　B. 企边桂　　C. 板桂　　D. 桂皮　　E. 桂枝

4. 牡丹皮的特征是
    A. 毛茛科植物牡丹的干燥根皮　　B. 内表面常见白色发亮小结晶
    C. 薄壁细胞含有草酸钙簇晶　　D. 粉末微量升华可见长柱形结晶及羽状簇晶
    E. 结晶遇三氯化铁乙醇溶液，显暗紫色

第十二章
叶类药材

第一节　叶类药材的概述

　　叶类中药是指以完整而且长成的干燥叶作为药用部分。大部分的叶类药材为单叶，如枇杷叶；小部分为复叶的小叶，如番泻叶；也有带部分嫩枝的，如侧柏叶。

一、性状鉴定

　　叶类药材在鉴定时，首先选择具有完整性、代表性的样品来观察；对其特征鉴定要将其放入水中浸泡，使药材湿润便于展开观察。鉴定应注意叶子的形状（披针形、卵形等）、色泽、大小、叶基、叶端、叶缘、叶脉、上下表面（毛茸和腺点）、质地、气味等。

二、显微鉴定

　　叶片一般由表皮、叶肉、叶脉三部分组成。叶类的显微鉴定主要有中脉的横切面、上下表面制片和粉末制片。

　　（一）叶的横切面和表面制片

　　1. 叶的横切片　主要观察上、下表皮细胞的特征及附属物（气孔、毛茸、角质层及结晶体等）；叶肉中海绵组织和栅栏组织的分布与分化程度，只在上表皮内方有栅栏细胞的称"异面叶"（如薄荷叶），上、下表皮内方均有栅栏细胞的称"等面叶"（如番泻叶）；叶脉维管束的类型（外韧型或双韧型等）、数目及排列方式。

　　2. 表面制片　主要观察上、下表皮细胞的表面特征及附属物，如角质层、蜡被、结晶体、毛茸、气孔等。

（二）粉末特征

主要是观察其表皮细胞形状，气孔类型，腺毛头部和柄部细胞的形状、数目及排列情况等，非腺毛的细胞形状、数目等。有些晶纤维常存在叶脉碎片中，如番泻叶。

第二节　叶类药材的鉴定

大青叶 Isatidis Folium

本品为十字花科植物菘蓝 *Isatis indigotica* Fort. 的干燥叶。主产于河北、陕西、江苏、安徽等省。夏秋二季分 2~3 次采收，除去杂质，晒干。

【性状鉴别】多皱缩卷曲。完整的叶片展平后呈长椭圆形至长圆状倒披针形，长 5~20cm，宽 2~6cm。先端钝；全缘或微波状，基部狭窄下延至叶柄成翼状，叶柄长 4~10cm。上表面暗灰绿色；叶脉于背面较明显，质脆，易碎。气微，味微酸、苦、涩。

以叶片色暗灰绿色，完整为佳。

【显微鉴别】

1. 叶横切面 ①表皮外被角质层，上下表皮为 1 列切向延长的细胞。②叶肉中海绵组织与栅栏组织无明显区分。③主脉外韧型维管束 4~9 个，中央 1 个形状较大，在每个维管束的上、下侧均可见到厚壁组织。④薄壁组织中有含芥子酶的类圆形分泌细胞，较其周围薄壁细胞小。（图 12-1）

2. 粉末 绿褐色。①下表皮细胞垂周壁稍弯曲，呈连珠状增厚。②气孔为不等式，副卫细胞 3~4 个。③叶肉细胞内含蓝色细小颗粒状物和含橙皮苷样结晶，叶肉组织分化不明显。

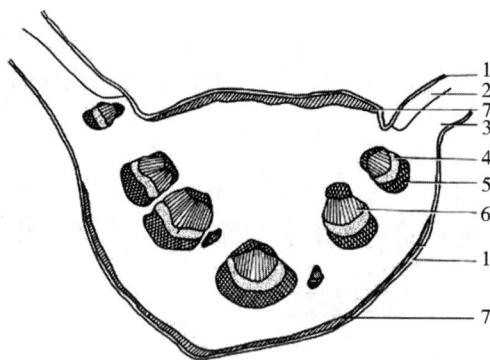

图 12-1　大青叶横切面简图
1. 表皮　2. 栅栏组织　3. 海绵组织　4. 韧皮部
5. 纤维　6. 木质部　7. 厚角组织

【成分】主含靛玉红、靛蓝。

【理化鉴别】

1. 粉末水浸液置于紫外光灯（365nm）下有蓝色荧光。

2. 粉末进行微量升华，可得蓝色或紫红色片状、细小针状或簇状结晶。

【性味与功能】苦，寒。清热解毒，凉血消斑。

【附注】

1. 蓼大青叶 为蓼科植物蓼蓝 *Polygonum tinctorum* Ajt. 的叶，《中国药典》收载品种。主产河北和天津。叶多皱缩或者破碎。完整叶呈椭圆形，先端钝；基部渐窄；叶脉于背面较突出，侧脉也明显，色较浅；叶柄扁平，基部抱茎，具膜质叶鞘。质脆易碎。气微臭、味稍苦。功能与大青叶类似。

2. 混用品

（1）马蓝 为爵床科植物马蓝 *Baphicacanthus cusia*（Nees）Bremek. 的叶。主产福建、江西、广东、广西、四川及湖南。叶多皱缩成不规则的团块，呈黑绿色至暗棕黑色。完整叶片呈倒卵状长圆形或椭圆形，叶缘部分有细小浅钝锯齿，先端渐尖，叶基狭窄；叶脉背面稍明显，小枝呈四棱形，棕黑色。气微弱，味淡。

（2）大青（路边青） 为马鞭草科植物大青 *Clerodendron cyrtophyllum* Turcz. 的叶。湖南叫"淡亲家母叶"或"淡婆婆叶"。叶片呈椭圆形至细长卵圆形，微皱，叶面呈棕绿色或棕黄色，叶背色浅，全缘或微呈波状浅齿，先端渐尖，基部钝圆，叶柄呈细圆柱形。质脆易碎。气微弱，味稍苦而微涩。

番泻叶 Sennae Folium

本品为豆科植物狭叶番泻 *Cassia angustifolia* Vahl 或尖叶番泻 *C. angustifolia* Delile 的干燥小叶。狭叶番泻主产于红海以东至印度地区，现盛产于印度的丁内末利，故商品又名丁内末利番泻叶或印度番泻叶，现埃及和苏丹亦产。尖叶番泻主产于埃及的尼罗河中上游地区，由亚历山大港输出，故商品又称埃及亚历山大番泻叶或番泻叶；现我国海南省、广东省及云南西双版纳等地均有栽培。生长旺盛期采下叶片，摊晒，经常翻动，晒时切勿堆积过厚，避免使叶色变黄，晒至干燥。或用 40～50℃ 温度烘干。按叶片品质优劣和大小分级，打包。

【性状鉴别】

1. 狭叶番泻叶 呈卵状披针形或长卵形，叶端急尖，叶基稍不对称，全缘，长为 1.5～5cm，宽为 0.4～2cm。上表面黄绿色，下表面浅黄绿色，无毛或近无毛，叶脉稍隆起。革质。气微弱而特异，味微苦，稍有黏性。

2. 尖叶番泻叶 呈披针形或长卵形，略卷曲，叶端微突或短尖，叶基不对称，上下表面均有细短毛茸。

以叶片大、完整、色绿、梗少、无泥沙杂质者为佳。（图 12-2）

【显微鉴别】

1. 叶横切面 两种番泻叶特征大致相近。①表皮细胞常含黏液质；上下表皮均有气孔；非腺毛单细胞，细胞壁厚，多有疣状突起，基部稍弯曲。②叶肉组织是等面叶型。上下均含有 1 列栅栏细胞。③海绵组织内含有草酸钙簇晶。④主脉维管束为外韧型，上下两侧均有中柱鞘纤维束，都为微木化，外有草酸钙棱晶的薄壁细胞，相应形成晶鞘纤维。（图 12-3）

2. 粉末 淡绿色或黄绿色。①晶纤维多，草酸钙方晶直径 12～15μm。②非腺毛单细胞，壁厚，有疣状突起。③上下表皮细胞表面观呈多角形，垂周壁平直；上下表皮均有气孔，主为平轴式，副卫细胞多为 2 个，也有的 3 个。④草酸钙簇晶存在于叶肉组织细胞中。（图 12-4）

图 12-2
1. 狭叶番泻叶 2. 尖叶番泻叶

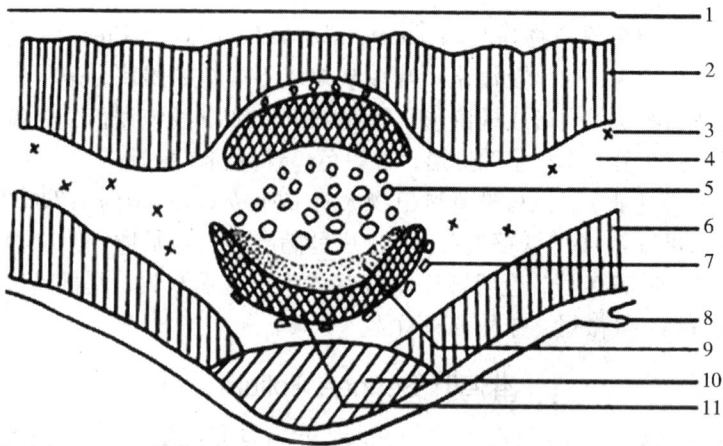

图 12 – 3　番泻叶横切面简图
1. 表皮　2.6. 栅栏组织　3. 草酸钙簇晶　4. 海绵组织　5. 导管
7. 草酸钙棱晶　8. 非腺毛　9. 韧皮部　10. 厚角组织　11. 中柱鞘纤维

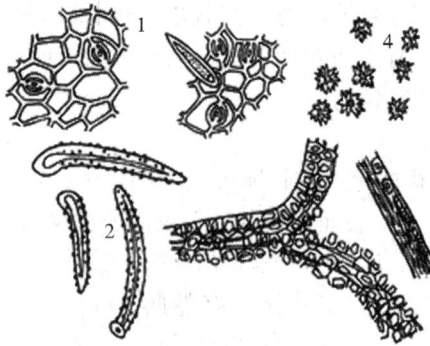

图 12 – 4　番泻叶粉末图
1. 表皮细胞及平轴式气孔　2. 非腺毛　3. 晶鞘纤维　4. 草酸钙簇晶

【成分】含蒽醌类化合物，主要为番泻苷 A、B、C、D 及芦荟大黄素双蒽酮苷、大黄酸、芦荟大黄素等。

【理化鉴别】粉末遇碱液显红色。

【性味与功能】甘、苦，寒。泻热行滞，通便，利水。

【附注】伪品　豆科植物耳叶番泻的干燥小叶。常混入进口的狭叶番泻叶中。药材呈卵圆形或倒卵圆形，先端微凹或钝圆下并有短刺，叶基对称或不对称，灰黄绿色或红棕色，表面密被灰白色长茸毛，不具有迭压线纹。叶肉非等面型，上面具 2 列栅栏细胞，下面无栅栏细胞。非腺毛细长，甚密，表面比较光滑。

紫苏叶 Perillae Folium

本品为唇形科植物紫苏 *Perillae frutescens*（L.）Britt. 的干燥叶（或带嫩枝）。全国南北各省区广泛栽培。一般在 9 月初（白露前后）枝叶茂盛刚长花序时采收，晒干。

【性状鉴别】药材多皱缩卷曲、破碎。完整的叶展开后呈卵圆形，长为 4～11cm，宽为 2.5 ~ 9cm，先端急尖或长尖，基部为圆形或宽楔形，边缘有圆锯齿。两面紫色或上表面绿色，下表面为紫色，疏生灰白色毛，下表面具多数凹点状的腺鳞。叶柄为紫绿色或紫色。质脆。带嫩枝者，枝为紫绿色，断面中部有髓。气清香，味微辛。

以叶完整、色紫、香气浓郁者为佳。

【成分】含挥发油（紫苏油）约 0.5%。油中含紫苏醛、α - 及 β - 蒎烯、d - 柠檬烯等。

【理化鉴别】**叶表面制片** 滴加 10% 盐酸溶液，显红色；或滴加 5% 氢氧化钾溶液，即显鲜绿色，后变为黄绿色。因表皮细胞中某些细胞内含有紫色素。

【性味与功能】辛，温。解表散寒，行气和胃。

【附注】

1. 紫苏子 唇形科植物紫苏 *Perillae frutescens*（L.）Britt. 的干燥成熟果实。呈卵圆形或类球形，表面灰棕色或灰褐色，有微隆起的暗紫色网纹，基部稍尖。果皮薄而脆，易压碎。种子黄白色，内有 2 枚类白色的子叶，有油性。压碎有香气，味微辛。能降气消痰，止咳平喘，润肠通便。用于痰壅气逆，咳嗽气喘，肠燥便秘。

2. 紫苏梗 唇形科植物紫苏 *P. frutescens*（L.）Britt. 的干燥茎。呈方柱形，有槽。表面紫棕色或淡棕色。具纵沟及顺纹，上有稀疏的柔毛。四面有纵沟和细纵纹，节部稍膨大，有对生的枝痕和叶痕。体轻，质硬，断面裂片状。切片厚 2 ~ 5mm，常呈斜长方形，木部黄白色，射线细密，呈放射状，髓部白色，疏松或脱落。气微香，味淡。功能理气宽中，止痛，安胎。用于胸膈痞闷，胃脘疼痛，嗳气呕吐，胎动不安。

艾叶 Artemisiae Argyi Folium

本品为菊科植物艾 *Artemisia argyi* Levl. et Vant. 的干燥叶。我国大部分地区均产。以湖北蕲州（李时珍家乡）产者为佳，又称"蕲艾"。夏季花未开时采摘，除去杂质，晒干。

【性状鉴别】多皱缩、破碎，有短柄。完整叶片展平呈卵状椭圆形，羽状深裂，裂片椭圆状披针形，边缘具不规则的粗锯齿。上表面灰绿色或深黄绿色，具有稀疏柔毛和腺点；下表面密被灰白色绒毛。质柔软。气清香，味苦。

以色青、背面灰白色、绒毛多、叶厚、质柔软而韧、香气浓郁者为佳。

【显微鉴别】**粉末** 绿褐色。①表皮细胞轮廓呈多角形，壁近波状；气孔分布于下表面，为不定式。②腺毛淡黄色，4 或 6 细胞，无柄，顶面观呈长圆形，细胞成对并生似鞋底样。③非腺毛有单细胞及多细胞二种，有的呈鞭状，有的展为 2 臂，呈 T 形毛。（图 12 - 5）

【成分】含挥发油。药材及饮片含桉油精均不得少于 0.050%。

【性味与功能】辛、苦，温。有小毒。温经止血，散寒止痛；外用祛湿止痒。

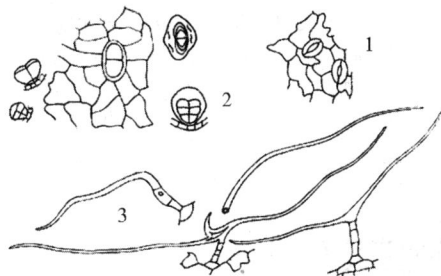

图 12 - 5 艾叶粉末图
1. 表皮细胞及气孔 2. 腺毛 3. 非腺毛

![知识链接]

　　艾叶在我国民间广泛利用的历史悠久，有的用它来治疗疾病如艾灸，有的用它来食用充饥，更有的用它作为辟邪驱毒的信物，用途广泛。而艾叶容易生长，特别是在我国南方的丘陵地带，荒山上遍野都是，生长得极为茂盛。每逢端午人们在吃粽子赛龙舟纪念屈原的同时，还会将艾叶插在自家的门楣上，用以辟邪驱毒，祈求平安。

表 12 - 1　叶类一般药材

药名	来源	性状	功能
石韦	水龙骨科植物庐山石韦 *Pyrrosia sheareri*（Bak.）Ching、石韦 *P. linggua*（Thunb.）Farwell 或有柄石韦 *P. petiolosa*（Christ）Ching 的干燥叶	庐山石韦　叶片略皱缩，展平后呈披针形，长为 10 ~ 25cm，宽为 3 ~ 5cm，叶端渐尖，基部耳状偏斜，全缘，边缘常向内卷曲。上表面黄绿色或灰绿色，散布有黑色圆形的小凹点；下表面密被红棕色星状毛，有的叶片侧脉间布满具棕色圆点状的孢子囊群。叶片厚革质。叶柄具四棱，有纵槽，叶片革质。气微，味微涩苦 石韦　叶片长圆披针形或披针形，长为 8 ~ 12cm，宽为 1 ~ 3cm，基部楔形，对称。侧脉间有孢子囊群，排列紧密整齐 有柄石韦　叶片多卷曲成圆筒形，展平后呈卵状长圆形或长圆形，长为 3 ~ 8cm，宽为 1 ~ 2.5cm，基部楔形，对称，下表面侧脉不明显并布满孢子囊群	利尿通淋，清肺止咳，凉血止血
枇杷叶	蔷薇科植物枇杷 *Eriobotrya japonica*（Thunb.）Lindl. 的干燥叶	呈长椭圆形或倒卵形，长为 12 ~ 30cm，宽为 4 ~ 9cm。叶先端尖，基部楔形，边缘上半部有疏锯齿，近叶基部全缘。上表面灰绿色、黄绿色或红棕色，表面较光滑；下表面密生黄色绒毛，主脉于下表面明显突起，羽状侧脉；叶柄极短，被棕黄色绒毛。革质而脆、易折断。气微，味微苦	清肺止咳，降逆止呕
侧柏叶	柏科植物侧柏 *Platycladus orientalis*（L.）Franco 的干燥枝梢和叶	多分枝，小枝扁平。叶细小鳞片状，交互对生，贴伏于枝上，深绿色或黄绿色。质脆，易折断。气清香，味苦涩、微辛	凉血止血，化痰止咳，生发乌发
附：柏子仁	柏科植物侧柏 *Platycladus orientalis*（L.）Franco 的干燥成熟种仁	长卵形或长椭圆形，长 4 ~ 7mm，直径 1.5 ~ 3mm，顶端略尖，为圆三棱状，有深褐色小点，基部呈钝圆。表面黄白色或淡黄棕色，外有膜质内种皮包被，久贮品色深。横切面为乳白色或黄白色，胚乳厚，子叶 2 枚或更多。质软，富油性。气微香，有油腻感而味淡	养心安神，润肠通便，止汗
荷叶	睡莲科植物莲 *Nelumbo nucifera* Gaertn. 的干燥叶。	呈半圆形或折扇形，展开后呈类圆形，直径约 20 ~ 50cm，全缘或稍成波状。上表面深绿色或黄绿色，较粗糙；下表面淡灰棕色，较光滑，有粗脉 21 ~ 22 条，由中心向四周射出，叶中心有突起的叶柄残基。质脆，易破碎。微有清香气，味微苦	清暑化湿，升发清阳，凉血止血

![职业对接] ·············

　　学习本门课程主要从事以下工作：药店方面——药店导购员、药店调剂员、药店的营业人员、药品采购员；医药公司方面——药品销售员、药品采购员；医院方面——中药调剂员、药品采购员，以上岗位要掌握叶类重点中药的性状特征和

功效，以便以后从事工作能对药材进行辨认，判断出药品的真伪，向顾客介绍药材作用。

目标检测

一、单项选择题

1. 除（　　）外，其余为番泻叶粉末的显微特征。
   A. 草酸钙簇晶　　B. 直轴式气孔　　C. 螺纹导管　　D. 晶纤维
   E. 单细胞非腺毛

2. 下列药材中叶片革质，上表面光滑，下表面密被锈色绒毛是（　　）。
   A. 枇杷叶　　B. 大青叶　　C. 紫苏叶　　D. 艾叶　　E. 荷叶

3. 叶片呈卵形或卵状披针形，叶基左右稍不对称，上表面黄绿色，下表面浅黄绿色，革质的药材是（　　）
   A. 艾叶　　B. 枇杷叶　　C. 大青叶　　D. 荷叶　　E. 番泻叶

4. 下列药材中含具有泻下作用的蒽醌类成分的是（　　）。
   A. 枇杷叶　　B. 大青叶　　C. 番泻叶　　D. 桑叶　　E. 荷叶

5. 下列药材中来源为菊科的是（　　）。
   A. 大青叶　　B. 枇杷叶　　C. 紫苏叶　　D. 艾叶　　E. 荷叶

二、多项选择题

1. 叶的显微鉴别观察主要内容
   A. 上、下表皮　　B. 木质部　　C. 海绵组织　　D. 栅栏组织　　E. 叶脉

2. 叶类中药材包括
   A. 单叶　　B. 复叶的小叶　　C. 带有叶的嫩枝　　D. 带有根的全草
   E. 带有茎的枝条和叶

三、填空题

1. 番泻叶为_____科植物，其横切面镜检可见表皮细胞常含_____，上下表皮均有_____及_____；叶肉组织为_____型，上面的栅栏细胞较_____，且通过_____；海绵组织细胞中含_____；主脉维管束的上下两侧均有_____，其周围的薄壁细胞含_____，形成_____。

2. 十字花科植物菘蓝的叶称为_____，其根称为_____，其茎叶称为_____。

四、简答题

番泻叶的来源及类型，如何通过性状鉴定区别？

第十三章
花类药材

(学习目标)

　　1. 掌握花类药材的来源、性状鉴别的主要特征，及重点药材的显微鉴别和理化鉴别特征。

　　2. 熟悉花类药材的化学成分、性味与功能。

　　3. 了解花类药材的主要产地、采收加工。

第一节　花类药材的概述

　　药用部位是完整的花、花的某一部分或花序，这类药材称花类药材。完整的花有的是已开放的，如红花、洋金花；有的是尚未开放的花蕾，如丁香、金银花。药用仅为花的某一部分的，如西红花系柱头，玉米须系花柱，莲须系雄蕊，蒲黄、松花粉等则为花粉粒。药用部分为花序的亦有的是采收未开放的，如款冬花；有的要采收已开放的，如菊花、旋覆花。而夏枯草实际上采收的是带花的果穗。

一、性状鉴定

　　由于花类药材常破碎干缩，鉴定时应先放入水中浸泡展开后，才观察其形状、颜色、萼片、花瓣、雄蕊和雌蕊的数目及位置的类型、气味、是否有被毛；以花序入药的，除单朵花的观察外，还需要观察花序的类型、苞片或总苞片、花序托等。如果花或花序太小，则需要借助放大镜、解剖镜进行观察。

二、显微鉴定

　　花类药材的显微鉴别除花梗和膨大花托可以制作横切片外，一般多作粉末和表面制片观察。

（一）萼片和苞片

　　与叶片构造类似，应注意观察上、下表皮细胞的形态；气孔及毛茸的有无、类型及分布情况；有无分泌组织及草酸钙结晶等。

（二）花瓣

花瓣构造差别较大。上表皮细胞常呈毛茸状或乳头状突起，无气孔；下表皮细胞的垂周细胞壁常呈波状弯曲，有时有少数气孔及毛茸存在。相当于叶肉的部分，由数层排列疏松的大型薄壁细胞构成，有时可见分泌组织及其贮藏物质，如红花有管状分泌细胞，内贮红棕色物质，丁香有油室。

（三）雄蕊

雄蕊包括花药和花丝两部分组成。花粉粒的形状、大小、外表纹理、萌发孔的数目、类型等常因植物品种不同而异，在花类药材有重要鉴定意义。如金银花、红花、洋金花的花粉粒形状为圆球形，丁香的花粉粒形状呈类三角形等。表面纹理有的光滑如槐米、西红花；有的呈刺状突起如红花、金银花；或有放射状纹理如洋金花，网状纹理如蒲黄等。花粉粒的萌发孔数和形状，镜检时常因观察（极面观或赤道面观）的角度不同，而有所变化，应注意分别。雄蕊中有时药隔上端还有附属物，鉴别时也应注意。

（四）雌蕊

包括柱头、花柱和子房三部分组成。例如：柱头表皮细胞常为乳头状突起（红花）；或者分化成毛茸状（西红花）；也有不作毛茸状突起（洋金花）。

（五）花梗和花托

有些花类药材常带有部分花梗和花托。横切面构造与茎类似，注意观察表皮、皮层、内皮层、维管束及髓部是否明显，有无分泌组织、厚壁组织存在，有无淀粉粒、结晶等细胞内含物。

第二节　花类药材的鉴定

辛夷 Magnoliae Flos

本品为木兰科植物望春花 *Magnolia biondii* Pamp.、玉兰 *M. denudata* Desr. 或武当玉兰 *M. sprengeri* Pamp. 的干燥花蕾。生长于较温暖地区，原分布湖北、安徽、浙江、福建一带，现在野生比较少，在山东、四川、江西、湖北、云南、陕西南部、河南等地广泛栽培。冬末春初花未开放时采收，除去枝梗，阴干。

【性状鉴别】

1. 望春花　呈长卵形，似毛笔头。花基部常具短梗，梗上有类白色点状皮孔。苞片2~3层，每层2片。苞片外面密被灰白色或灰绿色具光泽的茸毛，内表面类棕色，无毛。花被片共9片，外轮花被片3，条形，约为内两轮长的1/4；内两轮花被6片，每轮3片，呈轮状排列。除去花被后，雄蕊和雌蕊多数，呈螺旋状排列。体轻，质脆。气芳香，味辛凉而稍苦。

2. 玉兰　基部枝梗较粗壮，皮孔为浅棕色。苞片外表面密被灰白色或灰绿色茸毛。花被9片，内外轮同型。

3. 武当玉兰 基部枝梗粗壮，皮孔呈红棕色。苞片外表面密被淡黄色或淡黄绿色茸毛，有的最外层苞片茸毛已脱落而呈出黑褐色。花被 10 ~ 12（15）片，内外轮无明显差异。

以完整、内花瓣紧密、无枝梗、香气浓者为佳。（图 13 – 1）

【成分】含挥发油、木脂素类、生物碱等成分。挥发油中主要成分为 α – 及 β – 蒎烯、1，8 – 桉叶素、樟脑等。

图 13 – 1 辛夷药材

【性味与功能】辛，温。散风寒，通鼻窍。

丁香 Caryophylli Flos

本品为桃金娘科植物丁香 *Eugenia caryophyllata* Thunb. 的干燥花蕾。主产于印度尼西亚、马来西亚及坦桑尼亚等东非沿岸国家。以桑给巴尔岛产量大，质量佳。现我国海南、广东等省有栽培。通常当花蕾由绿色转红时采摘，晒干。

【性状鉴别】略呈研棒状，长约 1 ~ 2cm。萼筒圆柱状，红棕色或棕褐色，上部有 4 枚三角状的萼片，呈十字状分开。花冠呈圆球形，花瓣 4，复瓦状抱合，棕褐色至褐黄色，花瓣内有雄蕊和花柱。质坚实，富油性。气芳香浓烈，味辛辣、有麻舌感。入水则萼管垂直下沉。

以完整、个大、油性足、香气浓、色深红、入水下沉者为佳。

【显微鉴别】

1. 萼筒中部横切面 ①表皮细胞 1 列，有较厚的角质层。②皮层外侧散有 2 ~ 3 列径向延长的椭圆形油室。③其下有 20 ~ 50 个小型双韧型维管束，断续排列成环，维管束外围有少数中柱鞘纤维，壁厚，木化。④内侧为数列薄壁细胞组成的通气组织，有大型腔隙。⑤中心轴柱薄壁组织间散有多数细小维管束。⑥薄壁细胞含众多细小的草酸钙簇晶。

2. 粉末 暗红棕色。①纤维梭形，两端钝圆，壁较厚。②花粉粒众多，极面观呈三角形，赤道面观双凸镜形，具 3 副合沟。③草酸钙簇晶众多，存在于较小的薄壁细胞中。④油室多破碎，分泌细胞界限不清，含黄色油状物。（图 13 – 2）

【成分】主含挥发油，油中主要成分为丁香酚 $C_{10}H_{12}O_2$（约占 80% ~ 95%，含量不少于 11.0%）、β – 丁香烯、乙酰基丁香油酚等。

【理化鉴别】

1. 取药材三氯甲烷浸液 2 ~ 3 滴于载玻片上，迅速加入 3% 氢氧化钠饱和液 1 滴，加盖玻片，片刻即产生簇状细针形丁香酚钠结晶。

2. 取药材三氯甲烷浸出液，滴加适量 50% 氢氧化钾溶液，形成丁香酚钾的针状结晶。

【性味与功能】辛，温。温中降逆，补肾助阳。

【附注】母丁香 是丁香的干燥近成熟果实入药，又称"鸡舌香"。果实呈卵圆形或长椭圆形，长 1.5 ~ 3cm，直径 0.5 ~ 1cm。表面黄棕色或褐棕色，有细皱纹。顶端有四个宿存萼片向内弯曲成钩状。果皮与种仁可剥离，种仁由两片子叶合抱而成，子叶

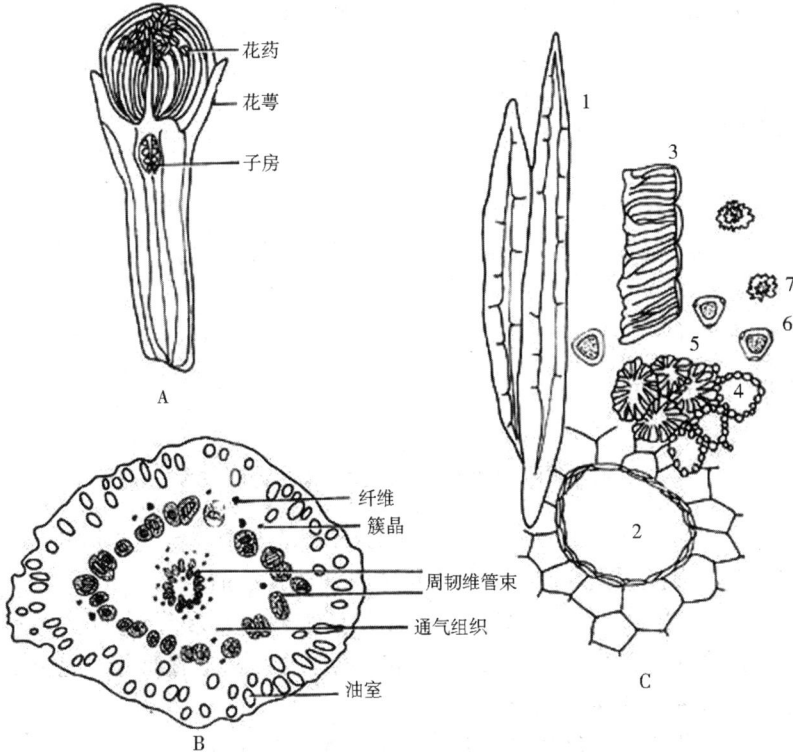

图 13-2 丁香

A. 丁香花纵切面 　B. 丁香花托中部横切面简图 　C. 丁香花粉末图
1. 纤维 　2. 油室 　3. 药室壁横切面观 　4. 药室内壁表面观
5. 花室壁次生壁切面观 　6. 花粉粒 　7. 草酸钙簇晶

形如鸡舌，棕色或暗棕色，显油性，中央具一明显的纵沟，内有胚，呈细杆状。质较硬，难折断。气香，味麻辣。丁香酚（$C_{10}H_{12}O_2$）含量不少于 0.65%。性味功能同丁香。

洋金花 Daturae Flos

本品为茄科植物白花曼陀罗 *Datura metel* L. 的干燥花。习称"南洋金花"。分布于浙江、江苏、福建、湖北、广东、广西、上海、贵州、云南、四川等地有栽培。4~11月花初开时采收，晒干或低温干燥。

【性状鉴别】常皱缩成条状。花冠为喇叭状，淡黄色或黄棕色，顶端 5 浅裂。花萼为筒状，长约为花冠的 2/5，灰绿色或灰黄色，先端 5 裂，基部具纵脉纹 5 条，表面微具有毛茸；裂片先端有短尖，短尖下有明显的纵脉纹 3 条，两裂片之间微凹。雄蕊 5 枚，花丝贴生于花冠筒内，长为花冠的 3/4。雌蕊 1，柱头呈棒状。烘干品质柔韧，气特异；晒干品质脆。气微，味微苦。

以朵大、不破碎，花冠肥厚者为佳。

【成分】含生物碱类，如东莨菪碱、莨菪碱，并含去甲莨菪碱及阿托品等。

【理化鉴别】药材醚提取液 5 滴，水浴蒸干，加浓硫酸 4 滴，继续蒸干，残渣加入无水乙醇 1 ml 及一小粒氢氧化钾，显紫红色。（检查东莨菪碱）

【性味与功能】辛，温。有毒。平喘止咳，解痉定痛。

知识链接

曼陀罗中毒　全株有毒，以种子毒性最强，儿童服 3～8 颗后即可中毒。一般在口服后 0.5～2 小时即完全被口腔和胃黏膜吸收而出现中毒症状。主要临床表现有：颜面及皮肤潮红，脉率增快，躁动不安，步态不稳，幻觉，幻听，头晕，口发麻，口渴，口干，呕吐，言语不灵，瞳孔放大，对光反射消失，甚至高烧，阵发性抽搐，大小便失禁，昏迷等。

金银花 Lonicerae japonicae Flos

本品为忍冬科植物忍冬 *Lonicera japonica* Thunb. 的干燥花蕾或带初开的花。主产于山东、河南，全国大部地区均产，多为栽培。夏初花开放前采收，干燥。

【性状鉴别】呈棒状，上粗下细，略弯曲。表面黄白色或绿白色（贮久色渐变深），密被短柔毛。花萼绿色，先端 5 裂，裂片有毛；开放者，花冠筒状，先端二唇形。偶见叶状苞片。气清香，味淡、微苦。

以花蕾大、含苞待放、色黄白、滋润丰满、香气浓者为佳。

【显微鉴别】粉末浅黄色。①腺毛有 2 种，一种头部呈倒圆锥形，顶部比较平坦，由 10～30 个细胞排列成 2～4 层，腺柄 2～6 个细胞；另一种头部呈倒三角形，较小，由 4～20 个细胞组成，腺柄为 2～4 个细胞。腺毛头部细胞含有黄棕色分泌物。②非腺毛为单细胞，有 2 种：一种长而弯曲，壁薄，有微细疣状突起；另一种较短，壁稍厚，具壁疣，有的具单或双螺纹。③花粉粒众多，黄色，球形，外壁具细刺状突起，萌发孔为 3 个。④薄壁细胞中含细小草酸钙簇晶。⑤柱头顶端表皮细胞呈绒毛状。（图 13-3）

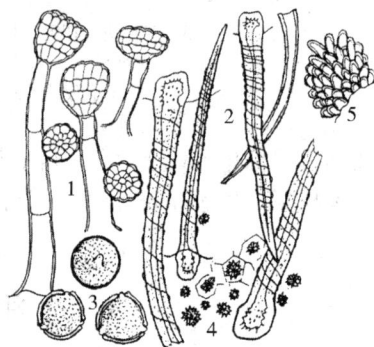

图 13-3　金银花粉末图
1. 腺毛　2. 非腺毛　3. 花粉粒
4. 草酸钙簇晶　5. 柱头顶端表皮细胞

【成分】含绿原酸、异绿原酸、木犀草素、木犀草苷、挥发油等成分。绿原酸、异绿原酸是抗菌有效成分。含绿原酸（$C_{16}H_{18}O_9$）不得少于 1.5%，含木犀草苷（$C_{21}H_{20}O_{11}$）不少于 0.050%。

【性味与功能】甘，寒。清热解毒，疏散风热。

【附注】忍冬藤　忍冬科植物忍冬 *Lonicera japonica* Thunb. 的干燥茎枝。秋、冬二季采割，晒干。呈长圆柱形，多分枝，常缠绕成束，直径 1.5～6mm。表面棕红色至暗棕色，光滑或被茸毛。外皮易剥落。质脆，易折断，断面黄白色，中空。气微，老枝味微苦，嫩枝味淡。本品甘，寒。功能清热解毒，疏风通络。用于温病发热，热毒血痢，痈肿疮疡，风湿热痹，关节红肿。药材含绿原酸（$C_{16}H_{18}O_9$）不得少于0.1%，含马钱苷不少于0.10%。

红花 Carthami Flos

本品为菊科植物红花 *Carthamus tinctorius* L. 的干燥花。主产于新疆、河南、浙江、云南、四川等省。多为栽培品。5～7月间花冠由黄变红时，择晴天早晨露水未干时采摘，阴干或晒干。

【性状鉴别】为不带子房的管状花，长约1～2cm，表面红黄色或红色。花冠筒细长，先端5裂，裂片为狭条形；雄蕊5枚，花药聚合成筒状，黄白色；柱头呈长圆柱形，顶端微分叉。质柔软。气微香，味微苦。花浸入水中，水染成金黄色。

以花冠长、色红而鲜艳、干燥、质柔软者为佳。

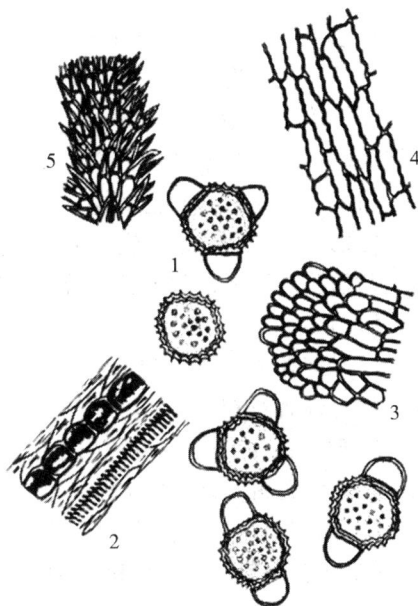

图13-4 红花粉末图
1. 花粉粒　2. 分泌管碎片
3、4 花瓣顶端细胞及花瓣细胞
5. 柱头细胞

【显微鉴别】粉末　橙黄色。①柱头和花柱上部表皮细胞分化成圆锥形单细胞毛，先端尖或稍钝。②分泌管常位于导管旁，含黄棕色至红棕色分泌物。③花冠裂片顶端表皮细胞外壁突起呈绒毛状。④花粉粒类圆形、椭圆形或橄榄形，外壁有齿状突起，具3个萌发孔。⑤草酸钙方晶存在于薄壁细胞中。（图13-4）

【成分】含红花苷、新红花苷、红花醌苷、红花黄色素、棕榈酸、月桂酸、肉豆蔻酸等。

【理化鉴别】水试　取红花约2g，加水20ml浸渍过夜，溶液应显金黄色，而花不能褪色。滤过，残渣加10%碳酸钠溶液8ml，浸渍，滤过。该滤液加醋酸使成酸性，即显红色沉淀。

【性味与功能】辛，温。活血通经，散瘀止痛。

菊花 Chrysanthemi Flos

本品为菊科植物菊 *Chrysanthemum morifolium* Ramat. 的干燥头状花序。主产河南、浙江、安徽等省。9～11月花盛开时分批采收，阴干或焙干，或熏、蒸后晒干。药材按产地和加工方法不同，分为"亳菊"（阴干）、"滁菊"（焙干）、"贡菊"（熏后晒干）、"杭菊"（蒸后晒干）。

【性状鉴别】

1. 亳菊　呈倒圆锥形或圆筒形，压扁时稍呈扇状。直径1.5～3cm。总苞碟状。总苞片3至4层，卵形或椭圆形，黄绿色或褐绿色，外面被柔毛，边缘膜质。花托呈半球形。舌状花数层，雌性，位于外围，类白色，劲直、上举，纵向折缩，散生金黄色腺点；管状花多数，为两性花，位于中央，为舌状花所隐藏，黄色。体轻，质柔润，干时松脆。气清香，味甘，微苦。

2. 滁菊 呈不规则球形或扁球形。直径 1.5 ~ 2.5cm。舌状花为类白色，不规则扭曲，内卷，边缘皱缩，有时可见淡褐色腺点。管状花大多隐藏。

3. 贡菊 呈不规则球形或扁球形。直径 1.5 ~ 2.5cm。舌状花白色或类白色，斜升，上部反折，边缘稍微内卷而且皱缩，通常无腺点；管状花少，多外露。

4. 杭菊 呈碟形或扁球形，2.5 ~ 4cm。常数个相连成片状。舌状花类白色或黄色，平展或微折叠，互相黏连，通常无腺点；管状花较多，外露。

均以花朵完整、颜色新鲜、气味清香者为佳。

【成分】含绿原酸、挥发油、生物碱和黄酮类成分。挥发油中主要为菊花酮、龙脑、龙脑乙酸酯等，黄酮类成分有木犀草素 - 7 - 葡萄糖苷、刺槐素苷等。

【理化鉴别】

1. 取乙醇提取液，加5%盐酸乙醇溶液5ml及锌粉少许，置于水浴中煮沸，溶液显淡红色（检查黄酮类）。

2. 取药材100g，提取挥发油。取挥发油2滴入试管中，加乙醇2ml及2，4 - 二硝基苯肼试剂数滴，显红色沉淀（检查挥发油中的酮类）。

【性味与功能】甘、苦，微寒。散风清热，平肝明目，清热解毒。

【附注】**野菊花** 为菊科植物野菊 *Chrysanthemum indicum L.* 的干燥头状花序。秋、冬二季花初开放时采摘，晒干，或蒸后晒干。呈类球形，直径 0.3 ~ 1cm，棕黄色。总苞由 4 ~ 5 层苞片组成，外层苞片卵形或条形，外表面中部灰绿色或浅棕色，通常被白毛，边缘膜质；内层苞片长椭圆形，膜质，外表面无毛。舌状花 1 轮，黄色至棕黄色，皱缩卷曲；管状花多数，深黄色。体轻。气芳香，味苦。性苦、味辛，微寒。功能清热解毒，泻火平肝。用于疔疮痈肿，目赤肿痛，头痛眩晕。

蒲黄 Typhae Pollen

本品为香蒲科植物水烛香蒲 *Typha angustifolia* L. 、东方香蒲 *T. orientalis* Preel 或同属植物的干燥花粉。夏季时采收蒲棒上部黄色的雄花序，晒干碾轧，筛取花粉。

【性状鉴别】为黄色粉末。体轻，放水中则飘浮水面。手捻有滑腻感，易附着手指上。气微，味淡。

以粉细、质轻、色鲜黄、滑腻感强者为佳。

【显微鉴别】**粉末** 黄色。花粉粒为类圆形或椭圆形。表面有排列紧密的颗粒状突起，成网纹状，有时可见一萌发孔。（图 13 - 5）

【成分】主含黄酮类化合物，如香蒲新苷、芸香苷、槲皮素、异鼠李素等。

【理化鉴别】取药材加乙醇1ml，加镁粉少量与盐酸2 ~ 3 滴，在沸水浴上加热，溶液显橙红色。（检查黄酮类）

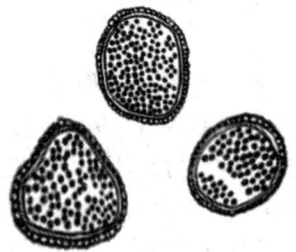

图 13 - 5 蒲黄花粉粒

【性味与功能】甘，平。止血，化瘀，通淋。

表 13 – 1 花类一般药材

药名	来源	性状	功能
槐花	豆科植物槐 *Sophora japonica* L. 的干燥花及花蕾。前者习称"槐花"，后者习称"槐米"	槐花 皱缩而卷曲，花瓣多为散落。完整者花萼钟状，黄绿色，先端 5 浅裂。花瓣 5 枚，黄色或黄白色，1 枚较大，为近圆形，先端微凹，其余 4 枚为长圆形。雄蕊 10 枚，其中 9 枚基部连合，花丝细长。雌蕊圆柱形，弯曲。体轻，气微，味微苦	凉血止血，清肝泻火
附：槐角	豆科植物槐 *Sophora japonica* L. 的干燥成熟果实	槐米 呈卵形或椭圆形。花萼下部有数条纵纹，萼的上方为黄白色未开放的花瓣，花梗细小。体轻，质松脆，手捻即碎。气微，味微苦涩 呈连珠状。表面是黄绿色或黄棕色，粗糙而皱缩，背缝线一侧为黄色。质柔润、干燥，易在收缩处折断，有黏性，断面为黄绿色。种子 1～6 粒，呈肾形，棕黑色，一侧有灰白色圆形种脐，表面光滑。质坚硬，子叶 2 枚，黄绿色。果肉气微，味苦，种子嚼之有豆腥气	清热泻火，凉血止血
密蒙花	马钱科植物密蒙花 *Buddleja officinalis* Maxim. 的干燥花蕾和花序	为多花蕾密聚而成的花序小分枝，呈不规则团块状。表面灰黄色或棕黄色，密被茸毛，并有单个散在的花蕾。花蕾呈短棒状，上端略大，花萼钟状，先端 4 齿裂，内面深暗绿色。花冠呈筒状，萼等长或稍长，花冠内表面紫棕色，先端 4 裂，裂片卵形，毛茸极稀疏；雄蕊 4，着生在花冠管中部。质柔软。气微香，味微苦、辛	清热泻火，养肝明目，退翳
夏枯草	唇形科植物夏枯草 *Prunella vulgaris* L. 的干燥果穗	圆柱形，略扁。淡棕色至棕红色。少数带有长短不一的花茎。有多枚苞片和萼片，排列呈覆瓦状。苞片为淡黄褐色，横肾形，两枚对生，轮状排列，膜质，有明显脉纹呈深褐色，基部狭小呈楔状，顶端尖长尾状，外表面有白色粗毛。花萼呈唇形，褐色；上唇 3 齿裂，有粗毛，短突尖，两侧向内卷曲，下唇 2 裂，裂片呈三角形，平滑，侧面具有粗毛。小坚果呈卵圆形，棕色，有光泽，顶端有小突起。质轻，气微，味淡	清肝泻火，明目，散结消肿
旋覆花	菊科植物旋覆花 *Inula japonica* Thunb. 或欧亚旋覆花 *I. britannica* L. 的干燥头状花序	呈球形或扁球形，多松散。总苞片数层，排列呈覆瓦状。舌状花 1 轮，雌性，花冠黄色，舌片带状。管状花两性，黄色，密集于中央，顶端具 5 个尖裂片。雄蕊 5 枚，扁平带状，花药聚合成筒状，基部延伸成长尾，花丝下部贴生于花冠，上部游离。体轻，易散碎。气微，味苦	降气，消痰，行水，止呕
附：金沸草	菊科植物条叶旋覆花 *I. linariifolia* Turcz. 或旋覆花 *I. japonica* Thunb. 的干燥地上部分	条叶旋覆花 茎呈圆柱形，上部分枝明显，表面呈绿褐色或棕褐色，疏被短柔毛，有多数细纵纹；质脆，断面黄白色，髓部中空。叶互生，叶片条状披针形或条形，先端尖，基部抱茎，全缘，边缘反卷，上表面近无毛，下表面被短柔毛。顶生的头状花序，冠毛白色。气微，味微苦 旋覆花 叶片椭圆状披针形，边缘不反卷。头状花序较大	降气，消痰，行水
款冬花	菊科植物款冬 *Tussilago farfara* L. 的干燥花蕾	呈长圆棒状，常单生或 2～3 个基部连生。上端较粗，下端渐细或带有短梗，外面被有多数鱼鳞状苞片。苞片外表面紫红色或淡红色，内表面密被白色絮状茸毛。体轻，撕开后可见白色茸毛 气清香，味微苦而辛	润肺下气，止咳化痰
西红花	鸢尾科植物番红花 *Crocus sativus* L. 的干燥柱头。	呈线形，三分枝。暗红色，上部较宽而略扁平，顶端边缘为不整齐的齿状，内侧有一短裂隙；下端有时残留一小段黄色花柱。体轻，质松软，无油润光泽。干燥后质脆易断。气特异，微有刺激性，味微苦。浸入水中，散出橙黄色色素并呈直线下降，逐渐扩散，水被染成黄色，无沉淀，柱头膨大成喇叭状	活血化瘀，凉血解毒，解郁安神

职业对接 ......

药品销售员、中药调剂员、药品采购员等岗位要掌握花类重点中药的性状特征和功效，以便以后从事工作能对药材进行辨认，判断出药品的真伪，向顾客介绍药材作用。

目标检测

一、单项选择题

1. 下列关于金银花的叙述中，错误的是
   A. 表面黄白色，均无毛　　　B. 主要以花蕾入药　　　C. 主产河南、山东
   D. 味淡、微苦　　E. 别名双花

2. 槐花来源于豆科植物槐的干燥
   A. 花萼　　B. 花蕊　　C. 花蕾及花　　D. 花冠　　E. 花序

3. 西红花的药用部位是
   A. 花柱　　B. 花丝　　C. 雄蕊　　D. 雌蕊　　E. 柱头

4. 呈研棒状，棕褐色，气味芳香浓烈，味辛辣，有麻舌感的药材是
   A. 金银花　　B. 洋金花　　C. 丁香　　D. 西红花　　E. 辛夷

5. 似毛笔头，呈长卵形，苞片外表面密被灰白色或灰绿色的长绒毛，内表面无毛，有此特征的花类药材是
   A. 菊花　　B. 金银花　　C. 丁香　　D. 辛夷　　E. 洋金花

6. 药用部位为菊科管状花的药材是
   A. 红花　　B. 野菊花　　C. 菊花　　D. 旋覆花　　E. 西红花

7. 具有麻醉止痛作用的中药是
   A. 辛夷　　B. 红花　　C. 款冬花　　D. 洋金花　　E. 金银花

8. 取药材少许，浸入水中，散出橙黄色色素呈直线下降，逐渐扩散，水被染成黄色的是
   A. 金银花　　B. 西红花　　C. 菊花　　D. 款冬花　　E. 槐花

二、多项选择题

1. 药用部位为花粉的中药是
   A. 丁香　　B. 蒲黄　　C. 松花粉　　D. 夏枯草　　E. 芫花

2. 以花蕾入药的药是
   A. 丁香　　B. 红花　　C. 槐米　　D. 番红花　　E. 款冬花

3. 来源于菊科的中药有
   A. 菊花　　B. 槐花　　C. 密蒙花　　D. 款冬花　　E. 旋覆花

4. 红花的粉末特征有
   A. 分泌管　　B. 花粉粒类球形　　C. 柱头表皮细胞分化成圆锥形单细胞毛
   D. 螺纹导管　　E. 草酸钙簇晶

5. 金银花的粉末特征有

    A. 非腺毛   B. 花粉粒   C. 腺毛   D. 螺纹导管   E. 草酸钙簇晶

三、填空题

1. 丁香为_____科植物_____的干燥的_____，略呈_____状，萼筒_____状，上部有_____枚三角状的_____，_____状分开，质坚实而重，富油性。其挥发油中主要含_____。其果实称为_____。

2. 金银花为_____科植物_____的干燥的_____，其主要化学成分为_____、_____，其功效是_____、_____。

四、简答题

如何从来源、性状、功效等方面区别红花与西红花?

第十四章
果实与种子类药材

学习目标

1. 掌握果实及种子类药材的来源、性状鉴别特征，重点药材的显微、理化鉴别特征。

2. 熟悉果实及种子类药材的化学成分、性味与功能。

3. 了解果实及种子类药材的主产地和特殊采收加工方法。

第一节　果实与种子类药材的概述

以植物的果实或种子作为药用部位的药材称为果实或种子类药材。果实和种子在植物体中是两种不同的器官，在商品中一般未予严格区分，有些是果实、种子一起入药，如乌梅、枸杞子等，少部分以果实形式贮存和销售，临用时再除去果皮以种子入药，如砂仁、巴豆等，这两类药材关系密切，但外形和组织构造又不相同，故将两类药材列入一章，并分别加以叙述。

一、果实类药材

以植物的完整或其中一部分果实为药用部位的药材称为果实类药材。通常采用成熟或近成熟的果实（如枸杞子、栀子）；少数为幼果（如枳实、青皮）；部分使用整个果穗（如荜茇、桑椹）；果实的一部分包括果皮（如广陈皮、大腹皮）、果肉（如山茱萸）、带部分果皮的果柄（如甜瓜蒂）、中果皮部分的维管束组织（如橘络、丝瓜络）、宿存花萼（如柿蒂）等。

（一）性状鉴别

果实类药材的性状鉴别首先应辨明入药部位，并注意其形状、大小、颜色、顶端、基部、表面、质地、断面、气味等。完整的果实通常呈圆球形或扁球形，直径较大的果实类药材，常切成厚片、丝片、块或丝块状（如木瓜、陈皮、瓜蒌）；有的同时制成碎块（如栀子）；有的需要去刺（如苍耳子、蒺藜）。顶部常有花柱残基，基部有果柄或果柄脱落的痕迹，有的带有宿存的花被（如地肤子）。果实类药材大多干缩而有皱纹，肉质果尤为明显。气味对果实类药材鉴别也很重要，有的果实具有强烈的香气

（如枳实、吴茱萸），枸杞子味甜，鸦胆子味极苦等。

（二）显微鉴别

果实根据构造可分为果皮和种子两部分，通常果皮的组织为鉴别的重点。

果皮的构造由外果皮、中果皮和内果皮三部分组成：

外果皮为果皮的最外层组织，与叶的下表皮相当，通常为 1 列表皮细胞，外被角质层，偶有气孔存在，有的具有非腺毛（如乌梅、覆盆子），少数具有腺毛（如吴茱萸，补骨脂），或具有腺鳞（如蔓荆子）。

中果皮位于内外果皮之间，与叶肉组织相当。通常较厚，由多层薄壁细胞组成，其间有细小的维管束散在，一般为外韧型，也有双韧型（如茄科果实）或两个外韧维管束合成的维管柱（如小茴香）。中果皮中常有油室（如花椒）、油细胞（如荜澄茄）、油管（如小茴香）及厚壁组织分布，有的中果皮细胞含有橙皮苷结晶（如陈皮）。

内果皮是果皮最内层组织，与叶的上表皮相当，形态变异较大，大多由一列薄壁细胞组成，有的含有镶嵌细胞或厚壁细胞。

二、种子类药材

以种子、种子的一部分或种子的加工品为药用部位的药材称为种子类药材。大多是完整的成熟种子（如苦杏仁、马钱子等），包括种皮和种仁两部分。也有用种子的一部分，有的用除去种皮的种仁（如肉豆蔻）；有的用种皮（如绿豆衣）；有的用假种皮（如肉豆蔻衣、龙眼肉）；有的用胚（如莲子心）；也有用发了芽的种子（如大豆黄卷）；少数为发酵加工品（如淡豆豉）。

（一）性状鉴别

种子类药材的性状鉴别主要观察其形状、大小、颜色、表面纹理、种脐、合点和种脊的位置及形态、毛茸、质地以及气味等。种子形状大多为圆球形、类圆形或扁圆球形，少数呈心形或纺锤形。表面常有各种纹理（如蓖麻子表面带有色泽鲜艳的花纹），也有的具有毛茸（如马钱子），剥去种皮后，观察有无胚乳。一般无胚乳种子的内胚乳仅为一层透明膜状物，子叶发达（如杏仁）；有胚乳种子的内胚乳有的富含油质（如酸枣仁），有的呈角质样（如车前子、马钱子）。有的胚乳和种皮交错，形成大理石纹理（如槟榔）。有的种子水浸后种皮显黏液（如葶苈子）；有的种子水浸后种皮呈龟裂状（如牵牛子）。

（二）显微鉴别

种子主要包括种皮、胚乳和胚三部分。种子类药材的显微鉴别特征主要在种皮，因为种皮的构造因植物的种类而不同，最富有鉴别意义。

种子通常只有一层种皮，常由表皮层、栅状细胞层、色素层、油细胞层、石细胞、营养层中的一种或数种组成。胚乳通常由贮藏大量脂肪油和糊粉粒的薄壁细胞组成，有时细胞中含有淀粉粒或草酸钙结晶，大多数种子具有内胚乳。有少数种子的种皮和外胚乳的折合层不规则地伸入内胚乳中，形成错入组织（如槟榔）；也有为外胚乳伸入内胚乳中而形成特殊花纹的错入组织（如肉豆蔻）。

粉末鉴别 种子类药材粉末鉴别的主要标志是糊粉粒，糊粉粒是种子中贮藏的颗粒状的蛋白质,其形状、大小及构造因植物种类而不同,在药材鉴定中有着重要的意义。

第二节　果实与种子类药材的鉴定

五味子 Schisandrae Chinensis Fructus

本品为木兰科植物五味子 *Schisandra chinensis*(Turcz.)Baill. 的干燥成熟果实。习称"北五味子"。主产于吉林、辽宁、黑龙江、河北、内蒙古等地。秋季果实成熟时采摘,晒干或蒸后晒干,除去果梗和杂质。

【性状鉴别】呈不规则的球形或扁球形,直径 5~8mm。表面红色、紫红色或暗红色,皱缩,显油润。有的表面呈黑红色或出现"白霜"。果肉柔软,种子 1~2 枚,肾形,表面棕黄色,有光泽,种皮薄而脆。果肉气微,味酸;种子破碎后,有香气,味辛、微苦。(图 14-1)

以粒大、果皮紫红、肉厚、柔润光泽者为佳。

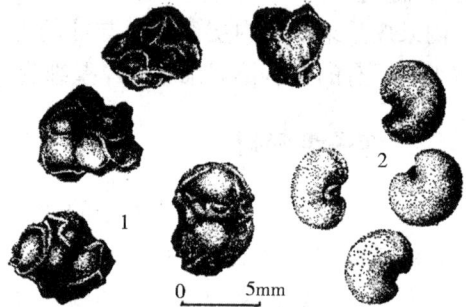

图 14-1　五味子药材图
1. 果实　2. 种子

【显微鉴别】

1. 果实横切面　①外果皮为 1 列方形或长方形细胞,壁稍厚,外被角质层,散有油细胞。②中果皮薄壁细胞 10 余列,含淀粉粒,散有小型外韧型维管束。③内果皮为 1 列薄壁细胞。④种皮最外层为 1 列径向延长的栅状石细胞,壁厚,纹孔细密;其下为数列类圆形、三角形或多角形石细胞,纹孔较大;石细胞层下层为数列薄壁细胞,种脊部位有维管束;油细胞层为 1 列径向延长油细胞,含棕黄色油滴。⑤种皮内表皮层为 1 列小细胞,壁稍厚。⑥胚乳细胞含脂肪油滴及糊粉粒。(图 14-2)

2. 粉末　暗紫色。①种皮表皮石细胞表面观呈多角形或长多角形,壁厚,孔沟极细密,胞腔内含深棕色物。②种皮内层石细胞呈多角形、类圆形或不规则形,壁稍厚,纹孔较大。③果皮表皮细胞表面观类多角形,表面有角质线纹;散有油细胞,其四周有 6~7 个细胞围绕。④中果皮细胞皱缩,含暗棕色物,并含淀粉粒。⑤胚乳细胞多角形,内含脂肪油滴及糊粉粒。(图 14-3)

【成分】主要含木脂素成分;另含挥发油;有机酸;糖类及维生素等,其中五味子醇甲不得少于 0.4%。

【性味与功能】酸、甘,温。收敛固涩,益气生津,补肾宁心。

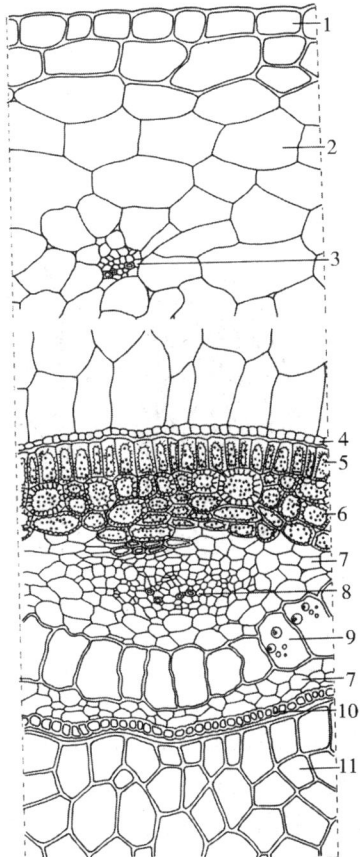

图 14 - 2　五味子横切面详图
1. 外果皮　2. 中果皮　3. 维管束　4. 内果皮
5. 种皮外层石细胞　6. 种皮内层石细胞　7. 薄壁细胞
8. 种脊维管束　9. 油细胞　10. 种皮内表皮细胞　11. 胚乳

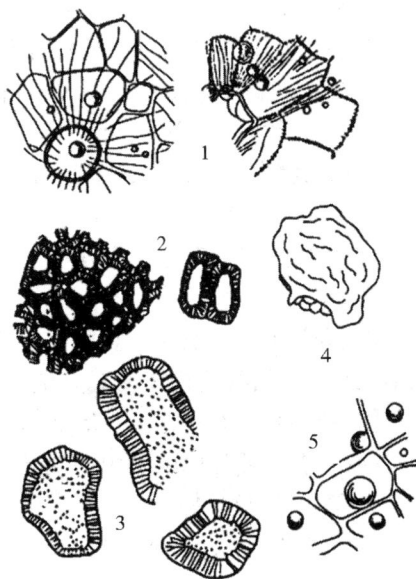

图 14 - 3　五味子粉末图
1. 果皮表皮细胞　2. 种皮表皮石细胞
3. 种皮内层石细胞　4. 中果皮细胞
5. 胚乳细胞及脂肪油

知识链接

唐《新修本草》载"五味皮肉甘酸，核中辛苦，都有咸味"，这"甘酸辛苦咸"五味正是"五味子"名字的由来。五味子在明代即分南北。李时珍在《本草纲目》中谓："五味今有南北之分，南产者色红，北产者色黑，入滋补药必用北产者乃良。"在《中国药典》中，五味子指北五味子。

【附注】南五味子（Schisandrae sphenantherae Fructus）《中国药典》收载品种。木兰科植物华中五味子的干燥成熟果实。呈球形或扁球形，直径 4～6mm。表面棕红色至暗棕色，干瘪，皱缩，果肉常紧贴种子上。种子 1～2 枚，肾形，表面棕黄色，有光泽，种皮薄而脆。果肉气微，味微酸。化学成分，性味和功能与北五味子相同。

木瓜 Chaenomelis Fructus

本品为蔷薇科植物贴梗海棠 *Chaenomeles speciosa*（Sweet）Nakai 的干燥近成熟果实。习称"皱皮木瓜"。主产于安徽、湖北、浙江、四川等省。以安徽宣城的宣木瓜质量最佳。夏、秋二季果实绿黄时采收，置沸水中烫至外皮灰白色，对半纵剖，晒干。

【性状鉴别】果实长圆形，多纵剖成两半，长 4～9cm，宽 2～5cm，厚 1～2.5cm。外表面紫红色或红棕色，有不规则的深皱纹；剖面边缘向内卷曲，果肉红棕色，中心部分可见凹陷的棕黄色子房室；种子扁长三角形，形似橘核而稍大，红棕色，多脱落。质坚实。气微清香，味酸微涩。（图 14－4）

以外皮抽皱、肉厚、色紫红、质坚实、味酸者为佳。

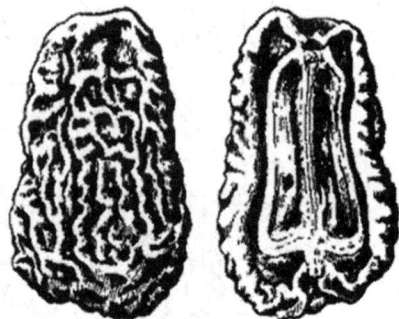

图 14－4　木瓜药材图

【成分】果实含皂苷、黄酮类、维生素 C 和苹果酸、酒石酸、枸橼酸等大量有机酸。

【性味与功能】酸，温。舒筋活络，和胃化湿。

【附注】有部分地区使用同属植物木瓜（榠楂）*Chaenomeles sinensis*（Thouin）Koehne. 的干燥近成熟果实作木瓜药用，习称"光皮木瓜"。药材多纵剖成 2～4 瓣，外表红棕色，光滑无皱，果肉粗糙并显颗粒性，种子扁三角形且多数密集，味微酸涩。

山楂 Crataegi Fructus

本品为蔷薇科植物山里红 *Crataegus pinnatifida* Bge. var. *major* N. E. Br. 或山楂 *C. pinnatifida* Bge. 的干燥成熟果实。习称"北山楂"。主产于山东、河北、河南、辽宁等地。秋季果实成熟时采收，切片，干燥。

【性状鉴别】多为圆形横切片，皱缩不平，多卷边。外皮红色，具皱纹，有灰白色小斑点。果肉深黄色至浅棕色。中部横切片具 3～5 粒浅黄色果核，但核多脱落而中空。有的片上可见短而细的果梗或花萼残迹。气微清香，味酸、微甜。（图 14－5）

以片大、皮红、肉厚、核少者为佳。

【成分】含有机酸、黄酮类、内酯、糖类、鞣质、皂苷等成分。含有机酸以枸橼酸（$C_6H_8O_7$）计，不得少于 5.0%。

【性味与功能】酸、甘，微温。消食健胃，行气散瘀，化浊降脂。

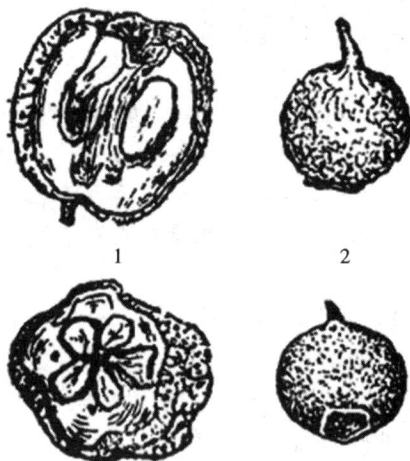

1　　　　　　2

图 14－5　山楂药材图
1. 山楂　2. 南山楂

　　南山楂　为蔷薇科植物野山楂 *Crataegus cuneata* Sieb. et Zucc. 的干燥成熟果实。主产于江苏、浙江、广东、广西等省。均为野生。南山楂果实较小，类球形，直径 0.8～1.4cm，有的压成饼状。表面棕色至棕红色，并有细密皱纹和灰白色小点，顶端凹陷，有花萼残迹，基部有果梗或已脱落，质坚硬，核大，果肉薄，气微，味酸，微涩。

苦杏仁 Armeniacae Semen Amarum

　　本品为蔷薇科植物山 *Prunus armeniaca* L. var. *ansu* Maxim.、西伯利亚杏 *P. sibirica* L.、东北杏 *P. mandshurica*（Maxim.）Koehne 或杏 *P. armeniaca* L. 的干燥成熟种子。我国大部分地区均产，主产于北方，以内蒙古东部、辽宁、河北、吉林产量最大。除杏栽培外，其余均系野生。夏季采收成熟果实，除去果肉及核壳，取出种子，晒干。

　　【性状鉴别】呈扁心形，长 1～1.9cm，宽 0.8～1.5cm，厚 0.5～0.8cm。表面黄棕色至深棕色，顶端尖，基部钝圆，肥厚，左右不对称，尖端一侧有短线形种脐，基部有椭圆形合点，种脐与合点之间有深色的线形种脊，从合点处向上分散出多数深棕色的脉纹。种皮薄，子叶 2 枚，乳白色，富油性，尖端可见小型的胚。气微，味苦。（图 14-6）

　　以颗粒饱满、完整、味苦者为佳。

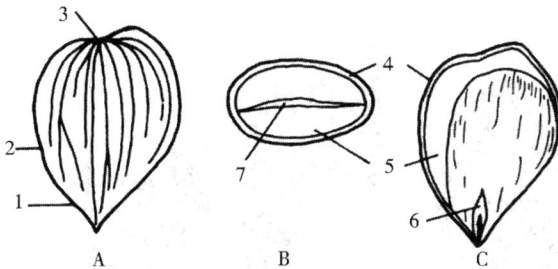

图 14-6　苦杏仁药材图
A. 外形　B. 横切面　C. 纵剖面
1. 种脐　2. 种脊　3. 合点　4. 种皮　5. 子叶　6. 胚　7. 空隙

　　【成分】主要含苦杏仁苷、脂肪油、苦杏仁酶等。苦杏仁苷经水解后产生氢氰酸、苯甲醛及葡萄糖。含苦杏仁苷（$C_{20}H_{27}NO_{11}$）不得少于 3.0%。

　　【理化鉴别】取苦杏仁数粒，加水共研，即产生苯甲醛的特殊香气。

　　【性味与功能】苦，微温。有小毒。降气止咳平喘，润肠通便。

![知识链接]

苦杏仁毒性 口服大量生苦杏仁易产生中毒，首先作用于延脑的呕吐、呼吸、迷走神经及血管运动等中枢，引起兴奋，随后进入昏迷、惊厥，继而整个中枢神经系统麻痹而死亡。表现有眩晕、头痛、呼吸急促、呕吐、心悸、发绀、昏迷、惊厥等，急救主要用亚硝酸盐和硫代硫酸钠。

决明子 Cassiae Semen

本品为豆科植物决明 *Cassia obtusifolia* L. 或小决明 *C. tora* L. 的干燥成熟种子。主产于安徽、江苏、浙江、广东等地，全国大部分地区有栽培。秋季采收成熟果实，晒干，打下种子，除去杂质。

【性状鉴别】

决明 略呈菱方形或短圆柱形，两端平行倾斜，形似马蹄，长 3 ~ 7mm，宽 2 ~ 4mm。表面绿棕色或暗棕色，平滑有光泽。一端较平坦，另端斜尖，背腹面各有一条突起的棱线，棱线两侧各有 1 条斜向对称而色较浅的线形凹纹。质坚硬，不易破碎。种皮薄，子叶 2 片，黄色，呈"S"形折曲并重叠。气微，味微苦。

小决明 呈短圆柱形，较小，长 3 ~ 5mm，宽 2 ~ 3mm。表面棱线两侧各有 1 片宽广的浅黄棕色带。（图 14 - 7）

均以颗粒饱满、色绿棕者为佳。

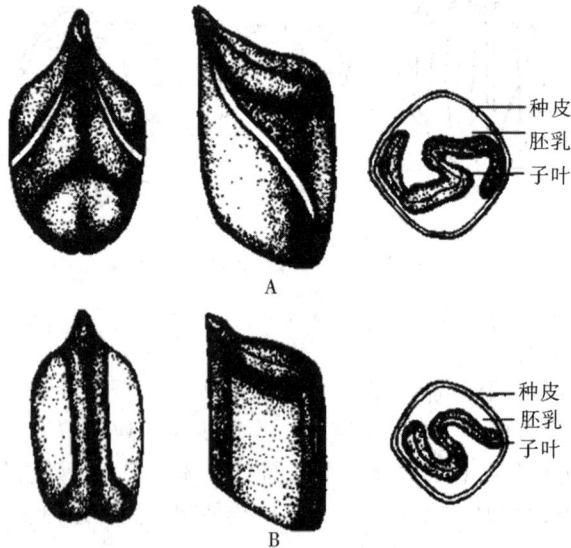

图 14 - 7 决明子药材图
A. 决明 B. 小决明

【成分】主要含游离羟基蒽醌衍生物，为大黄酚、橙黄决明素、大黄素、决明苷等。含大黄酚（$C_{15}H_{10}O_4$）不得少于 0.20%，含橙黄决明素（$C_{17}H_{14}O_7$）不得少于 0.080%。

【性味与功能】甘、苦、咸，微寒。清热明目，润肠通便。

陈皮 Citri Reticulatae Pericarpium

本品为芸香科植物橘 *Citrus reticulata* Blanco 及其栽培变种的干燥成熟果皮。药材分为"陈皮"和"广陈皮"。主产于广东、福建、四川、江苏等。广陈皮为"十大广药"之一，以产于广东新会的质量最佳。采摘成熟果实，剥取果皮，晒干或低温干燥。

【性状鉴别】**陈皮** 常剥成数瓣，基部相连，有的呈不规则的片状，厚 1~4mm。外表面橙红色或红棕色，有细皱纹和凹下的点状油室；内表面浅黄白色，粗糙，附黄白色或黄棕色筋络状维管束。质稍硬而脆。气香，味辛、苦。

广陈皮 常 3 瓣相连，形状整齐，厚度均匀，约 1mm。点状油室较大，对光照视，透明清晰。质较柔软。气香浓郁。（图 14 -8）

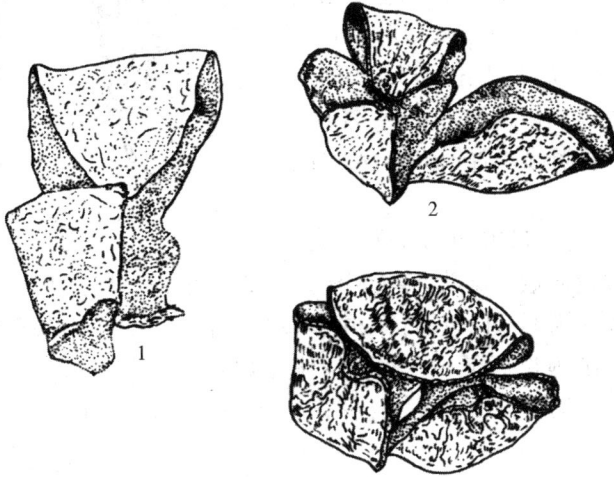

图 14 -8 陈皮药材
1. 陈皮 2. 广陈皮

以瓣大、完整、外皮色深红、内面白色、肉厚、油性大、质柔软、香气浓郁者为佳。

【成分】主要含挥发油及黄酮类成分。挥发油主要成分为右旋柠檬烯。黄酮成分主要有橙皮苷、橘皮素、新陈皮苷等。含橙皮苷（$C_{28}H_{34}O_{15}$）不得少于 2.5%。

【性味与功能】苦、辛，温。理气健脾，燥湿化痰。

【附注】

1. 青皮 为橘及其栽培变种的干燥幼果或未成熟果实的果皮。5~6 月收集落下的幼果，晒干，习称"个青皮"；7~8 月采收未成熟的果实，在果皮上纵剖成四瓣至基部，除尽瓤瓣，晒干，习称"四花青皮"。性温味苦、辛。用于胸胁胀痛，疝气疼痛，乳癖，乳痈，食积气滞，脘腹胀痛。

2. 橘核 为橘及其栽培变种的干燥成熟种子。略呈卵形。表面淡黄白色或淡灰白色，光滑，一侧有种脊棱线，一端钝圆，另端渐尖成小柄状。剥去外种皮后可见淡棕色膜质内种皮。子叶2枚，黄绿色，有油性。气微，味苦。性平味苦。用于疝气疼痛，睾丸肿痛，乳痈乳癖。

3. 橘络 为橘类中果皮的维管束群，撕下后晒干或烘干。外形疏松呈丝团状称"散丝橘络"；整理成条状或压成砖块状者称"凤尾橘络"。质轻而软，黄色或黄白色。性平，味甘、苦。用于痰滞经络、咳嗽胸痛或痰中带血。

小茴香 Foeniculi Fructus

本品为伞形科植物茴香 *Foeniculum vulgare* Mill. 的干燥成熟果实。主产于内蒙古、山西、黑龙江等省，全国大部分地区均有栽培。秋季果实初熟时采割植株，晒干，打下果实，除去杂质。

【性状鉴别】双悬果呈圆柱形，有的稍弯曲，长4~8mm，直径1.5~2.5mm。表面黄绿色或淡黄色，两端略尖，顶端残留有黄棕色突起的柱基，基部有时有细小的果梗。果实极易分离成两个小分果。分果呈长椭圆形，背面有纵棱5条，接合面平坦而较宽。横切面略呈五边形，背面的四边约等长。有特异香气，味微甜、辛。(图14-9)

以颗粒饱满、色黄绿、香气浓郁者为佳。

【显微鉴别】

图14-9 小茴香药材图

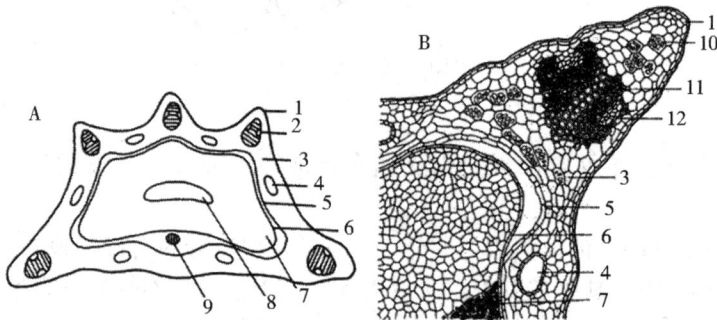

1. 分果横切面 略呈五边形。①外果皮为1列扁平细胞，外被角质层。②中果皮纵棱处有维管束，其周围有多数木化网纹细胞；背面纵棱间各有大的椭圆形棕色油管1个，接合面有油管2个，共6个。③内果皮为1列扁平薄壁细胞，细胞长短不一。④种皮细胞扁长，含棕色物。⑤胚乳细胞多角形，含多数糊粉粒，每个糊粉粒中含有细小草酸钙簇晶。(图14-10)

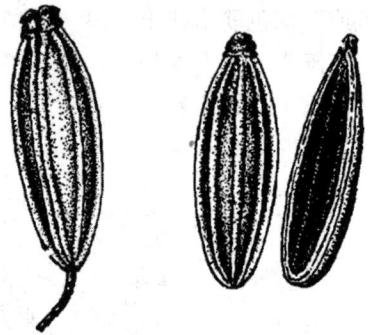

图14-10 小茴香分果横切面图
（A. 简图 B. 详图）

1. 外果皮 2. 维管束 3. 中果皮 4. 油管 5. 内果皮 6. 种皮 7. 内胚乳
8. 胚 9. 种脊维管束 10. 网纹细胞 11. 木质部 12. 韧皮部

2. 粉末 黄棕色。①网纹细胞棕色，壁稍厚，木化，具卵圆形网状壁孔。②油管碎片黄棕色或深红棕色，分泌细胞呈扁平多角形。③镶嵌层细胞为内果皮细胞，

5～8 个狭长细胞为一组，以其长轴相互作不规则方向嵌列。④内胚乳细胞多角形，含多数糊粉粒，每一糊粉粒中含细小簇晶一个。（图 14－11）

【成分】含挥发油，称茴香油。油中含反式茴香脑、α－茴香酮、甲基胡椒酚、α－蒎烯、茴香醛、柠檬烯等。含反式茴香脑（$C_{10}H_{12}O$）不得少于 1.4%。

【性味与功能】辛，温。散寒止痛，理气和胃。

连翘 Forsythiae Fructus

本品为木犀科植物连翘 *Forsythia suspensa*（Thunb.）Vahl 的干燥果实。主产于山西、陕西、河南等省。秋季果实初熟尚带绿色时采收，除去杂质，蒸熟，晒干，习称"青翘"；果实熟透时采收，晒干，除去杂质，习称"老翘"。

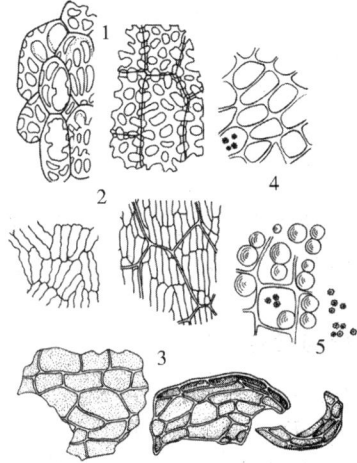

图 14－11　小茴香粉末图
1. 网纹细胞　2. 镶嵌层细胞　3. 油管碎片
4. 内胚乳细胞　5. 草酸钙簇晶

【性状鉴别】呈长卵形至卵形，稍扁，长 1.5～2.5cm，直径 0.5～1.3cm。表面有不规则的纵皱纹和多数突起的小斑点，两面各有 1 条明显的纵沟。顶端锐尖，基部有小果梗或已脱落。青翘多不开裂，表面绿褐色，有少数突起的灰白色小点；质硬；种子多数，黄绿色，细长，一侧有翅。老翘自顶端开裂或裂成两瓣，表面黄棕色或红棕色，有多数突起的淡黄色小点，内表面多为浅黄棕色，平滑，具一纵隔；质脆；种子棕色，多已脱落。气微香，味苦。（图 14－12）

图 14－12　连翘药材

"青翘"以色绿、不开裂为佳；"老翘"以色较黄、瓣大、壳厚者为佳。

【成分】含连翘酚、齐墩果酸、连翘苷、连翘苷元、香豆素类、甾醇化合物、皂苷等。

【性味与功能】苦，微寒。清热解毒，消肿散结，疏散风热。

马钱子 Strychni Semen

本品为马钱科植物马钱 *Strychnos nux - vomica* L. 的干燥成熟种子。别名"番木鳖"。主产印度、越南、泰国等国。冬季采收成熟果实，取出种子，晒干。

【性状鉴别】呈扁圆纽扣状，常一面隆起，一面稍凹下，直径 1.5～3cm，厚 0.3～0.6cm。表面密被灰棕色或灰绿色绢状茸毛，自中间向四周呈辐射状排列，有丝样光泽。边缘稍隆起，较厚，有突起的珠孔，底面中心有突起的圆点状种脐，有时种脐与珠孔间隐约可见 1 条隆起的线条。质坚硬，沿边缘剖开，平行剖面可见淡黄白色胚乳，

角质状，子叶心形，叶脉 5~7 条。气微，味极苦。（图 14-13）

以个大、肉厚饱满、表面灰绿色、有细密毛茸、质坚硬无破碎者为佳。

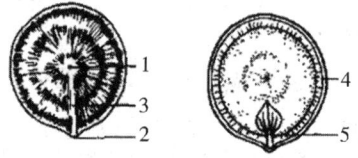

图 14-13 马钱子药材图
1. 种脐 2. 珠孔 3. 隆起线纹
4. 胚乳 5. 胚

【成分】含生物碱，主要成分为番木鳖碱（士的宁）、马钱子碱。含士的宁（$C_{21}H_{22}N_2O_2$）应为 1.20% ~ 2.20%，马钱子碱（$C_{23}H_{26}N_2O_4$）不得少于 0.80%。

【性味与功能】苦，温。有大毒。通络止痛，散结消肿。

【附注】

1. 习用品 为马钱科植物云南马钱（长籽马钱）*Strychnos pierriana* A. W. Hill. 的干燥成熟种子。扁椭圆形或扁圆形，边缘较薄而微翘。子叶卵形，叶脉 3 条。

2. 混用品 马钱科植物山马钱 *S. nux - blanda* Hill. 的干燥成熟种子。因种子几乎不含番木鳖碱和马钱子碱，不能作马钱子使用。

3. 木鳖子 葫芦科植物木鳖 *Momordica cochinchinensis*（Lour.）Spreng. 的干燥成熟种子。呈扁平圆板状，直径 2~4cm，厚约 0.5cm。表面灰棕色至黑褐色，有网状花纹，在边缘较大的一个齿状突起上有浅黄色种脐。外种皮质硬而脆，内种皮灰绿色，绒毛样。子叶 2，黄白色，富油性。有特殊的油腻气，味苦。性凉，味苦、微甘，有毒。功能散结消肿，攻毒疗疮。用于疮疡肿毒，乳痈，瘰疬，痔瘘，干癣，秃疮。

砂仁 Amomi Fructus

本品为姜科植物阳春砂 *Amomum villosum* Lour.、绿壳砂 *A. villosum* Lour. var. *xanthioides* T. L. Wu. et Senjen 或海南砂 *A. longiligulare* T. L. Wu 的干燥成熟果实。阳春砂主产于广东阳春，故名"阳春砂仁"或"春砂仁"，质量最佳，为十大广药之一。绿壳砂主产于云南南部。海南砂主产于海南省。夏、秋二季果实成熟时采收，晒干或低温干燥。

【性状鉴别】**阳春砂、绿壳砂** 呈椭圆形或卵圆形，有不明显的三棱，长 1.5~2cm，直径 1~1.5cm。表面棕褐色，密生刺状突起，顶端有花被残基，基部常有果梗。果皮薄而软。种子集结成团，具三钝棱，中有白色隔膜，将种子团分成 3 瓣，每瓣有种子 5~26 粒。种子为不规则多面体，直径 2~3mm；表面棕红色或暗褐色，有细皱纹，外被淡棕色膜质假种皮。质硬，胚乳灰白色。气芳香而浓烈，味辛凉、微苦。（图 14-14）

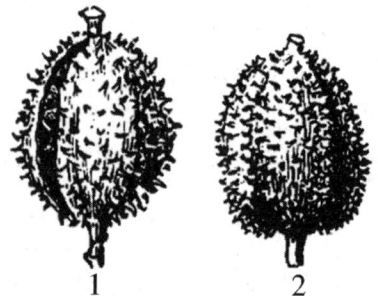

图 14-14 砂仁药材图
1. 阳春砂 2. 海南砂

海南砂 呈长椭圆形或卵圆形，有明显的三棱，长 1.5~2cm，直径 0.8~1.2cm。表面被片状、分枝的软刺，基部具果梗痕。果皮厚而硬。种子团较小，每瓣有种子 3~24 粒；种子直径 1.5~2mm。气味稍淡。

以个大、坚实、饱满、种仁红棕色、香气浓郁者为佳。

【显微鉴别】阳春砂种子横切面　①假种皮有时残存。②种皮表皮细胞为1列径向延长的厚壁细胞，外被角质层。③下皮细胞1列，含棕色物。④油细胞层细胞1列，含黄色油滴。⑤色素层为数列多角形棕色细胞，排列不规则。⑥内种皮为1列栅状厚壁细胞，黄棕色，内壁及侧壁极厚，内含硅质块。⑦外胚乳细胞含淀粉粒，并有少数细小草酸钙方晶。⑧内胚乳细胞含细小糊粉粒和脂肪油滴。（图14－15）

【成分】含挥发油，油中主要成分为醋酸龙脑酯、芳樟醇、橙花叔醇、龙脑、樟脑、柠檬烯等。含乙酸龙脑酯（$C_{12}H_{20}O_2$）不得少于0.90%。

【性味与功能】辛，温。化湿开胃，温脾止泻，理气安胎。

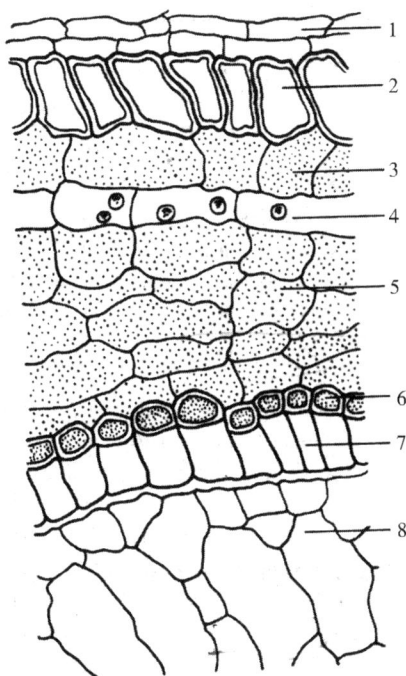

图14－15　砂仁（阳春砂种子）横切面图
1. 假种皮　2. 表皮细胞料　3. 下皮细胞层
4. 油细胞层　5. 色素层　6. 硅质层
7. 内种皮　8. 外胚乳

知识链接

1. 十大广药是指以下十种地道药材：巴戟天、广地龙、化橘红、高良姜、金钱白花蛇、砂仁、益智、广陈皮、沉香、广藿香。

2. "香砂养胃丸"是一常用的胃痛类中成药。有温中和胃的功效，用于不思饮食，胃脘满闷或泛吐酸水。其主要成分为木香、砂仁、白术、陈皮、茯苓、半夏（制）、香附（醋制）、枳实（炒）、豆蔻（去壳）、厚朴（姜制）、广藿香、甘草。方中白术补气健脾，燥湿利水为君药。砂仁、豆蔻、藿香化湿行气，和中止呕；陈皮、厚朴行气和中，燥湿除积；木香、香附理气解郁、和胃止痛，共为臣药。茯苓健脾利湿；枳实破气消积，散结除痞；半夏降逆止呕，消痞散结，共为佐药。甘草调和药性为使药。全方配伍，共奏健脾祛湿，行气和中之功。

表14－1　果实与种子类一般药材

药名	来源	性状	功能
白果	银杏科植物银杏 *Ginkgo biloba* L. 的干燥成熟种子	略呈椭圆形，一端稍尖，另端钝，表面黄白色或淡棕黄色，平滑，具2～3条棱线。中种皮（壳）骨质，坚硬。内种皮膜质，种仁宽卵球形或椭圆形，一端淡棕色，另一端金黄色，横断面外层黄色，胶质样，内层淡黄色或淡绿色，粉性，中间有空隙。气微，味甘、微苦	敛肺定喘，止带缩尿

续表

药名	来源	性状	功能
附: 银杏叶	银杏科植物银杏的干燥叶	多皱折或破碎,完整者呈扇形。黄绿色或浅棕黄色,上缘呈不规则的波状弯曲,有的中间凹入,深者可达叶长的4/5。具二叉状平行叶脉,细而密,光滑无毛,易纵向撕裂。叶基楔形,叶柄长2~8cm。体轻。气微,味微苦	活血化瘀,通络止痛,敛肺平喘,化浊降脂
桃仁	蔷薇科植物桃 Prunus persica(L.)Batsch 或山桃 P. davidiana(Carr.)Franch. 的干燥成熟种子	桃仁 呈扁长卵形,表面黄棕色至红棕色,密布颗粒状突起。一端尖,中部膨大,另端钝圆稍偏斜,边缘较薄。尖端一侧有短线形种脐,圆端有颜色略深不甚明显的合点,自合点处散出多数纵向维管束。种皮薄,子叶2,类白色,富油性。气微,味微苦 山桃仁 呈类卵圆形,较小而肥厚	活血祛瘀,润肠通便,止咳平喘
金樱子	蔷薇科植物金樱子 Rosa laevigata Michx. 的干燥成熟果实	为花托发育而成的假果,呈倒卵形,表面红黄色或红棕色,有突起的棕色小点,系毛刺脱落后的残基。顶端有盘状花萼残基,中央有黄色柱基,下部渐尖。质硬。切开后,花托壁厚1~2mm,内有多数坚硬的小瘦果,内壁及瘦果均有淡黄色绒毛。气微,味甘、微涩	固精缩尿,固崩止带,涩肠止泻
巴豆	大戟科植物巴豆 Croton tiglium L. 的干燥成熟果实	呈卵圆形,一般具三棱,表面灰黄色或稍深,粗糙,有纵线6条,顶端平截,基部有果梗痕。破开果壳,可见3室,每室含种子1粒。种子呈略扁的椭圆形,长1.2~1.5cm,直径7~9mm,表面棕色或灰棕色,一端有小点状的种脐和种阜的疤痕,另端有微凹的合点,其间有隆起的种脊;外种皮薄而脆,内种皮呈白色薄膜;种仁黄白色,油质。气微,味辛辣	有 大 毒,外用蚀疮
酸枣仁	鼠李科植物酸枣 Ziziphus jujuba Mill. var. spinosa(Bunge)Hu ex H. F. Chou 的干燥成熟种子	呈扁圆形或扁椭圆形,表面紫红色或紫褐色,平滑有光泽,有的有裂纹。有的两面均呈圆隆状突起;有的一面较平坦,中间或有1条隆起的纵线纹;另一面稍突起。一端凹陷,可见线形种脐;另端有细小突起的合点。种皮较脆,胚乳白色,子叶2枚,浅黄色,富油性。气微,味淡	养心补肝,宁心安神,敛汗,生津
女贞子	木犀科植物女贞 Ligustrum lucidum Ait. 的干燥成熟果实	呈卵形、椭圆形或肾形,表面黑紫色或灰黑色,皱缩不平,基部有果梗痕或具宿萼及短梗。体轻。外果皮薄,中果皮较松软,易剥离,内果皮木质,黄棕色,具纵棱,破开后种子通常为1粒,肾形,紫黑色,油性。气微,味甘、微苦涩	滋补肝肾,明目乌发
菟丝子	旋花科植物南方菟丝子 Cuscuta australis R. Br. 或菟丝子 C. chinensis Lam. 的干燥成熟种子	呈类球形,直径1~2mm。表面灰棕色至棕褐色,粗糙,种脐线形或扁圆形。质坚实,不易以指甲压碎。气微,味淡	补益肝肾,固精缩尿,安胎,明目,止泻;外用消风祛斑
瓜蒌	葫芦科植物栝楼 Trichosanthes kirilowii Maxim. 或双边栝楼 T. rosthornii Harms 的干燥成熟果实	呈类球形或宽椭圆形,表面橙红色或橙黄色,皱缩或较光滑,顶端有圆形的花柱残基,基部略尖,具残存的果梗。轻重不一。质脆,易破开,内表面黄白色,有红黄色丝络,果瓤橙黄色,黏稠,与多数种子黏结成团。具焦糖气,味微酸、甜	清热涤痰,宽胸散结,润燥滑肠
附: 瓜蒌子	葫芦科植物栝楼或双边栝楼的干燥成熟种子	栝楼 呈扁平椭圆形,长12~15mm,宽6~10mm,厚约3.5mm。表面浅棕色至棕褐色,平滑,沿边缘有1圈沟纹。顶端较尖,有种脐,基部钝圆或较狭。种皮坚硬;内种皮膜质,灰绿色,子叶2,黄白色,富油性。气微,味淡	润肺化痰,滑肠通便

续表

药名	来源	性状	功能
瓜蒌皮	葫芦科植物栝楼或双边栝楼的干燥成熟果皮	双边栝楼 较大而扁，长 15~19mm，宽 8~10mm，厚约 2.5mm。表面棕褐色，沟纹明显而环边较宽。顶端平截常切成 2 至数瓣，边缘向内卷曲，长 6~12cm。外表面橙红色或橙黄色，皱缩，有的有残存果梗；内表面黄白色。质较脆，易折断。具焦糖气，味淡、微酸	清热化痰，利气宽胸
枸杞子	茄科植物宁夏枸杞 *Lycium barbarum* L. 的干燥成熟果实	呈类纺锤形或椭圆形，表面红色或暗红色，顶端有小突起状的花柱痕，基部有白色的果梗痕。果皮柔韧，皱缩；果肉肉质，柔润。种子 20~50 粒。气微，味甜	滋补肝肾，益精明目
山茱萸	山茱萸科植物山茱萸 *Cornus officinalis* Sieb. et Zucc. 的干燥成熟果肉	呈不规则的片状或囊状，表面紫红色至紫黑色，皱缩，有光泽。顶端有的有圆形宿萼痕，基部有果梗痕。质柔软。气微，味酸、涩、微苦	补益肝肾，收涩固脱
吴茱萸	芸香科植物吴茱萸 *Euodia rutaecarpa*（Juss.）Benth.、石虎 *E. rutaecarpa*（Juss.）Benth. var. *officinalis*（Dode）Huang 或疏毛吴茱萸 *E. rutaecarpa*（Juss.）Benth. var. *bodinieri*（Dode）Huang 的干燥近成熟果实	呈球形或略呈五角状扁球形，表面暗黄绿色至褐色，粗糙，有多数点状突起或凹下的油点。顶端有五角星状的裂隙，基部残留被有黄色茸毛的果梗。质硬而脆，横切面可见子房 5 室，每室有淡黄色种子 1 粒。气芳香浓郁，味辛辣而苦	散寒止痛，降逆止呕，助阳止泻
栀子	茜草科植物栀子 *Gardenia jasminoides* Ellis 的干燥成熟果实	呈长卵圆形或椭圆形，表面红黄色或棕红色，具 6 条翅状纵棱，棱间常有 1 条明显的纵脉纹，并有分枝。顶端残存萼片，基部稍尖，有残留果梗。果皮薄而脆，略有光泽；内表面色较浅，有光泽，具 2~3 条隆起的假隔膜。种子多数，集结成团。气微，味微酸而苦	泻火除烦，清热利湿，凉血解毒；外用消肿止痛
豆蔻	姜科植物白豆蔻 *Amomum kravanh* Pierre ex Gagnep. 或爪哇白豆蔻 *A. compactum* Soland ex Maton 的干燥成熟果实。按产地不同分为"原豆蔻"和"印尼白蔻"	原豆蔻 呈类球形，直径 1.2~1.8cm。表面黄白色至淡黄棕色，有 3 条较深的纵向槽纹，顶端有突起的柱基。基部有凹下的果柄痕，两端均具浅棕色绒毛。果皮体轻，质脆，易纵向裂开，内分 3 室，每室含种子约 10 粒；种子呈不规则多面体，背面略隆起，直径 3~4mm，表面暗棕色，有皱纹，并被有残留的假种皮。气芳香，味辛凉略似樟脑 印尼白蔻 个略小。表面黄白色，有时微显紫棕色。果皮较薄，种子瘦瘪。气味较弱	化湿行气，温中止呕，开胃消食
马兜铃	马兜铃科植物北马兜铃 *Aristolochia contorta* Bge. 或马兜铃 *A. debili* Sieb. et Zucc. 的干燥成熟果实	呈卵圆形，表面黄绿色、灰绿色或棕褐色，有纵棱线 12 条，由棱线分出多数横向平行的细脉纹。顶端平钝，基部有细长果梗。果皮轻而脆，易裂为 6 瓣，果梗也分裂为 6 条。果皮内表面平滑而带光泽，有较密的横向脉纹。果实分 6 室，每室种子多数，平叠整齐排列。气特异，味微苦	清肺降气，止咳平喘，清肠消痔
王不留行	石竹科植物麦蓝菜 *Vaccaria segetalis*（Neck.）Garcke 的干燥成熟种子	呈球形，表面黑色，少数红棕色，略有光泽，有细密颗粒状突起，一侧有 1 凹陷的纵沟。质硬。胚乳白色，胚弯曲成环，子叶 2 枚。气微，味微涩、苦	活血通经，下乳消肿，利尿通淋

续表

药名	来源	性状	功能
芥子	为十字花科植物白芥 Sinapis alba L. 或芥 Brassica junc（L.）Czern. et Coss 的干燥成熟种子。前者习称"白芥子"，后者习称"黄芥子"	白芥子呈球形，直径1.5～2.5mm。表面灰白色至淡黄色，具细微的网纹，有明显的点状种脐。种皮薄而脆，破开后内有白色折叠的子叶，有油性。气微，味辛辣。黄芥子较小，直径1～2mm。表面黄色至棕黄色，少数呈暗红棕色。研碎后加水浸湿，则产生辛烈的特异臭气	温肺豁痰利气，散结通络止痛
乌梅	蔷薇科植物梅 Prunus mume（Sieb.）Sieb. et Zucc. 的干燥近成熟果实	呈类球形或扁球形，表面乌黑色或棕黑色，皱缩不平，基部有圆形果梗痕。果核坚硬，椭圆形，棕黄色，表面有凹点；种子扁卵形，淡黄色。气微，味极酸	敛肺，涩肠，生津，安蛔
蛇床子	伞形科植物蛇床 Cnidium monnieri（L.）Cuss. 的干燥成熟果实	为双悬果，呈椭圆形，表面灰黄色或灰褐色，顶端有2枚向外弯曲的柱基，基部偶有细梗。分果的背面有薄而突起的纵棱5条，接合面平坦，有2条棕色略突起的纵棱线。果皮松脆，揉搓易脱落。种子细小，灰棕色，显油性。气香，味辛凉，有麻舌感	燥湿祛风，杀虫止痒，温肾壮阳
蔓荆子	马鞭草科植物单叶蔓荆 Vitex trifolia L. var. simplicifolia Cham. 或蔓荆 V. trifolia L. 的干燥成熟果实	呈球形，表面灰黑色或黑褐色，被灰白色粉霜状茸毛，有纵向浅沟4条，顶端微凹，基部有灰白色宿萼及短果梗。萼长为果实的1/3～2/3，5齿裂，其中2裂较深，密被茸毛。体轻，质坚韧，不易破碎，横切面可见4室，每室有种子1枚。气特异而芳香，味淡、微辛	疏散风热，清利头目
槟榔	棕榈科植物 Areca catechu L. 的干燥成熟种子	呈扁球形或圆锥形，表面淡黄棕色或淡红棕色，具稍凹下的网状沟纹，底部中心有圆形凹陷的珠孔，其旁有1明显疤痕状种脐。质坚硬，不易破碎，断面可见棕色种皮与白色胚乳相间的大理石样花纹。气微，味涩、微苦	杀虫，消积，行气，利水，截疟
附：大腹皮	棕榈科植物槟 Areca catechu L. 的干燥果皮。冬季至次春采收未成熟的果实，煮后干燥，纵剖两瓣，剥取果皮，习称"大腹皮"；春末至秋初采收成熟果实，煮后干燥，剥取果皮，打松，晒干，习称"大腹毛"	大腹皮 略呈椭圆形或长卵形瓢状，外果皮深棕色至近黑色，具不规则的纵皱纹及隆起的横纹，顶端有花柱残痕，基部有果梗及残存萼片。内果皮凹陷，褐色或深棕色，光滑且硬壳状。体轻，质硬，纵向撕裂后可见中果皮纤维。气微，味微涩。大腹毛 略呈椭圆形或瓢状。外果皮多已脱落或残存。中果皮棕毛状，黄白色或淡棕色，疏松质柔。内果皮硬壳状，黄棕色或棕色，内表面光滑，有时纵向破裂。气微，味淡	行气宽中，行水消肿
益智	姜科植物益智 Alpinia oxyphylla Miq. 的干燥成熟果实	呈椭圆形，两端略尖，表面棕色或灰棕色，有纵向凹凸不平的突起棱线13～20条，顶端有花被残基，基部常残存果梗。果皮薄而稍韧，与种子紧贴，种子集结成团，中有隔膜将种子团分为3瓣，每瓣有种子6～11粒。种子呈不规则的扁圆形，略有钝棱，表面灰褐色或灰黄色，外被淡棕色膜质的假种皮；质硬，胚乳白色。有特异香气，味辛、微苦	暖肾固精缩尿，温脾止泻摄唾

职业对接 ·········

学习本门课程主要从事以下工作：药店方面——药店导购员、中药调剂员、药店营业人员、中药材采购员；医药公司方面——中药材销售员、中药材采购员；医院方面——中药调剂员、中药材采购员，以上岗位要掌握常用果实种子类中药的性状鉴别特征、功效以及特殊入药方法等，以便以后在岗位工作中能对中药材进行辨认，判断中药材的真伪优劣，向顾客介绍药材功效及入药方法。

目标检测

一、单项选择题

1. 以下哪个药材表面有白霜出现
   A. 槟榔　　B. 吴茱萸　　C. 五味子　　D. 菟丝子　　E. 补骨脂

2. 下列除哪一项外均为五味子药材的性状特征
   A. 呈不规则的圆球形或扁球形　　　B. 外皮紫红色或暗红色，皱缩显油性
   C. 果肉柔软，内含肾形种子1～2粒　　D. 种皮硬而脆，较易碎，种仁呈钩状
   E. 果肉味酸，嚼之有麻辣感

3. 以下哪个地方的木瓜质量最好是
   A. 河北　　B. 福建　　C. 广东　　D. 江苏　　E. 安徽

4. 多为圆形横切片，皱缩不平，外皮红色，具皱纹和灰白色小点，中部横切片具
   3～5粒浅黄色果核，气微清香，味酸微甜，此药材是
   A. 山楂　　B. 苦杏仁　　C. 砂仁　　D. 枳壳　　E. 木瓜

5. 呈扁心形，基部钝圆，左右不对称，味苦的药材是
   A. 桃仁　　B. 山楂　　C. 苦杏仁　　D. 五味子　　E. 连翘

6. 略呈菱方形或短圆柱形，种皮薄，中间有"S"形折曲的黄色子叶2片重叠。
   气微，味微苦的药材是
   A. 砂仁　　B. 决明子　　C. 马钱子　　D. 桃仁　　E. 木瓜

7. 呈卵圆形，具三棱，表面类黄色，内有三室，每室一粒种子，呈椭圆形，一端
   有种阜，有此特征的药材是
   A. 栀子　　B. 巴豆　　C. 砂仁　　D. 豆蔻　　E. 益智仁

8. 薄壁细胞中含有橙皮苷结晶的药材是
   A. 决明子　　B. 砂仁　　C. 陈皮　　D. 山楂　　E. 枳壳

9. 陈皮质量最好的产区是
   A. 江西　　B. 福建　　C. 广西　　D. 湖南　　E. 广东

10. 粉末镜检可察见镶嵌层细胞的药材是
    A. 山楂　　B. 小茴香　　C. 砂仁　　D. 木瓜　　E. 豆蔻

11. 小茴香不具有的特征是
    A. 双悬果，呈圆柱形　　B. 分果背面侧棱延展成翅　　C. 分果背面有五条纵棱
    D. 中果皮有六个油管　　E. 有特异香气，味微甜、辛

12. 中果皮内有6个油管的药材是
    A. 栀子　　B. 小茴香　　C. 砂仁　　D. 豆蔻　　E. 连翘

13. 双悬果的药材是
    A. 豆蔻　　B. 连翘　　C. 小茴香　　D. 山楂　　E. 砂仁

14. 连翘采收熟透的果实称为
    A. 青翘　　B. 熟翘　　C. 老翘　　D. 绿翘　　E. 黄翘

15. 果实呈长卵形至卵形，稍扁。长1.5～2.5cm，顶端锐尖，表面有多数突起的

小斑点，两面各有一条明显的纵沟，种子多数，细长，一侧有翅。此药材是

　　A. 豆蔻　　B. 栀子　　C. 枳壳　　D. 山楂　　E. 连翘

16. 下列药材有大毒的是

　　A. 吴茱萸　　B. 苦杏仁　　C. 栀子　　D. 砂仁　　E. 马钱子

17. 种子扁圆纽扣状，表面密被灰棕或灰绿色绢状茸毛药材是

　　A. 栀子　　B. 连翘　　C. 山楂　　D. 马钱子　　E. 木瓜

18. 果实呈椭圆形或卵圆形，有不明显的三棱，外表棕褐色，密生刺状突起，内有种子团，此药是

　　A. 栀子　　B. 豆蔻　　C. 槟榔　　D. 砂仁　　E. 巴豆

19. 内种皮为1列栅状黄棕色厚壁细胞，内壁及侧壁特厚，内含硅质块，此药材是

　　A. 五味子　　B. 砂仁　　C. 苦杏仁　　D. 山楂　　E. 小茴香

20. 呈扁球形或五角状扁球形，顶端有五角星状裂隙的药材是

　　A. 巴豆　　B. 豆蔻　　C. 吴茱萸　　D. 牵牛子　　E. 沙苑子

21. 表面深红色或红黄色，具有6条翅状纵棱，顶端残留萼片，内有多数深红色种子。此药材是

　　A. 枸杞子　　B. 栀子　　C. 砂仁　　D. 连翘　　E. 豆蔻

22. 呈纺锤形或椭圆形，长1～2cm，表面鲜红色或暗红色，质柔软而滋润。内藏种子多数，黄色，扁平似肾脏形。此药材是

　　A. 巴豆　　B. 木瓜　　C. 砂仁　　D. 枸杞子　　E. 金樱子

23. 下列药材除哪个外均为种子

　　A. 白芥子　　B. 马钱子　　C. 决明子　　D. 菟丝子　　E. 女贞子

24. 下列药材除哪个外均为果实

　　A. 五味子　　B. 决明子　　C. 蔓荆子　　D. 金樱子　　E. 栀子

二、简答题

1. 简述小茴香的分果横切面显微特征。
2. 简述连翘的性状特征。
3. 说出苦杏仁与桃仁的性状特征的区别。

第十五章
全草类药材

学习目标

　　1. 掌握全草类药材的来源、性状鉴别特征，重点药材的显微、理化鉴别特征。
　　2. 熟悉全草类药材的化学成分、性味与功能。
　　3. 了解全草类药材的主产地和特殊采收加工方法。

第一节　全草类药材的概述

　　以草本植物新鲜或干燥的全体或一部分为药用部位的药材称为全草类药材。大多是草本植物的地上部分（如广藿香、益母草），有的带有根及根茎的全株（如车前草、紫花地丁），有的是植物的肉质茎（如锁阳、肉苁蓉），或是植物的草质茎（如麻黄）。

一、性状鉴别

　　先描述药材整体形态，然后根据其所包括的器官，如根、根茎、茎、叶、花、果实、种子等分别描述，特别要注意形状、大小、颜色、表面、叶序、花序、横断面、气味等方面的特征（具体可参照前面各章的论述）。

二、显微鉴别

　　草本植物茎的横断面，自外向内分别是表皮，皮层、中柱鞘、维管束和髓，木质部不发达，髓通常疏松，有的形成空洞（如薄荷）。

第二节　全草类药材的鉴定

麻黄 Ephedrae Herba

本品为麻黄科植物草麻黄 *Ephedra sinica* Stapf、中麻黄 *E. intermedia* Schrenk et

C. A. Mey. 或木贼麻黄 *E. equisetina* Bge. 的干燥草质茎。草麻黄主产于河北、山西、新疆、内蒙古等省区。中麻黄主产于甘肃、青海、内蒙古、新疆等省区。木贼麻黄主产于河北、山西、甘肃、陕西等省区。秋季采挖，除去残茎、须根和泥沙，干燥。

【性状鉴别】

1. 草麻黄 茎细长圆柱形，少分枝，直径 1 ~ 2mm。表面淡绿色至黄绿色，有细纵棱线，触之微有粗糙感。节明显，节间长 2 ~ 6cm。节上有膜质鳞叶；裂片 2（稀 3），裂片锐三角形，先端反曲，灰白色。体轻，质脆，易折断，断面略呈纤维性，周边绿黄色，髓部红棕色，近圆形。气微香，味微苦涩。（图 15 – 1A）

2. 中麻黄 多分枝，直径 1.5 ~ 3mm，有粗糙感。节上膜质鳞叶裂片 3（稀 2），先端锐尖，微反曲。断面髓部呈三角状圆形。（图 15 – 1B）

3. 木贼麻黄 较多分枝，直径 1 ~ 1.5mm，无粗糙感。节间长 1.5 ~ 3cm。膜质鳞叶裂片 2（稀 3），上部为短三角形，灰白色，先端多不反曲，基部棕红色至棕黑色。（图 15 – 1C）

均以干燥、茎粗、淡绿色、内心充实、味苦涩者为佳。

【显微鉴别】

1. 茎横切面

（1）草麻黄 ①表皮细胞外壁增厚，被较厚角质层，两棱线间有下陷气孔。②棱线处有下皮纤维束。③皮层较宽，皮层纤维束少。④中柱鞘纤维束新月形。⑤外韧维管束 8 ~ 10 个，形成层环类圆形。木质部连接成环。⑥髓部薄壁细胞含棕色块，环髓纤维偶见。⑦表皮细胞外壁、皮层薄壁细胞及纤维壁均有多数细小草酸钙方晶或砂晶。（图 15 – 2）

（2）中麻黄 维管束 12 ~ 15 个，形成层环类三角形，环髓纤维成束或单个散在。

（3）木贼麻黄 维管束 8 ~ 10 个，形成层环类圆形，无环髓纤维。

2. 草麻黄粉末 绿色或淡棕色①表皮细胞呈类长方形，外壁布满微小草酸钙砂晶，角质层极厚。②气孔特异，内陷，保卫细胞侧面观呈哑铃形或电话听筒形。③

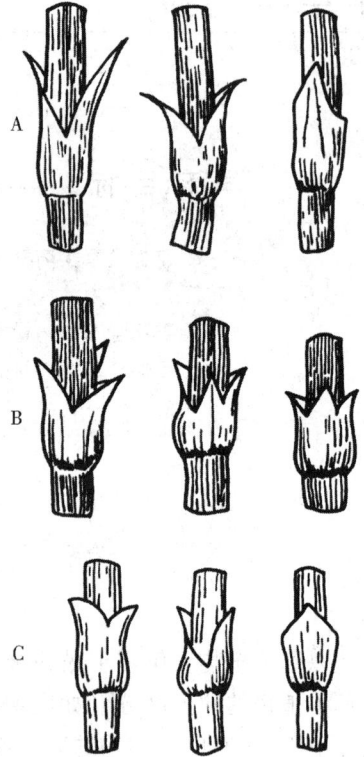

图 15 – 1　麻黄外形
A. 草麻黄　B. 中麻黄　C. 木贼麻黄

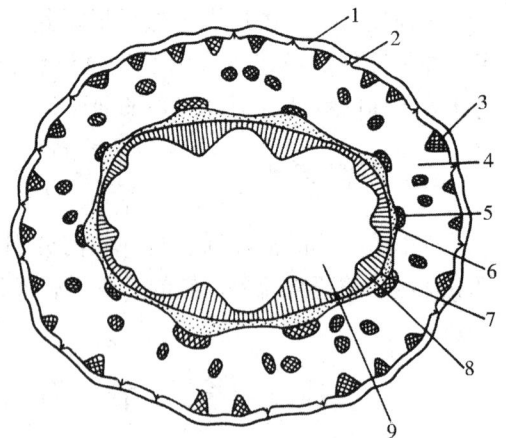

图 15 – 2　草麻黄横切面显微
1. 表皮　2. 气孔　3. 下皮纤维　4. 皮层
5. 中柱鞘纤维　6. 韧皮部　7. 形成层
8. 木质部　9. 髓部

皮层纤维狭长，壁厚，壁上附有众多细小的砂晶和方晶。形成嵌晶纤维。④螺纹、具缘纹孔导管，导管分子端壁斜面相接，接触面具多数穿孔，称麻黄式穿孔板。⑤棕色块不规则形。（图15－3）

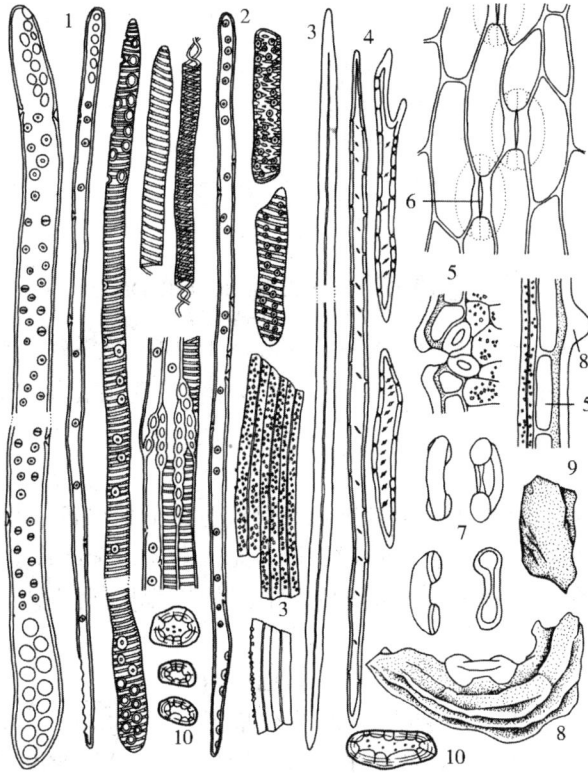

图15－3　草麻黄茎粉末图

1. 导管　2. 管胞　3. 皮部纤维（嵌晶纤维）　4. 木纤维　5. 表皮
6. 气孔　7. 气孔保卫细胞　8. 角质层　9. 棕色块　10. 石细胞

【成分】三种麻黄均含生物碱，主要是 L－麻黄碱，其次为 D－伪麻黄碱。含盐酸麻黄碱（$C_{10}H_{15}NO \cdot HCl$）和盐酸伪麻黄碱（$C_{10}H_{15}NO \cdot HCl$）的总量不得少于 0.80%。

【理化鉴别】药材纵剖面置紫外光灯下观察，边缘显亮白色荧光，中心显亮棕色荧光。

【性味与功能】辛、微苦，温。发汗散寒，宣肺平喘，利水消肿。

【附注】麻黄根为麻黄科植物草麻黄或中麻黄的干燥根及根茎。根呈圆柱形，略弯曲。表面红棕色或灰棕色，有纵皱纹及支根痕。外皮粗糙，易成片状剥落。体轻，质硬而脆，断面皮部黄白色，木部浅黄色或黄色，有放射状纹理中心有髓。气微，味微苦。性平，味甘、涩，能固表止汗，用于体虚、盗汗。

麻黄、根均可入药，但作用截然不同。麻黄的茎是发汗解表药，是外感第一要药，可发汗利水。麻黄的根则为收涩固表止汗药，用于自汗、盗汗，为临床止汗专品。据研究，麻黄茎的主要成分是麻黄碱，麻黄根所含的化学成分为麻黄根素，麻黄根碱A、B、C、D及阿魏酰组胺等。所以，麻黄茎、麻黄根虽出同株，但因药用部位不同，所含化学成分不同，因而性味、功效、临床运用各异。

鱼腥草 Houttuyniae Herba

本品为三白草科植物蕺菜 *Houttuynia cordata* Thunb. 的新鲜全草或干燥地上部分。主产长江以南各省。鲜品全年均可采割。干品夏季茎叶茂盛花穗多时采割，除去杂质，晒干。

【性状鉴别】

1. 鲜鱼腥草 茎呈圆柱形，上部绿色或紫红色，下部白色，节明显，下部节上生有须根，无毛或被疏毛。叶互生，叶片心形，先端渐尖，全缘；上表面绿色，密生腺点，下表面常紫红色；叶柄细长，基部与托叶合生成鞘状。穗状花序顶生。具鱼腥气，味涩。

2. 干鱼腥草 茎呈扁圆柱形，扭曲。表面棕黄色，具纵棱数条，节明显，下部的节处有须根残存。质脆，易折断。叶互生，叶片皱缩，展平后呈心形，上表面暗黄绿色至暗棕色，下表面灰绿色或灰棕色。叶柄基部与托叶合生成鞘状。穗状花序顶生，黄棕色。搓碎有鱼腥气，味微涩。（图15-4）

以叶多、色绿、有花穗、鱼腥气浓者为佳。

【成分】主要含挥发油，主要成分为癸酰乙醛，月桂醛，α-蒎烯和芳樟醇。

【性味与功能】辛，微寒。清热解毒，消痈排脓，利尿通淋。

图15-4 鱼腥草药材图

金钱草 Lysimachiae Herba

本品为报春花科植物过路黄 *Lysimachia christinae* Hance 的干燥全草。主产于四川。夏、秋二季采收，除去杂质，晒干。

【性状鉴别】常缠结成团，无毛或被疏毛。茎扭曲，表面棕色或暗棕红色，具纵纹，下部茎节上有时具须根，断面实心。叶对生，多皱缩，展平后呈宽卵形或心形，长1~4cm，宽1~5cm，基部微凹，全缘；上表面灰绿色或棕褐色，下表面色较浅，主脉明显突起。叶片用水浸后，对光透视可见黑色或褐色

条纹；叶柄长 1~4cm。有的带花，花黄色，单生于叶腋。蒴果球形。气微，味淡。（图 15-5）

以灰绿色、叶完整、气清香者为佳。

【成分】全草含酚性成分、甾醇，黄酮类、氨基酸、鞣质、挥发油、胆碱等。【性味与功能】甘、咸，微寒。利湿退黄，利尿通淋，解毒消肿

【附注】广金钱草（Desmodii Styracifolii Herba）为豆科植物广金钱草的干燥地上部分。茎呈圆柱形，密被黄色伸展的短柔毛。叶互生，小叶 1 或 3，圆形或长圆形，直径 2~4cm；先端微凹，基部心形，全缘；上表面黄绿色或灰绿色，无毛，下表面具灰白色紧贴的绒毛，侧脉羽状。气微香，味微甘。性凉，味甘、淡。利湿退黄，利尿通淋。用于黄疸尿赤，热淋，石淋，小便涩痛，水肿尿少。

图 15-5 过路黄

知识链接

混淆品 聚花过路黄为报春花科植物聚花过路黄的干燥全草。四川民间称"风寒草"，不可作金钱草用。主要的区别点为：聚花过路黄花多集生于枝端，成密集状。茎与叶均被白毛，叶主脉、侧脉均明显。

广藿香 Pogostemonis Herba

本品为唇形科植物广藿香 *Pogostemon cablin*（Blanco）Benth. 的干燥地上部分。主产于广东、海南。产于广东石牌的质量佳，为"十大广药"之一。夏、秋二季枝叶茂盛时采割，日晒夜闷，反复至干。

【性状鉴别】嫩茎略呈方柱形，枝条稍曲折，直径 0.2~0.7cm，表面被柔毛；质脆，易折断，断面中央有髓；老茎类圆柱形，直径 1~1.2cm，被灰褐色栓皮，质坚实，不易折断。叶对生，皱缩，展平后叶片呈卵形或椭圆形；两面均被灰白色茸毛；边缘具大小不规则的钝齿。气香特异，味微苦。（图 15-6）

以茎叶粗壮、不带须根、香气浓郁为佳。

【显微鉴别】**粉末** 淡棕色。①表皮上可见腺毛、非腺毛及直轴式气孔；非腺毛壁具刺状突起，少数胞腔含黄棕色物；腺鳞头部 8 个细胞，柄单细胞，极短；小腺毛头部 2 个细胞，柄甚短。②叶肉组织中有间隙腺毛，头部单细胞，呈不规则囊状，柄单细胞，较短。③草酸钙针晶细小，散在于叶肉细胞中。（图 15-7）

【成分】主要含挥发油。油中主要成分为广藿香醇，并含广藿香酮、百秋李醇、桂皮醛、丁香油酚以及多种黄酮类化合物。含百秋李醇（$C_{15}H_{26}O$）不得少于 0.10%。

【性味与功能】辛，微温。芳香化浊，和中止呕，发表解暑。

【附注】藿香（Agastaches Herba） 为唇形科植物藿香的干燥地上部分。茎呈方柱

形，多分枝；表面黄绿色；质脆，易折断，断面白色，中空。叶对生，叶片较薄，多皱缩破碎，完整者呈卵形或长卵形，边缘有钝锯齿，上表面深绿色，下表浅绿色，两面微具毛茸，叶柄长。穗状轮伞花序顶生。气香而特异，味淡，微凉。性味功能与广藿香相同。

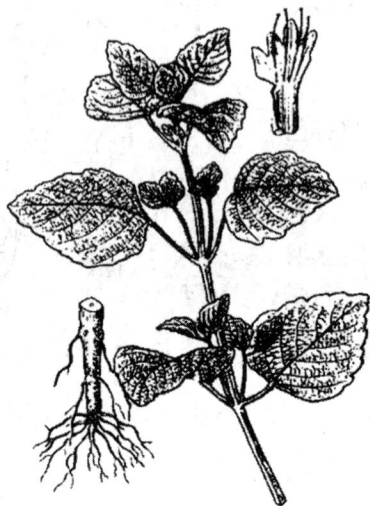

图 15 – 6　广藿香植物

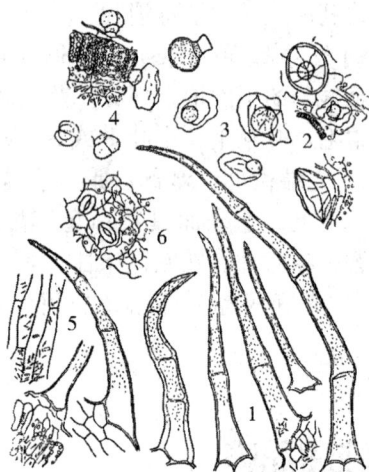

图 15 – 7　广藿香粉末图
1. 非腺毛　2. 腺鳞　3. 间隙腺毛
4. 腺毛　5. 草酸钙针晶　6. 叶片碎片

荆芥 Schizonepetae Herba

本品为唇形科植物荆芥 *Schizonepeta tenuifolia* Briq. 的干燥地上部分。主产于江苏、浙江、河北、江西等省区。夏、秋二季花开到顶、穗绿时采割，除去杂质，晒干。也有先单独摘取花穗晒干，称"荆芥穗"；再割取茎枝晒干，称"荆芥梗"。

【性状鉴别】茎方柱形，上部有分枝，长 50 ~ 80cm，直径 0.2 ~ 0.4cm，表面淡黄绿色或淡紫红色，被白色短柔毛；体轻，质脆，断面类白色。叶对生，多已脱落，叶片 3 ~ 5 羽状分裂，裂片细长。穗状轮伞花序顶生。花冠多脱落，宿萼钟状，先端 5 齿裂，淡棕色或黄绿色，被短柔毛。小坚果棕黑色。气芳香，味微涩而辛凉。

以色淡黄绿、穗密而长、香气浓者为佳。

【成分】全草含挥发油，油中主要成分为右旋薄荷酮、消旋薄荷酮、左旋胡薄荷酮及少量右旋柠檬烯等。含挥发油不得少于 0.30%（ml/g），胡薄荷酮（$C_{10}H_{16}O$）不得少于 0.020%。

【性味与功能】辛，微温。解表散风，透疹，消疮。

【附注】荆芥穗（Spica Schizonepetae）为唇形科植物荆芥 *Schizonepeta tenuifolia* Briq. 的干燥花穗。穗状轮伞花序呈圆柱形。花冠多脱落，宿萼黄绿色，钟形，质脆易碎，内有棕黑色小坚果。气芳香，味微涩而辛凉。以色灰绿、花密、香气浓者为佳。功能同荆芥。荆芥穗的发汗作用较荆芥强。临床上荆芥炭和荆芥穗都可以用于收敛止血，主治便血、崩漏、产后血晕。

益母草 Leonuri Herba

本品为唇形科植物益母草 *Leonurus japonicus* Houtt. 的新鲜或干燥地上部分。全国各地均有分布。鲜品春季幼苗期至初夏花前期采割；干品夏季茎叶茂盛、花未开或初开时割取地上部分，晒干。

【性状鉴别】

1. 鲜益母草　幼苗期无茎，基生叶圆心形，5~9浅裂，每裂片有2~3钝齿。花前期茎呈方柱形，上部多分枝，四面凹下成纵沟，表面青绿色；断面中部有髓。叶交互对生，有柄；叶片青绿色，下部茎生叶掌状3裂，上部叶羽状深裂或浅裂成3片，裂片全缘或具少数锯齿。气微，味微苦。（图15-8）

2. 干益母草　茎方柱形，四面凹下成纵沟；表面灰绿色或黄绿色，密被茸毛，体轻，质韧，断面中部有白色髓。叶片灰绿色，多皱缩、破碎、易脱落。轮伞花序腋生，小花淡紫色，花萼筒状，花冠二唇形。气微，味微苦。

以质嫩、叶多、色灰绿者为佳。

【成分】主要含益母草碱、水苏碱、芸香碱、芦丁、延胡索酸、亚麻酸、苯甲酸等。

【性味与功能】苦、辛，微寒。活血调经，利尿消肿，清热解毒。

【附注】茺蔚子（Leonuri Fructus）为唇形科植物益母草的干燥成熟果实。呈三棱形，长2~3mm，宽约1.5mm。表面灰棕色至灰褐色，有深色斑点，

图15-8　益母草药材

一端稍宽，平截状，另一端渐窄而钝尖。果皮薄，子叶类白色，富油性。气微，味苦。辛、苦，微寒。活血调经，清肝明目。用于月经不调，经闭痛经，目赤翳障，头晕胀痛。

知识链接

相传在夏商时，一贫妇李氏，在生孩子时留下瘀血腹痛之症，她的儿子名茺蔚，长成大人了，她的病却始终没有治好。儿子为了治好母亲的病四处求医找药，途中借宿一古庙，庙祝被他的孝心感动，赠诗四句："草茎方方似麻黄，花生节间节生花，三棱黑子叶似艾，能医母疾效可夸"。茺蔚按庙祝指引，找到了诗中所说的植物，母亲服后很快痊愈，于是人们将此植物取名益母草，将其种子叫茺蔚子。

薄荷 Menthae Haplocalycis Herba

本品为唇形科植物薄荷 *Mentha haplocalyx* Briq. 的干燥地上部分。主产于江苏、安徽、浙江、河南、江西、湖南等省区。夏、秋二季茎叶茂盛或花开至三轮时，选晴天，

分次采割，晒干或阴干。

【性状鉴别】茎呈方柱形，有对生分枝，长 15 ~ 40cm，直径 2 ~ 4mm；表面紫棕色或淡绿色，棱角处具茸毛；节间长 2 ~ 5cm；质脆，断面白色，髓部中空。叶对生，有短柄；叶片皱缩卷曲，展平后呈宽披针形、长椭圆形或卵形，长 2 ~ 7cm，宽 1 ~ 3cm；上表面深绿色，下表面灰绿色，稀被茸毛，有凹点状腺鳞。轮伞花序腋生，花萼钟状，先端 5 齿裂，花冠淡紫色。揉搓后有特殊清凉香气，味辛、凉。（图 15 – 9）

以叶多，色深绿，香气浓郁者为佳。

【显微鉴别】

1. 茎的横切面 ①呈四方形，表皮为 1 列长方形细胞，外被角质层，有腺鳞，腺毛和非腺毛。②皮层薄壁细胞数列，排列疏松，四棱角处有厚角细胞。内皮层明显。③维管束在四角处较发达。韧皮部狭；形成层成环。木质部在四棱处发达。④髓部宽广，中心常呈空洞。⑤薄壁细胞中含有针簇状橙皮苷结晶。（图 15 – 10）

图 15 – 9 薄荷药材

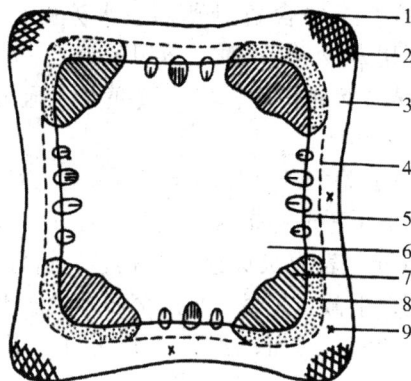

图 15 – 10 薄荷茎横切面简图
1. 表皮 2. 厚角细胞 3. 皮层
4. 内皮层 5. 形成层 6. 髓部
7. 木质部 8. 韧皮部 9. 橙皮苷结晶

2. 粉末 淡黄绿色。①腺鳞头部顶面观呈圆形，侧面观扁球形，由 8 个细胞组成；内含淡黄色分泌物，柄单细胞，极短。②非腺毛 1 ~ 8 细胞，稍弯曲，壁厚，外壁有疣状突起。③小腺毛为单细胞头、单细胞柄。④叶片下表皮细胞垂周壁波状弯曲，有众多直轴式气孔。⑤叶肉及表皮薄壁细胞内有淡黄色针簇状或呈扇形橙皮苷结晶。（图 15 – 11）

【成分】含挥发油，称薄荷油。油中主要成分为 L – 薄荷醇（薄荷脑），其次为 L – 薄荷酮、异薄荷酮、胡薄荷酮及薄荷酯类。含挥发油不得少于 0.80%（ml/g）。

【理化鉴别】粉末经微量升华，所得油状物略放置，镜检，渐见有针簇状薄荷醇结晶析出；加浓硫酸 2 滴及香草醛结晶少许，初显橙黄色，再加水 1 滴，变紫红色。

【性味与功能】辛，凉。疏散风热，清利头目，利咽，透疹，疏肝行气。

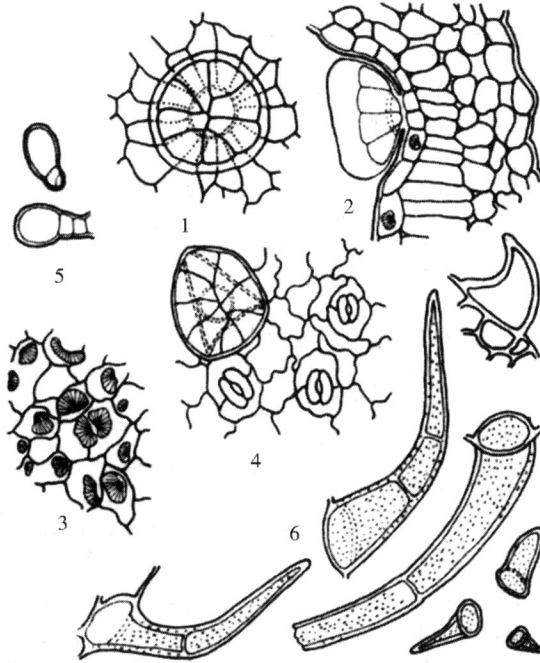

图 15 - 11　薄荷（叶）粉末

1. 腺鳞顶面观　2. 腺鳞侧面观　3. 橙皮苷结晶
4. 气孔　5. 小腺毛　6. 非腺毛

表 15 - 1　全草类一般药材

药名	来源	性状	功能
穿心莲	爵床科植物穿心莲 *Andrographis paniculata* (Burm. f.) Nees 的干燥地上部分	茎呈方柱形，多分枝，节稍膨大；质脆，易折断。单叶对生，叶柄短或近无柄；叶片皱缩、易碎，完整者展开后呈披针形或卵状披针形，先端渐尖，基部楔形下延，全缘或波状；上表面绿色，下表面灰绿色，两面光滑。气微，味极苦	清热解毒，凉血，消肿
青蒿	菊科植物黄花蒿 *Artemisia annua* L. 的干燥地上部分	茎呈圆柱形，上部多分枝，表面黄绿色或棕黄色，具纵棱线；质略硬，易折断，断面中部有髓。叶互生，暗绿色或棕绿色，卷缩易碎，完整者展平后为三回羽状深裂，裂片和小裂片矩圆形或长椭圆形，两面被短毛。气香特异，味微苦	清虚热，除骨蒸，解暑热，截疟，退黄
绞股蓝	葫芦科植物绞股蓝 *Gynostemma pentaphyllum* (Thunb.) Makino 的根茎或全草	全草干燥皱缩。茎纤细灰棕色或暗棕色，表面具纵沟纹，被稀疏绒毛。叶鸟足状，5～7 枚，少数 9 枚，小叶膜质，侧生小叶卵状长圆形或长圆状披针形，中央小叶较大，先端渐尖，基部楔形，两面被粗毛，叶缘有锯齿，齿尖具芒。果实圆球形。有草香气，味苦	补气生津止咳化痰，清热解毒
茵陈	菊科植物滨蒿 *Artemisia scoparia* Waldst. et Kit. 或茵陈蒿 *A. capillaris* Thunb. 的干燥地上部分。春季采收习称"绵茵陈"，秋季采割的习称"花茵陈"	绵茵陈　多卷曲成团块，灰白色或灰绿色，全体密被白色茸毛，绵软如绒。茎细小，除去表面白色茸毛后可见明显纵纹；质脆，易折断。叶具柄，展平后叶片呈一至三回羽状分裂，叶片长 1～3cm，宽约 1cm；小裂片卵形或稍呈倒披针形、条形，先端尖锐。气清香，味微苦 花茵陈茎呈圆柱形，多分枝，表面淡紫色或紫色，有纵条纹，被短柔毛；体轻，质脆，断面类白色。叶密集，或多脱落；两面密被白色柔毛；头状花序卵形，多数集成圆锥状，瘦果长圆形，黄棕色。气芳香，味微苦	清热利湿，利胆退黄

续表

药名	来源	性状	功能
石斛	兰科植物金钗石斛 *Dendrobium nobile* Lindl.、鼓槌石斛 *D. chrysotoxum* Lindl. 或流苏石斛 *D. fimbriatum* Hook. 的栽培品及其同属植物近似种的新鲜或干燥茎	鲜石斛　圆柱形或扁圆柱形，表面黄绿色，光滑或有纵纹，节明显，色较深，节上有膜质叶鞘。肉质多汁，易折断。气微，味微苦而回甜，嚼之有黏性 金钗石斛　扁圆柱形，表面金黄色或黄中带绿色，有深纵沟。质硬而脆，断面较平坦而疏松。气微，味苦 鼓槌石斛　呈粗纺锤形，表面光滑，金黄色，有明显凸起的棱。质轻而松脆，断面海绵状。气微，味淡，嚼之有黏性 流苏石斛等　呈长圆柱形，节明显，表面黄色至暗黄色，有深纵槽。质疏松，断面平坦或呈纤维性。味淡或微苦，嚼之有黏性	益胃生津，滋阴清热
伸筋草	石松科植物石松 *Lycopodium japonicum* Thunb. 的干燥全草	匍匐茎呈细圆柱形，略弯曲，其下有黄白色细根；直立茎作二叉状分枝。叶密生茎上，螺旋状排列，皱缩弯曲，线形或针形，长3~5mm，黄绿色至淡黄棕色，无毛，先端芒状，全缘，易碎断。质柔软，断面皮部浅黄色，木部类白色。气微，味淡	祛风除湿，舒筋活络
淫羊藿	小檗科植物淫羊藿 *Epimedium brevicornu* Maxim.、箭叶淫羊藿 *E. sagittatum*（Sieb. et Zucc.）Maxim.、柔毛淫羊藿 *E. pubescens* Maxim. 或朝鲜淫羊藿 *E. koreanum* Nakai 的干燥叶（注：归叶类药材）	淫羊藿　三出复叶，小叶片卵圆形，长3~8cm，宽2~6cm，先端微尖，顶生小叶基部心形，两侧小叶较小，偏心形，外侧较大，呈耳状，边缘具黄色刺毛状细锯齿；上表面黄绿色，下表面灰绿色，主脉7~9条，基部有稀疏细长毛，细脉两面突起，网脉明显；小叶柄长1~5cm。叶片近革质。气微，味微苦 箭叶淫羊藿　三出复叶，小叶片长卵形至卵状披针形，长4~12cm，宽2.5~5cm，先端渐尖，两侧小叶基部明显偏斜，外侧呈箭形。下表面疏被粗短伏毛或近无毛。叶片革质 柔毛淫羊藿　叶下表面及叶柄密被绒毛状柔毛。 朝鲜淫羊藿　小叶较大，长4~10cm，宽3.5~7cm，先端长尖。叶片较薄	补肾阳，强筋骨，祛风湿
仙鹤草	蔷薇科植物龙芽草 *Agrimonia pilosa* Ledeb. 的干燥地上部分	全体被白色柔毛，茎下部圆柱形，红棕色，上部方柱形，四面略凹陷，绿褐色，有纵沟和棱线，有节；体轻，质硬，易折断，断面中空。奇数羽状复叶互生，暗绿色；叶片有大小2种，相间生于叶轴上，顶端小叶较大，展平后呈卵形或长椭圆形，边缘有锯齿。总状花序细长，先端5裂，花瓣黄色。气微，味微苦	收敛止血，截疟，止痢，解毒，补虚
附：鹤草芽	蔷薇科植物龙芽草的冬芽	茎基部圆柱形，木质化，淡棕褐色，上部茎方形，四边略凹陷，绿褐色，有纵沟和棱线，茎节明显，体轻，质硬，易折断，断面中空。叶灰绿色，皱缩而卷曲，质脆，易碎。气微，味微苦	驱虫
泽兰	唇形科植物毛叶地瓜儿苗 *Lycopus lucidus* Turcz. var. *hirtus* Regel 的干燥地上部分	茎呈方柱形，少分枝，四面均有浅纵沟，表面黄绿色或带紫色，节处紫色明显，有白色茸毛；质脆，断面黄白色，髓部中空。叶对生，有短柄；叶片多皱缩，展平后呈披针形或长圆形，长5~10cm；上表面黑绿色，下表面灰绿色，密具腺点，两面均有短毛；先端尖，边缘有锯齿。轮伞花序腋生，花冠多脱落，苞片和花萼宿存。气微，味淡	活血调经，祛瘀消痈，行水消肿

续表

药名	来源	性状	功能
香薷	唇形科植物石香薷 *Mosla chinensis* Maxim. 或江香薷 *M. chinensis* 'Jiangxiangru' 的干燥地上部分。前者习称"青香薷"，后者习称"江香薷"	青香薷　基部紫红色，上部黄绿色或淡黄色，全体密被白色茸毛。茎方柱形，基部类圆形，直径 1～2mm，节明显，节间长 4～7cm；叶对生，叶片展平后呈长卵形或披针形，暗绿色或黄绿色，边缘有 3～5 疏浅锯齿。穗状花序顶生或腋生，苞片圆卵形或圆倒卵形；小坚果 4 枚，具网纹。气清香而浓，味微辛而凉 江香薷　表面黄绿色，质较柔软。边缘有 5～9 疏浅锯齿。果实直径 0.9～1.4mm，表面具疏网纹	发汗解表，化湿和中
车前草	车前科植物车前 *Plantago asiatica* L. 或平车前 *P. depressa* Willd. 的干燥全草	车前　根丛生，须状。叶基生，具长柄；叶片皱缩，展平后呈卵状椭圆形或宽卵形，表面灰绿色或污绿色，具明显弧形脉 5～7 条；先端钝或短尖，基部宽楔形，全缘或有不规则波状浅齿。穗状花序数条，花茎长。蒴果盖裂，萼宿存。气微香，味微苦 平车前　主根直而长。叶片较狭，长椭圆形或椭圆状披针形，长 5～14cm，宽 2～3cm	清热利尿通淋，祛痰，凉血，解毒
附：车前子	车前科植物车前或平车前的干燥成熟种子	车前　粉末深黄棕色。种皮外表皮细胞断面观类方形或略切向延长，细胞壁黏液质化。种皮内表皮细胞表面观类长方形，直径 5～19μm，长约至 83μm，壁薄，微波状，常作镶嵌状排列。内胚乳细胞壁甚厚，充满细小糊粉粒 平车前　种皮内表皮细胞较小，直径 5～10μm，长 11～45μm	清热利尿通淋，渗湿止泻，明目，祛痰
佩兰	菊科植物佩兰 *Eupatorium fortunei* Turcz. 的干燥地上部分	茎呈圆柱形，表面黄棕色或黄绿色，有的带紫色，有明显的节和纵棱线；质脆，断面髓部白色或中空。叶对生，有柄，叶片多皱缩、破碎，绿褐色；完整叶片 3 裂或不分裂，分裂者中间裂片较大，展平后呈披针形或长圆状披针形，基部狭窄，边缘有锯齿；不分裂者展平后呈卵圆形、卵状披针形或椭圆形。气芳香，味微苦	芳香化湿，醒脾开胃，发表解暑
小蓟	菊科植物刺儿菜 *Cirsium setosum* (Willd.) MB. 的干燥地上部分	茎呈圆柱形，表面灰绿色或带紫色，具纵棱及白色柔毛；质脆，易折断，断面中空。叶互生，无柄或有短柄；叶片皱缩或破碎，完整者展平后呈长椭圆形或长圆状披针形，全缘或微齿裂至羽状深裂，齿尖具针刺；上表面绿褐色，下表面灰绿色，两面均具白色柔毛。头状花序单个或数个顶生；总苞钟状，苞片 5～8 层，黄绿色；花紫红色。气微，味微苦	凉血止血，散瘀解毒消痈
蒲公英	菊科植物蒲公英 *Taraxacum mongolicum* Hand. - Mazz.、碱地蒲公英 *T. borealisinense* Kitam. 或同属数种植物的干燥全草	呈皱缩卷曲的团块。根呈圆锥状，多弯曲，表面棕褐色，抽皱；根头部有棕褐色或黄白色的茸毛，有的已脱落。叶基生，多皱缩破碎，完整叶片呈倒披针形，绿褐色或暗灰绿色，先端尖或钝，边缘浅裂或羽状分裂，基部渐狭，下延呈柄状，下表面主脉明显。花茎 1 至数条，每条顶生头状花序，总苞片多层，内面一层较长，花冠黄褐色或淡黄白色。有的可见多数具白色冠毛的长椭圆形瘦果。气微，味微苦	清热解毒，消肿散结，利尿通淋
墨旱莲	菊科植物鳢肠 *Eclipta prostrata* L. 的干燥地上部分	全体被白色茸毛。茎呈圆柱形，有纵棱，直径 2～5mm；表面绿褐色或墨绿色。叶对生，近无柄，叶片皱缩卷曲或破碎，完整者展平后呈长披针形，全缘或具浅齿，墨绿色。头状花序直径 2～6mm。瘦果椭圆形而扁，长 2～3mm，棕色或浅褐色。气微，味微咸	滋补肝肾，凉血止血

续表

药名	来源	性状	功能
淡竹叶	禾本科植物淡竹叶 *Lophatherum gracile* Brongn. 的干燥茎叶	茎呈圆柱形，表面淡黄绿色，有节，断面中空。叶鞘开裂。叶片披针形，有的皱缩卷曲，长 5～20cm，宽 1～3.5cm；表面浅绿色或黄绿色。叶脉平行，具横行小脉，形成长方形的网格状，下表面尤为明显。体轻，质柔韧。气微，味淡	清热泻火，除烦止渴，利尿通淋
瞿麦	石竹科植物瞿麦 *Dianthus superbus* L. 或石竹 *D. chinensis* L. 的干燥地上部分	瞿麦 茎圆柱形，上部有分枝，表面淡绿色或黄绿色，光滑无毛，节明显，略膨大，断面中空。叶对生，多皱缩，展平叶片呈条形至条状披针形。枝端具花及果实，花萼筒状，长 2.7～3.7cm；苞片 4～6，宽卵形，长约为萼筒的 1/4；花瓣棕紫色或棕黄色，卷曲，先端深裂成丝状。蒴果长筒形，与宿萼等长。种子细小，多数。气微，味淡。石竹 萼筒长 1.4～1.8cm，苞片长约为萼筒的 1/2；花瓣先端浅齿裂	利尿通淋，活血通经
半枝莲	唇形科植物半枝莲 *Scutellaria barbata* D. Don 的干燥全草	全草长 15～35cm，无毛或花轴上疏被毛。根纤细。茎丛生，较细，方柱形；表面暗紫色或棕绿色。叶对生，有短柄；叶片多皱缩，展平后呈三角状卵形或披针形，先端钝，基部宽楔形，全缘或有少数不明显的钝齿；上表面暗绿色，下表面灰绿色。质脆易碎。花单生于茎枝上部叶腋。果实扁球形，浅棕色。气微，味微苦	清热解毒，化瘀利尿
老鹳草	牻牛儿苗科植物牻牛儿苗 *Erodium stephanianum* Willd.、老鹳草 *Geranium wilfordii* Maxim. 或野老鹳草 *G. carolinianum* L. 的干燥地上部分。前者习称"长嘴老鹳草"，后两者习称"短嘴老鹳草"	长嘴老鹳草 分枝多，节膨大。表面灰绿色或带紫色表，有纵沟纹及稀疏茸毛。质脆。叶对生，具细长叶柄；叶片卷曲皱缩，质脆易碎，完整者为二回羽状深裂，裂片披针线形。果实宿存花柱长 2.5～4cm，形似鹳喙，有的裂成 5 瓣，呈螺旋形卷曲。气微，味淡 短嘴老鹳草 茎较细，略短。叶片圆形，3 或 5 深裂，裂片较宽，边缘具缺刻。果实球形，长 0.3～0.5cm。花柱长 1～1.5cm，有的 5 裂向上卷曲呈伞形。野老鹳草叶片掌状 5～7 深裂，裂片条形，每裂片又 3～5 深裂	祛风湿，通经络，止泻痢

职业对接 ••••••••••••••••

学习本门课程主要从事以下工作：药店方面——药店导购员、中药调剂员、药店营业人员、中药材采购员；医药公司方面——中药材销售员、中药材采购员；医院方面——中药调剂员、中药材采购员，以上岗位要掌握常用全草类中药的性状鉴别特征、功效以及特殊入药方法等，以便以后在岗位工作中能对中药材进行辨认，判断中药材的真伪优劣，向顾客介绍药材功效及入药方法。

目标检测

一、单项选择题

1. 除哪项外，均为麻黄的性状特征

    A. 茎细长圆柱形，节明显   B. 表面淡黄绿色，有细纵脊

    C. 节上有膜质鳞叶，基部联合成筒状   D. 体轻，折断面绿黄色，髓中空

E. 气微香，味涩，微苦

2. 气孔特异，气孔保卫细胞侧面观呈哑铃形或电话听筒形的药材是

    A. 益母草   B. 荆芥   C. 鱼腥草   D. 广藿香   E. 麻黄

3. 麻黄药材纵切面置紫外灯下观察可见

    A. 边缘亮白色荧光，中心亮棕色荧光   B. 边缘亮白色荧光，中心金黄色荧光

    C. 边缘亮白色荧光，中心蓝色荧光   D. 不显荧光   E. 灰色荧光

4. 草麻黄膜质鳞叶的特征是

    A. 膜质鳞叶裂片3（稀2），钝三角形，先端反曲

    B. 膜质鳞叶裂片2（稀3），锐三角形，先端反曲

    C. 膜质鳞叶裂片3，先端不反曲   D. 膜质鳞叶裂片2，先端不反曲

    E. 膜质鳞叶鞘状，不分裂

5. 以叶多．色绿．有花穗．鱼腥气浓者为佳的药材是

    A. 广藿香   B. 鱼腥草   C. 薄荷   D. 麻黄   E. 益母草

6. 叶片宽卵形或心形，对光透视可见黑色或褐色条纹，花黄色。此药材是

    A. 广藿香   B. 金钱草   C. 薄荷   D. 广金钱草   E. 益母草

7. 广藿香的道地产区是

    A. 湖南   B. 广东   C. 海南   D. 广西   E. 湖北

8. 广藿香的的性状鉴别特征是

    A. 茎方形，表面黄绿色或紫红色   B. 茎方形，节部膨大，表面黑绿色

    C. 嫩茎略呈方柱形，老茎类圆柱形，表面光滑无毛

    D. 嫩茎略呈方柱形，表面被柔毛，老茎类圆柱形，表面被栓皮

    E. 茎圆柱形，表面灰绿色或黄绿色

9. 粉末中可察见间隙腺毛的是

    A. 麻黄   B. 薄荷   C. 广藿香   D. 荆芥   E. 益母草

10. 粉末中可见腺毛．非腺毛及直轴式气孔，腺鳞头部8个细胞，叶肉细胞含草酸钙小针晶的药材是

    A. 麻黄   B. 金钱草   C. 益母草   D. 薄荷   E. 广藿香

11. 茎方柱形，表面淡黄绿色或淡紫红色，被白色短柔毛。叶对生，羽状分裂，裂片细长。穗状轮伞花序顶生。此药材是

    A. 荆芥   B. 金钱草   C. 鱼腥草   D. 益母草   E. 广藿香

12. 下列哪项不是益母草的性状特征

    A. 茎方形，四面凹下成纵沟

    B. 叶交互对生，下部叶掌状3裂，上部叶羽状深裂或3浅裂

    C. 轮伞花序腋生   D. 花萼筒状，花冠二唇形

    E. 气芳香，味辛凉

13. 薄荷的主产地

    A. 广东、广西   B. 四川、贵州、云南   C. 河南、河北   D. 安徽、山东

    E. 江苏、浙江、湖南

14. 茎方柱形，表面紫棕色或淡绿色，叶对生，展平后呈宽披针形．长椭圆形或卵形，轮伞花序，药材揉搓后有特殊的清凉香气。此药材是

      A. 益母草   B. 薄荷   C. 泽兰   D. 穿心莲   E. 广藿香

15. 下列含有橙皮苷结晶的药材是

      A. 麻黄   B. 细辛   C. 紫花地丁   D. 薄荷   E. 穿心莲

16. 粉末中可见非腺毛，气孔直轴式，头部 8 个细胞的腺鳞，叶肉及表皮薄壁细胞内有针簇状或呈扇形橙皮苷结晶的药材是

      A. 益母草   B. 薄荷   C. 广藿香   D. 鱼腥草   E. 荆芥

17. 下列除哪项外均为薄荷茎横切面的特征

      A. 表皮上有腺毛，腺鳞和非腺毛   B. 皮层在四棱脊处有厚角细胞

      C. 形成层成环   D. 木质部在四棱处发达   E. 薄壁细胞中含草酸钙结晶

二、简答题

1. 说出麻黄的来源、其性状及横切面显微特征的主要区别。

2. 说出广藿香的来源、主产地及性状鉴别特征。

3. 简述薄荷的性状鉴别特征及茎横切面显微特征。

第十六章
藻、菌、地衣类药材

学习目标

1. 掌握藻菌地衣类药材的鉴定方法。
2. 掌握藻菌地衣类重点药材的来源、主要性状鉴别特征、显微鉴别特征及理化鉴别。
3. 熟悉常用藻菌地衣类药材的化学成分、性味与功能。
4. 了解藻菌地衣类一般药材的来源、性状、功效。

第一节　藻、菌、地衣类药材概述

藻类、菌类、地衣类均称为低等植物，在形态上无根、茎、叶的分化，是单细胞或多细胞的叶状体或菌丝体，可以分枝或不分枝，在构造上一般无组织的分化，无维管束和胚胎。

一、藻类

藻类植物是植物界中一群最原始的低等类群。多为单细胞、多细胞群体、丝状体、叶状体和枝状体等。藻类植物含有各种不同的色素，能进行光合作用，生活方式为自养型，绝大多数是水生。不同的藻类因含有特殊的色素，使藻体显不同颜色。与药用关系密切的藻类主要来自褐藻门和红藻门，少数在绿藻门。

二、菌类

菌类一般不含有光合作用的色素，不能进行光合作用，是典型的异养型植物。异养方式有寄生、腐生和共生。除少数种类为单细胞的丝状体外，绝大部分是由多细胞菌丝构成的。菌类的药用部位主要为菌核、子实体或子座与幼虫尸体的复合体。菌核是在繁殖期时菌丝紧密交织在一起形成的坚硬组织体，如茯苓菌核。子实体是某些高等真菌在繁殖时期形成的能产生孢子的结构。容纳子实体的褥座称为子座。子座是真菌从营养阶段到繁殖阶段的一种过渡形式，如冬虫夏草菌体上的棒状物。

菌类常含多糖、氨基酸、生物碱、蛋白质、蛋白酶和抗生素等成分。其中多糖类如灵芝多糖、茯苓多糖、猪苓多糖、银耳多糖等有增强免疫及抗肿瘤作用。

三、地衣类

地衣是藻类和真菌共生的复合体，形态分为壳状、叶状或枝状。通常由藻类进行光合作用，制造营养；菌类吸收水分和无机盐，并包裹藻类细胞以保持一定的温度。地衣含有特有的地衣酸、地衣聚糖、地衣色素等成分，其中地衣酸具有抗菌作用。常用的地衣类中药如松萝。

第二节　藻、菌、地衣类药材的鉴定

冬虫夏草 Cordyceps

本品为麦角菌科真菌冬虫夏草菌 *Cordyceps sinensis*（Berk.）Sacc. 寄生在蝙蝠蛾科昆虫幼虫上的子座和幼虫尸体的干燥复合体。主产于四川、青海、甘肃、云南、西藏等地，以四川产量最大。夏初子座出土、孢子未发散时挖取，晒至六七成干，除去似纤维状的附着物及杂质，晒干或低温干燥。

知识链接

蝙蝠科许多种别的蝙蝠蛾为繁衍后代，产卵于土壤中，卵慢慢转变为幼虫，在此前后，冬虫夏草菌侵入幼虫体内，吸收幼虫体内的物质作为生存的营养条件，并在幼虫体内不断繁殖，致使幼虫体内充满菌丝，在来年的 5～7 月天气转暖时，自幼虫头部长出黄或浅褐色的菌座，生长后冒出地面呈草梗状，就形成我们平时见到的冬虫夏草。因此，虽然兼有虫和草的外形，却非虫非草，属于菌类生物。

【性状鉴别】药材由虫体与从虫头部长出的真菌子座相连而成。虫体似蚕，长 3～5cm，直径 0.3～0.8cm；表面深黄色至黄棕色，有环纹 20～30 个，近头部的环纹较细；头部红棕色；足 8 对，中部 4 对较明显；质脆，易折断，断面略平坦，淡黄白色。子座细长圆柱形，长 4～7cm，直径约 0.3cm；表面深棕色至棕褐色，有细纵皱纹，上部稍膨大；质柔韧，断面类白色。气微腥，味微苦。（图 16－1）

以完整、虫体丰满肥大、外色黄亮、内色白、子座短者为佳。

【显微鉴别】子座头部横切面：周围由 1 列子囊壳组成，子囊壳卵形至椭圆形，下半部埋于凹陷的子座内。子囊壳内有多数线形子囊，每个子囊内又有线形的子囊孢子。子座中部充满菌丝，间有裂隙。（图 16－2）

【成分】主含粗蛋白，另含有腺苷、氨基酸、脂肪、D－甘露醇（虫草酸）等多种成分。

【性味与功能】甘，平。补肾益肺，止血化痰。

【附注】常见伪品

图 16 – 1　冬虫夏草药材图
1. 冬虫夏草植物全形　2. 冬虫夏草药材

1. 蛹草　产于吉林、河北、陕西、安徽、广西、云南，习称"北虫草"。其子座头部椭圆形，顶端钝圆，色橙黄或橙红，柄细长，圆柱形。寄主为夜蛾科幼虫，常能发育成蛹后才死亡，所以虫体为椭圆形的蛹。

2. 凉山虫草　产于四川。其子座多单一，分枝纤细而曲折，长 10～30cm，直径 0.15～0.25cm，表面黄棕色至黄褐色。子座头部圆柱形或棒状，子囊壳明显突出于表面，黑褐色，质稍木化，脆而易断，断面类白色。虫体形似蚕，长 3～6cm，直径 0.6～1cm，外表菌膜棕褐色，角度暗红棕色，有众多环纹，足不明显。质脆，易折断，断面类白色，周边红棕色。气微腥，味淡。

3. 亚香棒虫草　曾在湖南、安徽、福建、广西等省区混充。其子座单生或有分枝，长 5～8cm，柄多弯曲，色黑，有纵皱或棱，上部光滑，下部有细绒毛。子实体头部短圆柱

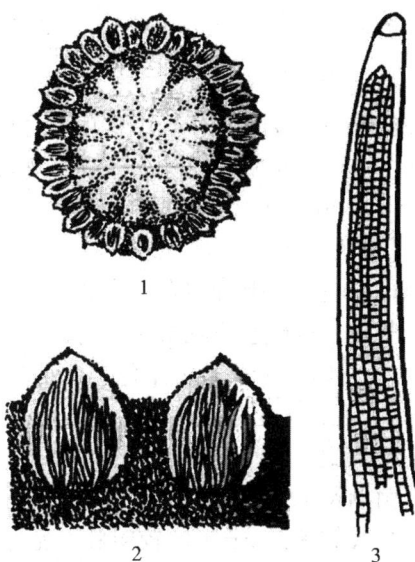

图 16 – 2　冬虫夏草横切面显微图
1. 子座横切面　2. 子囊壳放大
3. 子囊及子囊孢子

形，长约 1.2cm，无不孕顶端，茶褐色。虫体质脆，易折断。断面略平坦，黄白色，中央有稍明显的灰褐色"一"字纹，气微腥，味微苦。

4. 地蚕　在华南、中南等地曾伪充虫草。呈纺锤形或长棱形，两端稍尖，略弯曲，形似虫体，有 3～15 个环节。外表淡黄色，长 1.5～5cm，直径 0.3～0.8cm。质脆，断面类白色，可见淡棕色的形成层环。用水浸泡易膨胀，呈明显结节状。气微，味微甜，有黏性。

5. 人工伪虫草　是用石膏粉或面粉掺胶用模型压制而成，表面黄色或棕黄色，足 8 对均匀排列，背部横纹粗排列整齐，子座是短褐色插入，质硬，断面角质状，嚼之有面粉石膏味，久尝粘牙。

什么是"虫草花"？

"虫草花"并非花，实际是在培养基里人工培育出的蛹虫草子实体，是一种真菌类，与香菇、平菇等食用菌很相似。虫草花外观上最大的特点是没有了"虫体"，而只有橙色或者黄色的"草"。虫草花不仅含有丰富的蛋白质和氨基酸，而且含有 30 多种人体所需的微量元素，有抗疲劳、提高免疫力、抗癌等作用，是上等的滋补佳品，现多用于作汤料和药膳。

灵芝 Ganoderma

本品为多孔菌科真菌赤芝 *Ganoderma lucidum*（Leyss. ex Fr.）Karst. 或紫芝 *G. sinense* Zhao, Xu et Zhang 的干燥子实体。全国大部分省区有分布，多生于栎树及其他阔叶树的腐木上。全年采收，除去杂质，剪除附有朽木、泥沙或培养基质的下端菌柄，阴干或在 40～50℃烘干。

【性状鉴别】

1. 赤芝 外形呈伞状，菌盖肾形、半圆形或近圆形，直径 10～18cm，厚 1～2cm。皮壳坚硬，黄褐色至红褐色，有光泽，具环状棱纹和辐射状皱纹，边缘薄而平截，常稍内卷。菌肉白色至淡棕色。菌柄圆柱形，侧生，少偏生，长 7～15cm，直径 1～3.5cm，红褐色至紫褐色，光亮。孢子细小，黄褐色。气微香，味苦涩。（图 16－3）

2. 紫芝 皮壳紫黑色，有漆样光泽，菌肉锈褐色。菌柄长 17～23cm。

3. 栽培品 子实体较粗壮、肥厚，直径 12～22cm，厚 1.5～4cm。皮壳外常被有大量粉尘样的黄褐色孢子。

以个大，肉厚，光泽明显者为佳。

【成分】赤芝主含麦角甾醇，酶类，水溶性蛋白，苦味三萜，灵芝多糖等；紫芝主含麦角甾醇、海藻糖、有机酸、树脂、多糖等成分。孢子粉中含甘露醇、海藻糖等。

【性味与功能】甘，平。补气安神，止咳平喘。

【附注】常见伪品

1. 树舌 菌盖无柄，半圆形，剖面扁半球形或扁平，直径 30～50cm，厚 10cm，灰色，渐变棕色，有同心环状棱纹，有时有疣状或瘤状物。皮壳类角质，边缘薄或厚，锐或钝。菌肉浅栗色，有时近皮壳处白色，厚达 8cm。

2. 层叠树舌 子实体无柄或短柄。菌盖扁或下凹，直径达 12～15cm，厚达 3cm，

图 16－3　赤芝药材图
1. 子实体　2. 孢子

灰色或浅褐色，有同心环带，皮壳薄而脆。菌肉浅栗色，软轻质，厚达1cm。

知识链接

灵芝孢子粉对机体有扶正固本的效果，对人体有多方面的治疗作用，凡与神经衰弱、血液循环障碍、生理功能下降有关的疾病，几乎都有效。归纳起来灵芝孢子粉主要有十大功效与作用：①抗肿瘤作用；②保肝解毒作用；③对心血管系统的作用；④抗衰老作用；⑤抗神经衰弱作用；⑥治疗高血压；⑦治疗糖尿病；⑧对慢性支气管炎、支气管哮喘作用；⑨抗过敏作用；⑩美容作用。

茯苓 Poria

本品为多孔菌科真菌茯苓 *Poria cocos* (Schw.) Wolf 的干燥菌核。多产于云南、安徽、湖北等地，以云南产者质量最佳，习称"云苓"；安徽产量最大，习称"安苓"。主要寄生于赤松、马尾松等松科植物的根部。多于7~9月采挖，挖出后除去泥沙，堆置"发汗"后，摊开晾至表面干燥，再"发汗"，反复数次至现皱纹、内部水分大部散失后，阴干，称为"茯苓个"；或将鲜茯苓按不同部位切制，阴干，分别称为"茯苓块"和"茯苓片"。

【性状鉴别】

1. 茯苓个　呈类球形、椭圆形、扁圆形或不规则团块，大小不一。外皮薄而粗糙，棕褐色至黑褐色，有明显的皱缩纹理。体重，质坚实，断面颗粒性，有的具裂隙，外层淡棕色，内部白色，少数淡红色，有的中间抱有松根。气微，味淡，嚼之粘牙。（图16-4）

2. 茯苓块　为去皮后切制的茯苓，呈立方块状或方块状厚片，大小不一。白色、淡红色或淡棕色。

3. 茯苓片　为去皮后切制的茯苓，呈不规则厚片，厚薄不一。白色、淡红色或淡棕色。

以质重坚实、外皮黑褐色、无裂隙、断面白色、细腻、粘齿力强者为佳。

知识链接

1. 茯苓去皮后外侧棕红色或淡红色部分切成的片块，称为"赤茯苓"，白色部分切成的片块，称为"白茯苓"。

2. 中间有一松树根贯穿的茯苓，称为"茯神"。呈方块状，表面白色至类白色，质坚实，具粉质，切断的松根棕黄色。功效偏于宁心安神。（图16-5）

图 16 - 4 茯苓（菌核）药材图   图 16 - 5 茯神外形图

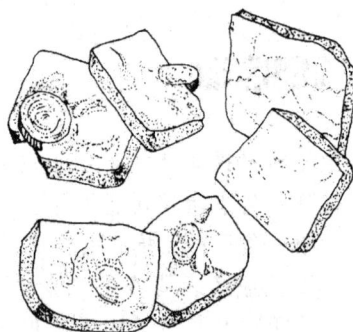

【显微鉴别】

　　粉末　灰白色。①菌丝团块：用蒸馏水或稀甘油装片，可见不规则颗粒状团块和分枝状团块无色，遇水合氯醛液渐溶化。②菌丝：用 5% 氢氧化钾溶液装片，团块溶化，露出菌丝，可见菌丝无色或淡棕色，细长，稍弯曲，有分枝，直径 3 ~ 8μm，少数至 16μm。（图 16 - 6）

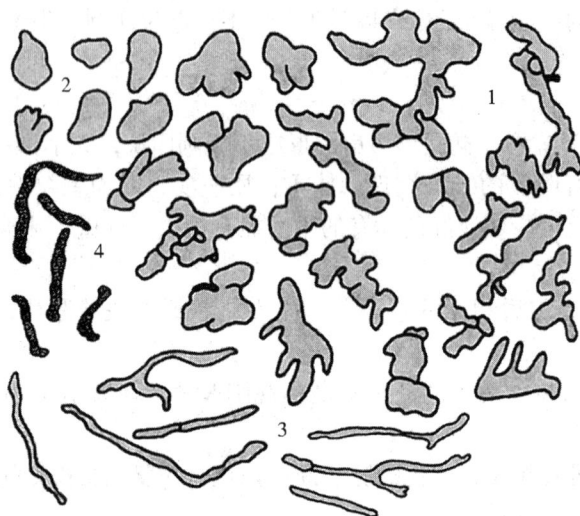

图 16 - 6 茯苓粉末图
1. 分枝状团块 2. 颗粒状团块 3. 无色菌丝 4. 棕色菌丝

【成分】主含茯苓聚糖，切断其支链成为茯苓次聚糖，具抗肿瘤活性。另含三萜酸类，如茯苓酸、齿孔酸、多孔酸 C 等。

【理化鉴别】

　　1. 取茯苓粉末 1g，加丙酮 10ml，加热回流 10 分钟，滤过，蒸干滤液，残渣加冰醋酸 1ml 溶解，加浓硫酸数滴，显淡红色 - 淡褐色（检查甾醇）。

　　2. 取茯苓粉末少许，加碘 - 碘化钾试液数滴，显深红色（检查多糖）。

【性味与功能】甘、淡、平。利水渗湿，健脾，宁心。

【附注】茯苓皮 Poriae Cutis　为多孔菌科真菌茯苓菌核的干燥外皮。呈长条形或不规则块片，大小不一。外表面棕褐色至黑褐色，有疣状突起，内面淡棕色并常带有白色或淡红色的皮下部分。质较松软，略具弹性。气微、味淡，嚼之粘牙。味甘、淡，性平，功能利水消肿。为《中国药典》收载品种。

知识链接

近来市场出现一种用淀粉加工的伪品"茯苓块"，是茯苓打粉，掺杂淀粉后经压制切片所得，其颜色、性状、气味均与正品相似。伪品仔细观察，可见表面色泽略有不均匀，偶见霉斑，入口尝略有甜味。在显微镜下可见菌丝和淀粉粒，取少许粉末滴加稀碘液变淡蓝色。正品在显微镜下不可见淀粉粒，滴加稀碘液无明显颜色变化。

猪苓 Polyporus

本品为多孔菌科真菌猪苓 *Polyporus umbellatus*（Pers.）Fries 的干燥菌核。主产于陕西、云南、河南、甘肃等地，多寄生在椴树、桦树、枫树、槭树、柞树等植物的根部。春、秋二季采挖，除去泥沙，干燥。

【性状鉴别】

呈条形、类圆形或扁块状，有的有分枝，长 5～25cm，直径 2～6cm。表面黑色、灰黑色或棕黑色，皱缩或有瘤状突起。体轻，质硬，断面类白色或黄白色，略呈颗粒状。气微，味淡。

以个大、身干、断面色白、体重质坚者为佳。（图 16－7）

图 16－7　猪苓药材图

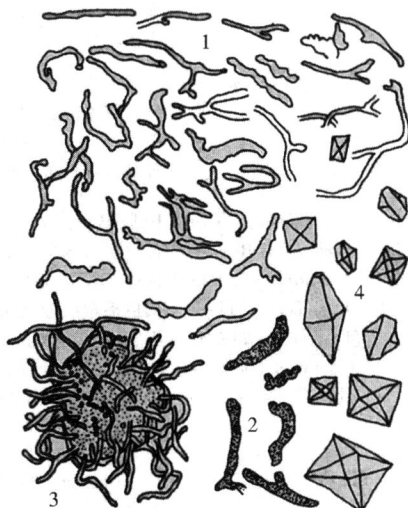

图 16－8　猪苓粉末图
1. 无色菌丝　2. 棕色菌丝
3. 菌丝团　4. 草酸钙晶体

【显微鉴别】

粉末　灰黄白色。

①菌丝团：菌丝交织成团，不易分离，大多无色，少数棕色。②菌丝：无色或棕色，细长弯曲，有分枝。3 草酸钙结晶呈正方八面体形、双锥八面体形或不规则多面体，有时可见数个结晶聚集在一起。（图 16 – 8）

【成分】主含猪苓多糖，有抗肿瘤活性。另含粗蛋白、麦角甾醇、猪苓酮等成分。

【理化鉴别】

1. 取粉末 1g，加稀盐酸 10ml，置水浴上煮沸 15 分钟，搅拌，呈黏胶状。

2. 取粉末少量，加氢氧化钠溶液适量，搅拌，呈悬浮状，不溶成黏胶状。

【性味与功能】甘、淡、平。利水渗湿。

表 16 – 1　藻菌地衣类一般药材

药名	来源	性状	功能
昆布	海带科植物海带 Laminaria japonica Aresch. 或翅藻科植物昆布 Ecklonia kurome Okam. 的干燥叶状体	1. 海带　卷曲折叠成团状，或缠结成把。全体呈黑褐色或绿褐色，表面附有白霜。用水浸软则膨胀成扁平长带状，长 50～150cm，宽 10～40cm，中部较厚，边缘较薄而呈波状。类革质，残存柄部扁圆柱状。气腥，味咸（图 16 – 10） 2. 昆布　卷曲皱缩成不规则团状。全体呈黑色，较薄。用水浸软则膨胀呈扁平的叶状，长宽约为 16～26cm，厚约 1.6mm；两侧呈羽状深裂，裂片呈长舌状，边缘有小齿或全缘。质柔滑（图 16 – 9）	消痰软坚散结，利水消肿
海藻	马尾藻科植物海蒿子 Sargassum pallidum （Turn.）C. Ag. 或羊栖菜 S. fusiforme （Ha-rv.）Setch. 的干燥藻体。前者习称"大叶海藻"，后者习称"小叶海藻"	1. 大叶海藻　皱缩卷曲，黑褐色，有的被白霜。主干呈圆柱状，具圆锥形突起，主枝自主干两侧生出，侧枝自主枝叶腋生出，具短小的刺状突起。初生叶披针形或倒卵形，长 5～7cm，宽约 1cm，全缘或具粗锯齿；次生叶条形或披针形，叶腋间有着生条状叶的小枝。气囊黑褐色，球形或卵圆形，有的有柄，顶端钝圆，有的具细短尖。质脆，潮润时柔软；水浸后膨胀，肉质，黏滑。气腥，味微咸 2. 小叶海藻　较小，分枝互生，无刺状突起。叶条形或细匙形，先端稍膨大，中空。气囊腋生，纺锤形或球形，囊柄较长。质较硬	消痰软坚散结，利水消肿
雷丸	白蘑科真菌雷丸 Omphalia lapidescens Schroet. 的干燥菌核	类球形或不规则团块，直径 1～3cm。表面黑褐色或棕褐色，有略隆起的不规则网状细纹。质坚实，不易破裂，断面不平坦，白色或浅灰黄色，常有黄白色大理石样纹理。气微，味微苦，嚼之有颗粒感，微带黏性，久嚼无渣	杀虫消积
马勃	灰包科真菌脱皮马勃 Lasiosphaera fenzlii Reich.、大马勃 Calvatia gigantea （Batsch ex Pers.）Lloyd 或紫色马勃 Calvatia lilacina （Mont. et Berk.）Lloyd 的干燥子实体	1. 脱皮马勃　呈扁球形或类球形，无不孕基部。包被灰棕色至黄褐色，纸质，常破碎呈块片状，或已全部脱落。孢体灰褐色或浅褐色，紧密，有弹性。用手撕之，内有灰褐色棉絮状的丝状物。触之则孢子呈尘土样飞扬，手捻有细腻感。臭似尘土，无味 2. 大马勃　不孕基部小或无。残留的包被由黄棕色的膜状外包被和较厚的灰黄色的内包被所组成。光滑，质硬而脆，成块脱落。孢体浅青褐色，手捻有润滑感 3. 紫色马勃　陀螺形，或已压扁呈扁圆形，不孕基部发达。包被薄，两层，紫褐色，粗皱，有圆形凹陷，外翻，上部常裂成小块或已部分脱落。孢体紫色（图 16 – 11）	清肺利咽，止血

图 16 - 9　昆布植物图　　　　图 16 - 10　海带植物图

脱皮马勃　　　　　　　大马勃　　　　　　　紫色马勃

图 16 - 11　马勃药材图

职业对接

　　学习本门课程主要从事以下工作：药店方面——药店导购员、药店调剂员、药店的营业人员、药品采购员；医药公司方面——药品销售员、药品采购员；医院方面——中药调剂员、药品采购员，以上岗位要掌握本章重点中药的性状特征和功效，以便以后从事工作能对药材进行辨认，判断出药品的真伪，向顾客介绍药材作用。

目标检测

一、单项选择题

1. 藻类、菌类和地衣类属于
　　A. 高等植物　　　B. 被子植物　　　C. 裸子植物　　　D. 低等植物
　　E. 蕨类植物

2. 冬虫夏草的药用部位为
　　A. 子座　　　B. 子实体　　　C. 幼虫尸体　　　D. 子座和幼虫尸体的复合体
　　E. 根茎

3. 下列哪项不是灵芝（赤芝）的性状特征
　　A. 菌盖半圆形、肾形，具环状棱线和辐射状皱纹

B. 菌盖与菌柄表面紫黑色，有光泽，菌肉锈褐色

C. 中间厚，边缘薄，通常向内卷 D. 菌盖下表面有细小针眼状小孔

E. 菌柄扁圆柱形，红褐色至紫褐色，有漆样光泽

4. 下列哪项不是茯苓个的性状特征

A. 呈类球形、椭圆形或不规则的块状

B. 外皮薄而粗糙，棕褐色至黑褐色，有明显的皱缩纹理

C. 体重，质坚实，不易破碎

D. 断面平坦，外层白色，内部淡棕色，显粉性

E. 有的中间抱有松根

5. 下列药材在采收加工时进行"发汗"的是

A. 冬虫夏草 B. 茯苓 C. 猪苓 D. 灵芝 E. 松萝

6. 镜检可见菌丝团及草酸钙结晶众多的药材是

A. 茯苓 B. 猪苓 C. 马勃 D. 冬虫夏草 E. 灵芝

7. 下列哪一项不是猪苓的特征？

A. 呈不规则条形、块状或扁块状 B. 表面乌黑或棕黑色，有瘤状突起

C. 体重质坚实，入水下沉 D. 粉末黄白色，菌丝团大多无色

E. 草酸钙结晶双锥形或八面体形

8. 含有松根的茯苓饮片称为

A. 白茯苓 B. 茯神木 C. 茯苓块 D. 茯神 E. 赤茯苓

9. 昆布的主要功效是

A. 消食化积 B. 补肺益肾 C. 软坚散结 D. 止咳化痰

E. 活血散瘀

10. 具有杀虫作用的药材是

A. 茯苓 B. 猪苓 C. 马勃 D. 雷丸 E. 灵芝

二、多项选择题

1. 来源于多孔菌科，药用菌核的药材是

A. 灵芝 B. 茯苓 C. 冬虫夏草 D. 猪苓 E. 雷丸

2. 药用部位为子实体的中药有

A. 冬虫夏草 B. 灵芝 C. 猪苓 D. 马勃 E. 茯苓

3. 具抗肿瘤作用的成分有

A. 茯苓聚糖 B. 茯苓次聚糖 C. 猪苓多糖 D. 茯苓酸 E. 齿孔酸

4. 灵芝的性状特征是

A. 菌盖半圆形或肾形 B. 上表面红褐色，具环棱纹和辐射纹

C. 下表面菌肉白色至浅棕色 D. 菌柄生于菌盖下部的中央

E. 上表面有漆样光泽

5. 冬虫夏草子座头部横切面可见

A. 子座周围1列子囊壳 B. 子囊壳埋生于子座内

C. 子囊壳内有多数线形子囊 D. 每个子囊内有2~8个线形的子囊孢子

E. 具不育顶端（子座先端部分无子囊壳）

6. 冬虫夏草的性状鉴别特征是

A. 虫体形如蚕，长 3～5cm，粗约 3～8mm

B. 虫体外表深黄色至黄棕色，有 20～30 条环纹

C. 虫头部黄红色，断面淡黄色

D. 从虫体口部长出真菌子座

E. 子座深黄色至棕黄色，短粗，有纵棱

三、填空题

1. 冬虫夏草为麦角菌科真菌_____寄生在蝙蝠蛾科昆虫_____上的_____的干燥复合体。

2. 茯苓来源于_____科植物茯苓的_____，其抗癌有效成分是_____。

3. 灵芝为_____科真菌_____或_____的干燥_____。

4. 猪苓粉末与稀盐酸反应，呈_____状，与氢氧化钠反应，呈_____状。

四、名词解释

菌核　子实体　子座

五、简答题

1. 简述冬虫夏草的来源及主要鉴别要点。

2. 茯苓有哪些商品药材？功效有何不同？

3. 对比茯苓和猪苓的鉴别异同点。

第十七章
树脂类药材

学习目标

1. 掌握树脂类药材的鉴定方法。
2. 掌握树脂类重点药材的来源、主要性状鉴别特征、显微鉴别特征及理化鉴别特征。
3. 熟悉常用树脂药材的化学成分、性味与功能。
4. 了解树脂类药材的采收和通性。

第一节 树脂类药材概述

树脂是指存在于植物树脂道中，当植物体受伤后分泌出来露于空气中干燥形成的一种无定形的固体或半固体物质。树脂类药材即是以植物体的分泌物入药的药材总称。树脂组成较复杂，大多数为挥发油、树胶、有机酸等混和存在，具有一定的活血化瘀、消肿止痛、防腐、抑菌、消炎等功效。

一、树脂在植物界中的存在和采收

树脂多存在于植物体内的细胞和组织中，如树脂道、分泌细胞、导管或细胞间隙等，大多是种子植物，根、茎、叶、种子等部位均可产生树脂。根据产生的方式不同可分为正常代谢物和非正常代谢物。

正常代谢物是植物体在生长发育过程中，其组织和细胞所产生的代谢产物，如血竭、阿魏等。非正常代谢物是植物体受到异常刺激，如机械损伤、病虫害的刺激而才产生或增加的分泌物，如安息香、苏合香，原本植物体内没有树脂道，经损伤后新形成树脂道及渗出物。有的植物受到机械损伤后，会增加树脂的产生，如松树等。

采收树脂，除一部分为收集自然渗出的树脂外，不少是将植物体的某些部分用刀切割后引流或直接加工处理而得到。如用刀切割树皮，使树脂从刀切割口处流出。有的植物经一次切割后，可持续数日甚至数月不断产生树脂，有的则需要经常切割才能不断流出树脂。在切口处收集树脂，必要时可在刀口处插竹片或其他引流物引导树脂流入接收容器中。存在于分泌细胞或心材中的树脂（如愈创木脂），则需将植物粉碎，用有机溶剂（如乙醇、丙酮）提取，提取液浓缩后加水，树脂即沉淀出来。

二、树脂的分类

树脂是由多种化学成分组成的混合物。一般认为，树脂是由植物体内的挥发油，经过复杂的化学变化，如氧化、缩合、聚合等作用而形成。其主要组成可概括为以下几种：树脂酸、树脂醇、树脂酯、树脂烃。

药用树脂通常根据其中所含的主要化学成分而分为下列几类。

1. 单树脂类 树脂中一般不含或很少含挥发油、树胶及游离芳香酸。通常又可以分为：

（1）酸树脂 主成分为树脂酸，如松香。

（2）酯树脂 主成分为树脂酯，如枫香脂、血竭等。

（3）混合树脂 无明显的主成分，如洋乳香等。

2. 胶树脂类 主成分为树脂和树胶，如藤黄。

3. 油胶树脂类 主成分为树脂、挥发油和树胶，如乳香、没药、阿魏等。

4. 油树脂类 主成分为树脂与挥发油，如松油脂、加拿大油树脂等。

5. 香树脂类 主成分为树脂、游离芳香酸（香脂酸）、挥发油，如苏合香、安息香等。

三、树脂的通性

树脂大多为无定形的固体，少数为半固体甚至流体，表面微有光泽，质硬而脆。不溶于水，也不吸水膨胀；易溶于醇、乙醚、三氯甲烷等多数有机溶剂，在碱性溶液中能部分溶解或完全溶解，在酸性溶液中不溶。固体树脂加热至一定的温度时，则软化，直至熔融，并具黏性，燃烧时有浓烟及明亮的火焰，并具特殊香气或臭气。将树脂的乙醇溶液蒸干，则形成薄膜状物质。

第二节 树脂类药材的鉴定

树脂类药材的鉴定，主要采用性状鉴定法和理化鉴定法。树脂类药材的外形各异，大小不一，但每种药材均有较为固定的形态。因此，观察树脂类树脂类药材中药的性状特征，具有一定的重要性。大体上来说，树脂类药材大多为无定形的固体，少数为半固体，表面都微有光泽，质地硬而脆，水试不溶于水，热水中软化，火试燃烧时有浓烟，并伴有香气。

乳香 Olibanum

本品为橄榄科植物乳香树 *Boswellia carterii* Birdw. 及同属植物 *B. bhaw - dajiana* Birdw. 树皮渗出的树脂。分为索马里乳香和埃塞俄比亚乳香，每种乳香又分为乳香珠和原乳香。主产于索马里和埃塞俄比亚及阿拉伯半岛南部。广西有引种。春季于树干的皮部由下向上顺序切伤，开一狭沟，使树脂从伤口渗出，流入沟中，数天后凝成硬块，即可采取。落于地面者常黏附砂土杂质，品质较次。

【性状鉴别】呈长卵形滴乳状、类圆形颗粒或黏合成大小不等的不规则块状物。大者长达2cm（乳香珠）或5cm（原乳香）。表面黄白色，半透明，被有黄白色粉末，久贮则颜色加深。质坚脆，破碎面有玻璃样或蜡样光泽。具特异香气，味微苦。嚼时开始碎成小块，后迅速软化成胶块状，黏附牙齿，唾液成乳白色。并微有香辣感。遇热变软，燃烧时显油性，冒黑烟，有香气（不应有松香气）；加水研磨成白色或黄白色乳状液。

以颗粒状、半透明、色黄白、无杂质、气芳香浓烈者为佳。

【成分】主含树脂、树胶、挥发油等。

【性味与功能】辛、苦，温。活血定痛，消肿生肌。

知识链接

洋乳香　为漆树科植物黏胶乳香树 *Pistacia lentiscus* L. 的树干或树枝切伤后流出的干燥树脂。主产于希腊。外形与乳香相似，但颗粒小而圆，直径3～8mm。新鲜品表面有光泽，半透明。质脆，断面透明，玻璃样。气微香，味苦。嚼之软化成可塑性团块，不粘牙。与水共研不形成乳状物。多用作硬膏剂原料及填齿料。

没药 Myrrha

本品为橄榄科植物地丁树 *Commiphora myrrha* Engl. 或哈地丁树 *C. molmol* Engl. 的干燥树脂。主产于索马里、埃塞俄比亚、阿拉伯半岛南部及印度等地。以索马里所产没药质量最佳。11月至次年2月间将树刺伤，树脂由伤口或裂缝口自然渗出，初为淡黄白色液体，在空气中渐变为红棕色硬块，采收后拣去杂质。分为天然没药和胶质没药。

【性状鉴别】

1. 天然没药　呈不规则颗粒性团块，大小不等。大者直径可达6cm以上。表面黄棕色或红棕色，近半透明部分呈棕黑色，被有黄色粉尘。质坚脆，破碎面不整齐，无光泽。有特异香气，味苦而微辛。

2. 胶质没药　呈不规则块状和颗粒，多黏结成大小不等的团块。表面棕黄色至棕褐色，不透明。质坚实或疏松。有特异香气，味苦而有黏性。与水共研，形成黄棕色乳状液。

以块大、色红棕、半透明、香气浓、杂质少者为佳。

【成分】主含树脂、树胶、挥发油等。

【理化鉴别】

1. 粉末遇硝酸呈紫色。

2. 取粉末加香草醛试液数滴，天然没药立即染成红色，继而变为红紫色；胶质没药立即染成紫红色，继而变为蓝紫色。

【性味与功能】辛、苦，平。散瘀定痛，消肿生肌。

血竭 Draconis Sanguis

本品为棕榈科植物麒麟竭 *Daemonorops draco* Bl. 果实渗出的树脂经加工制成。主产于印度尼西亚、马来西亚和印度等地。采集成熟果实，充分晒干，加贝壳同入笼中强力振摇，松脆的红色树脂块即脱落，筛去果实鳞片及杂质，用布包起，入热水中使软化成团，取出放冷，即为原装血竭；加入辅料加工后成为加工血竭。

【性状鉴别】

1. 原装血竭 呈四方形或不定形块状，大小不等。表面铁黑色或黑红色，常附有因摩擦而产生的红粉。断面有光泽或粗糙而无光泽，黑红色。研成粉末血红色。气微，味淡。在水中不溶，在热水中软化。用火点燃，冒烟呛鼻，有苯甲酸样香气。

2. 加工血竭 呈类圆四方形或方砖形，顶端有加工成型而形成的折纹。表面暗红色，有光泽，附有因摩擦而成的红粉。质硬而脆，破碎面红色。粉末砖红色。

以外色黑似铁、研粉红似血、火烧呛鼻、有苯甲酸样香气者为佳。

📚 知识链接

血竭通常分为原装血竭和加工血竭。原装血竭是原产印度尼西亚，经初加工所得的团块，形状不定，一般不含外加辅料。加工血竭为原装血竭在新加坡掺入辅料，经加工而成，并多用布袋扎成类圆四方形，底部印贴有手牌、皇冠牌等金色商标。过去按商标分规格，现改用按质量分一、二等加工血竭。进口血竭主要为加工血竭。

【成分】含红色树脂酯如血竭素、血竭红素，黄烷类色素，三萜类等成分。

【理化鉴别】

1. 取药材粉末，置白纸上，用火隔纸烘烤即熔化，但无扩散的油迹，对光照视呈鲜艳的红色。

2. 粉末少许，放在沸水中振摇，粉末不溶化而成团，水不染色。

【性味与功能】甘、咸、平。活血定痛，化瘀止血，生肌敛疮。

📚 知识链接

1. 龙血竭（国产血竭、广西血竭） 为百合科植物剑叶龙血树的含脂木材提取而得的树脂。呈不规则块状，表面紫褐色，有光泽。质硬，易碎，有玻璃样光泽，断面有空隙。气微，味微涩，嚼之有炭粒感并微有粘牙。

2. 伪品 由松香、红色染料、石粉和泥土等混合制成。形似血竭，表面暗红色，略具光泽，用刀刮之起白色粉痕。有松香气，火烧之气更浓。粉末放入水中，水染成暗红色，置于白纸上火烤，油迹会扩散。

职业对接 ••••••••••••••••••••••••••••••••••••

　　学习本门课程主要从事以下工作：药店方面——药店导购员、药店调剂员、药店的营业人员、药品采购员；医药公司方面——药品销售员、药品采购员；医院方面——中药调剂员、药品采购员，以上岗位要掌握本章重点中药的性状特征和功效，以便以后从事工作能对药材进行辨认，判断出药品的真伪，向顾客介绍药材作用。

目标检测

一、单项选择题

1. 一般认为树脂为植物体内哪一类成分经过复杂的化学变化而形成
　　A. 生物碱类　　B. 挥发油类　　C. 木脂素类　　D. 黄酮类　　E. 香豆素类

2. 树脂类中药一般不溶于
　　A. 水　　B. 乙醇　　C. 乙醚　　D. 三氯甲烷　　E. 石油醚

3. 没药粉末遇硝酸后，所呈颜色是
　　A. 红色　　B. 黄棕色　　C. 蓝紫色　　D. 淡红色　　E. 紫色

4. 血竭颗粒置白纸上，用火烘烤熔化，无扩散的油迹，对光照视的颜色是
　　A. 铁黑色　　B. 黄棕色　　C. 粉红色　　D. 淡红色　　E. 鲜艳的血红色

5. 下列哪项不是乳香的性状鉴别特征
　　A. 呈小形乳头状，泪滴状或不规则小块
　　B. 表面淡黄色，有时微带绿色或棕色，半透明
　　C. 有的表面常常有一层黄棕色粉末
　　D. 质坚脆，断面蜡样，无光泽，少数呈玻璃样光泽
　　E. 嚼之粘牙，唾液成乳白色，微有麻辣感

6. 粉末的乙醚浸出物或挥发油，用溴或发烟硝酸蒸气接触残渣，即显紫红色，此药材是
　　A. 青黛　　B. 没药　　C. 血竭　　D. 儿茶　　E. 乳香

7. 血竭颗粒置白纸上，用火烘烤，不应出现
　　A. 颗粒熔化　　B. 无扩散的油滴　　C. 对光照视显鲜艳的血红色　　D. 以火烧之则发生呛鼻烟气　　E. 有松香气

8. 鉴别乳香时不应出现的现象是
　　A. 表面常附有白色的粉尘　　B. 断面蜡样，少数呈玻璃样光泽
　　C. 燃烧时有香气　　D. 燃烧时冒黑烟　　E. 与水共研形成黄棕色乳状液

二、多项选择题

1. 树脂类药材一般可溶于
　　A. 乙醇　　B. 甲醇　　C. 三氯甲烷　　D. 乙醚　　E. 水

2. 含树脂、树胶、挥发油的药材是
　　A. 血竭　　B. 没药　　C. 苏合香　　D. 加拿大油树脂　　E. 乳香

3. 血竭的性状

  A. 表面铁黑色 B. 研成细粉血红色 C. 用火点燃冒烟呛鼻

  D. 无臭，味极苦 E. 来源于棕榈科植物麒麟竭果实渗出的树脂

4. 乳香与没药的共同点为

  A. 植物皮受伤渗出的油胶树脂 B. 粉末遇硝酸呈紫色

  C. 含树脂、树胶、挥发油成分 D. 主产于索马里等地

  E. 来源于橄榄科植物

5. 对乳香的描述正确的是

  A. 挥发油含丁香油酚 B. 含木脂素成分 C. 油胶树脂

  D. 遇热变软，烧之微有香气，冒黑烟，并遗留黑色残渣

  E. 嚼之黏牙，唾液成乳白色，微有香辣感

6. 药材没药的性状特征有

  A. 呈不规则颗粒状或结成团块 B. 表面红棕色或黄棕色，有光泽

  C. 质坚脆，破碎面呈颗粒状 D. 与水共研成黄棕色乳状液

  E. 气香而特异

7. 优质血竭的鉴别特征是

  A. 外色黑似铁 B. 研粉红似血 C. 烧之微有香气，冒黑烟，并留有黑色残渣

  D. 火隔纸烘烤则熔化，无扩散的油迹 E. 在热水软化

三、填空题

1. 树脂根据产生的方式不同可分为_____和_____。

2. 血竭为_____科植物_____果实中渗出的_____经加工制成。

3. 没药粉末加香草醛试液，天然没药立即染成_____，继而变为_____；胶质没药立即染成_____，继而变为_____。

4. 乳香加水研磨成_____乳状液，没药加水研磨成_____乳状液。

四、简答题

1. 树脂类中药按化学组成分为哪几个类型？各类有哪些代表中药？

2. 简述乳香、没药、血竭的水试和火试现象。

3. 简述乳香和没药的性状鉴别要点。

第十八章
其他类药材

学习目标

1. 掌握重点药材青黛、冰片、五倍子的来源、产地、特殊的采收加工、理化鉴别方法、性味与功能。
2. 了解一般药材海金沙、儿茶的来源、鉴别特征与功能。

第一节　其他类药材的概述

其他类药材是指本教材其他各章中未能收载的药材。主要包括：以植物体的某一部分或间接使用植物的某些制品为原料，经过不同的加工处理所得到的产品，如青黛、冰片、儿茶等；由某些昆虫寄生于某些植物体上所形成的虫瘿，如五倍子；蕨类植物的成熟孢子，如海金沙等；植物体的分泌物，如天竺黄等；某些发酵制品，如神曲等。

其他类药材除采用性状鉴别外，理化鉴别也较为常用，有些亦可采用显微鉴别。

第二节　其他类药材的鉴定

青黛 Indigo Naturalis

本品为爵床科植物马蓝 *Baphicacanthus cusia*（Nees）Bremek.、蓼科植物蓼蓝 *Polygonum tinctorium* Ait. 或十字花科植物菘蓝 *Isatis indigotica* Fort. 的叶或茎叶经加工制得的干燥粉末、团块或颗粒。主产于福建、河北、云南、江苏、安徽等省。夏、秋二季采收茎叶，置缸内，用清水浸 2～3 昼夜，至叶烂脱枝时，捞去枝条，每 5kg 叶加入石灰 500g，充分搅拌，至浸液成紫红色时，捞取液面泡沫，晒干。

【性状鉴别】为深蓝色的粉末，体轻，易飞扬；或呈不规则多孔性的团块、颗粒，用手搓捻即成细末。微有草腥气，味淡。

以蓝色均匀、体轻能浮于水面、火烧时产生紫红色烟雾的时间较长者为佳。

【成分】主含靛玉红、靛蓝、异靛蓝等。

【理化鉴别】

1. 取粉末少量，用微火灼烧，有紫红色的烟雾发生。

2. 取粉末少量，滴加硝酸，产生气泡并显棕红色或黄棕色。

【性味与功能】咸，寒。清热解毒，凉血消斑，泻火定惊。

【附注】有些地区生产青黛的原料，还有豆科植物木蓝和野青树的叶或茎叶。

冰片 Borneolum Syntheticum

本品为樟脑、松节油等用化学方法合成的加工制成品，习称"合成龙脑"或"机制冰片"。主产上海、天津、广东等地。全年均可生产。

【性状鉴别】为无色透明或白色半透明的片状松脆结晶。气清香，味辛、凉。具挥发性。点燃发生浓烟，并有带光的火焰。在乙醇、三氯甲烷或乙醚中易溶，在水中几乎不溶。熔点为 205~210℃。

【成分】含消旋龙脑、樟脑、异龙脑等。含龙脑（$C_{10}H_{18}O$）不得少于 55.0%。

【理化鉴别】

1. 取冰片 10mg，加乙醇数滴使溶解，加新制的 1% 香草醛硫酸溶液 1~2 滴，即显紫色。

2. 取冰片 3g，加硝酸 10ml，即产生红棕色的气体，待气体产生停止后，加水 20ml，振摇，滤过，滤渣用水洗净后，有樟脑臭。

【性味与功能】辛、苦，微寒。开窍醒神，清热止痛。

【附注】

1. 天然冰片 为樟科植物樟 *Cinnamomum camphora*（L.）Presl 的新鲜枝、叶经提取加工制成，习称"右旋龙脑"。为白色结晶性粉末或片状结晶。气清香，味辛、凉。具挥发性。点燃时有浓烟，火焰呈黄色。在乙醇、三氯甲烷或乙醚中易溶，在水中几乎不溶。熔点为 204~209℃。含右旋龙脑（$C_{10}H_{18}O$）不得少于 96.0%。《中国药典》收载为另一品种。性味功能同冰片。

2. 艾片 为菊科植物艾纳香 *Blumea balsamifera*（L.）DC. 的新鲜叶经提取加工制成的结晶。为白色半透明片状、块状或颗粒状结晶，质稍硬而脆，手捻不易碎。具清香气，味辛、凉，具挥发性，点燃时有黑烟，火焰呈黄色，无残迹遗留。在乙醇、三氯甲烷或乙醚中易溶，在水中几乎不溶。熔点为 201~205℃。含左旋龙脑以龙脑（$C_{10}H_{18}O$）计，不得少于 85.0%。《中国药典》收载为另一品种。性味功能同冰片。

3. 梅片 为龙脑香科植物龙脑香 *Dryobalanops aromatica* Gaertn. f. 的树干经水蒸气蒸馏所提取的结晶，习称"龙脑冰片"。主产于印度尼西亚。为类白色至淡灰棕色半透明块状或颗粒状结晶。气清香，味清凉，嚼之慢慢溶化。成分主要为右旋龙脑、桉油精等。性味功能同冰片。

五倍子 Galla Chinensis

本品为漆树科植物盐肤木 *Rhus chinensis* Mill.、青麸杨 *R. potaninii* Maxim. 或红麸杨 *R. punjabensis* Stew. var. *sinica*（Diels）Rehd. et Wils. 叶上的虫瘿，主要由五倍子蚜 *Melaphis chinensis*（Bell）Baker 寄生而形成。主产于四川、贵州、云南、陕西、湖北等地。秋季采摘，置沸水中略煮或蒸至表面呈灰色，杀死蚜虫，取出，干燥。按外形不同，分为"肚倍"和"角倍"。

【性状鉴别】肚倍 呈长圆形或纺锤形囊状，长 2.5~9cm，直径 1.5~4cm。表面灰褐色或灰棕色，微有柔毛。质硬而脆，易破碎，断面角质样，有光泽，壁厚 0.2 ~ 0.3cm，内壁平滑，有黑褐色死蚜虫及灰色粉状排泄物。气特异，味涩。

角倍 呈菱形，具不规则的钝角状分枝，柔毛较明显，壁较薄。

【成分】含五倍子鞣酸及树脂、脂肪、淀粉。

【性味与功能】酸、涩，寒。敛肺降火，涩肠止泻，敛汗止血，收湿敛疮。

表 18 - 1 其他类一般药材

药名	来源	性状	功能
海金沙	海金沙科植物海金沙 Lygodium japonicum (Thunb.) Sw. 的干燥成熟孢子	粉末状，棕黄色或淡棕色，质极轻，手捻之有光滑感。置手掌中即由指缝滑落。撒在水中则浮于水面，加热后逐渐下沉；着火燃烧而发爆鸣及闪光，不留灰渣	清热解毒，利水通淋
儿茶	豆科合欢属植物儿茶树 Acacia catechu (L. f.) Willd. 的去皮枝、干的干燥煎膏	方形或不规则块状，大小不一。表面棕褐色或黑褐色，光滑而稍有光泽。质硬，易碎，断面不整齐，具光泽，有细孔，遇潮有黏性。无臭，味涩、苦，略回甜	清热化痰，敛疮止血

职业对接 ·······

学习本门课程主要从事以下工作：社会药房——中药营业员、中药调剂员；医药生产、批发企业——医药商品购销员；医药药房——中药调剂员，以上岗位要掌握其他类重点中药的性状特征和功效，以便以后从事工作能对药材进行辨认，判断出药品的真伪，向顾客介绍药材作用。

目标检测

一、单项选择题

1. 五倍子主含
   A. 鞣质　　B. 没食子酸　　C. 脂肪　　D. 树脂　　E. 蜡质

2. 以蓝色均匀、体轻能浮于水面、火烧时产生紫红色烟雾的时间较长者为佳的药材是
   A. 儿茶　　B. 五倍子　　C. 海金沙　　D. 青黛　　E. 冰片

3. 海金沙的药用部位为
   A. 种子　　B. 孢子　　C. 菌丝　　D. 花粉　　E. 加工品

4. 儿茶的药用部位为
   A. 虫瘿　　B. 菌丝　　C. 孢子　　D. 花粉　　E. 干燥的煎膏

5. 撒在火上，发出爆鸣声且有闪光的药材是
   A. 海金沙　　B. 冰片　　C. 青黛　　D. 天竺黄　　E. 石膏

6. 属于其他类的药材有
   A. 赭石　　B. 牡蛎　　C. 雷丸　　D. 芦荟　　E. 灵芝

二、简答题

如何鉴别青黛？

第十九章
动物类药材

⬗学⬗习⬗目⬗标⬗

1. 掌握全蝎、斑蝥、麝香、鹿茸、牛黄、羚羊角的鉴别特征。

2. 熟悉地龙、水蛭、蜂蜜、蟾酥、石决明、蜈蚣、金钱白花蛇、乌梢蛇、僵蚕、海马、龟甲、鳖甲、穿山甲的鉴别特征。

3. 了解珍珠、土鳖虫、鸡内金、牡蛎、海螵蛸、桑螵蛸、五灵脂的鉴别特征。

第一节　动物类药材概述

动物类药材是指用动物的整体或动物体的某一部分、动物体的生理或病理产物、动物体的加工品等供药用的一类药材。

动物类药材在我国的应用历史悠久，早在4000年前甲骨文就记载了麝、犀、牛等40余种药用动物。在3000多年前，我国就开始对蜜蜂的利用；珍珠、牡蛎、鹿茸等在我国的应用已有两三千年之久。历代本草中对动物类药材均有记载，《神农本草经》载有动物药65种，《新修本草》载有128种，《本草纲目》载有461种，《本草纲目拾遗》载有160种。据统计，历代本草共载有动物药600余种。新中国成立后，我国在开展全国性和大规模区域性的药用动物资源普查，现有文献报道，我国有药用动物约1850种。

一、药用动物的分类

动物的分类主要是根据动物细胞的分化、胚层的形成、体腔的有无、对称的形式、体节的分化、骨骼的性质、附肢的特点及器官系统的发生、发展等基本特征而划分为若干动物类群。在动物分类系统中与药用动物有关的有10门，它们是（由低等到高等）

原生动物门（Protozoa）

多孔动物门（Porifera），又称海绵动物门（Spongia）

腔肠动物门（Coelenterata）

扁形动物门（Platyhelminthes）

线性动物门（Nemathelminthes）

环节动物门（Annelida）

软体动物门（Mollusca）

节肢动物门（Arthropoda）

棘皮动物门（Echinodermata）

脊索动物门（Chordata）

二、动物类药材的分类

现代动物类药材的分类有多种方法，可按动物分类系统、药用部位、化学成分、药理作用及功效进行分类。常见的如按药用部位将动物类中药分类如下：

（一）动物的干燥全体

如水蛭、全蝎、蜈蚣、斑蝥等。

（二）除去内脏的动物体

如地龙、蛤蚧、金钱白花蛇等。

（三）动物体的某一部分

1. 角类　鹿茸、羚羊角、水牛角等。

2. 鳞、甲类　穿山甲、龟甲、鳖甲等。

3. 骨类　豹骨等。

4. 贝壳类　石决明、牡蛎等。

5. 脏器类　蛤蟆油、鸡内金、桑螵蛸、紫河车等。

（四）动物的生理产物

1. 分泌物　麝香、蟾酥等。

2. 排泄物　五灵脂、蚕砂等。

3. 其他生理产物　蝉蜕、蜂蜜等。

（五）动物的病理产物

如珍珠、牛黄、僵蚕等。

（六）动物体某一部分的加工品

如阿胶、血余炭等。

知识链接

动物类药材的鉴定，其方法与植物药及矿物药一样，应根据具体情况选用一种或多种方法配合进行。在实际工作中主要应用的是性状、显微、理化鉴定的方法。性状鉴定是目前使用最多的方法；贵重或破碎的动物类药材，除了进行性状鉴别外，常应用显微鉴别的方法鉴定真伪；近年来用理化鉴定法鉴定和研究动物类药材的真伪及内在质量的控制受到重视，常用的理化鉴定方法如有效成分分析法、物理常数测定法、凝胶电泳检测法、基因鉴定法等。

第二节 动物类药材的鉴定

全蝎 Scorpio

本品为钳蝎科动物东亚钳蝎 *Buthus martensii* Karsch 的干燥体。主产山东、河南、河北等地，野生或饲养。春末至秋初捕捉，除去泥沙，置沸水或沸盐水中，煮至全身僵硬，捞出，置通风处，阴干。

【性状鉴别】头胸部与前腹部呈扁平长椭圆形，后腹部呈尾状，皱缩弯曲，完整者体长约6cm。头胸部呈绿褐色，前面有1对短小的螯肢和1对较长大的钳状脚须，形似蟹螯，背面覆有梯形背甲，腹面有足4对，均为7节，末端各具2爪钩；前腹部由7节组成，第7节色深，背甲上有5条隆脊线。背面绿褐色，后腹部棕黄色，6节，节上均有纵沟，末节有锐钩状毒刺，毒刺下方无距。气微腥，味咸。

以身干、完整、色绿褐、腹中少杂质者为佳。（图19-1）

【成分】含蝎毒素。

【性味与功能】辛、平。有毒。息风镇痉，通络止痛，攻毒散结。

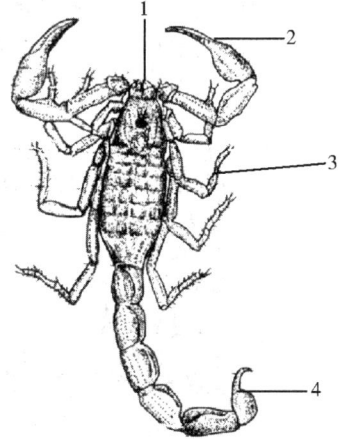

图19-1 东亚全蝎
1. 螯肢 2. 钳肢 3. 步足 4. 毒刺

【附注】掺假全蝎 曾发现有人将全蝎放在食盐和泥土的混合泥浆中，使其喝足盐泥浆，再致死晒干。外表挂有多量盐霜。折断可见褐色泥土及盐的结晶，重量可超过全蝎体重的三分之一以上。

斑蝥 Mylabris

本品为芫青科昆虫南方大斑蝥 *Mylabris phalerata* Pallas 或黄黑小斑蝥 *M. cichorii* Linnaeus 的干燥体。主产河南、安徽、江苏等地。夏、秋二季捕捉，闷死或烫死，晒干。捕捉时应注意要带手套，以免刺激皮肤和黏膜。引起炎症。

【性状鉴别】**南方大斑蝥** 呈长圆形，长1.5~2.5cm，宽0.5~1cm。头及口器向下垂，有较大的复眼及触角各1对，触角多已脱落。背部具革质鞘翅1对，黑色，有3条黄色或棕黄色的横纹；鞘翅下面有棕褐色薄膜状透明的内翅2片。胸腹部乌黑色，胸部有足3对。有特殊的臭气。（图19-2）

黄黑小斑蝥 体型较小，长1~1.5cm。

均以个大、完整、颜色鲜明、无败油气味者为佳。

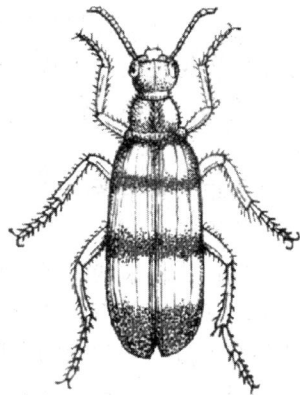

图19-2 南方大斑蝥

【成分】含斑蝥素（$C_{10}H_{12}O_4$）。

【性味与功能】辛，热。有大毒。破血逐瘀，散结消癥，攻毒蚀疮。

麝香 Moschus

本品为鹿科动物林麝 *Moschus berezovskii* Flerov、马麝 *M. sifanicus* Przewalski 或原麝 *M. moschiferus* Linnaeus 成熟雄体香囊中的干燥分泌物。主产于四川、西藏、云南、陕西、甘肃、青海、新疆、内蒙古及东北等地。野麝多在冬季至次春猎取，猎获后，割取香囊，阴干，习称"毛壳麝香"；剖开香囊，除去囊壳，习称"麝香仁"。家麝直接从其香囊中取出麝香仁，阴干或用干燥器密闭干燥。

图 19 - 3　麝香原动物图
1. 林麝　2. 马麝　3. 原麝

【性状鉴别】**毛壳麝香**　为扁圆形或类椭圆形的囊状体，直径 3~7cm，厚 2~4cm。开口面的皮革质，棕褐色，略平，密生白色或灰棕色短毛，从两侧围绕中心排列，中间有 1 小囊孔。另一面为棕褐色略带紫色的皮膜，微皱缩，偶显肌肉纤维，略有弹性，剖开后可见中层皮膜呈棕褐色或灰褐色，半透明，内层皮膜呈棕色，内含颗粒状、粉末状的麝香仁和少量细毛及脱落的内层皮膜（习称"银皮"）。（图 19 - 4）

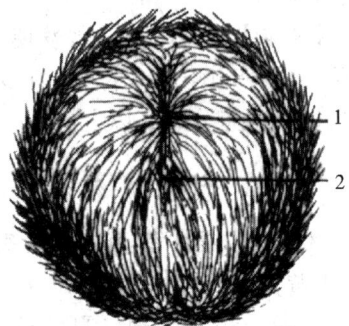

图 19 - 4　毛壳麝香药材图
1. 囊孔　2. 尿道口

以饱满、皮薄、仁多、捏之有弹性、香气浓烈者为佳。

麝香仁　野生者质软，油润，疏松；其中不规则圆球形或颗粒状者习称"当门子"，表面多呈紫黑色，油润光亮，微有麻纹，断面深棕色或黄棕色；粉末状者多呈棕褐色或黄棕色，并有少量脱落的内层皮膜和细毛。饲养者呈颗粒状、短条形或不规则的团块；表面不平，紫黑色或深棕色，显油性，微有光泽，并有少量毛和脱落的内层皮膜。气香浓烈而特异，味微 辣、微苦带咸。

以当门子多，颗粒色紫黑，粉末色棕褐，质柔润，香气浓烈者为佳。

【经验鉴别】

1. 取毛壳麝香用特制槽针从囊孔插入，转动槽针，提取麝香仁，立即检视，槽内的麝香仁应有逐渐膨胀高出槽面的现象，习称"冒槽"。麝香仁油润，颗粒疏松，无锐角，香气浓烈。不应有纤维等异物或异常气味。

2. 取麝香仁粉末少量，置手掌中，加水润湿，用手搓之能成团，再用手指轻揉即散，不应粘手、染手、顶指或结块。

3. 取麝香仁少量，撒于炽热的坩埚中灼烧，初则迸裂，随即融化膨胀起泡似珠，香气浓烈四溢，应无毛、肉焦臭，无火焰或火星出现。灰化后，残渣呈白色或灰白色。

📚 知识链接

毛壳麝香经验鉴别

1. 手试　将囊背向上，用拇指压，有弹性，无异物感。反之有掺伪。
2. 针试　不滞针，自然疏松不挡针，香气一致，无异臭味。

【成分】含麝香酮（$C_{16}H_{30}O$）。

【性味与功能】辛，温。开窍醒神，活血通经，消肿止痛。

【附注】**1. 麝香代用品**

（1）人工麝香　是根据天然麝香的组成人工合成的。成分以麝香酮为主。经药理、理化、临床试验证明，人工合成品与天然麝香性质功效相似，并对心绞痛有显著的缓解作用。

（2）灵猫香　灵猫科动物大灵猫及小灵猫香囊中成熟腺细胞的分泌物。含灵猫香、香猫醇等。雌雄都产香。

（3）麝鼠香　田鼠科动物麝鼠雄性香囊中的分泌物。具有类似麝香的特殊香气。含有天然麝香相同的麝香酮等大环化合物。

2. 掺伪品　掺伪物有植物、动物、矿物三类。植物掺伪物常见有儿茶、锁阳、桂皮、海金沙等；动物掺伪物常见有肝脏、肌肉等；矿物物掺伪常见有雄黄、砂石等。

鹿茸 Cervi Cornu Pantotrichum

本品为鹿科动物梅花鹿 *Cervus nippon* Temminck 或马鹿 *C. elaphus* Linnaeus 的雄鹿未骨化密生茸毛的幼角。前者习称"花鹿茸"，后者习称"马鹿茸"。花鹿茸主产吉林、辽宁、河北、江苏等地。马鹿茸主产东北（称"东马鹿茸"，品质较优）和西北（称"西马鹿茸"，品质较次）地区，目前均有人工饲养。

夏、秋二季锯取鹿茸，经加工后，阴干或烘干。

【性状鉴别】**花鹿茸**　呈圆柱状分枝，具一个分枝者习称"二杠"，主枝习称"大挺"，长17～20cm，锯口直径4～5cm，离锯口约1cm处分出侧枝，习称"门庄"，长9～15cm，直径较大挺略细。外皮红棕色或棕色，多光润，表面密生红黄色或棕黄色细茸毛，上端较密，下端较疏。分岔间具1条灰黑色筋脉，皮茸紧贴。锯口黄白色，外围无骨质，中部密布细孔。具二个分枝者，习称"三岔"，大挺长23～33cm，直径较二杠细，略呈弓形，微扁，枝端略尖，下部多有纵棱筋及突起疙瘩；皮红黄色，茸毛较稀而粗。体轻。气微腥，味微咸。

图 19 - 5　鹿茸原动物图
1. 马鹿　2. 梅花鹿

　　二茬茸与头茬茸相似，但挺长而不圆或下粗上细，下部有纵棱筋。皮灰黄色，茸毛较粗糙，锯口外围多已骨化。体较重。无腥气。（图 19 - 6）

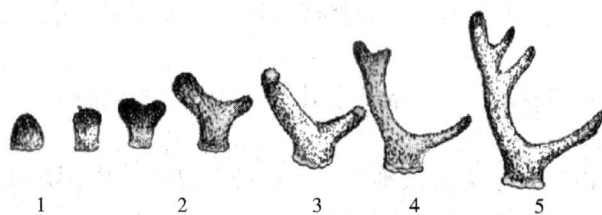

图 19 - 6　花鹿茸
1. 锥角　2. 鞍子　3. 二杠　4. 三岔　5. 四岔

　　马鹿茸　鹿茸粗大，分枝较多，侧枝一个者习称"单门"，二个者习称"莲花"，三个者习称"三岔"，四个者习称"四岔"或更多。按产地分为"东马鹿茸"和"西马鹿茸"。（图 19 - 7）

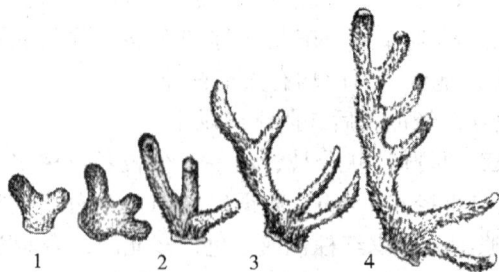

图 19 - 7　马鹿茸
1. 单门　2. 莲花　3. 三岔　4. 五岔

　　东马鹿茸"单门"大挺长 25 ~ 27cm，直径约 3cm。外皮灰黑色，茸毛灰褐色或灰黄色，锯口面外皮较厚，灰黑色，中部密布细孔，质嫩；"莲花"大挺长可达33cm，下部有棱筋，锯口面蜂窝状小孔稍大；"三岔"皮色深，质较老；"四岔"茸毛粗而稀，大挺下部具棱筋及疙瘩，分枝顶端多无毛，习称"捻头"。

西马鹿茸 大挺多不圆，顶端圆扁不一，长30~100cm。表面有棱，多抽缩干瘪，分枝较长且弯曲，茸毛粗长，灰色或黑灰色。锯口色较深，常见骨质。气腥臭，味咸。

均以茸形粗壮、饱满、皮毛完整、质嫩、油润、无骨棱、无钉者为佳。

【性味与功能】甘、咸，温。壮肾阳，益精血，强筋骨，调冲任，托疮毒。

【附注】

1. 鹿角 鹿科动物马鹿或梅花鹿已骨化的角或锯茸后翌年春季脱落的角基，分别习称"马鹿角"、"梅花鹿角"、"鹿角脱盘"。功能温肾阳，强筋骨，行血消肿。

2. 鹿角胶 鹿角经水煎煮，加黄酒、冰糖和豆油浓缩制成的固体胶。呈扁方形块，黄棕色或红棕色，半透明。质脆，易碎，断面光亮。气微，味微甜。功能温补肝肾，益精养血。

3. 鹿角霜 鹿角去胶质的角块。呈长圆柱形或不规则的块状。表面灰白色，显粉性。体轻，质酥，断面外层较致密，白色或灰白色，内层有蜂窝状小孔，灰褐色或灰黄色。有吸湿性。气微，味淡，嚼之有粘牙感。功能温肾助阳，收敛止血。

牛黄 Bovis Calculus

本品为牛科动物牛 *Bostaurus domesticus* Gmelin 的干燥胆结石。习称"天然牛黄"。主产西北、华北、东北、西南等地区。产于西北及河南的称"西牛黄"。产于华北、内蒙古一带的称"京牛黄"。产于东北地区的称"东牛黄"。产于江苏、浙江的称"苏牛黄"。产于广西、广东的称"广牛黄"。宰牛时，如发现有牛黄，即滤去胆汁，将牛黄取出，除去外部薄膜，阴干。在牛的胆囊中产生的结石称"胆黄"，在胆管或肝管中产生的称"管黄"。

【性状鉴别】呈卵形、类球形、三角形或四方形，大小不一，直径0.6~3(~4.5)cm，少数呈管状或碎片。表面黄红色至棕黄色，有的表面挂有一层黑色光亮的薄膜，习称"乌金衣"，有的粗糙，具疣状突起，有的具龟裂纹。体轻，质酥脆，易分层剥落，断面金黄色，可见细密的同心层纹，有的夹有白心。气清香，味苦而后甘，有清凉感，嚼之易碎，不粘牙。（图19-8）

以完整、色棕黄、质酥脆、断面层纹清晰而细腻者为佳。

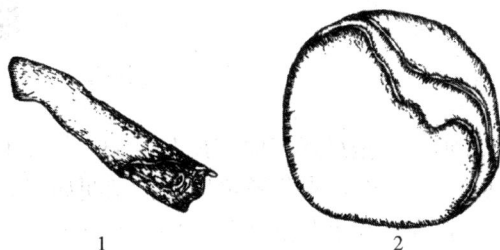

图19-8 牛黄药材图
1. 管黄 2. 蛋黄

【鉴别】取牛黄少量，加清水调和，涂于指甲上，能将指甲染成黄色，习称"挂甲"。

【成分】含胆酸（$C_{24}H_{40}O_5$）不少于4.0%，胆红素（$C_{33}H_{36}N_4O_6$）不少于35.0%。

【性味与功能】甘，凉。清心，豁痰，开窍，凉肝，息风，解毒。

【附注】

1. 人工牛黄 由牛胆粉、胆酸、猪去氧胆酸、牛磺酸、胆红素、胆固醇、微量元素等加工制成。为黄色疏松粉末。味苦，微甘，入口后无清凉感。水溶液亦能"挂甲"。功能清热解毒，化痰定惊。含胆酸不少于13.0%，含胆红素不少于0.63%。处方和中成药中如用的是人工牛黄则必须注明，要与牛黄（天然牛黄）区别。

2. 体外培育牛黄 以牛科动物牛的新鲜胆汁作母液，加入去氧胆酸、胆酸、复合胆红素钙等制成。具有与天然牛黄类似的性状与功能，能部分代替天然牛黄。药材呈球形或类球形，直径0.5～3cm。表面光滑，呈黄红色至棕黄色。体轻，质松脆，断面有同心层纹。气香，味苦而后甘，有清凉感，嚼之易碎，不粘牙。能"挂甲"。功能清心，豁痰，开窍，凉肝，息风，解毒。含胆酸（$C_{24}H_{40}O_5$）不少于6.0%，胆红素（$C_{33}H_{36}N_4O_6$）不少于35.0%。

羚羊角 Saigae Tataricae Cornu

本品为牛科动物赛加羚羊 *Saiga tatarica* Linnaeus 的角。野生赛加羚羊为我国一级保护动物，我国仅分布于新疆北部边境地区，甘肃、青海、西藏北部，内蒙古自治区的大兴安岭有少量分布。进口品产于俄罗斯、蒙古及澳大利亚等地区。全年均可捕捉，捕得后锯取其角，洗净，晒干。（图19-9）

图19-9 赛加羚羊　　　　图19-10 羚羊角药材图

【性状鉴别】呈长圆锥形，略呈弓形弯曲，长15～33cm；类白色或黄白色，基部稍呈青灰色。嫩枝对光透视有"血丝"或紫黑色斑纹，光润如玉，无裂纹，老枝则有细纵裂纹。除尖端部分外，有10～16个隆起环脊，间距约2cm，用手握之，四指正好嵌入凹处。角的基部横截面圆形，直径3～4cm，内有坚硬质重的角柱，习称"骨塞"，骨塞长约占全角的1/2或1/3，表面有突起的纵棱与其外面角鞘内的凹沟紧密嵌合，从横断面观，其结合部呈锯齿状。除去"骨塞"后，角的下半段成空洞，全角呈半透明，

对光透视，上半段中央有一条隐约可辨的细孔道直通角尖，习称"通天眼"。质坚硬。气微，味淡。(图 19 – 10)

以质嫩、色白、光润、内含红色斑纹、无裂纹者为佳。

【性味与功能】咸，寒。平肝息风，清肝明目，散血解毒。

【附注】1. 混淆品　同科动物鹅喉羚羊、藏羚羊、黄羊的角。

2. 掺伪品　进口的羚羊角曾发现角内灌有铅粒，以增加重量。可检查骨塞是否活动，或用 X 光仪检查。

表 19 – 1　动物类一般药材

药名	来源	性状	功能
地龙	钜蚓科动物参环毛蚓 *Pheretima asperg illum* (E . Perrier)、通俗环毛蚓 *P. vulgaris* Chen、威廉环毛蚓 *P. guil lelmi* (Michaelsen) 或栉盲环毛蚓 *P. pectini fera* Michaelsen 的干燥体。前一种习称"广地龙"，后三种习称"沪地龙"	广地龙　呈长条状薄片，弯曲，边缘略卷，长 15～20cm，宽 1～2cm。全体具环节，背部棕褐色至紫灰色，腹部浅黄棕色；第 14～16 环节为生殖带，习称"白颈"，较光亮。体前端稍尖，尾端钝圆，刚毛圈粗糙而硬，色稍浅。雄生殖孔在第 18 环节腹侧刚毛圈一小孔突上，外缘有数环绕的浅皮褶，内侧刚毛圈隆起，前面两边有横排（一排或二排）小乳突，每边 10～20 个不等。受精囊孔 2 对，位于 7/8 至 8/9 环节间一椭圆形突起上，约占节周 5μl。体轻，略呈革质，不易折断。气腥，味微咸 沪地龙　长 8～15cm，宽 0.5～1.5cm。全体具环节，背部棕褐色至黄褐色，腹部浅黄棕色；第 14～16 环节为生殖带，较光亮。第 18 环节有一对雄生殖孔。通俗环毛蚓的雄交配腔能全部翻出，呈花菜状或阴茎状；威廉环毛蚓的雄交配腔孔呈纵向裂缝状；栉盲环毛蚓的雄生殖孔内侧有 1 或多个小乳突。受精囊孔 3 对，在 6/7 至 8/9 环节间	清热定惊，通络，平喘，利尿
水蛭	水蛭科动物蚂蟥 *Whitmania pigra* Whitman、水蛭 *Hirudonipponica* Whitman 或柳叶蚂蟥 *Whitmania acranulata* Whitma 的干燥全体	蚂蟥　呈扁平纺锤形，有多数环节，长 4～10cm，宽 0.5～2cm。背部黑褐色或黑棕色，稍隆起，用水浸后，可见黑色斑点排成 5 条纵纹；腹面平坦，棕黄色。两侧棕黄色，前端略尖，后端钝圆，两端各具 1 吸盘。前吸盘不显著，后吸盘较大。质脆，易折断，断面胶质状。气微腥 水蛭　扁长圆柱形，体多弯曲扭转，长 2～5cm，宽 0.2～0.3cm。柳叶蚂蟥狭长而扁，长 5～12cm，宽 0.1～0.5cm	有小毒破血通经，逐瘀消癥
珍珠	珍珠贝科动物马氏珍珠贝 *Pteria martensii* (Dunker)、蚌科动物三角帆蚌 *Hyriopsis cumingii* (Lea) 或褶纹冠蚌 *Cristaria plicata* (Leach) 等双壳类动物受刺激形成的珍珠	类球形、长圆形、卵圆形或棒形，表面类白色、浅粉红色、浅黄绿色或浅蓝色，半透明，光滑或微有凹凸，具特有的彩色光泽。质坚硬，破碎面显层纹。气微，味淡	安神定惊，明目消翳，解毒生肌，润肤祛斑
蜂蜜	蜜蜂科昆虫中华蜜蜂 *Apis cerana* Fabricius 或意大利蜂 *A. mellifera* Linnaeus 所酿的蜜	为半透明、带光泽、浓稠的液体，白色至淡黄色或橘黄色至黄褐色，放久或遇冷渐有白色颗粒状结晶析出。气芳香，味极甜	补中，润燥，止痛，解毒；外用生肌敛疮
蟾酥	蟾蜍科动物中华大蟾蜍 *Bufo bufo gargariz ans* Cantor 或黑眶蟾蜍 *Bufomela nostictus* Schneider 的干燥分泌物	呈扁圆形团块状或片状。棕褐色或红棕色。团块状者质坚，不易折断，断面棕褐色，角质状，微有光泽；片状者质脆，易碎，断面红棕色，半透明。气微腥，味初甜而后有持久的麻辣感，粉末嗅之作嚏	有毒。解毒，止痛，开窍醒神

药名	来源	性状	功能
石决明	鲍科动物杂色鲍 *Haliotis diversicolor* Reeve、皱纹盘鲍 *H. discus hannai* Ino、羊鲍 *H. ovina* Gmelin、澳洲鲍 *H. ruber*（Leach）、耳鲍 *H. asinina* Linnaeus 或白鲍 *H. laevigata*（Donovan）的贝壳	杂色鲍　呈长卵圆形，内面观略呈耳形，长 7 ～ 9cm，宽 5 ～ 6cm，高约 2cm。表面暗红色，有多数不规则的螺肋和细密生长线，螺旋部小，体螺部大，从螺旋部顶处开始向右排列有 20 余个疣状突起，末端 6 ～ 9 个开孔，孔口与壳面平。内面光滑，具珍珠样彩色光泽。壳较厚，质坚硬，不易破碎。气微，味微咸 皱纹盘鲍　呈长椭圆形，长 8 ～ 12cm，宽 6 ～ 8cm，高 2 ～ 3cm。表面灰棕色，有多数粗糙而不规则的皱纹，生长线明显，常有苔藓类或石灰虫等附着物，末端 4 ～ 5 个开孔，孔口突出壳面，壳较薄 羊鲍　近圆形，长 4 ～ 8cm，宽 2.5 ～ 6cm，高 0.8 ～ 2cm。壳顶位于近中部而高于壳面，螺旋部与体螺部各占 1/2，从螺旋部边缘有 2 行整齐的突起，尤以上部较为明显，末端 4 ～ 5 个开孔，呈管状 澳洲鲍　呈扁平卵圆形，长 13 ～ 17cm，宽 11 ～ 14cm，高 3.5 ～ 6cm。表面砖红色，螺旋部约为壳面的 1/2，螺肋和生长线呈波状隆起，疣状突起 30 余个，末端 7 ～ 9 个开孔，孔口突出壳面 耳鲍　狭长，略扭曲，呈耳状，长 5 ～ 8cm，宽 2.5 ～ 3.5cm，高约 1cm。表面光滑，具翠绿色、紫色及褐色等多种颜色形成的斑纹，螺旋部小，体螺部大，末端 5 ～ 7 个开孔，孔口与壳平，多为椭圆形，壳薄，质较脆 白鲍　呈卵圆形，长 11 ～ 14cm，宽 8.5 ～ 11cm，高 3 ～ 6.5cm。表面砖红色，光滑，壳顶高于壳面，生长线颇为明显，螺旋部约为壳面的 1/3，疣状突起 30 余个，末端 9 个开孔，孔口与壳平	平肝潜阳，清肝明目
蜈蚣	蜈蚣科动物少棘巨蜈蚣 *Scolopendra subspinipes mutilans* L. Koch 的干燥体	呈扁平长条形，长 9 ～ 15cm，宽 0.5 ～ 1cm。由头部和躯干部组成，全体共 22 个环节。头部暗红色或红褐色，略有光泽，有头板覆盖，头板近圆形，前端稍突出，两侧贴有颚肢一对，前端两侧有触角一对。躯干部第一背板与头板同色，其余 20 个背板为棕绿色或墨绿色，具光泽，自第四背板至第二十背板上常有两条纵沟线；腹部淡黄色或棕黄色，皱缩；自第二节起，每节两侧有步足一对；步足黄色或红褐色，偶有黄白色，呈弯钩形，最末一对步足尾状，故又称尾足，易脱落。质脆，断面有裂隙。气微腥，有特殊刺鼻的臭气，味辛、微咸	有毒。息风镇痉，通络止痛，攻毒散结
金钱白花蛇	眼镜蛇科动物银环蛇 *Bungarus multinftus* Blyth 的幼蛇干燥体	圆盘状，盘径 3 ～ 6cm，蛇体直径 0.2 ～ 0.4cm。头盘在中间，尾细，常纳口内，口腔内上颌骨前端有毒沟牙 1 对，鼻间鳞 2 片，无颊鳞，上下唇鳞通常各为 7 片。背部黑色或灰黑色，有白色环纹 45 ～ 58 个，黑白相间，白环纹在背部宽 1 ～ 2 行鳞片，向腹面渐增宽，黑环纹宽 3 ～ 5 行鳞片，背正中明显突起一条脊棱，脊鳞扩大呈六角形，背鳞细密，通身 15 行，尾下鳞单行。气微腥，味微咸	有毒。祛风，通络，止痉
乌梢蛇	游蛇科动物乌梢蛇 *Zaocys dhumnades*（Cantor）的干燥体	圆盘状，盘径约 16cm。表面黑褐色或绿黑色，密被菱形鳞片；背鳞行数成双，背中央 2 ～ 4 行鳞片强烈起棱，形成两条纵贯全体的黑线。头盘在中间，扁圆形，眼大而下凹陷，有光泽。上唇鳞 8 枚，第 4、5 枚入眶，颊鳞 1 枚，眼前下鳞 1 枚，较小，眼后鳞 2 枚。脊部高耸成屋脊状。腹部剖开边缘向内卷曲，脊肌肉厚，黄白色或淡棕色，可见排列整齐的肋骨。尾部渐细而长，尾下鳞双行。剥皮者仅留头尾之皮鳞，中段较光滑。气腥，味淡	祛风，通络，止痉

续表

药名	来源	性状	功能
土鳖虫	鳖蠊科昆虫地鳖 *Eupolyphaga sinesis* Walker 或冀地鳖 *Steleophaga plancyi* (Boleny) 的雌虫干燥体	地鳖 呈扁平卵形,长 1.3~3cm,宽 1.2~2.4cm。前端较窄,后端较宽,背部紫褐色,具光泽,无翅。前胸背板较发达,盖住头部;腹背板 9 节,呈覆瓦状排列。腹面红棕色,头部较小,有丝状触角 1 对,常脱落,胸部有足 3 对,具细毛和刺。腹部有横环节。质松脆,易碎。气腥臭,味微咸 冀地鳖 长 2.2~3.7cm,宽 1.4~2.5cm。背部黑棕色,通常在边缘带有淡黄褐色斑块及黑色小点	有小毒。破血逐瘀,续筋接骨
鸡内金	雉科动物家鸡 *Gallus gallusdomesticus* Brisson 的干燥沙囊内壁	为不规则卷片,厚约 2mm。表面黄色、黄绿色或黄褐色,薄而半透明,具明显的条状皱纹。质脆,易碎,断面角质样,有光泽。气微腥,味微苦	健胃消食,涩精止遗,通淋化石
牡蛎	本品为牡蛎科动物长牡蛎 *Ostrea gigas* Thunberg、大连湾牡蛎 *O. talienwhanensis* Crosse 或近江牡蛎 *O. rivularis* Gould 的贝壳	长牡蛎 呈长片状,背腹缘几平行,长 10~50cm,高 4~15cm。右壳较小,鳞片坚厚,层状或层状状排列。壳外面平坦或具数个凹陷,淡紫色、灰白色或黄褐色;内面瓷白色,壳顶二侧无小齿。左壳凹陷深,鳞片较右壳粗大,壳顶附着面小。质硬,断面层状,洁白。气微,味微咸 大连湾牡蛎 呈类三角形,背腹缘呈八字形。右壳外面淡黄色,具疏松的同心鳞片,鳞片起伏成波浪状,内面白色。左壳同心鳞片坚厚,自壳顶部放射肋数个,明显,内面凹下呈盒状,铰合面小。 近江牡蛎 呈圆形、卵圆形或三角形等。右壳外面稍不平,有灰、紫、棕、黄等色,环生同心鳞片,幼体者鳞片薄而脆,多年生长后鳞片层层相叠,内面白色,边缘有的淡紫色	重镇安神,潜阳补阴,软坚散结
海螵蛸	本品为乌贼科动物无针乌贼 *Sepiella maindroni* de Rochebrune 或金乌贼 *Sepia esculenta* Hoyle 的干燥内壳	无针乌贼 呈扁长椭圆形,中间厚,边缘薄,长 9~14cm,宽 2.5~3.5cm,厚约 1.3cm。背面有磁白色脊状隆起,两侧略显微红色,有不甚明显的细小疣点;腹面白色,自尾端到中部有细密波状横层纹;角质缘半透明,尾部较宽平,无骨针。体轻,质松,易折断,断面粉质,显疏松层纹。气微腥,味微咸 金乌贼 长 13~23cm,宽约 6.5cm。背面疣点明显,略呈层状排列;腹面的细密波状横层纹占全体大部分,中间有纵向浅槽;尾部角质缘渐宽,向腹面翘起,末端有 1 骨针,多已断落	收敛止血,涩精止带,制酸止痛,收湿敛疮
桑螵蛸	螳螂科昆虫大刀螂 *Tenodera sinensis* Saussure、小刀螂 *Statilia maculate* (Thunberg) 或巨斧螳螂 *Hierodula patellifera* (Serville) 的干燥卵鞘	团螵蛸 略呈圆柱形或半圆形,由多层膜状薄片叠成,长 2.5~4cm,宽 2~3cm。表面浅黄褐色,上面带状隆起不明显,底面平坦或有凹沟。体轻,质松而韧,横断面可见外层为海绵状,内层为许多放射状排列的小室,室内各有一细小椭圆形卵,深棕色,有光泽。气微腥,味淡或微咸 长螵蛸 略呈长条形,一端较细,长 2.5~5cm,宽 1~1.5cm。表面灰黄色,上面带状隆起明显,带的两侧各有一条暗棕色浅沟和斜向纹理。质硬而脆。黑螵蛸略呈平行四边形,长 2~4cm,宽 1.5~2cm。表面灰褐色,上面带状隆起明显,两侧有斜向纹理,近尾端微向上翘。质硬而韧	固精缩尿,补肾助阳
僵蚕	蚕蛾科昆虫家蚕 *Bombyx mori* Linnaeus 4~5 龄的幼虫感染(或人工接种)白僵菌 *Beauveria bassiana* (Bals.) Vuillant 而致死的干燥体	略呈圆柱形,多弯曲皱缩。长 2~5cm。表面灰黄色,被有白色粉霜状的气生菌丝和分生孢子。头部较圆,足 8 对,体节明显,尾部略呈二分歧状。质硬而脆,易折断,断面平坦,外层白色,中间有亮棕色或亮黑色的丝腺环 4 个。气微腥,味微咸	息风止痉,祛风止痛,化痰散结

续表

药名	来源	性状	功能
海马	海龙科动物线纹海马 Hippocampus kelloggi Jodan et Snyder、刺海马 H. histrix Kaup、大海马 H. kuda Bleeker、三斑海马 H. trimaculatus Leach 或小海马（海蛆）H. japonicus Kaup 的干燥体	线纹海马　呈扁长形而弯曲，体长约30cm。表面黄白色。头略似马头，有冠状突起，具管状长吻，口小，无牙，两眼深陷。躯干部七棱形，尾部四棱形，渐细卷曲，体上有瓦楞形的节纹并具短棘。体轻，骨质，坚硬。气微腥，味微咸。 刺海马　体长15~20cm。头部及体上环节间的棘细而尖。 大海马体长20~30cm。黑褐色。三斑海马体侧背部第1、4、7节的短棘基部各有1黑斑。 小海马（海蛆）　体形小，长7~10cm。黑褐色。节纹和短棘均较细小	温肾壮阳，散结消肿
龟甲	龟科动物乌龟 Chinemys reevesii（Gray）的背甲及腹甲	背甲及腹甲由甲桥相连，背甲稍长于腹甲，与腹甲常分离。背甲呈长椭圆形拱状，长7.5~22cm，宽6~18cm. 外表面棕褐色或黑褐色，脊棱3条；颈盾1块，前窄后宽；椎盾5块. 第1椎盾长大于宽或近相等，第2~4椎盾宽大于长；肋盾两侧对称，各4块；缘盾每侧11块；臀盾2块。腹甲呈板片状，近长方椭圆形，长6.4~21cm，宽5.5~17cm；外表面淡黄棕色至棕黑色，盾片12块，每块常具紫褐色放射状纹理，腹盾、胸盾和股盾中缝均长，喉盾、肛盾次之，肱盾中缝最短；内表面黄白色至灰白色，有的略带血迹或残肉，除净后可见骨板9块，呈锯齿状嵌接；前端钝圆或平截，后端具5角形缺刻，两侧残存呈翼状向斜上方弯曲的甲桥。质坚硬。气微腥，味微咸	滋阴潜阳，益肾强骨，养血补心，固经止崩
鳖甲	鳖科动物鳖 Trionyx sinensis Wiegmann 的背甲	呈椭圆形或卵圆形，背面隆起，长10~15cm，宽9~14cm。外表面黑褐色或墨绿色，略有光泽，具细网状皱纹和灰黄色或灰白色斑点，中间有一条纵棱，两侧各有左右对称的横凹纹8条，外皮脱落后，可见锯齿状嵌接缝。内表面类白色，中部有突起的脊椎骨，颈骨向内卷曲，两侧各有肋骨8条，伸出边缘。质坚硬。气微腥，味淡	滋阴潜阳，退热除蒸，软坚散结
穿山甲	鲮鲤科动物穿山甲 Manis pentada Ctylayla Linnaeus 的鳞甲。	呈扇面形、三角形、菱形或盾形的扁平片状或半折合状，中间较厚，边缘较薄，大小不一，长宽各为0.7~5cm。外表面黑褐色或黄褐色，有光泽，宽端有数十条排列整齐的纵纹及数条横线纹；窄端光滑。内表面色较浅，中部有一条明显突起的弓形横向棱线，其下方有数条与棱线相平行的细纹。角质，半透明，坚韧而有弹性，不易折断。气微腥，味淡	活血消癥，通经下乳，消肿排脓，搜风通络
五灵脂	鼯鼠科动物复齿鼯鼠 Trogopterus xanthipes Milne-Edwards 的干燥粪便	灵脂块　由多数粪粒凝结成不规则的块状，大小不一。表面黑棕色、棕褐色或棕褐色，不平坦，有的可见粪粒，间或有黄棕色树脂样物质。气腥臭，带有柏树叶样气味，味苦辛 灵脂米　粪粒呈长椭圆形，两端钝圆，长0.5~1.5cm，直径3~6mm，表面较平滑或微粗糙，黑褐色或灰棕色。质轻松，断面黄绿色或黑棕色，纤维性，捻之易碎，呈粉末状。具柏树叶样香气，味苦	活血，散瘀，止痛

职业对接 ·············

　　学习本门课程主要从事以下工作：药店方面——药店导购员、药店调剂员、药店的营业人员、药品采购员；医药公司方面——药品销售员、药品采购员；医院方面——中药调剂员、药品采购员，以上岗位要掌握动物类重点中药的性状特征和功效，以便以后从事工作能对药材进行辨认，判断出药品的真伪，向顾客介绍药材作用。

目标检测

一、单项选择题

1. 以动物病理产物入药的药材是
   A. 珍珠　　B. 蟾酥　　C. 石决明　　D. 牡蛎　　E. 五灵脂

2. 斑蝥具抗癌作用的成分是
   A. 蚁酸　　B. 色素　　C. 斑蝥素　　D. 树脂　　E. 脂肪油

3. 羚羊角正品药材的动物来源是
   A. 鹅喉羚羊　　B. 长尾羚羊　　C. 藏羚羊　　D. 赛加羚羊　　E. 黄羊

4. 以下药材中，药用部位不是动物的干燥整体的是
   A. 蜈蚣　　B. 土鳖虫　　C. 海螵蛸　　D. 斑蝥　　E. 全蝎

5. 表面挂有一层黑色光亮的薄膜，习称"乌金衣"的药材是
   A. 麝香　　B. 鸡内金　　C. 蜈蚣　　D. 牛黄　　E. 鹿茸

6. 牛黄的入药部位是
   A. 背甲　　B. 骨骼　　C. 全体　　D. 胆结石　　E. 干燥分泌物

7. 火烧麝香不应出现的现象是
   A. 轻微爆鸣声　　　B. 熔化膨胀起泡似珠　　　C. 有火焰或火星
   D. 有浓烈特异香气　　　　　　　　　E. 残留白色或灰白色灰烬

8. 全蝎的原动物科名是
   A. 芫青科　　B. 钳蝎科　　C. 鼹鼠科　　D. 蚕蛾科　　E. 鲮鲤科

9. 有"冒槽"现象的是
   A. 鹿茸　　B. 斑蝥　　C. 羚羊角　　D. 牛黄　　E. 麝香

10. 具有"通天眼"的是
    A. 鹿茸　　B. 牛黄　　C. 麝香　　D. 羚羊角　　E. 全蝎

11. 有"挂甲"现象的是
    A. 麝香　　B. 羚羊角　　C. 牛黄　　D. 鹿茸　　E. 蜂蜜

12. 花鹿茸中具有1个侧枝的习称为
    A. 大挺　　B. 单门　　C. 二杠　　D. 三岔　　E. 莲花

13. 天然牛黄断面可见
    A. 同心层纹　　B. 菊花心　　C. 车轮纹　　D. 罗盘纹　　E. 不规则纹

14. 下列哪味药孕妇禁用
    A. 牛黄　　B. 鹿茸　　C. 阿胶　　D. 麝香　　E. 羚羊角

15. 全蝎所含蝎毒素主要存在部位是
    A. 头部　　B. 腹部　　C. 背部　　D. 尾部　　E. 以上均有

16. 麝香具特殊香气的成分是

A. 雄甾烷　　B. 卵磷脂　　C. 麝香酮　　D. 麝吡啶　　E. 氨基酸

二、多项选择题

1. 药用部位是动物的干燥全体的药材有

A. 蜈蚣　　B. 土鳖虫　　C. 全蝎　　D. 斑蝥　　E. 水蛭

2. 药用部位是动物病理产物的药材是

A. 僵蚕　　B. 鹿茸　　C. 牛黄　　D. 蟾酥　　E. 珍珠

3. 花鹿茸的商品有

A. 二杠　　B. 大挺　　C. 莲花　　D. 门庄　　E. 三岔

4. 属于麝香的鉴别特征的是

A. 有"冒槽"现象　　B. 香气浓烈而特异　　C. 味微辣、微苦带咸

D. 手搓成团，轻揉即散　　E. 火烧残渣黑色

5. 麝香的正品原动物有

A. 林麝　　B. 马麝　　C. 灵猫香　　D. 麝鼠香　　E. 原麝

三、名词解释

1. 冒槽　　2. 乌金衣

3. 通天眼　　4. 单门

5. 挂甲　　6. 莲花

第二十章
矿物类药材

学 习 目 标

1. 掌握矿物类药材的鉴别方法及真伪鉴别方法。
2. 掌握重点矿物类药材的性状特征。
3. 熟悉一般矿物类药材的性状特征。
4. 了解矿物类药材的来源和分类。

第一节　矿物类药材概述

矿物是由地质作用而形成的天然单质或化合物。矿物类药材是可供药用的天然矿物、矿物的加工品、动物或动物骨骼的化石。

一、矿物类药材的应用

我国利用矿物作为药材，有着悠久的历史，公元前 2 世纪已能从丹砂中制炼出水银；北宋年间，已能从人尿中提取制造"秋石"。历代本草对矿物类药材都有记载，《神农本草经》中载有玉石类药物 41 种，宋代《证类本草》等书中的矿物药已达 139 种，明代《本草纲目》中记载矿物类药材共 161 种。

二、矿物类药材的性质

矿物除少数是自然元素以外，绝大多数是自然化合物，大部分是固态，少数是液态或气态。每一种固体矿物具有一定的物理和化学性质，利用这些性质的不同，对矿物类进行鉴定。

1. 结晶形状　由结晶质（晶体）组成的矿物都具有固定的结晶形状，凡是质点呈规律排列者为晶体，反之为非晶体。在三维空间内以固定距离作有规律格子状排列，这种构造称为空间格子。组成空间格子的最小单位，称为晶胞。晶胞的形状和大小，由其单位晶胞的棱长和棱间夹角决定。一般把棱长和棱间夹角称为晶体常数。根据结晶常数，可将晶体归为七大晶系：等轴晶系、三方晶系、四方晶系、六方晶系、斜方晶系、单斜晶系、三斜晶系。

2. 结晶习性 一般指晶体的外观形态。含水矿物中，水在矿物中存在的形式，直接影响到矿物的性质。按存在的形式，矿物中的水分为两大类：一是不加入晶格的吸附水或自由水；一是加入晶格组成的，包括以水分子（H_2O）形式存在的结晶水。

3. 透明度 矿物透光能力的大小称为透明度。矿物磨至 0.03mm 标准厚度时比较其透明度，分为三类：透明矿物、半透明矿物、不透明矿物。透明度是鉴定矿物的特征之一。

4. 颜色 矿物的颜色，主要是矿物对光线中不同波长的光波均匀吸收或选择吸收所表现的性质。一般分为三类：本色，矿物的成分和内部构造所决定的颜色，如朱砂；外色，由混入的有色物质污染等原因形成的颜色，与矿物本身的成分和构造无关，如紫石英；假色，由于投射光受晶体内部裂缝、解理面及表面的氧化膜的反射所引起的光波的干涉作用而产生的颜色，如云母。

矿物在白色毛瓷板上划过后所留下的粉末痕迹称条痕，粉末的颜色称为条痕色。条痕色比矿物表面的颜色更为固定，因而具有鉴定意义。

5. 光泽 矿物表面对投射光线的反射能力称为光泽。矿物的光泽分为：金属光泽、半金属光泽、金刚光泽、玻璃光泽、绢丝光泽等。

6. 硬度 矿物抵抗某种外来机械作用的能力称为硬度。一般鉴别矿物硬度常用摩氏硬度计，按其硬度大小分为十级。精密测定矿物的硬度，可用测硬仪和显微硬度计。

7. 解理、断口 矿物受力后沿一定结晶方向裂开成光滑平面的性能称为解理。解理是结晶物质特有的性质，其形成和晶体构造的类型有关，所以是矿物的主要鉴定特征。矿物受力后不是沿一定结晶方向断裂，断裂面是不规则和不平整的，这种断裂面称为断口。断口面形态有：平坦状断口、贝壳状断口、参差状断口、锯齿状断口。

8. 矿物的力学性质 矿物受压轧、锤击、弯曲或拉引等力作用时所呈现的力学性质有：脆性，矿物容易被击破或压碎的性质；延展性，矿物能被压成薄片或抽成细丝的性质；挠性，矿物在外力作用下趋于弯曲而不发生折断，除去外力后不能恢复原状的性质；弹性，矿物在外力作用下而变形，外力取消后，在弹性限度内，能恢复原状的性质；柔性，矿物易受外力切割并不发生碎裂的性质。

9. 磁性 矿物可以被磁铁或电磁吸或其本身能够吸引物体的性质。

10. 比重 矿物在4℃时与同体积水的重量比。各种矿物的比重在一定条件下为一常数。

11. 气味 有些矿物具有特殊气味，尤其是矿物受锤击、加热或湿润时较为明显。

12. 其他 少数矿物类药材具有吸水的能力，如龙骨等。

三、矿物类药材的分类

1. 按阳离子分 一般分为：汞化合物类，如朱砂等；铁化合物类，如自然铜等；铅化合物类，如铅丹等；铜化合物类，如铜绿等；铝化合物类，如白矾等；砷化合物类，如雄黄等；矽化合物类，如玛瑙等；镁化合物类，如滑石等；钙化合物类，如石膏等；钠化合物类，如硼砂等；其他类，如硫黄等。

2. 按阴离子分 一般分为：硫化合物类，如朱砂、雄黄等；硫酸盐类，如石膏、芒硝等；氧化物类，如磁石等；碳酸盐类，如炉甘石等；卤化物类，如轻粉等。

第二节 矿物类药材的鉴定

朱砂 Cinnabaris

本品为硫化物类矿物辰砂族辰砂，主含硫化汞（HgS）。主产湖南、贵州、四川、广西等地，以湖南沅陵（古称辰州）、新晃及贵州铜仁，产量大，质量好。采挖后，选取纯净者，用磁铁吸净含铁的杂质，再用水淘去杂石和泥沙。

【性状鉴别】粒状或块状集合体，呈颗粒状或块片状。鲜红色或暗红色，有金刚光泽，条痕红色至褐红色。质重而脆，片状者易破碎，粉末状者有闪烁的光泽。硬度 2 ~ 2.5，相对密度 8.09 ~ 8.20。气微，味淡。

朱砂商品分为三种规格：①呈细小颗粒或粉末状，红色明亮，触之不染手者，习称"朱宝砂"。②呈不规则片状，斜方形成长条形，大小厚薄不一，边缘不整齐，色红鲜艳，光亮如镜者，质较松脆者，习称"镜面砂"。③呈较大块状，方圆形或多角形，颜色发暗或呈灰褐色，质重不易碎者，习称"豆瓣砂"。（图 20 - 1）

以色鲜红、有光泽、质脆、无杂质者为佳。

【成分】含硫化汞（HgS），含量在 96% 以上。

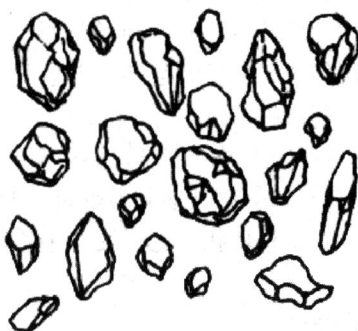

图 20 - 1　朱砂药材图

【理化鉴别】

1. 取粉末，用盐酸湿润后，在光洁的铜片上摩擦，铜片表面显银白色光泽，加热烘烤后，银白色即消失。

2. 取粉末 2g，加盐酸 - 硝酸（3 : 1）的混合溶液 2ml 使溶解，蒸干，加水 2ml 使溶解，滤过，滤液显汞盐与硫酸盐的鉴别反应。

【性味与功能】甘，微寒。有毒。清心镇惊，安神，明目，解毒。

【附注】

1. 药用朱砂多为天然朱砂，矿物名称为辰砂。以湖南辰州（今沅陵）产的较好，故得名。

2. 灵砂　系指人工合成的朱砂。由硫磺和水银为原料经加热制成的升华物，商品为大小不等碎块，全体呈暗红色，断面呈针状结晶束，习称"马牙柱"，具有宝石样或金属光泽。质松脆，易纵向碎裂。无臭，味淡。

3. 银朱　也是由水银、硫磺人工制成的硫化汞。灵砂的质量较银朱为好。

4. 现代研究表明，朱砂内服过量可引起毒性。朱砂在加热过程中会有单质的汞产生，增加了毒性，故朱砂忌火煅。

雄黄 Realgar

本品为硫化物类矿物雄黄族雄黄，主含二硫化二砷（As_2S_2）。主产湖北、湖南、贵州、云南等地。采挖后，除去杂质。

【性状鉴别】块状或粒状集合体，呈不规则块状。深红色或橙红色，条痕淡橘红色，晶面有金刚石样光泽。质脆，易碎，断面具树脂样光泽。硬度 1.5～2.0，相对密度 3.4～3.6。微有特异的臭气，味淡。燃之易熔融成红紫色液体，并产生黄白色烟气，有强烈的蒜臭气。

精矿粉为粉末状或粉末集合体，质松脆，手捏即成粉，橙黄色，无光泽。

以色红、块大、质松脆、有光泽者为佳。

【成分】含二硫化二砷（As_2S_2）。

【理化鉴别】

1. 取粉末 10mg，加水润湿后，加氯酸钾饱和的硝酸溶液 2ml，溶解后，加氯化钡试液，生成大量白色沉淀。放置后，倾出上层酸液，再加水 2ml，振摇，沉淀不溶解。

2. 取粉末 0.2g，置坩埚内，加热熔融，产生白色或黄白色火焰，伴有白色浓烟。取玻片覆盖后，有白色冷凝物，刮取少量，置试管内加水煮沸使溶解，必要时滤过，溶液加硫化氢试液数滴，即显黄色，加稀盐酸后生成黄色絮状沉淀，再加碳酸铵试液，沉淀复溶解。

【性味与功能】辛，温。有毒。解毒杀虫，燥湿祛痰，截疟。

【附注】商品常分为雄黄、明雄黄等。明雄黄又名"腰黄"、"雄黄精"，为熟透的雄黄，多呈块状，色鲜红，半透明，有光泽，松脆，质最佳，但产量少。

知识链接

1. 雌黄　常与雄黄共生在一个矿点上。雌黄主含（As_2S_2）成分，与雄黄的性状比较相似，不同点是雌黄全体及条痕均呈柠檬黄色。具显著的酸性，能溶于碳酸铵溶液中（雄黄难溶）。

2. 雄黄　遇热易分解产生剧毒的三氧化二砷（俗称砒霜），故忌火煅。

石膏 Gypsum Fibrosum

本品为硫酸盐类矿物硬石膏族石膏，主含含水硫酸钙（$CaSO_4 \cdot 2H_2O$），另含铁、锰、钠、铜、钴、镍等微量元素。主产湖北、安徽、山东、山西等地。采挖后，除去杂石及泥沙。

【性状鉴别】纤维状的集合体，呈长块状、板块状或不规则块状。白色、灰白色或淡黄色，有的半透明，条痕白色。体重，质软，纵断面具绢丝样光泽。相对密度 2.3，硬度 1.5～2.0，指甲可刻划成痕。气微，味淡。（图20-2）

以色白、块大、质松脆、纵断面显绢丝样光泽、无夹层、无杂石者为佳。

图20-2　石膏药材图

【成分】含水硫酸钙（$CaSO_4 \cdot 2H_2O$）。

【理化鉴别】

1. 取石膏一小块（约 2g），置具有小孔软木塞的试管内，灼烧，管壁有水生成，小块变为不透明体。

2. 取粉末 0.2g，加稀盐酸 10ml，加热使溶解，溶液显钙盐与硫酸盐的鉴别反应。

【性味与功能】甘、辛，大寒。清热泻火，除烦止渴。

【附注】

1. 煅石膏　石膏的炮制品，为白色的粉末或酥松块状物。表面透出微红色的光泽，不透明。体较轻，质软，易碎，捏之成粉。气微，味淡。性寒，味甘、辛、涩。功能收湿，生肌，敛疮，止血。外治溃疡不敛，湿疹瘙痒，水火烫伤，外伤出血。《中国药典》作为炮制品种另外加以收载，功能与石膏完全不同。

2. 过去有以方解石、寒水石作石膏用，其性能与石膏不同，不可代用。

芒硝 Natrii Sulfas

本品为硫酸盐类矿物芒硝族芒硝，经加工精制而成的结晶体。主含含水硫酸钠（$Na_2SO_4 \cdot 10H_2O$），常杂有微量氯化钠。多生于海边碱土地区、矿泉、盐场附近及潮湿的山洞。主产河北、山东、河南、江苏等地。取天然产的土硝（即不纯的芒硝），加水溶解，放置，使杂质沉淀，滤过，滤液加热浓缩，放冷后析出结晶（俗称"朴硝"或"皮硝"），再重结晶，即为芒硝。

【性状鉴别】棱柱状、长方形或不规则块状及粒状。无色透明或类白色半透明，条痕白色。暴露于空气中易风化，使表面覆盖一层白色粉末（无水硫酸钠）。质脆，易碎，断面呈玻璃样光泽。气微，味咸。

以无色、透明、呈长条棱柱结晶者为佳。

【成分】含水硫酸钠（$Na_2SO_4 \cdot 10H_2O$）。

【性味与功能】咸、苦，寒。泻下通便，润燥软坚，清火消肿。

【附注】玄明粉又称元明粉，为芒硝经风化干燥制得。主含硫酸钠（Na_2SO_4）。为白色粉末，气微，味咸。有引湿性。性味功能同芒硝。多外用于牙龈肿痛，口舌生疮，目赤，丹毒等。

表 20-1　矿物类一般药材

药名	来源	性状	功能
自然铜	硫化物类矿物黄铁矿族黄铁矿，主含二硫化铁（FeS_2）	呈致密块状。表面亮淡黄色，有金属光泽；有的黄棕色或棕褐色，无金属光泽。具条纹，条痕绿黑色或棕红色。体重，质坚硬或稍脆，易砸碎，断面黄白色，有金属光泽；或断面棕褐色，可见银白色亮星	散瘀止痛，续筋接骨
赭石	氧化物类矿物刚玉族赤铁矿，主含三氧化二铁（Fe_2O_3）	多呈不规则扁平状，大小不一。全体棕红色或铁青色，表面附有少量棕红色粉末，有的具金属光泽。一面有圆形乳头状的"钉头"，另一面与突起的相对应处有同样大小的凹窝。质坚硬，不易砸碎，断面显层叠状，且每层均依"钉头"而呈波浪状弯曲，用手抚摸，则有棕红色粉末粘手，在石头上摩擦呈樱桃红色。气微，味淡	平肝潜阳，重镇降逆，凉血止血

续表

药名	来源	性状	功能
信石	天然的砷华矿石，或由毒砂（硫砷铁矿，Fe-AsS）、雄黄加工制造而成	1. 红信石　呈不规则的块状，大小不一。粉红色，具黄色与红色彩晕，略透明或不透明，具玻璃样光泽或无光泽。质脆，易砸碎，断面凹凸不平或呈层状纤维样的结构。无臭。本品极毒，不能口尝 2. 白信石　为无色或白色，其余特征同上	有大毒。除痰截疟，杀虫，蚀疮
炉甘石	碳酸盐类矿物方解石族菱锌矿，主含碳酸锌（$ZnCO_3$）	呈不规则的块状。灰白色或淡红色，表面粉性，无光泽，凹凸不平，多孔，似蜂窝状。体轻，易碎。气微，味微涩	解毒明目退翳，收湿止痒敛疮
滑石	硅酸盐类矿物滑石族滑石，主含含水硅酸镁[$Mg_3 (Si_4 O_{10}) (OH)_2$]	呈不规则的块状。白色、黄白色或淡蓝灰色，有蜡样光泽。质软，细腻，手摸有滑润感，无吸湿性。置水中不崩散。气微，味淡	利尿通淋，清热解暑；外用祛湿敛疮
磁石	氧化物类矿物尖晶石族磁铁矿，主含四氧化三铁（Fe_3O_4）	呈不规则块状，或略带方形，多具棱角。灰黑色或棕褐色，条痕黑色，具金属光泽。体重，质坚硬，断面不整齐。具磁性。有土腥气，味淡	镇惊安神，平肝潜阳，聪耳明目，纳气平喘
青礞石	变质岩类黑云母片岩或绿泥石化云母碳酸盐片岩	黑云母片岩　为鳞片状或片状集合体。呈不规则扁块状或长斜块状，无明显棱角。褐黑色或绿黑色，具玻璃样光泽。质软，易碎，断面呈较明显的层片状。碎粉主为绿黑色鳞片（黑云母），有似星点样的闪光。气微，味淡 绿泥石化云母碳酸盐片岩　为鳞片状或粒状集合体。呈灰色或绿灰色，夹有银色或淡黄色鳞片，具光泽。质松，易碎，粉末为灰绿色鳞片（绿泥石化云母片）和颗粒（主为碳酸盐），片状者具星点样闪光。遇稀盐酸产生气泡，加热后泡沸激烈。气微，味淡	坠痰下气，平肝镇惊
硫黄	自然元素类矿物硫族自然硫，或用含硫矿物经加工制得	呈不规则块状。黄色或略呈绿黄色。表面不平坦，呈脂肪光泽，常有多数小孔。用手握紧置于耳旁，可闻轻微的爆裂声。体轻，质松，易碎，断面常呈针状结晶形。有特异的臭气，味淡	外用解毒杀虫疗疮；内服补火助阳通便
龙骨（附：龙齿）	古代哺乳动物如象类、犀类、牛类等的骨骼化石或象类门齿的化石。	龙骨　呈骨骼状或已破碎呈不规则块状，大小不一。表面白色，灰白色，多较光滑，有的具纵纹裂隙或棕色条纹和斑点。质硬，不易破碎，断面不平坦，有的中空，吸湿性强，舔之粘舌。无臭，无味 五花龙骨　呈不规则块状，大小不一；全体呈淡灰白色或淡黄棕色，夹有红、白、黄或深浅粗细不同的纹理。表面光滑，略有光泽，有的有小裂隙。质硬，较酥脆，易片状剥落，吸湿性强，舔之粘舌。无臭，无味 龙齿　臼齿圆柱形或柱形，略弯曲，一端较细，外表多具深浅不同的沟棱。表面青黑色或黑褐色，有的呈牙白色或红白色，光滑或粗糙。有的表面具有光泽的珐琅质，体重，质坚硬，断面粗糙，凹凸不平。有吸湿性，舌舔之吸舌。气无，味淡	镇静安神，敛汗固精，止血涩肠，生肌敛疮

职业对接 ·······················

　　学习本门课程主要从事以下工作：药店方面——药店导购员、药店调剂员、药店的营业人员、药品采购员；医药公司方面——药品销售员、药品采购员；医院方面——中药调剂员、药品采购员，以上岗位要掌握矿物类重点中药的性状特征和功效，以便以后从事工作能对药材进行辨认，判断出药品的真伪，向顾客介绍药材作用。

目标检测

一、单项选择题

1. 主要成分是二硫化二砷的药材为
    A. 朱砂　　B. 石膏　　C. 芒硝　　D. 雄黄　　E. 硫黄

2. 石膏的主要化学成分是
    A. As_2S_2　　B. $Na_2SO_4 \cdot 10H_2O$　　C. $CaSO_4 \cdot 2H_2O$　　D. HgS　　E. Fe_2O_3

3. 主要成分是硫化汞的药材为
    A. 芒硝　　B. 石膏　　C. 雄黄　　D. 朱砂　　E. 赭石

4. 具有清热泻火，除烦止渴作用的药材是
    A. 雄黄　　B. 朱砂　　C. 芒硝　　D. 龙骨　　E. 石膏

5. 能泻下通便，润燥软坚的药材是
    A. 芒硝　　B. 石膏　　C. 龙骨　　D. 滑石　　E. 炉甘石

6. 主要成分为含水硫酸钠的药材为
    A. 石膏　　B. 朱砂　　C. 芒硝　　D. 雄黄　　E. 滑石

7. 具有截疟作用的是
    A. 石膏　　B. 芒硝　　C. 朱砂　　D. 硫黄　　E. 雄黄

8. 由矿物的成分和内部构造所决定的是
    A. 外色　　B. 表面色　　C. 本色　　D. 假色　　E. 条痕色

9. 主要成分含锌的药材是
    A. 石膏　　B. 青礞石　　C. 磁石　　D. 滑石　　E. 炉甘石

10. 条痕淡橘红色，晶面有金刚石样光泽的药材是
    A. 朱砂　　B. 磁石　　C. 滑石　　D. 雄黄　　E. 硫黄

二、多项选择题

1. 朱砂的性状特征有
    A. 鲜红色或暗红色　　B. 条痕红色至褐红色　　C. 触之手染成红色
    D. 质重而脆　　E. 有特异臭气

2. 石膏的性状特征有
    A. 长块状、板块状或不规则块状　　B. 白色、灰白色或淡黄色
    C. 断面呈玻璃样光泽　　D. 条痕淡橘红色，　　E. 气微，味淡

3. 来源于硫酸盐类矿物的中药有
    A. 石膏　　B. 雄黄　　C. 芒硝　　D. 朱砂　　E. 赭石

4. 具有毒性的矿物类药材是
    A. 雄黄　　B. 硫黄　　C. 朱砂　　D. 磁石　　E. 石膏

附录一
实训指导

实训一　显微镜的构造、使用及植物细胞基本结构的观察

【实训目的】

1. 了解显微镜的基本构造并掌握显微镜的正确使用方法和保养
2. 了解植物学基本实验技术并学习临时装片法和绘图基本技术
3. 掌握植物细胞的基本构造

【实训设备及材料】

显微镜、镊子、刀片、解剖针、盖玻片、载玻片、吸水纸、擦镜纸、培养皿、蒸馏水、稀甘油、水合氯醛、$I_2 - KI$ 试液、洋葱。

【实训内容及步骤】

一、显微镜的构造及使用方法

（一）显微镜的基本构造

1. 机械部分　是显微镜的骨架，是安装光学部分的基座。

包括：镜座、镜柱、镜臂、镜筒、物镜转换器、载物台、调焦装置等。

（1）基座　是显微镜的底座，支持整个镜体，使显微镜放置平稳。

（2）基柱　镜座上面直立的短柱，支持镜体上部的各部分。

（3）镜臂　弯曲如臂，下连镜柱，上连镜筒，为取放镜体时手握的部分。直筒显微镜的镜臂下端与镜柱连接处有一活动关节，可使镜体在一定范围内后倾，便于观察。

（4）镜筒　上端置目镜，下端与物镜转化器相连。

（5）物镜转换器　连接于镜筒下端的圆盘，可自由转动，盘子有 3~4 个安装物镜的螺旋孔。当旋转转换器时，物镜即可固定在使用的位置上，保证物镜与目镜的光线合轴。

（6）载物台　放置玻片标本的平台，中央有一通光孔，两侧有压片夹或机械移动器，既可固定玻片标本，也可以前后左右各方向移动。

（7）调焦装置　调节物镜和标本之间的距离，得到清晰的物像。在镜臂两侧有粗细调焦螺旋各 1 对，旋转时可使镜筒上升或下降，大的一对为粗调焦螺旋，旋转一圈可使镜筒移动 2mm 左右。小的一对为细调焦螺旋，旋转一圈可使镜筒移动 0.1mm。

（8）聚光器调节螺旋　镜柱一侧，旋转它时可使聚光器上下移动，借以调节光线强弱。

2. 光学部分　包括：物镜、目镜、反光镜、聚光器。

（1）物镜　安装在镜筒前端物镜转化器上的透镜。利用光线使被检标本第一次成像，因而直接关系和影响成像的质量，对分辨力有着决定性的影响。物镜分为低倍、高倍、油浸物镜。物镜放大倍数愈高，物镜下面透镜的表面与盖玻片的距离愈小，所以使用时应该特别注意。

（2）目镜　安装在镜筒上端，可使物镜的成像进一步放大。目镜上刻有放大倍数，如 $5\times$、$10\times$、$16\times$ 等。

（3）反光镜　普通光学显微镜的取光设备。圆形两面镜，一面平面镜，能反光，另一面为凹面镜，有反光和汇集光线的作用。

（4）聚光器　安装在载物台下，由聚光镜和彩虹光圈组成，作用是将光源经过反光镜反射来的光线聚集于标本上，从而得到较强的照明，使物像获得明亮清晰的效果。聚光器可以上下调节，以改变视野的亮度，使焦点落在被检标本上，从而得到适度亮度。彩虹光圈可以放大或缩小，以此来影响成像的分辨力和反差。调节操作杆，可调节光圈大小，控制通光量。

（二）显微镜的使用方法

1. 取镜和放置　取镜时应右手握住镜臂，左手平托镜座，保持镜体直立，严禁用单手提镜走，防止某些光学部分脱落损坏。

2. 对光

3. 低倍镜的使用　观察任何标本都必须先用低倍镜，因为低倍镜的视野大，容易发现目标和确定要观察的部位。①放置切片；②调节焦距；③低倍镜的观察。

4. 高倍镜的使用　在低倍镜下选好目标，转动物镜转换器，高倍观察（因高倍镜工作距离很小，操作要格外小心，防止镜头碰坏玻片）。正常情况下，只要调节细调螺旋，即可见到清晰的物像。

5. 油镜的使用

6. 显微镜使用后整理　观察结束后，应先升高镜筒，取下玻片，转动物镜转换器，使物镜镜头与通光孔错开，并将反光镜直立。

（三）显微镜的保养

防潮、放热、防腐蚀、防撞击。

注意：不能用手指或纱布等粗糙物擦试镜头，必须用试镜纸轻擦或用镜头毛刷拂取灰尘。

二、植物学基本实验技术及细胞的基本结构

（一）洋葱内表皮细胞的制片

取洋葱鳞茎，镊取 3~5mm 大小的内表皮，放于加蒸馏水的载玻片上，用解剖针展平，将盖玻片沿水滴一侧慢慢盖下，防止产生气泡，用吸水纸沿盖玻片一侧吸掉多余

的水分。

（二）观察洋葱内表皮细胞基本构造

将制好的洋葱内表皮装片置于显微镜下观察，洋葱内表皮细胞为长方形，排列紧密，没有细胞间隙，换用高倍镜可见：细胞壁、细胞质、细胞核和液泡

1. 细胞壁　是植物细胞所特有的结构。洋葱表皮细胞的细胞壁为无私透明的，镜下可见初生壁和相邻细胞所共有的胞间层。

2. 细胞质　年幼细胞中，细胞质呈现细小颗粒分布均匀，细胞核位于中央；成熟细胞中，细胞质为紧贴细胞壁的薄薄一层，细胞核位于边缘。

3. 细胞核　为半透明且有较强折光性的小物体。细胞核内可见 1 ~ 3 个核仁。

4. 液泡　年幼细胞中，液泡分散存在，成熟细胞中一个大液泡占据细胞中央绝大部分，细胞质、细胞核则靠近细胞壁边缘。

（三）碘 - 碘化钾试液染色观察

装片盖玻片一侧滴碘 - 碘化钾，洋葱内表皮细胞染色，观察可见细胞核呈深黄色，细胞质呈浅黄色，液泡未染色。

【实训思考】

显微镜的使用需要注意哪些事项？

【实训报告】

绘洋葱内表皮细胞图 3 ~ 4 个。

实训二　植物细胞的质体、后含物的观察

【实训目的】

1. 掌握质体、淀粉粒、草酸钙结晶类型。

2. 学会徒手切片、粉末装片及水合氯醛透化制片的方法。

【实训设备及材料】

胡萝卜、红辣椒、马铃薯、半夏粉末、大黄粉末、甘草粉末。

显微镜、酒精灯、碘、碘化钾溶液、水合氯醛试剂、稀甘油、蒸馏水。

【实训内容及步骤】

（一）质体的观察

有色体（杂色体）：取胡萝卜根一小块，用徒手切片法制成临时装片，置镜下观察，在细胞的细胞质内可见许多橙黄色或橙红色呈棒状、块状或针状的结构，此即为有色体。也可以用镊子挑取红辣椒靠近果皮的果肉少许，置于载玻片上捣碎后，作临时装片观察，可见细胞内有许多棱形或圆形橙红色的小颗粒，即为有色体。

（二）淀粉粒的观察

1. 用镊子或刀片在马铃薯块茎切口上刮取少量白色浆液：用蒸馏水装片观察，在低倍镜下可见水溶液与多边形薄壁细胞中有许多卵圆形或椭圆形颗粒，即淀粉粒。转换高倍镜，并将光线适当调暗，可见淀粉粒有脐点和围绕它清晰的偏心轮纹。

观察后，从载物台上取下制片，在盖玻片一侧滴入一小滴碘－碘化钾溶液，同时在另一侧用吸水纸吸取蒸馏水，再置显微镜下观察，淀粉呈蓝－紫色反应。

2. 取少量半夏粉末置于滴加 1~2 滴稀甘油的载玻片上，用解剖针充分搅匀后，加盖盖玻片制成粉末装片，置镜下观察。

（三）草酸钙结晶的观察

1. 取大黄根茎粉末少许，置于滴加 1~2 滴水合氯醛的载玻片上。在酒精灯上文火慢慢加热进行透化，注意不要煮沸和蒸干，直至材料颜色变浅而透明时停止处理，加稀甘油 1 滴并盖上盖玻片。置镜下观察，可见到许多大型、形如星状的草酸钙簇晶。

2. 取甘草粉末少许，按上述方法制片，置镜下观察。在粉末中可见到一些方形、不规则形及斜方形等形状的草酸钙方晶。这些方晶常成行排列于纤维束旁边的薄壁细胞中。

3. 取半夏粉末少许，按上述方法透化后制片观察，可见散在或成束的草酸钙针晶。

【实训思考】

用水合氯醛加热透化制作临时装片时，需注意哪些事项？

【实训报告】

绘制马铃薯淀粉粒、半夏粉末、大黄粉末草酸钙簇晶形态图，并注明各部分名称。

实训三　保护组织与分泌组织

【实训目的】

1. 掌握表皮细胞、气孔、腺鳞、腺毛、非腺毛的显微特征。
2. 掌握油细胞的显微特征。
3. 熟悉徒手切片的方法。
4. 了解乳汁管、油室、木栓组织的显微特征。

【实训设备及材料】

显微镜、载玻片、盖玻片、刀片、解剖针、镊子、培养皿、毛片、火柴、酒精灯、吸水纸等；水合氯醛、稀甘油、蒸馏水。

薄荷叶、姜根状茎、甘草根横切面、蒲公英根纵切片、橘皮切片。

【实训内容及步骤】

（一）观察薄荷叶的气孔和毛茸

用镊子撕取薄荷叶下表皮一小块，将外表皮向上，置于载玻片上，滴加蒸馏水，用解剖针展平，加盖玻片，擦去多余的水分，于显微镜下观察，可见表皮细胞由一层扁平薄壁细胞组成，细胞排列紧密，细胞壁波状弯曲，细胞内不含叶绿体。表皮细胞之间有气孔，表皮细胞上可见三种类型的毛茸。

气孔　直轴式

毛茸　腺毛较少，由单细胞的头和单细胞的柄组成。腺头细胞中常充满黄色挥发油。腺鳞较多，腺头大而明显，扁圆球形，常由 6~8 个细胞组成，排列在同一平面上，周围有角质层，与其腺头细胞之间贮有挥发油，腺柄极短为单细胞。

如果上述观察效果不好，可将标本片的盖玻片取下，用吸水纸吸去蒸馏水，加水合氯醛溶液 1 滴，微热透化，用稀甘油装片观察。

（二）观察姜根状茎的油细胞

取鲜姜作徒手切片，在徒手切片前，应先准备好一个盛有清水的培养皿。在切片时，先把姜用刀片削成大小适宜的段块（一般宽 0.5cm，高 1～2cm），并将切面削平，然后将姜和刀片蘸水湿润。接着用左手的拇指与食指、中指夹住姜，右手平稳地拿住刀片，以均匀的力量和平稳的动作使刀刃自左前方向右后方斜滑拉切，注意拉切速度要快，不要推前拖后（拉锯式）切割，要用臂力。连续切下数片后，将刀片放在培养皿的水中稍一晃动，切片即漂浮于水中。当切到一定数量后，可在培养皿内挑选其中最透明的薄片用蒸馏水装片观察。显微镜下可见在薄壁组织中，有许多类圆形的油细胞，胞腔内含淡黄色挥发油滴，散在或成群。

（三）观察橘皮的油室（示教）

取橘皮横切片，于显微镜下观察，可见有大且呈椭圆形的腔隙，即为油室，油室周围有部分溶解破坏的分泌细胞。

（四）观察甘草的木栓组织（示教）

取甘草粉末置载玻片上，用水合氯醛溶液透化 2～3 次，稀甘油装片，置显微镜下观察，可见木栓细胞棕红色。表面观呈多角形，大小均匀，壁薄，微木化；横断面观细胞排列整齐。滴加苏丹Ⅲ溶液一滴，再观察，可见木栓组织被染成红色。

（五）观察蒲公英根纵切面的乳汁管（示教）

取蒲公英根，徒手纵切制片，置显微镜下展平，加盖玻片，擦去多余的水分，于显微镜下观察，可见分枝状的乳汁管。

【实训思考】

腺毛和非腺毛有何区别？

【实训报告】

1. 绘制薄荷表皮细胞、气孔、腺毛、非腺毛、腺鳞详图。
2. 绘制姜的油细胞详图。

实训四　机械组织和输导组织

【实训目的】

1. 掌握纤维、石细胞、导管、筛管的显微特征。
2. 熟悉植物组织的绘图方法。
3. 了解管胞、伴胞、筛胞的显微特征。

【实训设备及材料】

显微镜、载玻片、盖玻片、刀片、镊子、培养皿、毛笔、火柴、酒精灯、水合氯醛溶液、稀甘油、间苯三酚试液、盐酸、蒸馏水等。

甘草粉末、黄连粉末、黄豆芽、松茎纵切片、南瓜茎纵切片。

【实训内容及步骤】

（一）观察甘草根粉末组织中的导管、纤维

取甘草粉末于载玻片上，加水合氯醛溶液透化2～3次，稀甘油装片，擦去多余的试剂，于显微镜下观察，可见纤维成束，壁厚；并可见附有方晶的晶鞘纤维；具缘纹孔导管较大，偶可见网纹导管等。滴加间苯三酚试液和浓盐酸后镜检，可见木化的纤维和导管染成红色。

（二）观察黄连根茎中石细胞、导管

取黄连粉末少许于载玻片上，加水合氯醛溶液透化2～3次，稀甘油装片，置显微镜下观察，可见有石细胞呈鲜黄色，单个散在或数个成群。类圆形、类方形、类长方形、类多角形、纺锤形或不规则形；多为孔纹导管，少数为具缘纹孔、螺纹、网纹、梯纹导管。并可见孔纹或网纹管胞，滴加间苯三酚和浓盐酸溶液各1滴后，于显微镜下观察，可见石细胞、导管均被染成红色。

（三）黄豆芽导管的观察

切取黄豆芽下胚轴一段，长约0.5cm，用镊子将其固定在载玻片上，用刀片纵切取中央的薄片置载玻片上，加水合氯醛试液透化，置显微镜下观察，可见环纹导管、螺纹导管、梯纹导管及网纹导管。取下标本片，用滤纸吸去水合氯醛试液，滴加间苯三酚和盐酸各一滴，放置片刻镜检，可见各种导管，木质化壁呈红色。

（四）南瓜茎纵切片筛管、伴胞的观察（示教）

取南瓜茎纵切片置显微镜下观察，在木质部的两侧找到染成蓝色的韧皮部，在此处可见一些口径较大的长管状细胞，即为筛管细胞。筛管细胞在相连接的端壁上可见到筛板上的筛孔。在筛管旁边紧贴着一至几个染色较深、细长呈梭形的细胞即为伴胞。

（五）松木茎纵切片管胞的观察（示教）

取松木茎纵切片置显微镜下观察，可见管胞呈长管状，两端常偏斜，两相邻管胞侧壁上的纹孔相通，为具缘纹孔。

【实训思考】

导管和筛管在形态和结构上有何异同？

【实训报告】

1. 绘制甘草晶纤维、黄连石细胞详图。

2. 绘制黄豆芽的各种导管详图。

实训五　植物器官——根

【实训目的】

1. 掌握掌握根的外形特征、根系的类型。

2. 熟悉双子叶植物根的初生构造及次生构造。

3. 了解根的异常构造，变态类型。

【实训设备及材料】

桔梗或蒲公英、小麦或葱、何首乌、麦冬、菟丝子、吊兰或石斛、常春藤等植物的标本或药材；毛茛根的初生构造横切片、蚕豆根的次生构造横切片、何首乌块根横切片。显微镜，解剖用具。

【实训内容及步骤】

（一）观察根的外形特征

1. 直根系 观察桔梗或蒲公英的外形特征及根系。分辨出主根、侧根和纤维根。

2. 须根系 观察小麦或葱的外形特征及根系，注意有无主根和侧根的区别。

（二）变态根的类型

1. 块根 观察何首乌、麦冬等植物的根，何首乌的主根、侧根的一部分膨大成块根，麦冬的不定根形成纺锤形的块根。

2. 寄生根 观察菟丝子伸入寄主植物体茎内形成的根。

3. 气生根 观察吊兰或石斛在空气中形成的不定根。

4. 攀援根 观察常春藤的茎上产生的能攀附其他物体的不定根。

（三）观察双子叶植物毛茛根的初生构造

取毛茛的根的初生构造横切片，置显微镜下由外到内观察，可见下列结构：

1. 表皮 位于根的最外方，由一层排列紧密整齐的细胞组成。细胞壁不角质化，没有气孔，一部分细胞外壁突出形成根毛。

2. 皮层 位于表皮的内方，占根相当大的部分，由多层排列疏松的薄壁细胞组成。明显分为三部分。

外皮层：为紧靠表皮下方的一列较小的排列紧密的薄壁细胞。

皮层薄壁组织：占皮层的绝大部分，细胞近圆形，排列比较疏松，含有较多的淀粉粒。

内皮层：位于皮层最内方的一层细胞，排列比较紧密，可见染成红色的凯氏点及没有增厚的通道细胞。

3. 维管柱 位于内皮层以内的所有组织称维管柱。可见到下列构造：

中柱鞘：由维管柱最外一层（也有的为二至多层）细胞组成，紧接内皮层。

维管束：由初生韧皮部和初生木质部相间排列而成，为辐射维管束。初生木质部为四原型。导管被染成红色，外方的较小，中央的较大。

（四）观察双子叶植物蚕豆根的次生构造（示教）

观察蚕豆根的次生构造横切片，可见以下结构：

1. 周皮 由木栓层、木栓形成层和栓内层组成。

2. 维管柱 维管柱为周皮以内的部分，包括维管束（外韧型，呈环状排列）髓和射线。

（五）根的异型构造（示教）

观察何首乌块根横切片，可见木栓层、皮层、韧皮部、形成层、木质部。其中在皮层内有数个大小不等的异型维管束呈环状排列，形成云锦状花纹。

【实训思考】

1. 茎和根在形态上有何区别？

2. 比较单子叶、双子叶植物根的初生构造有何异同？

【实训报告】

1. 绘制一根的外形特征图，注明各部分。

2. 绘毛茛根的初生构造简图。

实训六 植物器官——茎的形态及初生构造

【实训目的】

1. 掌握茎的外形特征、茎及变态茎的类型。

2. 熟悉双子叶植物茎的初生构造特点。

【实训设备及材料】

桑枝、栀子、薄荷、马齿苋、忍冬、常春藤、爬山虎、栝楼、蛇莓等植物的地上部分；姜、马铃薯、蒜、荸荠、天门冬、皂荚等植物的变态茎；向日葵茎初生构造横切片。

【实训内容及步骤】

（一）观察茎的外形特征、茎及变态茎的类型

1. 茎的外形特征 取桑枝观察节、节间、托叶痕、皮孔等部分。

2. 观察茎的类型

（1）观察栀子、薄荷、马齿苋等植物茎的质地各属哪种类型？

（2）观察薄荷、忍冬、常春藤、爬山虎、栝楼、蛇莓、马齿苋等植物茎的生长习性各属哪种类型？

3. 观察变态茎的类型

（1）观察天门冬、皂荚、栝楼等植物地上变态茎的特征。

（2）观察姜、马铃薯、荸荠、大蒜等植物地下变态茎的特征。

（二）观察双子叶植物向日葵茎的初生构造

取向日葵幼茎横切片置显微镜下，先在低倍镜下由外向内观察，区分出表皮、皮层、维管束、髓射线和髓等各部分。然后转换高倍镜逐层观察：

1. 表皮 由一层排列整齐紧密的扁长方形细胞组成，外壁角质化，有时可见非腺毛。

2. 皮层 为表皮内方的多层薄壁细胞，具细胞间隙。靠近表皮的几层细胞较小，细胞在角隅处加厚，细胞内可见被染成绿色的类圆形叶绿体，为厚角组织。其内方为数层薄壁细胞，其中有小型分泌腔。

3. 内皮层 为皮层最内方的一层细胞，细胞无凯氏带分化，贮存有丰富的淀粉粒，称淀粉鞘（在永久制片中淀粉粒不清楚）。

4. 维管束 为数个大小不等的无限外韧维管束，成环状排列。外方为初生韧皮部，其外侧还有初生韧皮纤维，横切面呈多角形，壁明显加厚，但尚未木化，故被染成绿色；内方为初生木质部，导管横切面类圆形或多角形，常被染成红色；在初生韧皮部和初生木质部之间，有2~3列扁平长方形细胞，为束中形成层，细胞壁薄，排列紧密。

5. 髓射线 是两维管束之间的薄壁细胞，外连皮层，内接髓部。

6. 髓 是位于茎中央的薄壁细胞，细胞排列疏松。

【实训思考】

双子叶植物根与茎的初生构造有何区别？

【实训报告】

绘茎的形态图，注明各部分。

实训七 植物器官——茎的次生构造

【实训目的】

1. 掌握双子叶植物木质茎的次生构造特点。

2. 熟悉双子叶植物草质茎的次生构造特点。

3. 了解双子叶植物根状茎的构造特点，掌握单子叶植物茎的构造特点。

【实训设备及材料】

椴树茎次生构造横切片、薄荷茎次生构造横切片、黄连根状茎横切片、玉米茎横切片。

【实训内容及步骤】

（一）观察双子叶植物椴树茎的次生构造

取椴树茎横切片，置显微镜下由外向内观察，可见下列部分：

1. 表皮 表皮为茎表面一列残存或枯萎的细胞，外壁具明显的角质层。

2. 周皮 包括木栓层、木栓形成层及栓内层。其表面有些部位向外突出形成皮孔。木栓层为几列木栓化细胞，呈黄褐色，细胞小而扁平，相叠排列，紧密而整齐。木栓形成层为一列小而扁平的薄壁细胞。栓内层（绿皮层）为多列较大的薄壁细胞，排列较整齐。

3. 皮层 由薄壁细胞组成，细胞大而排列不规则，并含有草酸钙簇晶。

4. 维管柱 维管柱为皮层以内的部分，包括维管束、髓和髓射线等部分。

（1）维管束：多个外韧型维管束排列成环状。

韧皮部：韧皮部束呈梯形，被漏斗状髓射线隔开，初生韧皮部不明显。次生韧皮部为韧皮部的主体部分，由筛管、伴胞、韧皮纤维和韧皮薄壁细胞组成。韧皮纤维束常被染成红色。筛管分子常较大，旁边有较小的细胞，即为伴胞。少数韧皮薄壁细胞含有簇晶，而靠近髓射线的韧皮薄壁细胞常含方晶。

形成层：形成层是由束中形成层和束间形成层衔接而成的圆环，为一列扁平长方形的薄壁细胞。

木质部：木质部常染成红色，由导管、管胞、木纤维和木薄壁细胞组成。次生木质部占茎的绝大部分，其中有由内侧小而排列紧密的细胞（秋材）和外侧大而排列疏松的细胞（春材）所构成的明显界限，呈同心环状，为年轮。初生木质部位于次生木质部内侧，细胞较小，排列紧密。

维管束中，从外到内贯穿有成行的薄壁细胞，即为维管射线。位于木质部的为木射线，位于韧皮部的为韧皮射线。

（2）髓射线：髓射线为径向排列的一至数列薄壁细胞，内连髓部，外接皮层，在韧皮部束之间展开成漏斗状，展开处的细胞常呈方形或长方形，较大而非径向排列，并含有草酸钙簇晶。

（3）髓：茎中心是由薄壁细胞所组成的髓，其中有分泌腔和簇晶存在。髓的周围有一圈排列紧密，较小而壁较厚的细胞，称环髓带。

（二）观察双子叶植物草质茎薄荷茎的构造

取薄荷茎横切片，置显微镜下由外向内观察，可见下列部分：

1. 表皮 由一层排列紧密的细胞组成，外壁角质化，并常见有毛茸等附属物。

2. 皮层 在表皮下方的薄壁细胞即皮层，在棱角处近表皮有厚角组织。

3. 内皮层 皮层最内方的一层长方形细胞即是，但无凯氏点。

4. 形成层 为1~2层薄壁细胞组成，成环状。

5. 维管束 多数无限外韧型维管束成环状排列，形成层的外方为韧皮部，内方为木质部，髓射线较宽。

6. 髓 位于茎中央，较发达。

（三）观察双子叶植物黄连根状茎的构造

取黄连根状茎横切制片置显微镜下观察，由外向内可见下列部分：

1. 木栓层 为数列木栓细胞。有的外侧附有鳞叶组织。

2. 皮层 宽广，内有石细胞单个或成群散在。有的还可见根迹维管束斜向通过。

3. 维管束 为无限外韧型，环列，束间形成层不甚明显。韧皮部外侧有初生韧皮纤维束，其间夹有石细胞。木质部细胞均木化，包括导管、木纤维和木薄壁细胞。

4. 髓 由类圆形薄壁细胞组成。

（四）观察单子植物玉米茎的构造

取玉米茎横切片置显微镜下观察。可见下列部分：

1. 表皮 为一列排列紧密、外壁角质化和硅质化的细胞。

2. 厚壁组织 为表皮内侧的几列厚壁纤维，纤维较细小，常呈多角形，排列紧密。

3. 基本组织 为厚壁组织以内的薄壁细胞，占茎的大部分，其边缘的细胞较小，愈向中心细胞愈大。

4. 维管束 维管束散生于基本组织中。呈卵圆形或椭圆形。茎的边缘部分，维管束较小，分布较密；愈向茎中心，维管束愈大，分布也较稀疏。每个维管束被厚壁组织所包围，形成维管束鞘；在鞘内，韧皮部位于外侧，木质部位于内侧，二者之间无形成层，为有限外韧型维管束。韧皮部由筛管和伴胞组成，外侧有帽状的机械组织。木质部由两个大的孔纹导管和1~3个直列的环纹或螺纹导管构成"V"字形，在"V"字形的尖端有一空腔，称胞间隙或气腔。

【实训思考】

茎和根在形态上有何区别？

【实训报告】

绘制椴树茎构造简图。

实训八　植物器官——叶

【实训目的】

1. 掌握叶的形态和组成，能区别单叶和复叶。

2. 熟悉叶序、脉序及叶质的类型，能区分叶及托叶的变态。

3. 熟悉叶的内部构造。

【实训设备及材料】

显微镜、擦镜纸、桑、桃、女贞、车前草、夹竹桃、枸杞、枸骨、仙人掌、酸枣或洋槐、豌豆、菝葜、何首乌或火炭母、月季或九里香、扁豆、酢浆草、决明、七叶莲及柑桔属带叶茎枝，光叶子花（簕杜鹃）的花、大蒜的地下茎、薄荷叶的横切永久制片、淡竹叶的叶片横切永久制片。

【实训内容及步骤】

（一）叶的形态及组成观察

取桑、木槿或扶桑的叶观察，分辨出叶片、叶柄和托叶，并注意其叶端、叶基、叶缘的形状和脉序的类型。

（二）叶序、脉序及叶质类型，叶及托叶的变态类型观察

1. 取桃、女贞、车前草、夹竹桃、枸杞的茎枝，辨认叶序、叶脉及叶质类型。

2. 取光叶子花（簕杜鹃）的花、大蒜的地下茎、枸骨、仙人掌的带叶茎枝，辨认叶的变态类型。

3. 取酸枣或洋槐、豌豆、菝葜、何首乌或火炭母的带叶茎枝，辩论托叶变态类型。

（三）单叶与复叶的观察

（1）观察月季或九里香的羽状复叶，并与桑作比较，注意单叶的叶柄和复叶的总叶柄、叶轴的区别；叶片和小叶片在枝条或叶轴上排列的空间位置的区别；顶芽和腋芽着生部位的区别。

（2）观察扁豆、酢浆草、决明、七叶莲及柑桔属的叶，辨认复叶类型。

（四）叶的内部构造

1. 双子叶植物叶的结构

取薄荷叶的横切永久制片，置显微镜下观察，可见：

（1）表皮：上表皮细胞长方形，下表皮细胞较小，扁平，均被角质层，有气孔；表皮外有腺鳞、腺毛和非腺毛。

（2）叶肉：栅栏组织为一层细胞，海绵组织为 $4 \sim 5$ 层排列疏松的薄壁细胞

（3）主脉：维管束外韧型，木质部在上，靠近上表皮，导管常 $2 \sim 5$ 个纵列成数行，韧皮部位于木质部下方，较窄，细胞小，形成层明显。主脉上、下表皮内侧常有厚角组织。

2. 单子叶植物叶的结构（示教）

取淡竹叶的叶片横切永久制片，置显微镜下观察，可见：

（1）表皮：上表皮细胞类方形，大小不一，壁薄。大型表皮细胞（泡状细胞或运动细胞）呈扇形，下表皮细胞较小，排列整齐。上、下表皮均有角质层、气孔及单细胞非腺毛。

（2）叶肉：栅栏组织和海绵组织分化不明显。上表皮下方有一列短圆柱形薄壁细胞，内含叶绿体，并通过主脉，呈栅栏组织状。

（3）主脉：维管束外韧型，无形成层，周围有 1～2 列纤维组成的维管束鞘包绕，木质部导管稀少，排成 V 形，其下方为韧皮部。在上、下表皮的内侧有厚壁纤维群。

【实训思考】

如何区分单叶与复叶？

【实训报告】

1. 绘制一完全叶的形态图，注明各部分。

2. 绘薄荷叶片横切面简图，注明各部分。

实训九　植物器官——花、果实、种子

【实训目的】

1. 掌握被子植物花的外部形态及其组成。

2. 熟悉被子植物花的几种主要类型，学习解剖花以及使用花程式描述花的方法。

3. 掌握果实的形态特征和类型。了解果实的内部构造。

4. 掌握种子的形态特征和类型。了解种子的内部构造。

【实训设备及材料】

显微镜、放大镜、尖头镊子、解剖针、刀片、剪刀、擦镜纸、油菜、菊花、长春花、牵牛、黄蝉、少花龙葵、益母草、猪屎豆、车前草、半夏等植物的花，番茄、橘、桃或杏、苹果或梨、黄瓜、油菜或白菜、蓖麻、扁豆或豌豆、马兜铃、向日葵、玉米、板栗、小茴香、金樱子、八角茴香、桑椹、凤梨等的果实，枸杞的横切永久制片、杏仁的横切永久制片。

【实训内容及步骤】

（一）花的形态、组成及花的类型观察

1. 花的组成　取豆科的花（如猪屎豆）及十字形花科植物（如油菜）的花，先观察外部形态特征，然后由上而下，由外至内地用镊子、解剖针和刀片进行解剖，可见以下部分：（1）豆科植物（如猪屎豆）：

花萼：位于花的最外轮，五枚，基部联合成筒状（即合萼），端部呈裂片状，称合萼。

花冠：位于花的第二轮，五瓣，且互相分离（离瓣花），为蝶形花冠，黄色。外围最大的 1 片花瓣称旗瓣，两侧 2 片花瓣称翼瓣，最内侧的是两片合生的龙骨瓣。

雄蕊：位于花的第三轮，10 枚，其中 9 枚雄蕊花丝合生，包围在子房之外，1 枚雄蕊独立，称为二体雄蕊。

雌蕊：雌蕊1枚，位于花的中央，由柱头、花柱、子房组成。绿色，子房上位，由一心皮组成，胚珠多数。

（2）十字形花科植物（如油菜）

花萼：四枚，淡绿色，离生（即离萼）。

花冠：四瓣，黄色，离生（即离瓣花），开花时花冠两两相对，呈十字型排列，故称十字形花冠。

雄蕊：6枚分离，在花被内排列成两轮，外轮2枚雄蕊花丝短，内轮4枚雄蕊花丝长，为四强雄蕊。每枚雄蕊由花丝和花药组成。

雌蕊：1枚呈瓶状。子房上位，在子房基部周围有4个绿色小颗粒为蜜腺（分泌结构）。

以上花的各个部分均着生在花梗顶端稍膨大的花托上。

2. 花冠、雄蕊、花序类型 观察油菜、菊花、长春花、牵牛、黄蝉、少花龙葵、益母草、猪屎豆、车前草、半夏等植物的花，辨认其花冠、雄蕊或花序的类型。

（二）果实的形态特征、类型及内部构造观察

1. 果实的形态特征及组成 取一桃的果实（或杏的果实），将其纵剖，观察桃的果实的纵剖面，最外一层膜质部分为外果皮，其内肉质肥厚部分为中果皮，是食用部分，中果皮里面是坚硬的果核，核的硬壳即为内果皮，这三层果皮都由子房壁发育而来，敲开内果皮，可见一颗种子，种子外面被有一层黄棕色膜质的种皮。

2. 果实类型 观察番茄、橘、桃或杏、苹果或梨、黄瓜、芸苔或白菜、蓖麻、扁豆或豌豆、马兜铃、向日葵、玉米、板栗、小茴香、金樱子、八角茴香、桑椹、凤梨等的果实，辨认其类型。

3. 果实的内部构造（示教） 取枸杞的横切制片，置显微镜下观察，由外至内可见：

（1）外果皮：为一列扁平细胞，壁较薄，外被角质层，外缘作细齿状突起。

（2）中果皮：为10余列薄壁细胞，外侧1~2列较小，中部细胞较大，有的细胞含草酸钙砂晶；维管束双韧型，散列。

（3）内果皮：为一列椭圆形细胞，切向延长。

（4）种皮：最外为一列石细胞，类长方形，侧壁及内壁呈U字形增厚。其下为3~4列被挤压的薄壁细胞。最内一层为扁长方形薄壁细胞，微木化。

（三）种子的形态特征及内部构造观察

1. 种子的形态特征 取蓖麻种子观察，可见种子呈扁平广卵形，一面较平，另一面较隆起。种皮坚硬，由三层结构组成：最外面一层为膜状，具黑褐色花纹，有光泽；中层骨质，含黑褐色色素；内层为白色膜质。从种子表面观察，在种子较狭的一端有一浅色的海绵状突起，即种阜，在种子腹面种阜内侧的小突起，即种脐。种阜和种脐的下方有一条纵向的隆起为种脊。种孔被种阜遮盖，一般看不见。小心剥去种皮，其内肥厚的部分为胚乳，用刀片把胚乳纵切分为两半，用放大镜观察，能见到叶脉清晰的子叶，同时可看到胚根、极小的胚芽和很短的胚轴。

2. 种子的内部构造（示教）

取杏仁的横切制片，置显微镜下观察，由外至内可见：

（1）种皮外表皮：为一列薄壁细胞组成，散生长圆形、卵圆形的橙黄色石细胞，上半部凸出于表面，下半部埋在薄壁组织中。下方为多层薄壁细胞组成的营养层，细胞多皱缩，散生细小维管束。

（2）种皮内表皮：为一列薄壁细胞，含黄色物质。

（3）外胚乳：为数列颓废的薄壁组织。

（4）内胚乳：为一列长方形细胞，内含糊粉粒及脂肪油滴。

（5）子叶细胞：为多列多角形薄壁细胞，含糊粉粒，较大的糊粉粒中有 1 细小草酸钙簇晶；并含脂肪油滴。

【实训思考】

如何区别荚果和角果、瘦果和颖果、聚花果和聚合果？

【实训报告】

绘制梨果横切面图。

实训十　植物分类基础知识（一）

【实训目的】

1. 掌握蓼科、毛茛科、木兰科、十字花科、蔷薇科、豆科、芸香科的主要特征。

2. 认识以上各科的常见药用植物种类。

3. 熟悉植物形态的描述方法，学习运用检索表和其他工具书鉴定植物种类。

【实训设备及材料】

1. 解剖镜、放大镜、眼科镊、解剖针、解剖刀、检索表、植物志、图鉴等。

2. 上述 7 科常见植物的新鲜材料或蜡叶标本。

【实训内容及步骤】

（一）蓼科

1. 取蓼科植物虎杖的新鲜材料或蜡叶标本观察，可见：

多年生粗壮草本。根及根状茎粗大。地上茎中空，散生红色或紫红色斑点。叶阔卵形，托叶鞘短筒状。花单性异株，圆锥花序；注意花着生的位置、性别、雄蕊的数目；横切子房或果实观察雌蕊的类型、心皮数、子房位置、子房室数，胎座的类型；柱头 3；瘦果。

2. 认识蓼科常见药用植物：大黄、何首乌、萹蓄、拳参、火炭母。

（二）毛茛科

1. 取毛茛科植物毛茛的新鲜材料或蜡叶标本观察，可见：

多年生草本，全株具粗毛。叶片五角形，3 深裂，中裂片又 3 浅裂。顶生聚伞花序；取一朵花观察，注意花萼、花冠、雄蕊、雌蕊的数目，子房位置，聚合瘦果。

2. 认识毛茛科常见药用植物：芍药、白头翁、牡丹、黄连、升麻。

（三）木兰科

1. 取木兰科植物玉兰观察，可见：

落叶乔木，叶倒卵形至倒卵状长圆形，叶面有光泽，叶背被柔毛；注意花被片、雄蕊、雌蕊的数目，子房位置，聚合蓇葖果。

2. 认识木兰科常见药用植物：厚朴、八角茴香、地枫皮、五味子。

（四）十字花科

1. 取十字花科油菜的新鲜材料或蜡叶标本观察，可见：

草本。基生叶莲座状、茎生叶互生，无托叶。叶卵形或长卵形，先端钝圆，全缘或微波状。总状花序顶生或腋生。花黄色，十字花冠。四强雄蕊。角果。

2. 认识十字花科常见药用植物：白芥、菘蓝、独行菜、萝卜。

（五）蔷薇科

1. 取蔷薇科植物枇杷的新鲜材料或蜡叶标本观察，可见：

木皮。小枝密生锈色绒毛。叶革质，倒披针形、倒卵形至矩圆形，先端尖或渐尖，基部楔形或渐狭成叶柄，边缘疏锯齿，表面多皱、绿色，背面及叶柄密生灰棕色绒毛。圆锥花序顶生，花梗、萼筒皆密生锈色绒毛，花白色，芳香。果球形或矩圆形，黄色或桔黄色。

2. 认识蔷薇科常见药用植物：地榆、龙牙草、金樱子、月季、山杏。

（六）豆科

1. 取豆科代表植物扁豆的新鲜材料或蜡叶标本观察，可见：

缠绕草本。小叶3，顶生小叶菱状广卵形，侧生小叶斜菱状广卵形，顶端短尖或渐尖，基部宽楔形或近截形，两面沿叶脉处有白色短柔毛。总状花序腋生；花冠白色或紫红色。荚果扁，镰刀形或半椭圆形，种子扁长圆形，白色或紫黑色。

2. 认识豆科常见药用植物：含羞草、合欢、黄芪、甘草、苦参。

（七）芸香科

1. 取芸香科植物橘的新鲜材料或蜡叶标本观察，可见：

常绿小乔木或灌木，具枝刺。叶互生，革质，卵状披针形，单身复叶，叶翼不明显。取一朵花观察，注意花萼、花冠、雄蕊、雌蕊的数目，子房位置，将子房横切，观察胎座类型，种子的数目，柑果。

2. 认识芸香科常见药用植物：酸橙、吴茱萸、化州柚、九里香、佛手。

【实训思考】
离瓣花亚纲和合瓣花亚纲的区别？

【实训报告】
写出木兰科、十字花科、豆科的主要特征。

实训十一　植物分类基础知识（二）

【实训目的】
1. 掌握唇形科、葫芦科、菊科、茜草科、禾本科、天南星科、姜科的主要特征。
2. 认识以上各科的常见药用植物种类。
3. 熟悉植物形态的描述方法，学习运用检索表和其他工具书鉴定植物种类。

【实训设备及材料】

1. 解剖镜、放大镜、眼科镊、解剖针、解剖刀、检索表、植物志、图鉴等。

2. 上述7科常见植物的新鲜材料或蜡叶标本。

【实训内容及步骤】

（一）唇形科

1. 取唇形科植物益母草的新鲜材料或蜡叶标本观察，可见：

草本，茎方形。注意基生叶、中部叶、顶生叶的形状（异形叶性）。判断花序的类型。取1朵小花解剖观察：注意花萼5裂，其中前两齿较长；花冠二唇形，粉红色至淡紫红色，上唇直立，全缘，下唇3裂；注意雄蕊几枚？什么类型？花柱如何着生？子房上位，2心皮合生，4深裂成假四室；4枚小坚果。

2. 认识唇形科常见药用植物：丹参、黄芩、薄荷、荆芥、当归、半枝莲。

（二）葫芦科

1. 取葫芦科植物南瓜的新鲜材料或蜡叶标本观察，可见：

取南瓜带花果的植株观察：一年生草质藤本，全株被粗毛；节间中空，有卷须；单叶互生，宽卵形或卵圆形，掌状5浅裂；注意花着生的位置、雄蕊的数目；横切子房或果实观察雌蕊的类型、心皮数、子房位置、子房室数，胎座的类型；柱头3；瓠果。

2. 认识葫芦科常见药用植物：栝楼、绞股蓝、罗汉果、冬瓜子。

（三）茜草科

1. 取茜草科植物栀子的新鲜材料或蜡叶标本观察，可见：

木本。叶对生或3叶轮生，叶片革质，长椭圆形或倒卵状披针形，全缘；托叶通常连合成筒状包围小枝。花单生于枝端或叶腋，白色，芳香；花萼绿色，圆筒状；花冠高脚碟状。

认识茜草科常见药用植物：茜草、白花蛇舌草、钩藤、巴戟天。

（四）菊科

1. 取菊科代表植物蒲公英的新鲜材料或蜡叶标本观察，可见：

草本植物，含白色乳汁。根深长，单一或分枝，外皮黄棕色。叶基生，排成莲座状，狭倒披针形，大头羽裂或羽裂，裂片三角形，全缘或有数齿，先端稍钝或尖，基部渐狭成柄，无毛或有蛛丝状细软毛。花茎比叶短或等长，头状花序单一，顶生，舌状花鲜黄色，先端平截，5齿裂，两性。瘦果倒披针形，土黄色或黄棕色。

2. 认识菊科常见药用植物：菊花、红花、白术、木香、旋覆花。

（五）禾本科

1. 取禾本科植物水稻的新鲜材料或蜡叶标本观察，可见：

取一个小穗进行观察：每个小穗只含有一朵发育的小花，小穗基部颖片退化，只有残留痕迹。在发育花基部可看到两个鳞片状的稃片，它是两朵退化花的外稃，其余部分均已退化，再用镊子将发育花的内外稃分开，可见其外稃大而硬，呈船形，往往有芒，内稃较小，外稃和内稃之间，即位于子房基部有2个浆片，有6个雄蕊，雌蕊由2个心皮组成，1室，1胚珠，柱头2裂，呈羽毛状。（颖果被外稃和内稃包住）。

2. 认识禾本科常见药用植物：薏苡、淡竹叶、白茅根、芦根。

（六）天南星科

1. 取天南星科植物半夏的新鲜材料或蜡叶标本观察，可见：

注意其花细小，组成特殊的具佛焰苞的肉穗花序，注意其佛焰苞的特点，雌、雄花的性状及其在肉穗花序上的排列，注意观察花被之有无、雄蕊及子房的数量与着生情况。

2. 认识天南星科常见药用植物：天南星、水半夏、石菖蒲、千年健。

（七）姜科

1. 取姜科植物姜的新鲜材料或蜡叶标本观察，可见：

草本。根茎肉质，肥厚，扁平，有芳香和辛辣味。叶二列，披针形至条状披针形，先端渐尖基部渐狭，平滑无毛，有抱茎的叶鞘；无柄。花茎直立，穗状花序卵形至椭圆形，花冠黄色。蒴果长圆形。

2. 认识姜科常见药用植物：姜黄、砂仁、益智。

【实训思考】

单子叶植物纲和双子叶植物纲的区别？

【实训报告】

写出唇形科、菊科、禾本科的主要特征。

实训十二　根及根茎类药材的鉴定（一）

【实训目的】

1. 掌握根及根茎类药材的鉴定要求和方法。

2. 掌握大黄、黄连与延胡索的性状特征和显微特征。

3. 熟悉大黄与黄连的理化鉴定特征。

【实训设备及材料】

放大镜、显微镜、镊子、解剖针、载玻片、盖玻片、酒精灯、吸水纸、擦镜纸、三角架、石棉网、铁片、小铁圆圈、水合氯醛试液、稀甘油、大黄、黄连与延胡索的生药标本和粉末、味连的组织横切片。

【实训内容及步骤】

（一）性状鉴定

观察大黄、黄连与延胡索的生药标本。

1. 大黄黄棕色至红棕色，具类白色网状纹理。根茎可见"星点"，木部发达，有放射状纹理。气清香，味苦而微涩，嚼之粘牙，有沙粒感。

2. 黄连灰黄色或黄褐色，具结节状突起，多有"过桥"。断面皮部橙红色或暗棕色，木部鲜黄色或橙黄色，放射状排列。味极苦。①味连：多分枝，集聚成簇，形如鸡爪。②雅连：多单枝，较粗壮，"过桥"较长。③云连：多单枝，弯曲呈钩状，较细小，无"过桥"。

3. 延胡索不规则的扁球形。黄色或黄褐色，有不规则网状皱纹。顶端有略凹陷的茎痕，底部常有疙瘩状突起。质硬而脆，断面黄色，角质样，有蜡样光泽。气微，味苦

（二）显微鉴定

1. 大黄粉末黄棕色。用水合氯醛试液透化、再用稀甘油封片。置显微镜下观察，可见

（1）草酸钙簇晶众多，大小不一，棱角大多短钝。

（2）有网纹导管、具缘纹孔导管、螺纹导管及环纹导管，非木化。

（3）淀粉粒众多，单粒类球形或多角形，脐点多呈星状；复粒由 2～8 分粒组成。（不透化）

2. 味连组织横切片

（1）木栓层为数列细胞。木栓细胞外偶有鳞叶细胞残留。

（2）皮层较宽，石细胞单个或成群散在。

（3）中柱鞘纤维成束或伴有少数石细胞，均显黄色。

（4）维管束外韧型，环列。束间形成层不明显。木质部黄色，均木化，木纤维较发达。

（5）髓部均为薄壁细胞，偶见石细胞。

3. 延胡索粉末绿黄色。用水合氯醛试液透化、再用稀甘油封片。置显微镜下观察，可见

（1）糊化淀粉粒团块淡黄色或近无色。

（2）下皮厚壁细胞绿黄色，多角形、类方形或长条形，壁稍弯曲，木化，有的连珠状增厚。

（3）具螺纹导管。

（三）理化鉴定

升华反应于载玻片（或同样大小的铁片）中央放一小圆铁圈，将大黄粉末置于铁圈内，上盖一载玻片，置酒精灯上加热，在显微镜下可见黄色菱状针晶或羽状结晶。

【实训思考】

1. 如何从性状特征及显微特征上区别味连、雅连和云连？

2. 延胡索中糊粉粒可否采用理化鉴别？

【实训报告】（略）

实训十三 根及根茎类药材的鉴定（二）

【实训目的】

1. 掌握根及根茎类药材的鉴定要求和方法。

2. 掌握板蓝根、甘草与黄芪的性状特征和显微特征。

3. 熟悉甘草的理化鉴定特征。

【实训设备及材料】

放大镜、显微镜、镊子、解剖针、盖玻片、载玻片、酒精灯、吸水纸、擦镜纸、

白瓷板、水合氯醛试液、稀甘油、80％硫酸溶液、板蓝根、甘草与黄芪的生药标本、甘草与黄芪粉末、甘草的组织横切片。

【实训内容及步骤】

（一）性状鉴定

观察板蓝根、甘草与黄芪的生药标本。

1. 板蓝根 圆柱形。淡灰黄色或淡棕黄色。根头略膨大。体实，质略软，断面皮部黄白色，木部黄色。气微，味微甜后苦涩。

2. 甘草 ①甘草：圆柱形。红棕色或灰棕色。根质地坚实，断面略显纤维性，黄白色，粉性，形成层环明显，射线放射状，有裂隙。根茎有髓。味甜而特殊。②胀果甘草：木质粗壮。质坚硬，木质纤维多。③光果甘草：质地较坚实，外皮不粗糙，皮孔细而不明显。

3. 黄芪 圆柱形或上粗下细。淡棕黄色或淡棕褐色。质硬而韧，断面纤维性强，并显粉性，皮部黄白色，木部淡黄色，有放射状纹理和裂隙。气微，味微甜，嚼之微有豆腥味。

（二）显微鉴定

1. 甘草粉末淡棕黄色。用水合氯醛试液透化、再用稀甘油封片。置显微镜下观察，可见

（1）纤维成束，壁厚；晶鞘纤维多见，草酸钙方晶大至30μm。

（2）具缘纹孔导管较大，稀有网纹导管。

（3）木栓细胞红棕色，多角形。

（4）棕色块状物，形状不一。

（5）淀粉粒多为单粒，卵圆形或椭圆形，脐点点状。（不透化）

2. 黄芪粉末黄白色。用水合氯醛试液透化、再用稀甘油封片。置显微镜下观察，可见

（1）纤维成束或散离，壁厚，表面有纵裂纹。两端常断裂成须状或较平截。

（2）具缘纹孔导管无色或橙黄色，具缘纹孔排列紧密。

（3）石细胞少见，圆形、长圆形或形状不规则，壁较厚。

3. 甘草组织横切面

（1）木栓层为数列棕色细胞。皮层较窄。

（2）韧皮部射线宽广，多弯曲，常现裂隙；纤维多成束，非木化或微木化，周围薄壁细胞常含草酸钙方晶；筛管群常因压缩而变形。束内形成层明显。

（3）木质部射线宽3～5列细胞；导管较多；木纤维成束，周围薄壁细胞亦含草酸钙方晶。

（4）根中心无髓；根茎中心有髓。

（三）理化鉴定

取甘草粉末少许置白瓷板上，加80％硫酸数滴，显黄色，渐变橙黄色（甘草甜素反应）。

【实训思考】

1. 甘草和黄芪在性状和显微上有什么区别点？
2. 什么是晶鞘纤维？

【实训报告】（略）

实训十四 根及根茎类药材的鉴定（三）

【实训目的】

1. 掌握根及根茎类药材的鉴定要求和方法。
2. 掌握人参、西洋参、三七的性状特征。
3. 熟悉人参、三七的显微鉴别特征。

【实训设备及材料】

放大镜、显微镜、镊子、解剖针、盖玻片、载玻片、酒精灯、吸水纸、擦镜纸、水合氯醛试液、稀甘油、80%硫酸溶液、人参、西洋参与三七的生药标本、人参和三七粉末。

【实训内容及步骤】

（一）性状鉴定

观察人参、西洋参与三七的生药标本。

1. 人参 有野山参和园参，园参按加工方法不同又分为生晒参、红参、白参及参须。

①野山参：主根粗短，呈"人"形。特点是"芦长碗密枣核艼，紧皮细纹珍珠须"。②生晒参：主根圆柱形，具横环纹，灰黄色，芦碗少，珍珠疙瘩不明显。断面淡黄白色，粉性，形成层环棕黄色，皮部有黄棕色点状树脂道及放射状裂隙。香气特异，味微苦、甘。③红参：红棕色，角质样，主根圆柱形或加工成长方形。

2. 西洋参 长圆锥形、纺锥形或圆柱形。浅黄褐色或黄白色，有细密浅皱纹及横向环纹。中、下部可见一至数条侧根，多折断。质坚实。断面平坦，浅黄白色，皮部可见黄棕色点状树脂道，形成层环棕黄色，木部略呈放射状纹理。气微而特异，味微苦、甘。

3. 三七 类圆锥形或不规则的块状，顶端有茎痕，周围有瘤状突起或支根痕。灰黄色或灰褐色。体重，质坚实。断面灰绿色、黄绿色或灰白色，角质样。味苦回甜。

（二）显微鉴定

1. 人参粉末淡黄白色。用水合氯醛试液透化、再用稀甘油封片。置显微镜下观察，可见

（1）树脂道碎片易见，含黄色块状分泌物。

（2）草酸钙簇晶，棱角锐尖。

（3）木栓细胞类方形或多角形，壁薄，微带棕色。

（4）导管多网纹和梯纹导管。

（5）淀粉粒多，单粒类球形、半圆形或不规则多角形，复粒由 2~6 个分粒组成。（不透化）

2. 人参根的组织横切片

（1）残留木栓层由数列木栓细胞组成，细胞扁平。

（2）皮层有裂隙，细胞中含草酸钙簇晶，近韧皮部有树脂道，内含黄色分泌物，韧皮部薄壁细胞中充满淀粉粒。

（3）形成层明显，由3至数列扁平的细胞排列成环状。

（4）木部射线较宽，导管单个或2~3个成群；木薄壁细胞中含有草酸钙簇晶。

3. 三七粉末灰黄色。用水合氯醛试液透化、再用稀甘油封片。置显微镜下观察，可见

（1）树脂道碎片含黄色分泌物。

（2）草酸钙簇晶少见。

（3）导管为梯纹导管、网纹导管及螺纹导管。

（4）淀粉粒甚多，单粒圆形、半圆形或圆多角形，复粒由2~10余分粒组成。（不透化）

（三）理化鉴定

泡沫试验取人参粉末1g，加水10ml，用力振摇，产生持久性泡沫。

【实训思考】

如何准确的区别人参和西洋参？

【实训报告】（略）

实训十五　根及根茎类药材的鉴定（四）

【实训目的】

1. 掌握根及根茎类药材的鉴定要求和方法。

2. 掌握丹参、巴戟天与党参的性状特征。

3. 熟悉丹参、党参的显微特征。

【实训设备及材料】

放大镜、显微镜、镊子、解剖针、盖玻片、载玻片、酒精灯、吸水纸、擦镜纸、水合氯醛试液、稀甘油、无水乙醇、5%α-萘酚醇溶液、80%硫酸溶液、丹参、巴戟天与党参的生药标本、丹参和党参粉末、丹参组织横切片。

【实训内容及步骤】

（一）性状鉴定

观察丹参、巴戟天与党参的生药标本。

1. 丹参　长圆柱形。棕红色或暗棕红色。质硬而脆，断面皮部棕褐色，木部灰黄色或紫褐色，导管束黄白色，呈放射状排列。气微，味微苦涩。

2. 巴戟天　扁圆柱形，灰黄色或暗灰色，粗糙。皮部横向断裂而露出木部，形似连珠，断面皮部厚，紫色或淡紫色，易与木部剥离，木部黄棕色或黄白色。气微，味甘而微涩。

3. 党参　①党参：长圆柱形。黄棕色至灰棕色。根头部有"狮子盘头"。上端有

致密的环状横纹，支根断落处有褐色胶状物。断面稍平坦，有裂隙或放射状纹理，皮部淡黄白色至淡棕色，木质部淡黄色，呈"菊花心状"。有特殊香气，味微甜。②素花党参（西党参）：黄白色至灰黄色，根头下致密的环状横纹常达全长的一半以上。③川党参：有明显不规则纵沟，顶端有较稀的横纹，大条者亦有"狮子盘头"，小条者根头部较小，称"泥鳅头"。

（二）显微鉴定

1. 丹参粉末红棕色。用水合氯醛试液透化、再用稀甘油封片。置显微镜下观察，可见：

（1）石细胞类圆形、类长方形或不规则形，有的含黄棕色物。

（2）导管为网纹和具缘纹孔导管。

（3）木纤维长梭形，多为纤维管胞，具缘纹孔点状，纹孔斜裂缝状或十字形。

（4）木栓细胞黄棕色，表面类方形或多角形，壁稍厚。

2. 党参粉末黄白色。用水合氯醛试液透化、再用稀甘油封片。置显微镜下观察，可见：

（1）石细胞较多，呈方形，长方形或多角形。

（2）木栓细胞棕黄色，呈多角形，垂周壁微波状弯曲，木化。

（3）有节状乳管碎片。

（4）可见具缘纹孔导管和网纹导管。

（5）用水合氯醛装片不加热或无水乙醇装片，可见菊糖结晶呈扇形，表面观放射状纹理。

3. 丹参组织横切面

（1）木栓层4~6列细胞，有时可见落皮层组织存在。

（2）皮层宽广。韧皮部狭窄，呈半月形。

（3）形成层呈环，束间形成层不甚明显。

（4）木质部8~10多束，放射状，导管在形成层处较多，呈切向排列，渐至中央导管呈单列。

（5）木质部射线宽，纤维常成束存在于中央的初生木质部。

（三）理化鉴定

挑取党参粉末少许，置载玻片上镜检观察至菊糖后，加5%的α-萘酚醇溶液及80%硫酸1滴，稍热。菊糖溶解呈红色。

【实训思考】

如何从性状上更准确的鉴别党参？

【实训报告】（略）

实训十六　根及根茎类药材的鉴定（五）

【实训目的】

1. 掌握单子叶根及根茎类药材的鉴定要求和方法。

2. 掌握半夏、麦冬与天麻的性状特征和显微特征。

3. 熟悉麦冬和天麻的理化特征。

【实训设备及材料】

放大镜、显微镜、紫外光灯、镊子、解剖针、盖玻片、载玻片、酒精灯、吸水纸、擦镜纸、水合氯醛试液、稀甘油、碘试液、半夏、麦冬与天麻的生药标本，半夏和天麻的粉末、麦冬的组织横切片。

【实训内容及步骤】

（一）性状鉴定

观察半夏、麦冬与天麻的生药标本。

1. 半夏 类球形。白色或浅黄色。顶为凹陷之茎痕，周围密布麻点状根痕。下面钝圆，较光滑。质坚实，断面洁白，富粉性。味辛辣、麻舌而刺喉。

2. 麦冬 纺锤形，黄白色或淡黄色。质柔韧，断面半透明，中柱细小。味甘微苦，嚼之发黏。

3. 天麻 椭圆形或长条形，略扁，黄白色至淡黄棕色。一端有红棕色干枯芽苞或茎基，另一端为圆形疤痕。表面有多轮横环纹。质坚硬，断面角质样。气微，味甘。

（二）显微鉴定

1. 半夏粉末 类白色。用水合氯醛试液透化、再用稀甘油封片。置显微镜下观察，可见

（1）草酸钙针晶束散在，或存在于黏液细胞中。

（2）淀粉粒众多，单粒类圆形、半圆形或圆多角形，脐点呈裂缝状、星状或人字形。复粒由 2~6 分粒组成。（不透化）

（3）具螺纹导管。

2. 麦冬组织横切面观察

（1）表皮细胞 1 列，根被为 3~5 列木化细胞。

（2）皮层宽广，散有含草酸钙针晶束的黏液细胞；内皮层细胞壁均匀增厚，木化，有通道细胞；外侧为 1 列石细胞，其内壁及侧壁均增厚，纹孔细密。

（3）中柱较小，中柱鞘为 1~2 列薄壁细胞；辐射型维管束，韧皮部束 16~22 个，木质部束由木化组织连接成环状。

（4）髓小，薄壁细胞类圆形。

3. 天麻粉末 黄白色至黄棕色。用水合氯醛试液透化、再用稀甘油封片。置显微镜下观察，可见

（1）厚壁细胞椭圆形或类多角形，木化，纹孔明显。

（2）草酸钙针晶成束或散在。

（3）含糊化的多糖类物质的薄壁细胞无色，有的细胞可见长卵形、长椭圆形或类圆形颗粒状物质，遇碘液显棕色或淡棕紫色。

（4）具螺纹导管、网纹导管及环纹导管。

（三）理化鉴定

取天麻粉末 1g，加水 10ml，浸渍 4 小时，随时振摇，滤过，滤液加碘试液 2~4

滴。显紫红色至酒红色。

【实训思考】

单子叶植物根的显微特征有哪些?

【实训报告】(略)

实训十七 茎市类、皮类药材的鉴定

【实训目的】

1. 掌握茎木类及皮类药材的鉴定要求和方法。

2. 掌握木通、厚朴与肉桂的性状特征。

3. 熟悉木通、厚朴与肉桂的显微特征。

【实训设备及材料】

放大镜、显微镜、镊子、解剖针、盖玻片、载玻片、酒精灯、吸水纸、水合氯醛试液、稀甘油、木通、厚朴与肉桂生药标本及粉末。

【实训内容及步骤】

(一) 性状鉴定

观察木通、厚朴与肉桂的生药标本。

1. 木通 圆柱形。灰棕色或灰褐色,外皮粗糙。节膨大或不明显。体轻,质坚实,不易折断,断面不平整,皮部较厚,黄棕色,可见淡黄色颗粒状小点,木部黄白色,射线呈放射状排列,髓小或中空,黄白色或黄棕色。气微弱,味微苦而涩。

2. 厚朴 ①干皮:卷筒状或双卷筒状,近根部的干皮一端展开如喇叭口。外表面灰棕色或灰褐色,粗糙,有明显的椭圆形皮孔。内表面紫棕色或深紫褐色,划之显油痕。质坚硬,不易折断。断面颗粒性,外层灰棕色,内层紫褐色或棕色,有油性,有时可见多数小亮晶(厚朴酚结晶)。气香,味辛辣、微苦。②根皮:单筒状或不规则块片,有的似鸡肠。质硬,易折断,断面纤维性。③枝皮:皮薄,呈单筒状,质脆,易折断,断面纤维性。

3. 肉桂 槽状或卷筒状,外表面灰棕色,有横向突起的皮孔,内表面红棕色,划之显油痕。质硬而脆,易折断,断面不平坦,外层棕色而较粗糙,内层红棕色而油润,中间有一条黄棕色的线纹(石细胞环带)。气香浓烈,味甜、辣。有桂通、企边桂、板桂、桂碎等商品。

(二) 显微鉴定

1. 木通粉末 棕色。用水合氯醛试液透化、再用稀甘油封片。置显微镜下观察,可见

(1) 含晶石细胞方形或长方形,胞腔内含1至数个棱晶。

(2) 中柱鞘纤维细长梭形,胞腔内含密集的小棱晶,周围可见含晶石细胞。

(3) 木纤维长梭形,壁增厚,具裂隙状单纹孔或小的具缘纹孔。

(4) 具缘纹孔导管,纹孔椭圆形、卵圆形或六边形。

2. 厚朴粉末 棕色。用水合氯醛试液透化、再用稀甘油封片。置显微镜下观察,

317

可见

    （1）石细胞类方形、椭圆形、卵圆形或不规则分枝状，有时可见层纹。

    （2）纤维甚多，壁甚厚，有的呈波浪形或一边呈锯齿状，孔沟不明显，木化。

    （3）油细胞呈椭圆形，含黄棕色油状物。

    3. 肉桂粉末　红棕色。用水合氯醛试液透化、再用稀甘油封片。置显微镜下观察，可见

    （1）纤维大多单个散在，长梭形，平直或波状弯曲，壁极厚，纹孔不明显，木化。

    （2）石细胞类圆形或类方形，壁厚，常三面增厚，一面菲薄。

    （3）油细胞类圆形或长圆形，含黄色油滴状物。

    （4）草酸钙针晶细小，散在于射线细胞中。

    （5）木栓细胞多角形，含红棕色物质。

    （6）淀粉粒极多，圆球形或多角形。（不透化）

【实训思考】

厚朴与肉桂的粉末显微特征有什么区别？

【实训报告】（略）

实训十八　叶类、花类药材的鉴定

【实训目的】

1. 掌握叶类、花类药材的鉴定要求和方法。

2. 掌握番泻叶、金银花与红花的性状特征。

3. 熟悉番泻叶、金银花与红花的显微特征。

【实训设备及材料】

    放大镜、显微镜、镊子、解剖针、盖玻片、载玻片、烧杯、酒精灯、吸水纸、水合氯醛试液、稀甘油、番泻叶、红花与金银花的生药标本及粉末。

【实训内容及步骤】

（一）性状鉴定

观察番泻叶、金银花与红花的生药标本。

1. 番泻叶　①狭叶番泻：长卵形或卵状披针形，叶端急尖，叶基稍不对称。上表面黄绿色，下表面浅黄绿色，无毛。革质。气特异，味微苦，稍有黏性。②尖叶番泻：披针形或长卵形，略卷曲，叶端短尖或微突，叶基不对称，两面均有细短毛绒。

2. 金银花　花蕾棒状，上粗下细。黄白色或绿白色，密被短柔毛。花萼绿色，先端5裂。开放者花冠筒状，先端二唇形。气清香，味淡、微苦。

3. 红花　不带子房的管状花，条形。红黄色或红色，花冠筒细长，先端5裂。聚药雄蕊，花药黄白色。柱头长圆柱形，顶端微分叉。质柔软。气微香，味微苦。

（二）显微鉴定

1. 番泻叶粉末　黄绿色。用水合氯醛试液透化、再用稀甘油封片。置显微镜下观察，可见

（1）晶鞘纤维多，草酸钙方晶的直径为 $12 \sim 15\mu m$。

（2）非腺毛单细胞，壁厚，具疣状突起，长 $100 \sim 350\mu m$。

（3）表皮细胞表面观呈多角形，垂周壁平直；气孔平轴式，副卫细胞多为 2 个，稀 3 个。

（4）草酸钙簇晶较多，存于叶肉薄壁细胞中。

2. 红花粉末 橙黄色。用水合氯醛试液透化、再用稀甘油封片。置显微镜下观察，可见

（1）花冠、花丝、柱头碎片多见，有长管状分泌细胞，含黄棕色至红棕色分泌物。

（2）花冠顶端表皮细胞外壁突起呈短绒毛状。

（3）柱头及花柱上部表皮细胞分化成圆锥形单细胞毛，先端较尖或稍钝。

（4）花粉粒类圆形、椭圆形或橄榄形，外壁有齿状突起，萌发孔 3 个。

（5）草酸钙方晶存在于薄壁细胞中。

3. 金银花粉末 浅黄色。用水合氯醛试液透化、再用稀甘油封片。置显微镜下观察，可见

（1）腺毛有二种，一种头部呈倒圆锥形，顶部略平坦，侧面观由 $10 \sim 30$ 个细胞排成 $2 \sim 4$ 层，腺柄 $2 \sim 6$ 个细胞；另一种头部类圆形或略扁圆形，由 $4 \sim 20$ 个细胞组成，腺柄 $2 \sim 4$ 个细胞。腺毛头部细胞含黄棕色分泌物。

（2）非腺毛为单细胞，有两种，一种长而弯曲，壁薄，壁疣明显；另一种较短，壁较厚，具壁疣，少数具单或双螺纹。

（3）花粉粒众多，黄色，类圆形，外壁表面有细密短刺及圆形细颗粒状雕纹，具 3 孔沟。

（4）薄壁细胞中含细小草酸钙簇晶。

【实训思考】

花类药材有哪些鉴别特征？

【实训报告】（略）

实训十九　果实、种子类药材的鉴定（一）

【实训目的】

1. 掌握果实、种子类药材的鉴定要求和方法。

2. 掌握五味子、陈皮与马钱子的性状特征。

3. 熟悉五味子、陈皮与马钱子的显微特征。

【实训设备及材料】

放大镜、显微镜、镊子、解剖针、盖玻片、载玻片、酒精灯、吸水纸、擦镜纸、水合氯醛试液、稀甘油、五味子、陈皮与马钱子的生药标本及粉末。

【实训内容及步骤】

（一）性状鉴定

观察五味子、陈皮与马钱子的生药标本。

1. 五味子 球形或扁球形。红色、紫红色或暗红色，皱缩，显油润；有的呈黑红色

或出现"白霜"。果肉柔软，种子1~2，肾形，有光泽，种皮薄而脆。果肉气微，味酸。

2. 陈皮 常剥成数瓣，基部相连，有的呈不规则的片状。外表面橙红色或红棕色，有细皱纹和凹下的点状油室；内表面浅黄白色，粗糙，附黄白色或黄棕色筋络状维管束。质稍硬而脆。气香，味辛、苦。广陈皮常3瓣相连，形状整齐，厚度均匀。点状油室较大。质较柔软。

3. 马钱子 呈纽扣状圆板形，常一面隆起，一面稍凹下。表面密被灰棕或灰绿色绢状茸毛，自中间向四周呈辐射状排列，有丝样光泽。边缘稍隆起，较厚，有突起的珠孔，底面中心有突起的圆点状种脐。质坚硬。气微，味极苦。

（二）显微鉴定

1. 五味子粉末 暗紫色。用水合氯醛试液透化、再用稀甘油封片。置显微镜下观察，可见

（1）种皮表皮石细胞表面观呈多角形或长多角形，壁厚，孔沟细密，胞腔内含深棕色物。

（2）种皮内层石细胞多角形、类圆形或不规则形，壁稍厚，纹孔较大。

（3）果皮表皮细胞多角形，垂周壁略呈连珠状增厚，表面有角质线纹；表皮中散有油细胞。

（4）中果皮细胞皱缩，含暗棕色物，并含淀粉粒。

2. 陈皮粉末 黄白色。用水合氯醛试液透化、再用稀甘油封片。置显微镜下观察，可见

（1）中果皮薄壁组织众多，细胞形状不规则，壁不均匀增厚，有的成连珠状。

（2）中果皮表皮细胞表面观多角形、类方形或长方形，垂周壁稍厚，气孔类圆形，副卫细胞不清晰；侧面观外被角质层，靠外方的径向壁增厚。

（3）草酸钙方晶成片存在于中果皮薄壁细胞中，呈多面体形、菱形或双锥形，有的一个细胞内含有由两个多面体构成的平行双晶或3~5个方晶。

（4）橙皮苷结晶大多存在于薄壁细胞中，黄色或无色，呈圆形或无定形团块，有的可见放射状条纹。

（5）螺纹导管、孔纹导管和网纹导管及管胞较小。

3. 马钱子粉末 灰黄色。用水合氯醛试液透化、再用稀甘油封片。置显微镜下观察，可见

（1）非腺毛单细胞，基部膨大似石细胞，壁极厚，多碎断，木化。

（2）胚乳细胞多角形，壁厚，内含脂肪油及糊粉粒。

【实训思考】

如何从性状特征上区别五味子和南五味子、陈皮与广陈皮？

【实训报告】（略）

实训二十 果实、种子类药材的鉴定（二）

【实训目的】

1. 掌握果实、种子类药材的鉴定要求和方法。

2. 掌握小茴香、砂仁与苦杏仁的性状特征和显微特征。

3. 熟悉苦杏仁的水试鉴别。

【实训设备及材料】

放大镜、显微镜、镊子、解剖针、盖玻片、载玻片、酒精灯、吸水纸、擦镜纸、水合氯醛试液、稀甘油、小茴香、砂仁的生药标本、粉末及组织横切片、苦杏仁的生药标本。

【实训内容及步骤】

（一）性状鉴定

观察小茴香、砂仁与苦杏仁的生药标本。

1. 小茴香　双悬果。黄绿色或淡黄色，两端略尖，顶端残留有黄棕色突起的柱基。分果呈长椭圆形，背面有纵棱 5 条，接合面平坦而较宽。有特异香气，味微甜、辛。

2. 砂仁　①阳春砂、绿壳砂：椭圆形或卵圆形，有不明显的三棱。棕褐色，密生刺状突起。果皮薄而软。种子集结成团，具三钝棱，中有白色隔膜，将种子团分成 3 瓣，每瓣有种子 5 ~ 26 粒。气芳香而浓烈，味辛凉、微苦。②海南砂：长椭圆形或卵圆形，有明显的三棱。表面被片状、分枝的软刺。果皮厚而硬。气味稍淡。

3. 苦杏仁　扁心形，黄棕色至深棕色，一端尖，另端钝圆，左右不对称。种皮薄，子叶 2，乳白色，富油性。气微，味苦。

（二）显微鉴定

1. 小茴香横切片（分果横切面）　略呈五边形。

（1）外果皮为 1 列扁平细胞，外被角质层。

（2）中果皮纵棱处有维管束，其周围有多数木化网纹细胞；背面纵棱间各有大的椭圆形棕色油管 1 个，接合面有油管 2 个，共 6 个。

（3）内果皮为 1 列扁平薄壁细胞，细胞长短不一。

（4）种皮细胞扁长，含棕色物。胚乳细胞多角形，含糊粉粒和细小草酸钙簇晶。

2. 小茴香粉末　绿黄色。用水合氯醛试液透化、再用稀甘油封片。置显微镜下观察，可见

（1）网纹细胞棕色，类长方形或类圆形，壁颇厚，木化，具卵圆形网状壁孔。

（2）油管碎片呈黄棕色至深红棕色，分泌细胞呈扁平多角形，内含深色分泌物。

（3）镶嵌状细胞为内果皮细胞，狭长，由 5 ~ 8 个细胞为 1 组，以其长轴相互作不规则嵌列。

（4）内胚乳细胞呈类多角形，无色，壁颇厚，含多数糊粉粒，每一糊粉粒中含有细小簇晶。

3. 阳春砂粉末　灰棕色。用水合氯醛试液透化、再用稀甘油封片。置显微镜下观察，可见

（1）内种皮厚壁细胞红棕色或黄棕色，表面多角形，壁厚，非木化，胞腔内含硅质块；断面观为 1 列栅状细胞，内壁及侧壁极厚，胞腔偏外侧，内含硅质块。

（2）种皮表皮细胞淡黄色，表面观长条形；下皮细胞含棕色或红棕色物。

（3）色素层细胞皱缩，界限不清楚，含红棕色或深棕色物。

（4）外胚乳细胞类长方形或不规则形，充满细小淀粉粒集结成的淀粉团，有的包

埋有细小草酸钙结晶。

（5）内胚乳细胞含细小糊粉及脂肪油滴。

（6）油细胞无色，壁薄，偶见油滴散在。

（三）水

试取苦杏仁数粒，加水共研，发生苯甲醛的特殊香气。

【实训思考】

1. 如何从性状特征上区别三种砂仁？

2. 苦杏仁水试的原理是什么？

【实训报告】（略）

实训二十一　全草类药材的鉴定

【实训目的】

1. 掌握全草类药材的鉴定要求和方法。

2. 掌握麻黄、广藿香与薄荷的性状特征和显微特征。

3. 熟悉麻黄的理化鉴定特征。

【实训设备及材料】

放大镜、显微镜、镊子、解剖针、盖玻片、载玻片、酒精灯、吸水纸、擦镜纸、水合氯醛试液、稀甘油、麻黄、广藿香与薄荷的生药标本、麻黄、薄荷粉末及组织横切片。

【实训内容及步骤】

（一）性状鉴定

观察麻黄、广藿香与薄荷的生药标本。

1. 麻黄　①草麻黄：细长圆柱形，少分枝。淡绿色至黄绿色。节明显。膜质鳞叶裂片 2（稀 3），锐三角形，先端灰白色，反曲，基部联合成筒状。质脆，易折断，髓部红棕色。气微香，味涩、微苦。②中麻黄：多分枝。膜质鳞叶裂片 3（稀 2），先端锐尖。断面髓部呈三角状圆形。③木贼麻黄：较多分枝。膜质鳞叶裂片 2（稀 3），上部为短三角形，灰白色，先端多不反曲，基部棕红色至棕黑色。

2. 广藿香　茎略呈方柱形，密披柔毛，老茎类圆柱形，被灰褐色栓皮。叶对生，卵形，边缘具不规则钝齿，两面被灰白色柔毛。香气特异。①石牌广藿香：枝条较小，叶片较小。②海南广藿香：枝条粗壮，叶片较大而薄。

3. 薄荷　茎呈方柱形，有对生分枝；紫棕色或淡绿色，棱角处具茸毛；质脆，断面白色，髓部中空。叶对生；叶片皱缩卷曲，展平后呈宽披针形、长椭圆形或卵形；上表面深绿色，下表面灰绿色，稀被茸毛，有凹点状腺鳞。揉搓后有特殊清凉香气，味辛凉。

（二）显微鉴定

1. 草麻黄的横切片　类圆形而稍扁，边缘有棱线呈波状。

（1）表皮细胞外被角质层；两棱线间有下陷气孔。棱线处有非木化的下皮纤维束，壁厚。

（2）皮层宽广，似叶肉组织，含叶绿体，有纤维束散在。维管束外韧型，8～10个。

（3）韧皮部狭小。形成层环类圆形。木质部呈三角形，连接成环，细胞全部木化。

（4）髓部薄壁细胞常含棕红色块状物，偶见环髓纤维。

（5）表皮、皮层细胞及纤维壁均有细小草酸钙方晶或砂晶

2. 草麻黄粉末 棕色或绿色。用水合氯醛试液透化、再用稀甘油封片。置显微镜下观察，可见

（1）表皮组织碎片甚多，细胞呈长方形，含颗粒状晶体，气孔特异，内陷，保卫细胞侧面观呈哑铃形或电话听筒形。

（2）角质层极厚，呈脊状突起，常呈不规则条块状。

（3）纤维多而壁厚，木化或非木化，狭长，胞腔狭小，不明显，附有细小众多的砂晶和方晶。

（4）皮层薄壁细胞类圆形，木化或非木化。

（5）导管分子端壁具麻黄式穿孔板。

（6）棕色块散在，形状不规则，棕色或红棕色。

3. 薄荷粉末 粉末黄绿色。用水合氯醛试液透化、再用稀甘油封片。置显微镜下观察，可见

（1）表皮细胞壁薄，呈波状。下表皮有众多直轴式气孔。

（2）腺鳞的腺头呈扁圆球形，由8个分泌细胞排列成辐射状，腺头外围有角质层，与分泌细胞的间隙处有浅黄色油质，腺柄单细胞，极短，四周表皮细胞作辐射状排列。

（3）腺毛为单细胞头，单细胞柄。

（4）非腺毛由1～8个细胞组成，常弯曲，壁厚，有疣状突起。

【实训思考】

如何从性状及显微特征上区别三种麻黄？

【实训报告】（略）

实训二十二　藻类、菌类、地衣类药材的鉴定

【实训目的】

1. 掌握菌类药材的鉴定要求和方法。

2. 掌握冬虫夏草、茯苓与猪苓的性状特征和显微特征。

3. 熟悉茯苓的理化鉴定方法。

【实训设备及材料】

放大镜、显微镜、紫外光灯、镊子、解剖针、盖玻片、载玻片、酒精灯、吸水纸、擦镜纸、水合氯醛试液、5% KOH 溶液、碘－碘化钾溶液、冬虫夏草、茯苓与猪苓的生药标本、茯苓和猪苓粉末。

【实训内容及步骤】

（一）性状鉴定

观察冬虫夏草、茯苓与猪苓的生药标本。

1. 冬虫夏草 虫体似蚕，深黄色至黄棕色，有环纹 20～30 节，头部红棕色，足 8 对，4 对明显。折断面呈淡黄白色。子座呈棒状，表面棕褐色，上端稍膨大，深棕色至棕褐色，具不育顶端。质柔韧，虫体断面类白色。气腥。

2. 茯苓 ①茯苓个：呈类球形、椭圆形、扁圆形或不规则团块，大小不一。外皮薄而粗糙，棕褐色至黑褐色，有明显的皱缩纹理。体重，质坚实，断面颗粒性，有的具裂隙，外层淡棕色，内部白色，少数淡红色，有的中间抱有松根。气微，味淡，嚼之粘牙。②茯苓块：为去皮后切制的茯苓，呈立方块状或方块状厚片，大小不一。白色、淡红色或淡棕色。③茯苓片：为去皮后切制的茯苓，呈不规则厚片，厚薄不一。白色、淡红色或淡棕色。

3. 猪苓 条形、类圆形或扁块状，有的有分枝。表面黑色、灰黑色或棕黑色，皱缩或有瘤状突起。体轻，质硬，断面类白色或黄白色，略呈颗粒状。气微，味淡。

（二）显微鉴定

1. 茯苓粉末 灰白色。

（1）水装片不规则颗粒状团块及分枝状团块，无色，遇水合氯醛渐溶化。

（2）菌丝无色或淡棕色（外层菌丝），较细长，稍弯曲，有分枝。

2. 猪苓粉末 黄白色。

（1）水装片可见散在的菌丝和多糖黏结的菌丝团块，大多无色，少数黄棕色或暗棕色。

（2）5% KOH 溶液装片，多糖溶解而露出菌丝。菌丝细长，弯曲，有分枝，直径横壁不明显。草酸钙方晶极多，多呈正方八面体，双锥八面体或不规则多面体，有时可见数个结晶集合。

（三）理化鉴定

取茯苓粉末少许，加碘－碘化钾试液数滴，显深红色。（检查多糖）

【实训思考】

1. 冬虫夏草的伪品有哪些？

2. 如何从性状及显微特征上区别茯苓与猪苓？

【实训报告】（略）

实训二十三　树脂类和其他类药材的鉴别

【实训目的】

1. 掌握树脂类药材和其他类药材的鉴定要求和方法。

2. 掌握乳香、没药与冰片的性状特征。

3. 熟悉乳香、没药与冰片的水试、火试和理化鉴定方法。

【实训设备及材料】

放大镜、显微镜、紫外光灯、镊子、解剖针、盖玻片、载玻片、研钵、试管、酒精灯、吸水纸、擦镜纸、无水乙醇、1%香草醛硫酸溶液、乳香、没药与冰片的生药标本、粉末。

【实训内容及步骤】

（一）性状鉴定

观察乳香、没药与冰片的生药标本。

1. 乳香 呈长卵形滴乳状、类圆形颗粒或黏合成大小不等的不规则块状物。大者长达 2cm（乳香珠）或 5cm（原乳香）。表面黄白色，半透明，被有黄白色粉末，久存则颜色加深。质脆，破碎面有玻璃样或蜡样光泽。具特异香气，味微苦。

2. 没药 ①天然没药：呈不规则颗粒性团块，大小不等。表面黄棕色或红棕色，近半透明部分呈棕黑色，被有黄色粉尘。质坚脆，破碎面不整齐，无光泽；有特异香气，味苦而微辛。②胶质没药：呈不规则块状和颗粒，多黏结成大小不等的团块，表面棕黄色至棕褐色，不透明，质坚实或疏松，有特异香气，味苦而有黏性。

3. 冰片 无色透明或白色半透明的片状松脆结晶；气清香，味辛、凉。

（二）水试、火试

1. 乳香

（1）与少量水共研，能形成白色或黄白色乳状液。

（2）遇热变软，烧之微有香气（不应有松香气），冒黑烟，并遗留黑色残渣。

2. 没药 与水共研，形成黄棕色乳状液。

3. 冰片

（1）具挥发性，点燃发生浓烟，并有带光的火焰。

（2）在水中几乎不溶。

（三）理化鉴定

1. 没药粉末加香草醛试液数滴，天然没药立即染成红色，继而变为红紫色，胶质没药立即染成紫红色，继而变为蓝紫色。

2. 取冰片 10mg，加乙醇数滴使溶解，加新制的 1%香草醛硫酸溶液 1～2 滴，即显紫色。

【实训思考】

1. 如何从性状及理化特征上区别乳香与没药？

2. 冰片与艾片的来源有何不同？

【实训报告】（略）

实训二十四 动物类药材的鉴别

【实训目的】

1. 掌握动物类药材的鉴定要求和方法。

2. 掌握麝香、鹿茸与牛黄的性状特征和显微特征。

3. 熟悉鹿茸的理化鉴定方法。

【实训设备及材料】

放大镜、显微镜、紫外光灯、镊子、解剖针、盖玻片、载玻片、研钵、漏斗、试管、酒精灯、滤纸、吸水纸、擦镜纸、水合氯醛试液、茚三酮试液、10% NaOH 溶液、0.5% 硫酸铜溶液、麝香、鹿茸与牛黄的生药标本、粉末。

【实训内容及步骤】

（一）性状鉴定

观察麝香、鹿茸与牛黄的生药标本。

1. 麝香 ①毛壳麝香：呈类球形或扁球形的囊状体。开口面的皮革质，棕褐色，略平，密生灰白色或灰棕色短毛，从两侧围绕中心排列，中间有 1 小囊孔。另一面无毛，为棕褐略带紫色的皮膜，略有弹性。内含颗粒状、粉末状的麝香仁。②麝香仁：野生者质软，油润，疏松，其中呈不规则球形或颗粒状者习称"当门子"，表面多呈紫黑色，油润光亮，断面深棕色或黄棕色；粉末状者多呈棕褐色或黄棕色。饲养者呈颗粒状、短条形或不规则的团块；表面不平，紫黑色或深棕色，显油性，微有光泽。气香浓烈而特异，味微辣、微苦带咸。

2. 鹿茸 ①花鹿茸：呈圆柱状分枝，具一个分枝者习称"二杠"，主枝习称"大挺"，圆柱形，顶端钝圆，离锯口约 1cm 处分出侧枝，习称"门庄"；外皮红棕色或棕色，光润，表面密生红黄色或棕黄色细茸毛；锯口黄白色，外围无骨质，中部密布细孔；体轻。具二个分枝者，习称"三岔"，主枝略呈弓形，微扁，枝端略尖，下部多有纵棱筋及突起疙瘩；皮红黄色，茸毛较稀而粗；锯口外围多已骨化。二茬茸与头茬茸相似，但挺长而不圆或下粗上细，下部有纵棱筋。皮灰黄色，茸毛较粗糙，锯口外围多已骨化。体较重。无腥气。②马鹿茸：较花鹿茸粗大，分枝较多，侧枝 1 个者习称"单门"，二个习称"莲花"，三个习称"三岔"，四个习称"四岔"或更多。按产地分为"东马鹿茸"和"西马鹿茸"。气腥臭，味咸。

3. 牛黄 多呈卵形、类球形、三角形或四方形，大小不一，少数呈管状或碎片。表面黄红色至棕黄色，有的表面挂有一层黑色光亮的薄膜，习称"乌金衣"，有的粗糙，具疣状突起，有的具龟裂纹。体轻，质酥脆，易分层剥落，断面金黄色，可见细密的同心层纹，有的夹有白心。气清香，味苦而后甘，有清凉感，嚼之易碎，不粘牙。

（二）显微鉴定

麝香 取麝香仁粉末用水合氯醛装片观察，呈淡黄色或淡棕色团块，由不定形颗粒状物集成，半透明或透明。团块中包埋或散在有方形、柱形、八面体或不规则的晶体，直径 $10 \sim 62\mu m$，柱晶长可至 $92\mu m$。并可见圆形油滴，偶见皮毛及脱落的内层皮膜组织。

（三）理化鉴定

取鹿茸粉末 0.1g，加水 4ml，加热 15 分钟，放冷，滤过。取滤液 1ml，加茚三酮试液 3 滴，摇匀，加热煮沸数分钟，显蓝紫色。另取滤液 1ml，加 10% NaOH 溶液 2 滴，摇匀，滴加 0.5% 硫酸铜溶液，显蓝紫色。（检查蛋白质和氨基酸）

【实训思考】

如何鉴别麝香、鹿茸、牛黄、羚羊角等贵重药材的真伪？

【实训报告】（略）

实训二十五　矿物类药材的鉴定

【实训目的】

1. 掌握矿物类药材的鉴定要求和方法。

2. 掌握朱砂、雄黄与石膏的性状特征。

3. 熟悉朱砂的显微特征和朱砂、石膏的理化鉴定方法。

【实训设备及材料】

放大镜、显微镜、镊子、解剖针、盖玻片、载玻片、研钵、铜片、试管、坩埚、漏斗、具小孔软木塞、酒精灯、吸水纸、擦镜纸、盐酸、朱砂、雄黄与石膏的生药标本、朱砂粉末。

【实训内容及步骤】

（一）性状鉴定

观察朱砂、雄黄与石膏的生药标本。

1. 朱砂　为粒状或块状集合体，呈颗粒状或块片状。鲜红色或暗红色，条痕红色至褐红色，具光泽。体重，质脆，片状者易破碎，粉末状者有闪烁的光泽。气微，味淡。

2. 雄黄　为块状或粒状集合体，呈不规则块状。深红色或橙红色，条痕淡橘红色，晶面有金刚石样光泽。质脆，易碎，断面具树脂样光泽。微有特异的臭气，味淡。精矿粉为粉末状或粉末集合体，质松脆，手捏即成粉，橙黄色，无光泽。

3. 石膏　为纤维状的集合体，呈长块状、板块状或不规则块状。白色、灰白色或淡黄色，有的半透明。体重，质软，纵断面具绢丝样光泽。气微，味淡。

（二）显微鉴定

朱砂　朱红色。光学显微镜下呈大小不一的不规则粒状，红棕色，有光泽；边缘常不透明，显暗黑色且不平整。小粒几乎显黑色。

（三）理化鉴定

1. 朱砂　取本品粉末，用盐酸湿润后，在光洁的铜片上摩擦，铜片表面显银白色光泽，加热烘烤后，银白色即消失（检查汞盐）。

2. 石膏　取本品一小块（约2g），置具有小孔软木塞的试管内，灼烧，管壁有水生成，小块变为不透明体（结晶水逸出，含水硫酸钙变为无水硫酸钙）。

【实训思考】

1. 矿物药的鉴别与植物药有哪些不同？

2. 矿物药的加工或炮制与植物药有哪些不同？

【实训报告】（略）

实训二十六　未知粉末及中成药的鉴定

【实训目的】

1. 掌握未知粉末及中成药的的鉴定程序和方法。学会书写鉴定报告。

2. 培养学生独立思考和实际操作能力。

【实训设备及材料】

放大镜、显微镜、紫外光灯、镊子、解剖针、盖玻片、载玻片、酒精灯、吸水纸、擦镜纸、斯氏液、水合氯醛、稀甘油、蒸馏水、苏丹Ⅲ试液、间苯三酚、浓盐酸、稀碘液、乙醇、三氯甲烷、1%香草醛硫酸溶液、单味的未知粉末（已编号）、牛黄解毒片、六味地黄丸等。

【实训内容及步骤】

（一）未知粉末的鉴定

1. 取样学生抽取未知粉末。

2. 性状观察注意粉末颜色、气味及滑涩感，进行初步判断。

3. 显微鉴定

（1）用斯氏液或稀甘油装片：注意观察淀粉粒的形态、大小。

（2）用水合氯醛试液对粉末进行透化、再用稀甘油封片，置显微镜下观察：注意有无石细胞、晶体、纤维、毛茸、分泌细胞及其形态、类型和大小。

（3）根据以上实训观察，分别选择苏丹Ⅲ试液、间苯三酚、稀碘液等试剂进行显微化学观察。

（4）进行综合分析，得出初步或准确结论。

4. 理化鉴定综合性状及显微鉴定特征，可分别进行升华反应、显色反应、荧光反应等理化鉴定实训。

5. 综合各项鉴定结果，运用所学理论知识，进行判断分析，最后得出准确结论。

（二）中成药的鉴定

1. 牛黄解毒片

（1）性状观察　本品为素片或包衣片，素片或包衣片除去包衣后显棕黄色；有冰片香气，味微苦、辛。

（2）显微鉴定　取本品片心，研成粉末，取少许，置于载玻片上，滴加适量水合氯醛试液进行透化后，加稀甘油1滴封片，置显微镜下观察，可见：草酸钙簇晶大，直径 $60 \sim 140 \mu m$；不规则碎块金黄色或橙黄色，有光泽。

（3）理化鉴定　取本品1片，研细，进行微量升华，所得的白色升华物，加新配制的1%香草醛硫酸溶液 $1 \sim 2$ 滴，液滴边缘渐显玫瑰红色。

2. 六味地黄丸

（1）性状观察　为棕黑色的水蜜丸、黑褐色的小蜜丸或大蜜丸；味甜而酸。

（2）显微鉴定　用解剖针挑取一部分药丸，用蒸馏水洗 $2 \sim 3$ 次后分别用斯氏液封片或用水合氯醛试液对粉末进行透化、再用稀甘油封片。置显微镜下观察，可见：

淀粉粒三角状卵形或矩圆形，直径 24~40μm，脐点短缝状或人字状。不规则分枝状团块无色，遇水合氯醛液溶化；菌丝无色，直径 4~6μm。薄壁组织灰棕色至黑棕色，细胞多皱缩，内含棕色核状物。草酸钙簇晶存在于无色薄壁组织中，有时数个排列成行。果皮表皮细胞橙黄色，表面观类多角形，垂周壁略连珠状增厚。薄壁细胞类圆形，有椭圆形纹孔，集成纹孔群。

【实训思考】

未知粉末及中成药的的鉴定程序包括哪些步骤？

【实训报告】（略）

技能考核评价表

考核药材：随机安排药材 3 种

考核时间：2 课时

序号	考核项目	技能要求	标准分	实得分
1	实训作风（10 分）	着装整洁（穿白大衣等）	2	
		卫生习惯好（洗手、擦拭操作台、玻片等）	3	
		安静、礼貌、团结、互助、求真	5	
2	实训准备（10 分）	讨论实验内容及操作，小组讨论组员分工	5	
		能正确选择所需的材料及设备	5	
3	实训操作（50 分）	能准确描述药材 A 的性状特征	10	
		能准确描述药材 B 的性状特征	10	
		能准确描述药材 C 的性状特征	10	
		能正确取、用显微镜	5	
		能准确找到药材粉末或横切面的主要显微特征	9	
		记录一种粉末的显微特征，绘图真实、美观、典型	6	
4	实训时间（5 分）	按时完成实训	5	
5	实训记录（5 分）	正确、及时、真实记录实验现象和数据	5	
6	清场（5 分）	按要求清洁仪器设备、试验台，摆放好所用的药品和器材	5	
7	实训报告（15 分）	书写工整，	5	
		项目齐全、描述规范	5	
		结论正确，并能针对结果进行分析讨论	5	
	合计		100	

附录二
被子植物门分科检索表

1. 子叶 2，极稀可为 1 或较多；茎具中央髓部；在多年生的木本植物有年轮；叶片常有网状脉；花常为 5 出或 4 出数。 ······························ 双子叶植物纲 Dicotyledoneae
  2. 花无真正的花冠（花被片逐渐变化，呈覆瓦状排列成 2 至 4 层的，也可在此检索）；有或无花萼，有时且可类似花冠。
   3. 花单性，雌雄同株或异株，其中雄花，或雌花和雄花均可成荑黄花序或类似荑黄状的花序。
    4. 无花萼，或在雄花中存在。
     5. 雌花以花梗着生于椭圆形膜质苞片的中脉上，心皮 1 ················ 漆树科 Anacardiaceae
       （九子母属 *Dobinea*）
     5. 雌花情形非如上述；心皮 2 或更多数。
      6. 多为木质藤本；叶为全缘单叶，具掌状脉；果实为浆果 ············ 胡椒科 Piperaceae
      6. 乔木或灌木；叶可呈各种型式，但常为羽状脉；果实不为浆果。
       7. 旱生性植物，有具节的分枝，和极退化的叶片，后者在每节上且连合成为具齿的鞘状物 ·············· 木麻黄科 Casuarinaceae
         （木麻黄属 *Casuarina*）
       7. 植物体为其他情形者。
        8. 果实为具多数种子的蒴果；种子有丝状毛茸 ·············· 杨柳科 Salicaceae
        8. 果实为仅具 1 种子的小坚果、核果或核果状的坚果。
         9. 叶为羽状复叶；雄花有花被 ·············· 胡桃科 Juglandaceae
         9. 叶为单叶（有时在杨梅科中可为羽状分裂）·············· 杨梅科 Myricaceae
          10. 果实为小坚果；雄花有花被 ·············· 桦木科 Betulaceae
    4. 有花萼，或在雄花中不存在。
     11. 子房下位。
      12. 叶对生，叶柄基部互相连合 ·············· 金粟兰科 Chloranthaceae
      12. 叶互生。
       13. 叶为羽状复叶 ·············· 胡桃科 Juglandaceae
       13. 叶为单叶。
        14. 果实为蒴果 ·············· 金缕梅科 Hamamelidaceae
        14. 果实为坚果。
         15. 坚果封藏于一变大呈叶状的总苞中 ·············· 桦木科 Betulaceae
         15. 坚果有一壳斗下托，或封藏在一多刺的果壳中 ·············· 壳斗科 Fagaceae
     11. 子房上位
      16. 植物体中具白色乳汁。
       17. 子房 1 室；桑椹果 ·············· 桑科 Moraceae
       17. 子房 2~3 室；蒴果 ·············· 大戟科 Euphorbiaceae
      16. 植物体中无乳汁，或在大戟科的重阳木属 *Bischofia* 中具红色液体。

18. 子房为单心皮所成；雄蕊的花丝在花蕾中向内屈曲 ·············· 荨麻科 Urticaceae

18. 子房为 2 枚以上的连合心皮所组成；雄蕊的花丝在花蕾中常直立（在大戟科的重阳木属 *Bischofia* 及巴豆属 *Croton* 中则向前屈曲）。

  19. 果实为 3 个（稀可 2～4 个）离果所成的蒴果；雄蕊 10 至多数，有时少于 10
    ·· 大戟科 Euphorbiaceae

  19. 果实为其他情形；雄蕊少数至数个（大戟科的黄桐树属 *Enaospermum* 为 6～10），或和花萼裂片同数且对生。

    20. 雌雄同株的乔木或灌木。

      21. 子房 2 室；蒴果　·············· 金缕梅科 Hamamelidaceae

      21. 子房 1 室；坚果或核果　·············· 榆科 Ulmaceae

    20. 雌雄异株的植物。

      22. 草木或草质藤木；叶为掌状分裂或为掌状复叶　·············· 桑科 Moraceae

      22. 乔木或灌木；叶全缘，或在重阳木属为 3 小叶所称的复叶
        ··· 大戟科 Euphorbiaceae

3. 花两性或单性，但并不成为葇荑花序。

  23. 子房或子房室内有数个至多数胚珠。

  24. 寄生性草木，无绿色叶片 ·············· 大花草科 Rafflesiaceae

  24. 非寄生性草本，有正常绿叶，或叶退化而以绿色茎代行叶的功用。

    25. 子房下位或部分下位。

      26. 雌雄同株或异株，如为两性花时，则成肉质穗状花序。

        27. 草本。

          28. 植物体含多量液汁；单叶常不对称 ·············· 秋海棠科 Begoniaceae
              （秋海棠属 *Begonia*）

          28. 植物体不含多量液汁；羽状复叶 ·············· 四数木科 Datiscaceae
              （野麻属 *Datisca*）

        27. 木本。

          29. 花两性，成肉质穗状花序；叶全缘 ·············· 金缕梅科 Hamamelidaceae
              （假马蹄荷属 *Chunia*）

          29. 花单性，成穗状、总状或头状花序；叶缘有锯齿或具裂片。

            30. 花成穗状或总状花序；子房 1 室 ·············· 四数木科 Datiscaceae
                （四数木属 *Teteameles*）

            30. 花成头状花序；子房 2 室 ·············· 金缕梅科 Hamamelidaceae
                （枫香树亚科 Liquidambaroideae）

      26. 花两性，但不成肉质穗状花序。

        31. 子房 1 室。

          32. 无花被，雄蕊着生在子房上 ·············· 三白草科 Saururaceae

          32. 有花被；雄蕊着生在花被上。

            33. 茎肥厚，绿色，常具棘针；叶常退化；花被片和雄蕊都多数；
              浆果 ·············· 仙人掌科 Cactaceae

            33. 茎不成上述形状；叶正常；花被片和雄蕊皆为五出或四出数，或雄蕊
              数为前者的 2 倍；蒴果 ·············· 虎耳草科 Saxifragaceae

        31. 子房 4 室或更多室。

          34. 乔木；雄蕊为不定数 ·············· 海桑科 Sonneratiaceae

34. 草本或灌木
  35. 雄蕊 4 ························· 柳叶菜科 Onagraceae
             （丁香蓼属 *Ludwigia*）
  35. 雄蕊 6 或 12 ·············· 马兜铃科 Aristolochiaceae
25. 子房上位。
36. 雄蕊或子房 2 个，或更多数。
 37. 草本。
  38. 复叶或多少有些分裂，稀可为单叶（如驴蹄草属 *Caltha*），全缘或具齿裂；心
    皮多数至少数 ····················· 毛茛科 Ranunculaceae
  38. 单叶，叶缘有锯齿；心皮和花萼裂片同数 ············· 虎耳草科 Saxifragaceae
             （扯根菜属 *Penthorum*）

 37. 木本。
  39. 花的各部为整齐的三出数 ············· 木通科 Lardizabalaceae
  39. 花为其他情形。
   40. 雄蕊数个至多数，连合成单体 ············· 梧桐科 Sterculiaceae
             （苹婆族 Sterculieae）

   40. 雄蕊多数，离生。
    41. 花两性；无花被 ············· 昆栏树科 Trochodendraceae
           （昆栏树属 *Trochodendron*）

    41. 花雌雄异株，具 4 个小形萼片 ············· 连香树科 Cercidiphyllaceae
           （连香树属 *Cercidiphyllum*）

36. 雌蕊或子房单独 1 个。
 42. 雄蕊周位，即着生于萼筒或杯状花托上。
  43. 有不育雄蕊，且和 8～12 能育雄蕊互生 ············· 大风子科 Flacourtiaceae
            （山羊角树属 *Casearia*）

  43. 无不育雄蕊。
   44. 多汁草本植物；花萼裂片呈覆瓦状排列，成花瓣状，宿存；蒴果
    盖裂 ·························· 番杏科 Aizoaceae
            （海马齿属 *Sesuvium*）

   44. 植物体为其他情形；花萼裂片不成花瓣状。
    45. 叶为双数羽状复叶，互生；花萼裂片呈覆瓦状排列；果实为荚果；常绿
     乔木 ························· 豆科 Leguminosae
         （云实亚科 Caesalpinoideae）

    45. 叶为对生或轮生单叶；花萼裂片呈聚合物排列；非荚果。
     46. 雄蕊为不定数；子房 10 室或更多室；果实浆果状
      ····················· 海桑科 Sonneratiaceae

     46. 雄蕊 4～12（不超过花萼裂片的 2 倍）；子房 1 室至数室；果实蒴
      果状。
      47. 花杂性或雌雄异株，微小，成穗状花序，再成总状或圆锥状
       排列 ·················· 隐翼科 Crypteroniaceae
           （隐翼属 *crypteronia*）

      47. 花两性，中型，单生至排列成圆锥花序 ········ 千屈菜科 Lythraceae
 42. 雄蕊下位，即着生于扁平或凸起的花托上。

48. 木本；叶为单叶。

    49. 乔木或灌木；雄蕊常多数，离生；胚胎生于侧膜胎座或隔膜上

        …………………………………………………… 大风子科 Flacourtiaceae

    49. 木质藤本；雄蕊 4 或 5，基部连合成杯状或环状；胚珠基生（即位于子房

        室的基底）…………………………………………………… 苋科 Amaranthaceae

                （浆果苋属 Deeringia）

48. 草本或亚灌木。

    50. 植物体沉没水中，常为一具背腹面呈原叶体状的构造，象苔藓

        …………………………………………………… 河苔草科 Podostmaceae

    50. 植物体非如上述情形

      51. 子房 3 ~ 5 室。

        52. 食虫植物；叶互生；雌雄异株 …………… 猪笼草科 Nepenthaceae

                （猪笼草属 Nepenthes）

        52. 非为食虫植物；叶对生或轮生；花两性 ………… 番杏科 Aizoaceae

                （粟米草属 Mollugo）

      51. 子房 1 ~ 2 室

        53. 叶为复叶或多小有些分裂 ……………… 毛茛科 Renunculaceae

        53. 叶为单叶。

          54. 侧膜胎座。

            55. 花无花被 ……………………… 三白草科 Saurunculaceae

            55. 花具 4 离生萼片 ……………………… 十字花科 Cruciferae

          54. 特立中央胎座。

            56. 花序呈穗状、头状或圆锥状；萼片多小为干膜质

              …………………………………………… 苋科 Amaranthaceae

            56. 花序呈聚伞状；萼片草质 ………… 石竹科 Caryophyllaceae

23. 子房或其子房室内仅有 1 至数个胚珠。

  57. 叶片中常有透明微点。

  58. 叶为羽状复叶 …………………………………………… 芸香科 Rutaceae

  58. 叶为单叶，全缘或有锯齿。

    59. 草本植物或有时在金粟兰科为木本植物；花无花被，常成简单或复合的穗状花

      序，但在胡椒科齐头绒属 Zippelia 则成疏松总状花序。

    60. 子房下位，仅 1 室有 1 胚珠；叶对生，叶柄在基部连合

        …………………………………………………… 金粟兰科 Chloranthaceae

    60. 子房上位；叶如为对生时，叶柄也不在基部连合。

      61. 雌蕊由 3 ~ 6 近于离生心皮组成，每心皮各有 2 ~ 4 胚珠

        …………………………………………………… 三白草科 Saururaceae

                 （三白草属 Saururus）

      61. 雌蕊由 1 ~ 4 合生心皮组成，仅 1 室，有 1 胚珠 ………… 胡椒科 Piperaceae

        （齐头绒属 Zippelia，豆瓣绿属 Peperomia）

  59. 乔木或灌木；花具一层花被；花序有各种类型，但不为穗状。

    62. 花萼裂片常 3 片，呈镊合状排列；子房为 1 心皮所成，成熟时肉质，常以 2 瓣

      裂开；雌雄异株 …………………………………… 肉豆蔻科 Myristicaceae

    62. 花萼裂片 4 ~ 6 片，呈覆瓦状排列；子房为 2 ~ 4 合生心皮所成。

63. 花两性；果实仅 1 室，蒴果状，2～3 瓣裂开 ……… 大风子科 Flacourtiaceae

（山羊角树属 *Casearia*）

63. 花单性，雌雄异株；果实 2～4 室，肉质或革质，很晚才裂开

……………………………………………………………………… 大戟科 Euphorbiaceae

（白树属 *Celonium*）

57. 叶片中无透明微点。

64. 雄蕊连为单体，至少在雄花中有这现象。花丝互相连合成筒状或一中柱。

65. 肉质寄生草本植物，具退化呈磷片的叶片，无叶绿素 ……… 蛇菇科 Balanophoraceae

65. 植物体非为寄生性，有绿叶。

66. 雌雄同株，雄花成球型头状花序，雌花以 2 个同生于 1 个有 2 室而具有钩桩芒刺的果壳中

……………………………………………………………………… 菊科 Compositae

（苍耳属 *Aanthium*）

66. 花两性，如为单性时，雄花及雌花也无上述情形。

67. 草本植物；花两性。

68. 叶互生 …………………………………………… 藜科 Chenopodiaceae

68. 叶对生。

69. 花显著，有连合成花萼状的总苞 ……… 紫茉莉科 Nyctaginaceae

69. 花微小，无上述情形的总苞 ……………… 苋科 Amaranthaceae

67. 乔木或灌木，稀可为草本；花单性或杂性；叶互生。

70. 萼片呈覆瓦状排列，至少在雄花中如此 ………………… 大戟科 Euphordiaceae

70. 萼片呈镊合状排列。

71. 雌雄异株；花萼常具 3 裂片；雌蕊为 1 心皮所成，成熟时肉质，且常以 2 瓣裂开

……………………………………………………………… 肉豆蔻科 Myristicaceae

71. 花单性或雄花和两性花同株；花萼具 4～5 裂片或裂齿；雌蕊为 3～6 近于离生的心皮所

成各心皮为成熟时为革质或木质，呈酷突果状而不裂开 ………… 梧桐科 Sterculiaceae

（苹婆族 *Sterculieae*）

64. 雌蕊各自分离，有时仅为 1 个，或花丝成为分枝的簇丛（如大戟科的蓖麻属 *Ricinus*）。

72. 每花有雌蕊 2 个至多数，近于或完全离生；或花的界限不明显时，则雌蕊多数，成 1 球形头状

花序。

73. 花托下陷，呈杯状或坛状。

74. 灌木；叶对生；花被片在坛状花托的外侧排列成数层 ……… 腊梅科 Calycanthaceae

74. 草本或灌木；叶互生；花被片在杯或坛状花托的边缘排成一轮 ……… 蔷薇科 Rosaceae

73. 花托扁平或隆起，有时可延长。

75. 乔木、灌木或木质藤本。

76. 花有花被 ………………………………………… 木兰科 Magnoliaceae

76. 花无花被。

77. 落叶灌木或小乔木；叶卵形，具羽状脉和锯齿缘；无托叶；花两性或杂性，在叶腋中

丛生；翅果无毛，有柄 ………………………… 昆栏树科 Trochodendraceae

（领春木属 *Euptelea*）

77. 落叶乔木，叶广阔，掌状分裂叶缘有缺刻或大锯齿；有托叶围茎成鞘，易脱落；花单

性，雌雄同株，分别聚成球形头状花序；小坚果，围以长柔毛而无柄

……………………………………………………………………… 悬铃木科 Platanaceae

（悬领木属 *Platonus*）

75. 草木或稀为亚灌木，有时为攀援性。

  78. 胚珠倒生或直生。

    79. 叶片多少有些分裂或为复叶；无托叶或极微小；有花被（花萼）；胚珠倒生；花单生或成各种类型的花序 ……………………………………… 毛茛科 Ranunculaceae

    79. 叶为全缘单叶；有叶托；无花被；胚珠直生；花成穗形总状花序

    …………………………………………………………………… 三白草科 Saururaceae

  78. 胚珠常弯生；叶为全缘单生。

    80. 直立草本；叶互生，非肉质 ………………………… 商陆科 Phytolaccaceea

    80. 平卧草本；叶对生或近轮生，肉质 ………………………… 番杏科 Aizoaceae

    （针晶栗草属 *GiseRia*）

72. 每花仅有 1 个复合或单雌蕊，心皮有时于成熟后各自分离。

  81. 子房下位或半下位。

    82. 草本。

    83. 水生或小形沼泽植物。

      84. 花柱 2 个或更多；叶片（尤其沉没水中的）常成羽状细裂或为复叶

      ………………………………………………… 小二仙草科 Haloragidaceae

      84. 花柱 1 个，叶为线形全缘单叶 ………………… 杉叶藻科 Hippuridaceae

    83. 陆生草本。

      85. 寄生性肉质草本，无绿叶。

        86. 花单性，雌花常无花被；无珠被及种皮 ………… 蛇菇科 Balanophoriaceae

        86. 花杂性，有一层花被，两性花有 1 雄蕊；有珠被及种皮

        ……………………………………………… 锁阳科 Cynomoriaceae

        （锁阳属 *Cynomorium*）

      85. 非寄生性植物，或于百蕊草属 Thesium 为半寄生性，但均有绿叶。

        87. 叶对生，其形宽广而有锯齿缘 ………………… 金栗兰科 Chloranthaceae

        87. 叶互生。

        88. 平铺草本（限于我国植物），叶片宽，三角形，多少有些肉质 ……… 番杏科 Aizoaeeae

        （番杏属 *Tetragonia*）

        88. 直立草本，叶片窄而细长 ………………… 檀香科 Santalaceae

        （百蕊草属 *Thesium*）

    82. 灌木或乔木。

    89. 子房 3~10 室。

      90. 坚果 1~2 个，同生在一个且可裂为 4 瓣的壳斗里 ……………… 壳斗科 Fagaceae

      （水青冈属 *Fagus*）

      90. 核果，并不生在壳斗里。

        91. 雌雄异株，成顶生的圆锥花序，后者并不为叶状包片所托 …… 山茱萸科 Cornaceae

        （鞘柄木属 *Torriceae*）

        91. 花杂性，形成球形的头状花序，后者为 2~3 白色叶状苞片所托

        …………………………………………………… 珙桐科 Nyssaceae

        （珙桐属 *Dauidia*）

    89. 子房 1 或 2 室，或在铁青树科的青皮木属 Schoepfia 中，子房的基部可为 3 室。

      92. 花柱 2 个。

        93. 蒴果，2 瓣裂开 ………………………………… 金缕梅科 Hamamelidaceae

93. 果实呈核果状，或为蒴果状的瘦果，不裂开 ······················· 鼠李科 Rhamnaceae
92. 花柱 1 个或无花柱。
  94. 叶片下面多少有些具皮榍状或鳞片状的附属物 ·············· 胡颓子科 Elaeagmaceae
  94. 叶片下面无皮榍状或鳞片状的附属物。
    95. 叶缘有锯齿或圆锯齿，稀可在荨麻科的紫麻属 *Oreacnide* 中有全缘者。
      96. 叶对生，具羽状脉；雌花裸露，有雄蕊 1~3 个
        ···························· 金粟兰科 Chloranthaceac
      96. 叶互生，大都于叶基具三出脉；雄花具花被及雄蕊 4 个（稀可 3 或 5 个）
        ···························· 荨麻科　Urticaceae
    95. 叶全缘，互生或对生。
      97. 植物体寄生在乔木的树干或枝条上；果实呈浆果状
        ···························· 桑寄生科 Loranthaceae
      97. 植物体大都陆生，或有时可为寄生性；果实呈坚果或核果状，胚珠 1~5 个。
        98. 花多为单性；胚珠垂悬于基底胎座上 ·············· 檀香科 Santalaceae
        98. 花两性或单性；胚珠垂悬于子房室的顶端或中央胎座的顶端
          99. 雄蕊 10 个，为花萼裂片的 2 倍数 ············· 使君子科 Combretaceae
          （诃子属 *Terminalia*）
          99. 雄蕊 4 或 5 个，和花萼裂片同数且对生 ················ 铁青树科 Olacaceae
81. 子房上位，如有花萼时，和它相分离，或在紫茉莉科及胡颓子科中，当果实成熟时，子房为宿存萼筒所包围。
100. 托叶鞘围抱茎的各节；草本，稀可为灌木 ·················· 蓼科　Polygonaceae
100. 无托叶鞘，在悬铃木科有托叶鞘但易脱落。
  101. 草本，或有时在藜科及紫茉莉科中为亚灌木。（次 101 项见□□页）
    102. 无花被。
      103. 花两性或单性；子房 1 室，内仅有 1 个基生胚珠。
        104. 叶基生，由 3 小叶而成；穗状花序在一个细长基生无叶的花梗上
        ···························· 小檗科 Berberidaceae
        （裸花草属 *Achlys*）
        104. 叶茎生，单叶；穗状花序顶生或腋生，但常和叶相对生 ····· 胡椒科 Piperaceae
        （胡椒属 *Piper*）
      103. 花单性；子房 3 或 2 室。
        105. 水生或微小的沼泽植物，无乳汁；子房 2 室，每室内含 2 个胚珠
        ···························· 水马齿科 Callitrchaceae
        （水马齿属 *Callitriche*）
        105. 陆生植物；有乳汁；子房 3 室，每室内仅含 1 个胚珠
        ···························· 大戟科 Euphordiaceae
    102. 有花被，当花为单性时，特别是雄花是如此。
      106. 花萼呈花瓣状，且成管状。
        107. 花有总苞，有时这总苞类似花萼 ················· 紫茉莉科 Nyctaginaceae
        107. 花无总苞。
          108. 胚珠 1 个，在子房的近端处 ·················· 瑞香科 Thymelaeaceae
          108. 胚珠多数，生在特立中央胎座上 ··············· 报春花科 Primulaceae
          （海乳草属 *Glaux*）

106. 花萼非如上述情形。

  109. 雄蕊周位，既位于花被上。

    110. 叶互生，羽状复叶而有草质的托叶；花无膜质苞片；果瘦
         ·· 蔷薇科 Rosaceae
         （地榆族 Sanguisorbieae）

    110. 叶对生，或在蓼科的冰岛蓼属 *Koenigia* 为互生，单叶无草质托叶；花有膜质
        苞片。

      111. 花被片和雄蕊各为 5 或 4 个，对生；囊果；托叶膜质
           ·································· 石竹科 Caryophyilaceae

      111. 花被片和雄蕊各为 3 个，互生；坚果；无托叶 ·········· 蓼科 Polygonaceae
           （冰岛蓼属 *Koenigia*）

  109. 雄蕊下位，即位于子房下。

    112. 花柱或其分枝为 2 或数个，内侧常为柱头面。

      113. 子房常为数个或多数心皮连和而成 ·············· 商陆科 Phytolaccaceae

      113. 子房常为 2 或 3（或 5）心皮连和而成。

        114. 子房 3 室，稀可 2 或 4 室 ·············· 大戟科 Euphordiaceae

        114. 子房 1 或 2 室。

          115. 叶为掌状复叶或具掌状脉而有宿存托叶 ·············· 桑科 Moraceae
            （大麻亚科 Cannaboideae）

          115. 叶具羽状脉，或稀可为掌状脉而无托叶，也可在藜科中叶退化成鳞片
            或为肉质而形如圆筒。

            116. 花有草质而带绿色或灰绿色的花被及苞片 ······ 藜科 Chenopobiaceae

            116. 花有干摸质 而常有色泽的花被及苞片 ·········· 苋科 Amaranthaceae

    112. 花柱 1 个，常顶端有柱头，也可无花柱。

      117. 花两性。

        118. 雌蕊为单心皮；花萼有 2 膜质且宿存的萼片而成；雄蕊 2 个
         ·································· 毛茛科 Ranunculaceae
         （星叶草属 *Circaeaster*）

        118. 雌蕊由 2 合生心皮而成。

         119. 萼片 2 片，雄蕊多数 ·············· 罂粟科 Papaveraceae
           （博落回属 *Macleaya*）

         119. 萼片 4 片，雄蕊 2 或 4 ·············· 十字花科 Cruciferae
           （独行菜属 *Lepidium*）

      117. 花单性。

        120. 沉没于淡水中的水生植物；叶细裂成丝状 ····· 金鱼藻科 Ceratopyllaceae
         （金鱼藻属 *Ceratopyllum*）

        120. 陆生植物；叶为其他情形。

         121. 叶含多量水分；托叶连接叶柄的基部；雄花的花被 2 片；雄蕊
           多数 ·············· 假牛繁缕科 Theligonaceae
           （假牛繁缕属 *Theligonum*）

         121. 叶不含多量水分；如有托叶时，也不连接叶柄的基部；雄花的花被片
           和雄蕊各为 4 或 5 个，二者相对生 ·············· 荨麻科 Urticaceae

101. 木本植物或亚灌木。

  122. 耐寒旱性的灌木，或在藜科的琐琐属 *Holoxyion* 为乔木；叶微小，细长或呈鳞片状，也可有时（如藜科）为肉质而成圆筒形或半圆筒形。

    123. 雌雄异株或花杂性；花萼为三出数，萼片微呈花瓣状，和雄蕊同数且互生；花柱 1，极短，常有 6~9 放射状且有齿裂的柱头；核果；胚体劲直；常绿而基部偃卧的灌木；叶互生，无托叶 ……………………………………………………………………………… 岩高兰科 Empetraceae

                        （岩高兰属 *Empetrum*）

    123. 花两性或单性，花萼为五出数，稀可三出或四处数，萼片或花萼裂片草质或革质，和雄蕊同数且对生，或在藜中雄蕊由于退化而数较小，甚或 1 个；花柱或花柱分枝 2 或 3 个，内侧常为柱头面；胞果或坚果；胚体弯曲如环或弯曲成螺旋形。

      124. 花无膜质苞片；雄蕊下位；叶互生或对生；无托叶；枝条常具关节 ……………………………………………………………………………… 藜科 Chenopodiaceae

      124. 花有膜质苞片；雄蕊周位；叶对生，基部常互相连和；有膜质托叶；枝条不具关节 ……………………………………………………………………………… 石竹科 Caryophyllaceae

  122. 不是上述的植物；叶片矩圆形或披针形或宽广至圆形。

    125. 果实及子房均为 2 至数室，或在大风子科中为不完全的 2 至数室

      126. 花常为两性。

        127. 萼片 4 或 5 片，稀可 3 片，呈覆瓦状排列。

          128. 雄蕊 4 个，4 室的蒴果 ……………………………… 木兰科 Magnoliaceae

                      （水青树属 *Tetracentron*）

          128. 雄蕊多数，浆果状的核果 ……………………… 大风子科 Flacocarpaceae

        127. 萼片多 5 片，呈镊合状排列。

          129. 雄蕊为不定数；具刺的蒴果 ……………………… 杜英科 Elaeocarpaceae

                      （猴欢喜属 *Sloanea*）

          129. 雄蕊和萼片同数；核果或坚果。

            130. 雄蕊和萼片对生，各为 3~6 片 …………… 铁青树科 Olacaceae

            130. 雄蕊和萼片互生，各为 4 或 5 …………… 鼠李科 Rhamnaceae

      126. 花单性（雌雄同株或异株）或杂性。

        131. 果实各种；种子无胚乳或有少量胚乳。

          132. 雄蕊常 8 个；果实坚果状或为有刺的蒴果；羽状复叶或单叶 ……………………………………………………………… 无患子科 Sapindaceae

          132. 雄蕊 5 或 4 个，且和萼片互生；核果有 2~4 个小核；单叶 ……………………………………………………………… 鼠李科 Rhamnaceae

                    （鼠李属 *Rhamnus*）

        131. 果实多呈蒴果状，无刺；种子常有胚乳。

          133. 果实为具 2 室的蒴果，有木质或革质的外种皮及角质的内果皮 ……………………………………………………………… 金缕梅科 Hamamelidaceae

          133. 果实纵为蒴果时，也不象上述情形。

            134. 胚珠具腹脊.；果实有各种类型，但多为胞间裂开的蒴果 ……………………………………………………………… 大戟科 Euphorbiaceae

            134. 胚珠具背脊；果实为胞背裂开的蒴果，或有时呈核果状 ………… 黄杨科 Buxaceae

    125. 果实及子房均为 1 或 2 室，稀可在无患子科的荔枝属 *Litchi* 及韶子属 *Nepheium* 中为 3 室，或在卫矛科的十齿花属 *Dipentodon* 及铁青树科的铁青树属 *Olax* 中，子房的下部为

3 室，而上部为 1 室。

135. 花萼具显著的萼筒，且常呈花瓣状。

136. 叶无毛或下面有柔毛；花筒整个脱落 …………………… 瑞香科 Thymelaeaceae

136. 叶下面具银白色或棕色的鳞片；萼筒或其下部永久宿存，当果实成熟时，变为肉质而紧密包着子房 ……………………… 胡颓子科 Elaeagnaceae

135. 花萼不是象上述情形，或无花被。

137. 花药以 2 或 4 舌瓣裂开 ……………………………………… 樟科 Lauraceae

137. 花药不以舌瓣裂开。

138. 叶对生。

139. 果实为有双翅或呈圆形的翅果 ………………… 槭树科 Aceraceae

139. 果实为有单翅而呈细长形兼矩圆形的翅果 ………… 木犀科 Oleaceae

138. 叶互生。

140. 叶为羽状复叶。

141. 叶为二回羽状复叶，或退化仅具叶状柄（特称为叶状叶柄 Phyllodia）

……………………………………… 豆科　Leguminosae

（金合欢属 Acacin）

141. 叶为一回羽状复叶。

142. 小叶边缘有锯齿；果实有翅。…………… 马尾树科 Rhoipteleaceae

（马尾树科 Rhoiptelea）

142. 小叶全缘；果实无翅。

143. 花两性或杂性……………………… 无患子科 Sapindaceae

143. 雌雄异株……………………………… 漆树科 Anacardiaceae

（黄连木属 Pistacia）

140. 叶为单叶。

144. 花均无花被。

145. 多为木质藤本；叶全缘；花两性或杂性，成紧密的穗状花序

……………………………………… 胡椒科 Piperaceae

（胡椒属 Piper）

145. 乔木；叶缘有锯齿或缺刻；花单性。

146. 叶宽广，具掌状脉及掌状分裂，叶缘具缺刻或大锯齿；有托叶，围茎成鞘，但易脱落；雌雄同株，雌花或雄花分别成球形的头状花序；雌蕊为单心皮而成；小坚果为倒圆锥形而有棱角，无刺也无梗，但围以长柔毛 …………… 悬铃木科 Platanaceae

（悬铃木属 Platanus）

146. 叶椭圆形至卵形，具羽状脉及锯齿缘；无托叶；雌雄异株，雄花聚成疏松有苞片的簇丛，雌花单生于苞片的腋内；雌蕊为 2 心皮而成；小坚果扁平，具翅且有柄，但无毛

……………………………………… 杜仲科 Eucmminaceae

（杜仲属 Eucommia）

144. 花常有花萼，尤其在雄花。

147. 植物体内有乳汁 ……………………………… 桑科 Moraceae

147. 植物体内无乳汁

148. 花柱或其分枝 2 或数个，但在大戟科的核实树属 Drypetas 中侧柱头几无柄，

呈盾状或肾状形。

149. 雌雄异株或有时为同株；叶全缘或具波状齿。

150. 矮小灌木或亚灌木；果实干燥，包藏于具有长柔毛而互相联合成双角的 2 苞片中，胚体弯曲如环 ························· 藜科 Chenopodiaceae

150. 乔木或灌木；果实呈核果状，常为 1 室含 1 种子，不包藏于苞片内；胚体劲直 ····································· 大戟科 Euphorbiaceae

149. 花两性或单性；叶缘多有锯齿或具齿裂，稀可全缘。

151. 雄蕊多数 ································· 大风子科 Flacourtaceae

151. 雄蕊 10 或较少。

152. 子房 2 室，每室有 1 个至数个胚珠；果实为木质蒴果 ···························· 金缕梅科 Hamamelidaceae

152. 子房 1 室，仅含 1 胚珠；果实不是木质蒴果 ·········· 榆科 Ulmaceae

148. 花柱 1 个，也可有时（如荨麻属）不存，而柱头呈画笔状。

153. 叶缘有锯齿，子房为 1 心皮而成。

154. 花两性 ································· 山龙眼科 Proteaceae

154. 雌雄异株或同株。

155. 花生于当年新枝上；雄蕊多数 ················· 蔷薇科 Rosaceae

（假稠李属 *Maddenia*）

155. 花生于老枝上；雄蕊和萼片同数 ················· 荨麻科 Urticaceae

153. 叶全缘或边缘有锯齿；子房为 2 个以上连合心皮所成。

156. 果实呈核果状，内有 1 种子；无托叶。

157. 子房具 2 或 2 个胚珠；果实于成熟后由萼筒包围 ···························· 铁青树科 Olaceceae

157. 子房仅具 1 个胚珠；果实和花萼相分离，或仅果实基部有花萼衬托之 ······························· 山柚仔科 Opiliaceae

156. 果实呈蒴果状或浆果状，内含数个至 1 个种子。

158. 花下位，雌雄异株，稀可杂性，雄蕊多数；果实呈浆果状；无托叶 ···························· 大风子科 Flacourtiaceae

（柞木属 *Xylosma*）

158. 花周位，两性；雄蕊 5～12 个，果实呈蒴果状；有托叶，但易脱落。

159. 花为腋生的簇丛或头状花序；萼片 4～6 片 ···························· 大风子科 Flacourtiaceae

（山羊角树属 *Caceariu*）

159. 花为腋生的伞形花序；萼片 10～14 片 ·········· 卫矛科 Celastraceae

（十齿花属 *Dipentodon*）

2. 花具花萼也具花冠，或有两层以上的花被片，有时花冠可为蜜腺叶所代替。

160. 花冠常为离生的花瓣所组成。

161. 成熟雄蕊（或单体雄蕊的花药）多在 10 个以上，通常多数，或其数超过花瓣的 2 倍。

162. 花萼和 1 个或更多的雌蕊多少有些互相愈合，即子房下位或半下位。

163. 水生草本植物；子房多室 ················· 睡莲科 Nymphaeaceae

163. 陆生植物；子房 1 至数室，也可心皮为 1 至数个，或在海桑科中为多室。

164. 植物体具肥厚的肉质茎，多有翅，常无真正的叶 ················· 仙人掌科 Cactaceae

164. 植物体为普通形态，不呈仙人掌状，有真正的叶片。

165. 草本植物或稀可为亚灌木。

  166. 花单性。

    167. 雌雄同株；花鲜艳，多呈腋生聚伞花序；子房 2 ~ 4 室
           …………………………………………………… 秋海棠科 Begoniaceae

                          （秋海棠属 *Begonia*）

    167. 雌雄异株；花小而不显著，成腋生穗状或总状花序 …… 四数木科 Datiscaceae

  166. 花常两性。

    168. 叶基生或茎生，呈心形，或在阿伯麻属 *Apama* 为长形；不为肉质；花为三出
    数 …………………………………………… 马兜铃科 Aristolochiaceae

                          （细辛族 Asareae）

    168. 叶茎生，不呈心形，多少有些肉质，或为圆柱形；花不是三出数。

      169. 花萼裂片常为 5，叶状；蒴果 5 室或更多室，在顶端呈放射状裂开
      …………………………………………………… 番杏科 Aizoaceae

      169. 花萼裂片 2；蒴果 1 室，盖裂 ………………… 马齿苋科 Portulacaceae

                         （马齿苋属 *Portulaca*）

165. 乔木或灌木（但在虎耳草科的银梅草属 *Deinanthe* 及草绣球属 *Cardiandra* 为亚灌木，黄山梅属 *Kitengeshoma* 为多年生高大草本），有时以气生小根而攀援。

  170. 叶通常对生（虎耳草科的绣球属 *Cardiondra* 为例外），或在石榴科的石榴属 *Punica* 中有时可互生。

    171. 叶缘常有锯齿或全缘；花序（除山梅花族 Philadelpheae 外），常有不孕的边缘
    花 ………………………………………………… 虎耳草科 Saxifraceae

    171. 叶全缘；花序无不孕花。

      172. 叶为脱落性；花萼呈朱红色 ………………… 石榴科 Punicaceae

                         （石榴属 *Punica*）

      172. 叶为常绿性；花萼不呈朱红色。

        173. 叶片中有腺体微点；胚珠常多数………………… 桃金娘科 Myrtaceae

        173. 叶片中无微点。

          174. 胚珠在每子房室中为多数 ……………… 海桑科 Sonneratiaceae

          174. 胚珠在每子房室中仅 2 个，稀可较多 ……… 红树科 Rhizophoraceae

170. 叶互生。

  175. 花瓣细长形兼长方形，最后向外翻转 ……………… 八角枫科 Alangiaceae

                         （八角枫属 *Alangium*）

  175. 花瓣不成细长形，或纵为细长形室，也不向外翻转。

    176. 叶无托叶。

      177. 叶全缘；果实肉质或木质 ……………………… 玉蕊科 Lecythibaceae

                      （玉蕊属 *Barringtonia*）

      177. 叶缘多少有些锯齿或齿裂；果实呈核果状，其形歪斜
      …………………………………………………… 山矾科 Symplocaceae

                        （山矾属 *Symplocos*）

    176. 叶有托叶。

      178. 花瓣呈旋转状排裂；花药隔向上延伸；花萼裂片中 2 个或更多个在果
      上变大而呈翅状 ………………………… 龙脑香科 Dipterocarpaceae

178. 花瓣呈覆瓦状或旋转状排列（如蔷薇科的火棘属 *Pyracantha*）；花药隔并不向上延伸；花萼裂片也无上述变大情形。

　　179. 子房 1 室，内具 2~6 侧膜胎座，各有 1 个至多数胚珠；果实为革质蒴果，顶端以 2~6 爿裂开····················· 大风子科 Flacourtiaceae
　　　　　　　　　　　　　　　　　　　　　　　　　　（天料木属 *Homalium*）

　　179. 子房 2~5 室，内具中轴胎座，或其心皮在腹面互相分离而具边缘胎座。

　　　　180. 花成伞状、圆锥、伞形或总状等花序，稀可单生；子房 2~5 室，或心皮 2~5 个，下位，每室或每心皮有胚珠 1~2 个，稀可有时为 3 至 10 个或为多数；果实为肉质或木质假果；种子无翅
　　　　　　···························· 蔷薇科 Rosaceae
　　　　　　　　　　　　　　　　　　　（梨亚科 Pomoideae）

　　　　180. 花成头状或肉穗花序；子房 2 室，半下位，每室有胚珠 2~6 个；果为木质蒴果；种子有或无翅 ············ 金缕梅科 Hamamelidaceae
　　　　　　　　　　　　　　　　　　（马蹄荷亚科 Bucklandioideae）

162. 花萼和 1 个或更多的雌蕊互相分离，及子房上位。
　181. 花为周位花。
　　182. 萼片和花瓣相似，覆瓦状排列成数层，着生于坛状花托的外侧 ······ 腊梅科 Calycantnaceae
　　　　　　　　　　　　　　　　　　（洋腊梅属 *Calycanthus*）

　　182. 萼片和花瓣有分化，在萼筒或花托的边缘排列成 2 层。
　　　183. 叶对生或轮生，有时上部者可互生，但均为全缘单叶；花瓣常于蕾中呈皱折状。
　　　　184. 花瓣无爪，形小，或细长；浆果 ·············· 海桑科 Sonneratiaceae
　　　　184. 花瓣有细爪，边缘具腐蚀状的波纹或具流苏；蒴果 ············ 千屈菜科 Lytraceae
　　　183. 叶互生，单叶或复叶；花瓣不呈皱折状。
　　　　185. 花瓣宿存；雄蕊的下部连成一管 ················ 亚麻科 Linaceae
　　　　　　　　　　　　　　　　　　（粘木属 *Lxonanthes*）

　　　　185. 花瓣脱落性；雌雄互相分离。
　　　　　186. 草本植物，具二出数的花朵；萼片 2 片，早落性；花瓣 4 个
　　　　　　·························· 罂粟科 Papaveraceae
　　　　　　　　　　　　　　　　　　（花菱草属 *Eschscholzia*）

　　　　　186. 木本或草本植物，具五出或四出数的花朵。
　　　　　　187. 花瓣镊合状排列；果实为荚果；叶多为二回羽状复叶，有时叶片退化，而叶柄发育为叶状柄；心皮 1 个 ················ 豆科 Leguminosae
　　　　　　　　　　　　　　　　　　（含羞草亚科 Minosoideae）

　　　　　　187. 花瓣覆瓦状排列；果实为核果，蓇葖果或瘦果；叶为单叶或复叶；心皮 1 个至多数 ····························· 蔷薇科 Rosaceae
　181. 花为下位花，或至少在果实时花托扁平或隆起。
　　188. 雌蕊少数至多数，互相分离或微有连合。
　　　189. 水生植物。
　　　　190. 叶片呈盾状，全缘 ·················· 睡莲科 Nymphaeaceae
　　　　190. 叶片不呈盾状，多少有些分裂或为复叶············· 毛茛科 Ranunculaceae
　　　189. 陆生植物。
　　　　191. 茎为攀援性。

192. 草质藤本。

 193. 花显著，为两性花 ···················· 毛茛科 Ranunculaceae

 193. 花小形，为单性，雌雄异株 ··········· 防己科 Menispermaceae

192. 木质藤本或为蔓生灌木。

 194. 叶对生，复叶由 3 小叶所成，或顶端小叶形成卷须 ········· 毛茛科 Ranunculaceae

  （锡兰莲属 Narauelia）

 194. 叶互生，单叶。

  195. 花单性。

   196. 心皮多数，结果时聚生成一球状的肉质体或散布于极延长的花托上

   ·················· 木兰科 Magnoliaceae

   （五味子亚科 Schisandroideae）

   196. 心皮 3 ~ 6，果为核果或核果状 ········· 防己科 Menispermaceae

  195. 花两性或杂性；心皮数个，果为蓇葖果 ········· 五桠果科 Dilleniaceae

   （锡叶藤属 Tetyacera）

191. 茎直立，不为攀援性。

 197. 雄蕊的花丝连成单体 ···················· 锦葵科 Malvaceae

 197. 雄蕊的花丝互相分离。

  198. 草本植物，稀可为亚灌木；叶片多少有些分裂或为复叶。

   199. 叶无托叶；种子无胚乳 ·············· 毛茛科 Ranunculaceae

   199. 叶多有托叶；种子有胚乳 ·············· 蔷薇科 Rosaceae

  198. 木本植物；叶片全缘或边缘有锯齿，也稀有分裂者。

   200. 叶片和花瓣均为镊合状排列；胚乳有嚼痕 ········· 番荔枝科 Annonaceae

   200. 叶片和花瓣均为覆瓦状排列；胚乳无嚼痕。

    201. 萼片及花瓣相同，三出数，排列成 3 层或多层，均可脱落

    ·················· 木兰科 Magnoliaceae

    201. 萼片及花瓣甚有分化，多有五出数，排列成 2 层，萼片宿存。

     202. 心皮 3 个至多数；花柱互相分离胚珠为不定数 ······· 五桠果科 Dilleniaceae

     202. 心皮 3 至 10 个；花柱完全合生胚珠单生 ······· 金莲木科 Ochnaceae

     （金莲木属 Ochna）

188. 雄蕊 1 个，但花柱或柱头为 1 至多数。

203. 叶片中具透明微点。

 204. 叶互生，羽状复叶或退化为仅有 1 顶生小叶 ········· 芸香科 Rutaceae

 204. 叶对生，单叶 ···················· 藤黄科 Guttiferae

203. 叶片中无透明微点。

205. 子房单纯，具 1 子房室。

 206. 乔木或灌木；花瓣呈镊合状排列；果实为荚果 ········· 豆科 Leguminosae

  （含羞草亚科 Mimosoideae）

 206. 草本植物；花瓣呈覆瓦状排列，果实不是荚果。

  207. 花为五出数；蓇葖果 ················ 毛茛科 Ranunculaceae

  207. 花为三出数；浆果 ················ 小檗科 Beyberidaceae

205. 子房为复合性。

208. 子房 1 室，或在马齿苋科的土人参属 Talinum 中子房基部为 3 室。（次 208 项见□□页）

 209. 特立中央胎座。

210. 草本；叶互生或对生；子房的基部3室，有多数胚珠 …… 马齿苋科 Portulacaceae

（土人参属 *Talinum*）

210. 灌木；叶对生；子房1室，内有成为3对的6个胚珠 …… 红树科 Rhizophoraceae

（秋茄树属 *Kandelia*）

209. 侧膜胎座。

211. 灌木或小乔木（在半日花科中常为亚灌木或草本植物），子房并不存在或极短；果实为蒴果或浆果。

212. 叶对生；萼片不相等，外面2片较小，或有时退化，内面3片呈旋转状排列 …………………………………………………… 半日花科 Cistaceae

（半日花属 *Helianthemum*）

212. 叶常互生，萼片相等，呈覆瓦状或镊合状排列。

213. 植物体内含有色泽的汁液；叶具掌状脉，全缘；萼片5片，互相分离，基部有腺体；种皮肉质，红色 …………………………… 红木科 Bixaceae

（红木属 *Bixa*）

213. 植物体内不含有色泽的汁液；叶具羽状脉或掌状脉；叶缘有锯齿或全缘；萼片3~8片，离生或合生；种皮坚硬，干燥 …………………………………………………… 大风子科 Flacourtiaceae

211. 草本植物，如为木本植物时，则具有显著的子房柄；果实为浆果或核果。

214. 植物体内含乳汁；萼片2~3 …………………… 罂粟科 Papaveraceae

214. 植物体内不含乳汁；萼片4~8。

215. 叶为单叶或掌状复叶；花瓣完整；长角果 ………… 白花菜科 Capparidaceae

215. 叶为单叶，或为羽状复叶或分裂；花瓣具缺刻或细裂；蒴果金于顶端裂开 …………………………………………………… 木犀草科 Resedaceae

208. 子房2室至多室，或为不完全的2至多室。

216. 草本植物，具多少有些呈花瓣状的萼片。

217. 水生植物，花瓣为多数雄蕊或鳞片状的蜜腺叶所代替 …… 睡莲科 Nymphaeaceae

（萍蓬草属 *Nuphar*）

217. 陆生植物；花瓣不为蜜腺叶所代替。

218. 一年生本草植物；叶呈羽状细裂；花两性 ………… 毛茛科 Ranunculaceae

（黑种草属 *Nigella*）

218. 多年生本草植物叶全缘而呈掌状分裂；雌雄同株 …… 大戟科 Euphorbiaceae

（麻风树属 *Jatropha*）

216. 木本植物，或陆生本草植物，常不具呈花瓣状的萼片。

219. 萼片与蕾内呈镊合状排列。

220. 雄蕊互相分离或连成数束。

221. 花药1室；或数室；叶为掌状复叶或单叶，全缘，具羽状脉 …………………………………………………… 木棉科 Bombacaceae

221. 花药1室；叶为单叶，叶缘有锯齿或全缘。

222. 花药以顶端2孔裂开 ………………… 杜英科 Elaecearpaceae

222. 花药纵长裂开 ………………………… 椴树科 Tiliaceae

220. 雄蕊连为单体，至少内层者如此，并且多少有些连成管状。

223. 花单性；萼片2或3片 ……………………… 大戟科 Euphorbiaceae

（油桐属 *Aleurites*）

223. 花常两性；萼片多 5 片，稀可较少。

　　224. 花药 2 室或更多室。

　　　　225. 无副萼；多有不育雄蕊；花药 2 室；叶为单叶或掌状分裂 ……………………………………………… 梧桐科 Sterculiaceae

　　　　225. 有副萼；无不育雄蕊；花药数室；叶为单叶，全缘且具羽状脉 ……………………………………………… 木棉科 Bombacaceae

　　　　　　　　　　　　　　　　　　　　　（榴莲属 *Durio*）

　　224. 花药 1 室。

　　　　226. 花粉粒表面平滑；叶为掌状复叶 …………… 木棉科 Bombacaceae

　　　　　　　　　　　　　　　　　　　　（木棉属 *Gossampinus*）

　　　　226. 花粉粒表面有刺；叶有各种情形 …………… 锦葵科 Malvaceae

219. 萼片于蕾内呈覆瓦状或旋转状排列，或有时（如大戟科的巴豆属 *Croton*）近于呈镊合状排列。

　227. 雌雄同株或稀可异株；果实为蒴果，由 2～4 个各自裂为 2 片的离果所成 ……………………………………………… 大戟科 Euphorbiaceae

　227. 花常两性，或在猕猴桃科的猕猴桃属 *Actinidia* 中为杂性或雌雄异株；果实为其他情形。

　　228. 萼片在果实时增大且呈翅状；雄蕊具伸长的花药隔 ……………………………………………… 龙脑香科 Dipterocaypaceae

　　228. 萼片及雄蕊而者不为上述情况

　　　229. 雄蕊排列成 2 层，外层 10 个和花瓣对生，内层 5 个和萼片对生 ……………………………………………… 蒺藜科 Zygophyllaceae

　　　　　　　　　　　　　　　　　　　（骆驼蓬属 *Pcganum*）

　　　229. 雄蕊的排列为其他情形。

　　　　230. 食虫的草本植物；叶基生，呈管状，其上再具有小叶片 ……………………………………………… 瓶子草科 Sarraceniaceae

　　　　230. 不是食虫植物；叶茎生或基生，但不呈管状。

　　　　　231. 植物体呈耐寒旱状；叶为全缘单叶。

　　　　　　232. 叶对生或上部者互生；萼片 5 片，互不相等，外面 2 片较小或有时退化，内面 3 片较大，成旋转状排列，宿存；花瓣早落 ……………………………………………… 半日花科 Cistaceae

　　　　　　232. 叶互生；萼片 5 片，大小相等；花瓣宿存；在内侧基部各有 2 舌状物 …………………………………… 柽柳科 Tamaricaceae

　　　　　　　　　　　　　　　　　　　（琵琶柴属 *Reaumuria*）

　　　　　231. 植物体不是耐寒旱状；叶常互生；萼片 2～5 片，彼此相等；呈覆瓦状或稀可呈镊合状排列。

　　　　　　233. 草本或木本植物；花为四出数，或切其萼片多为 2 片且早落。

　　　　　　　234. 植物体内含乳汁；无或有极短子房柄；种子有丰富胚乳 ……………………………………………… 罂粟科 Papaveraceae

　　　　　　　234. 植物体不内含乳汁；有细长的子房柄；种子有或无少量胚乳 ……………………………………………… 白花菜科 Capparidaceae

　　　　　　233. 木本植物；花常为五出数，萼片宿存或脱落。

235. 果实为具 5 个棱角的蒴果，分成 5 个骨质各含 1 或 2 种子的心皮后，再各沿其缝线而 2 瓣裂开 ····················· 蔷薇科 Rosaceae

（白鹃梅属 *Exochorda*）

235. 果实不为蒴果，如为蒴果时则为胞背裂开。

236. 蔓生或攀援的灌木；雄蕊互相分离；子房 5 室或更多；浆果，常可食 ························· 猕猴桃科 Actindiaceae

236. 直立乔木或灌木；雄蕊至少在外层者连为单体，或连成 3 ~ 5 束而着生于花瓣的基部；子房 5 ~ 3 室。

237. 花药能转动，以顶端孔裂开；浆果；胚乳颇丰富
····················· 猕猴桃科 Actinidiaceae

（水冬哥属 *Sourauia*）

237. 花药能或不能转动，常纵长裂开；果实有各种情形；胚乳通常量微小 ···················· 山茶科 Theaceae

161. 成熟雄蕊 10 个或较少，如多于 10 个时，其数并不超过花瓣的 2 倍。

238. 成熟雄蕊和花瓣同数，且和它对生。

239. 雌蕊 3 个至多数，离生。

240. 直立草本或亚灌木；花两性，五出数 ····················· 蔷薇科 Rosaceae

（地蔷薇属 *Chamaerhodos*）

240. 木质或草本藤本；花单性，常为三出数。

241. 叶常为单叶；花小形；核果；心皮 3 ~ 6 个，成星状排列，各含 1 胚珠
····················· 防己科 Menispermaceae

241. 叶为掌状复叶或由 3 小叶组成；花中型；浆果；心皮 3 个至多数，轮状或螺旋状排列，各含 1 个或多数胚珠 ···················· 木通科 Lardizabalaceae

239. 雌蕊 1 个。

242. 子房 2 至数室。

243. 花萼裂齿不明显或微小；以卷须缠绕他物的灌木或草本植物
····················· 葡萄科 Vitaceae

243. 花萼具 4 ~ 5 裂片；乔木、灌木或草本植物，有时也可为缠绕性，但无卷须。

244. 雄蕊连成单体。

245. 叶为单体；每子房室内含胚珠 2 ~ 6（或在可可树亚族 Theobromineae 中为多数） ···················· 梧桐科 Sterculiaceae

245. 叶为掌状复叶，每子房室内含胚珠多数 ···················· 木棉科 Bombacaceae

（吉贝属 *Ceiba*）

244. 雄蕊互相分离，或稀可在其下部连成一管。

246. 叶无托叶；萼片各不相等，呈覆瓦状排列；花瓣不相等，在内层的 2 片常很小 ···················· 清风藤科 Sabiaceae

246. 叶常有托叶；萼片同大，呈镊合状排列；花瓣均大小同形。

247. 叶为单叶 ···················· 鼠李科 Rramnaceaea

247. 叶为 1 ~ 3 回羽状复叶 ···················· 葡萄科 Vitaceae

（火筒树属 *Leea*）

242. 子房 1 室（在马齿苋科的土人参属 *Talinum* 及铁青树科的铁青树属 *Olax* 中则子房的下部多少有些成为 3 室）。

248. 子房下位或半下位。

249. 叶互生，边缘常有锯齿；蒴果 ·················· 大风子科 Flacourtiaceae

（天料木属 *Homalium*）

249. 叶多对生或轮生，全缘；浆果或核果 ·················· 桑寄生科 Loranthaceae

248. 子房上位。

250. 花药以舌瓣裂开 ·················· 小檗科 Berberdaceae

250. 花药不以舌瓣裂开。

251. 缠饶草本；胚珠 1 个；叶肥厚，肉质 ·················· 落葵科 Basellaceae

（落葵属 *Basella*）

251. 直立草本，或有时为木本；胚珠 1 个至多数。

252. 雄蕊连成单体；胚珠 2 个 ·················· 梧桐科 Sterculiaceae

（蛇婆子属 *Walthenia*）

252. 雄蕊互相分离，胚珠 1 个至多数。

253. 花瓣 6 ~ 9；雌蕊单纯 ·················· 小檗科 Berberdaceae

253. 花瓣 4 ~ 8；雌蕊复合。

254. 常为草本；花萼有 2 个分裂萼片。

255. 花瓣 4 片；侧膜胎座 ·················· 罂粟科 Papaveraceae

（角茴香属 *Hypecoum*）

255. 花瓣常 5 片；基部胎座 ·················· 马齿苋科 Portulacaceae

254. 乔木或灌木，常蔓生；花萼呈倒圆锥形或杯形。

256. 通常雌雄同株；花萼裂片 4 ~ 5；花瓣呈覆瓦状排列；无不育雄蕊；

胚珠有 2 层珠被 ·················· 紫金牛科 Myrsinaceae

（信筒子属 *Embelia*）

256. 花两性；花萼于开花时微小，而不具明显的齿裂；花瓣多为镊合状

排列；有不育雄蕊（有时代以蜜腺）；胚珠无珠被。

257. 花萼于果时增大；子房的下部为 3 室，上部为 1 室，内含 8 个胚珠

·················· 铁青树科 Olacaceae

（铁青树属 *Olax*）

257. 花萼于果时不增大；子房 1 室，内仅含 1 个胚珠

·················· 山柚子科 Opiliaceae

238. 成熟雄蕊和花瓣不同数，如同数时则雄蕊和它互生。

258. 雌雄异株；雄蕊 8 个，不相同，其中 5 个较长，有伸出花外的花丝，且和花瓣相互生，

另 3 个则较短而藏于花内；灌木或灌木状草本；互生或对生单叶；心皮单生；雌花无

花被，无梗，贴生于宽圆形的叶状包片上 ·················· 漆树科 Anacardoaceae

（九子不离母属 *Dobinea*）

258. 花两性或单性，纵为雌雄异株时，其雄花中叶无上述情形的雄蕊。

259. 花萼或其筒部和子房多少有些连合。

260. 每子房室内含胚珠或种子 2 个至多数。

261. 花药已顶端孔裂开；草本或木本植物；叶对生或轮生，大都于叶片基部具 3 ~ 9

脉 ·················· 野牡丹科 Melastomaceae

261. 花药纵长裂开。

262. 草本或亚灌木；有时为攀援性。

263. 具卷须的攀援草本；花单性 ·················· 葫芦科 Cucurbitaceae

263. 无卷须的植物；花常两性。

264. 萼片或花萼裂片 2 片；植物体多少肉质而多水分

　　　　　……………………………………………… 马齿苋科 Portulacaceae

　　　　　　　　　　　　　　　　　　　　　　　　（马齿苋属 *Portulaca*）

264. 萼片或花萼裂片 4~5 片；植物体常不为肉质。

　　265. 花萼裂片呈覆瓦状或镊合状排裂；花柱 2 个或更多；种子具胚乳

　　　　　……………………………………………… 虎耳草科 Saxifragaceae

　　265. 花萼裂片呈镊合状排裂；花柱 1 个，具 2~4 裂，或为 1 呈头状的柱头

　　　　　种子无胚乳 …………………………………… 柳叶菜科 Onagraceae

262. 乔木或灌木，有时为攀援性。

　266. 叶互生。

　　267. 花数朵至多数成头状花序；常绿乔木；叶革质，全缘或具浅裂

　　　　　……………………………………………… 金缕梅科 Hamamelidaceae

　　267. 花呈总状或圆锥花序。

　　　268. 灌木；叶为掌状分裂，基部具 3~5 脉；子房 1 室，有多数胚珠；浆果

　　　　　……………………………………………… 虎耳草科 Saxifragaceae

　　　　　　　　　　　　　　　　　　　　　　　　（茶藨子属 *Ribes*）

　　　268. 乔木或灌木，叶缘有锯齿或细锯齿，有时全缘，具羽状脉；子房 3~5

　　　　　室，每室内含 2 至数个胚珠，或在山茉莉属 *Huodendron* 为多数；干燥

　　　　　或木质核果，或蒴果，有时具棱角或有翅 ……… 野茉莉科 Styracaceae

　266. 叶常对生（使君子科的榄李树属 *Lumnitzera* 例外，同科的风车子属 *Combretum* 叶可有时为互生，或互生和对生共存于一枝上）。

　　269. 胚珠多数，除冠盖藤属 *Pileostegia* 自子房室顶端垂悬外，均位于侧膜或中轴胎座上；浆果或蒴果；叶缘有锯齿或全缘，但均无托叶；种子含胚乳

　　　　　……………………………………………… 虎耳草科 Saxifragaceae

　　269. 胚珠 2 个至数个，近于子房顶端垂悬；叶全缘或有圆锯齿；果实多不裂开，内有种子 1 至数个。

　　　270. 乔木或灌木，常为蔓生，无托叶，不为形成海岸林的组成分子（榄李树属 *Lmnitzera* 例外）；种子无胚乳，落地后始萌芽

　　　　　……………………………………………… 使君子科 Combretaceae

　　　270. 常绿灌木或小乔木，具托叶；多为形成海岸林的主要组成分子，种子常有胚乳，在落地前即萌芽（胎生）………… 红树科 Rhizophoraceae

260. 每子房室内仅含胚珠或种子 1 个。

　271. 果实裂开为 2 个干燥的离果，并共同旋于一果梗上，花序常为伞形花序（在变豆菜属 *Sanicula* 及鸭芹属 *Cryptotaenia* 中为不规则的花序，在翅芫荽属 *Eryngium* 中则为头状花序）　…………………………… 伞形科 Umbelliferae

　271. 果实不裂开或裂开而不是上述情形的；花序可为各种型式。

　　272. 草本植物。

　　　273. 花柱或柱头 2~4 个；种子具胚乳；果实为小坚果或核果，具棱角或有翅

　　　　　……………………………………………… 小二仙草科 Haloragidaceae

　　　273. 花柱 1 个，具有 1 头状或呈 2 裂瓣的柱头；种子无胚乳。

　　　　274. 陆生草本植物，具对生叶；花为二出数；果实为一具钩状翅毛的坚果

　　　　　……………………………………………… 柳叶菜科 Onagraceae

　　　　　　　　　　　　　　　　　　　　　　　　（露珠草属 *Circaea*）

274. 水生草本植物，有聚生而漂浮水面的叶片；花为四出数；果实为具 2 ~ 4 翅的坚果（栽培种果实可无显著的翅） ······ 菱科 Trapaceae

（菱属 *Trapa*）

272. 木本植物。

　275. 果实干燥或为蒴果状。

　　276. 子房 2 室；花柱 2 个 ······ 金缕梅科 Hamamelidaceae

　　276. 子房 1 室；花柱 1 个。

　　　277. 花序伞房状或圆锥状 ······ 莲叶桐科 Hernandiaceae

　　　277. 花序头状 ······ 珙桐科 Nyssaceae

（旱莲木属 *Camptotheca*）

　275. 果实核果状或浆果状。

　　278. 叶互生或对生；花瓣呈镊合状排列；花序有各种型式，但稀为伞状或头状，有时且可生于叶片上。

　　　279. 花瓣 3 ~ 5 片，卵形或披针形；花药短 ······ 山茱萸科 Cornaceae

　　　279. 花瓣 4 ~ 10 片，狭窄形并向外翻转；花药细长

　　　　 ······ 八角枫科 Alangiaceae

（八角枫属 *Alangium*）

　　278. 叶互生；花瓣呈覆瓦状或镊合状排列；花序常为伞装或呈头状。

　　　280. 子房 1 室；花柱 1 个；花杂性兼雌雄异株，雌花单生或以少数朵至数朵聚生，雌花多数，腋生为有花梗的簇丛 ······ 珙桐科 Nyssaceae

（蓝果树属 *Nyssa*）

　　　280. 子房 2 室或更多室；花柱 2 ~ 5 个如子房为 1 室而具 1 花柱时（例如马蹄参属 *Diplopanax*）则花两性，形成顶生类似穗状的花序

　　　　 ······ 五加科 Araliaceae

259. 花萼和子房相分离。

　281. 叶片中有透明微点。

　　282. 花整齐，稀可两侧对称；果实不为荚果 ······ 芸香科 Rutaceae

　　282. 花整齐或不整齐；果实为荚果 ······ 豆科 Leguminosae

　281. 叶片中无透明微点。

　　283. 雌蕊 2 个或更多，互相分离或仅有局部的连和；也可子房分离而花柱连和成 1 个。

　　　284. 多水分的草本；具肉质的茎及叶 ······ 景天科 Crassulaceae

　　　284. 植物体为其他情形。

　　　　285. 花为周位花。

　　　　　286. 花的各部分呈螺旋状排列，萼片逐渐变为花瓣，雄蕊 5 或 6 个，雌蕊多数 ······ 腊梅科 Calyeanthaceae

（腊梅属 *Chmonanthus*）

　　　　　286. 花的各部分呈轮状排列，萼片和花瓣甚有分化。

　　　　　　287. 雌蕊 2 ~ 4 个，各有多数胚珠；种子有胚乳；无托叶

　　　　　　 ······ 虎耳草科 Saxifragaceae

　　　　　　287. 雌蕊 2 个至多数，各有 1 至数个胚珠；种子无胚乳有或无托叶

　　　　　　 ······ 蔷薇科 Rosaceae

　　　　285. 花为下位花，或在悬铃木科中微呈周位。

288. 草本或亚灌木。

289. 各子房的花柱互相分离。

290. 叶常互生或基生，多少有些分裂；花瓣脱落性，较萼片为大，或于天葵属 *Semiaquilegia* 稍小于成花瓣状的萼片
……………………………………………… 毛茛科 Ranunculaceae

290. 叶对生或轮生，为全缘单叶；花瓣宿存性，较萼片小
……………………………………………… 马桑科 Coriariaceae
（马桑属 *Coriaria*）

289. 各子房合聚 1 共同的花柱或柱头；叶为羽状复叶；花为五出数；花萼宿存；花中有和花瓣互生的腺体；雄蕊 10 个
……………………………………………… 牻牛儿苗科 Geraniaceae
（熏倒牛属 *biebersteinia*）

288. 乔木、灌木或木本的攀援植物。

291. 叶为单叶。

292. 叶对生或轮生 ……………………………… 马桑科 Coriariaceae
（马桑属 *Coriaria*）

292. 叶互生。

293. 叶为脱落性，具掌状脉；叶柄基部扩张成帽状以覆盖腋芽
……………………………………………… 悬铃木科 Platanaceae
（悬铃木属 *Platanus*）

293. 叶为常绿性或脱落性，具羽状脉。

294. 雌蕊 7 个至多数（稀可少至 5 个）；直立或缠绕性灌木；花两性或单性 …………………………… 木兰科 Magnoliaceae

294. 雄蕊 4~6 个；乔木或灌木；花两性。

295. 子房 5 或 6 个，以 1 共同的花柱而连和，各子房均可熟为核果
……………………………………………… 金莲木科 Ochnaceae
（赛金莲木属 *Ouratia*）

295. 子房 4~6 个，各具 1 花柱，仅有 1 子房可成熟为核果
……………………………………………… 漆树科 Anacardiaceae
（山檨仔属 *Buchanania*）

291. 叶为复叶。

296. 叶对生 ………………………………… 省沽油科 Staphyleaceae

296. 叶互生。

297. 木质藤本；叶为掌状复叶或三出复叶
……………………………………………… 木通科 Lardizabalaceae

297. 乔木或灌木（有时在牛栓藤科中有缠绕性者）；叶为羽状复叶。

298. 果实为 1 含多种子的浆果，状似猫尿
……………………………………………… 木通科 Lardizabalaceae
（猫儿屎属 *Decaisnea*）

298. 果实为其他情形。

299. 果实为蓇葖果 ……………………… 牛栓藤科 Connaraceae

299. 果实为离果，或在臭椿属 *Ailanthus* 中为翅果
……………………………………………… 苦木科 Simaroubaceae

283. 雌蕊 1 个，或至少其子房为 1 个。

300. 雌蕊或子房确是单纯的，仅 1 室。

301. 果实为核果或浆果。

302. 花为三出数，稀可二出数；花药以舌瓣裂开 ················· 樟科 Lauraceae

302. 花为五出或四处数；花药纵长裂开。

303. 落叶具翅灌木；雄蕊 10 个，周位，均可发育 ··········· 蔷薇科 Rosaceae

（扁核木属 Prinsepia）

303. 常绿乔木；雄蕊 1 ~ 5 个，下位，常仅其中 1 或 2 个可发育

················· 漆树科 Anacardiaceae

（杧果属 Mangifera）

301. 果实为蓇葖果或荚果。

304. 果实为蓇葖果。

305. 落叶灌木；叶为单叶；蓇葖果内含 2 至数个种子

··························· 蔷薇科 Rosaceae

（绣线菊亚科 Spirzeoideae）

305. 常为木质藤本；叶多为单数复叶或具 3 小叶，有时因退化而只有 1 小

叶；蓇葖果内仅含 1 个种子 ··········· 牛栓藤科 Connaraceae

304. 果实为荚果 ············ 豆科 Leguminosae

300. 雌蕊或子房并非单纯者，有个以上的子房室或花柱、柱头、胎座等部分。

306. 子房 1 室或因有 1 假隔膜的发育而成 2 室，有时下部 2 ~ 5 室，上部 1 室

307. 花下位，花瓣 4 片，稀可更多。

308. 萼片 2 片 ··············· 罂粟科 Papaveraceae

308. 萼片 4 ~ 8 片。

309. 子房柄常细长，呈线状 ··········· 白花菜科 Cappayidaceae

309. 子房柄极短或不存在。

310. 子房为 2 个心皮连合组成，常具 2 子房室及 1 假隔膜

··················· 十字花科 Cruciferae

310. 子房为 3 ~ 6 个心皮连合组成，仅 1 子房室。

311. 叶对生，微小，为耐寒旱性；花为辐射对称；花瓣完整，具瓣

爪，其内侧有舌状的鳞片附属物 ········· 瓣鳞花科 Frankeniaceae

（瓣鳞花属 Frankenia）

311. 叶互生，显著，非为耐寒旱性；花为两侧对称；花瓣常分裂，

但其内侧并无舌状的鳞片附属物 ··········· 木犀草科 Resedaceae

307. 花周位或下位，花瓣 35 片，稀可 2 片或更多。

312. 每子房内仅有胚珠 1 个。

313. 乔木，或稀为灌木；叶常为羽状复叶。

314. 叶常为羽状复叶，具托叶及小托叶 ··········· 省沽油科 Staphyleaceae

（银鹊树属 Tapiscia）

314. 叶为羽状复叶或单叶，无托叶及小托叶

··················· 漆树科 Anacardiaceae

313. 木本或草本；叶为单叶。

315. 通常均为木本，稀可在樟科的无根藤属 Cassytha 侧为缠绕性寄生

草本；叶常互生，无膜质托叶。

316. 乔木或灌木；无托叶；花为三出数或二出数，萼片和花瓣同形，稀可花瓣较大；花药以舌瓣裂开；浆果或核果

················· 樟科 Lauraceae

316. 蔓生性的灌木，茎为合轴型，具钩状得分枝；托叶小而早落；花为五出数，萼片和花瓣不同形，前者且于结实时增大成翅状；花药纵长裂开；坚果

················· 钩枝藤科 Ancistrocladaceae

（钩枝藤属 *Ancistrocladus*）

315. 草本或亚灌木；叶互生或对生，具膜质托叶

················· 蓼科 Polygonaceae

312. 每子房室内有胚珠 2 个至多数。

317. 乔木、灌木或木质藤本。

318. 花瓣及雄蕊均着生于花萼上 ················· 千屈菜科 Lythraceae

318. 花瓣及雄蕊均着生于花托上（或于西番莲科中雄蕊着生于子房柄上）。

319. 核果或翅果，仅有 1 种子。

320. 花萼具显著的 4 或 5 裂片或裂齿，微小而不能长大

················· 茶茱萸科 Lcacinaceae

320. 花萼呈截平头或具不明显的萼齿，微小，但能在果实上增大

················· 铁青树科 Olacaceae

（铁青树属 *Olax*）

319. 蒴果或浆果，内有 2 个至多数种子。

321. 花两侧对称。

322. 叶为 2~3 回羽状复叶；雄蕊 5 个

················· 辣木科 Moringaceae

（辣木属 *Moringa*）

322. 叶为全缘的单叶；雄蕊 8 个 ············· 远志科 Polygalaceae

321. 花辐射对称；叶为单叶或掌状分裂。

323. 花瓣具有直立而常彼此衔接的瓣爪

················· 海桐花科 Pittosporaceae

（海桐花属 *Pittosporum*）

323. 花瓣不具细长的瓣爪。

324. 植物体为耐寒旱性，有鳞片状或细长形的叶片；花无小苞片 ················· 柽柳科 Tamaricaceae

324. 植物体为非耐寒旱性，具有较关宽大的叶片。

325. 花两性。

326. 花萼和花瓣不甚分化，且前者较大

················· 大风子科 Flacourtiaceae

（红子木属 *Erythospermum*）

326. 花萼和花瓣很有分化，前者很小

················· 堇菜科 Violaceae

（雷诺木属 *Rinorea*）

325. 雌雄异株或花杂性。

327. 乔木；花的每一花瓣基部各具位于内方的一鳞片；
　　　无子房柄……………………… 大风子科　Flacourtiaceae
　　　　　　　　　　　　　　　　　（大风子属 Hydnocarpus）
327. 多为具卷须而攀援的灌木；花常具一为 5 鳞片所成
　　　的副冠，各鳞片和萼片对生；有子房柄
　　　……………………………… 西番莲科 Passifloraceae
　　　　　　　　　　　　　　　　　　（蒴莲属 Adenia）
317. 草本或亚灌木。
328. 胎座位于子房室的中央或基底。
329. 花瓣着生于花萼的喉部…………………… 千屈菜科　Lythraceae
329. 花瓣着生于花托上。
330. 萼片 2 片；叶互生，稀可对生 ………… 马齿苋科 Portulacaceae
330. 萼片 5 或 4 片，叶对生 ……………… 石竹科 Caryophllaceae
328. 胎座为侧膜胎座。
331. 食虫植物，具生有腺体刚毛的叶片 ……… 茅膏菜科 Droseraceae
331. 非为食虫植物，也无生有腺体毛茸的叶片。
332. 花两侧对称。
333. 花有一位于前方的距状物；蒴果 3 瓣裂开
　　　…………………………………… 堇菜科 Violaceae
333. 花有一位于后方的大型花盘；蒴果仅于顶端裂开
　　　…………………………… 木犀草科 Resedaceae
332. 花整齐或近于整齐。
334. 植物体为耐寒旱性；花瓣内侧各有 1 舌状的鳞片
　　　…………………………… 瓣鳞花科 Frankeniaceae
　　　　　　　　　　　　　　　　　（瓣鳞花属 Frankenia）
334. 植物体非为耐寒旱性；花瓣内侧无鳞片的舌状附属物。
335. 花中有副冠及子房柄 ………… 西番莲科 Passifloraceae
　　　　　　　　　　　　　　　　　（西番莲属 Passiflora）
335. 花中无副冠及子房柄 ……… 虎耳草科 Saxifragaceae
306. 子房 2 室或更多室。
336. 花瓣形状彼此极不相等。
337. 子房室内有数个至多数胚珠。
338. 子房 2 室 ……………………… 虎耳草科 Saxifragaceae
338. 子房 5 室 ……………………… 凤仙花科 Balsaminaceae
337. 每子房室内仅有 1 个胚珠。
339. 子房 3 室；雄蕊离生；叶盾状，叶缘具棱角或波纹
　　　…………………………… 旱金莲科 Tropaeolaceae
　　　　　　　　　　　　　　　　　（旱金莲属 Tropaeolum）
339. 子房 2 室（稀可 1 或 3 室）；雄蕊连合为一单体；叶不呈盾状，全缘
　　　…………………………………… 远志科 Polygalaceae
336. 花瓣形状彼此相等或微有不等，且有时花也可为两侧对称。
340. 雄蕊数和花瓣既不相等，叶不是它的倍数。
341. 叶对生。

342. 雄蕊 4～10 个，常 8 个。

  343. 蒴果 ·························· 七叶树科 Hippocastaanaceae

  343. 翅果 ·························· 槭树科 Aceraceae

342. 雄蕊 2 或 3 个，也稀可 4 或 5 个。

  344. 萼片及花瓣均为五出数；雄蕊多为 3 个

    ·························· 翅子藤科 Hippocrateaceae

  344. 萼片及花瓣常均为四出数；雄蕊 2 个，稀可 3 个

    ·························· 木犀科 Oleaceae

341. 叶互生。

  345. 叶为单叶，多全缘，或在油桐属 *Vernicia* 中可具 3～7 裂片；花单性 ·························· 大戟科 Euphorbiaceae

  345. 叶为单叶或复叶；花两性或杂性。

    346. 萼片为镊合状排列；雄蕊连成单体 ········ 梧桐科 Sterculiaceae

    346. 萼片为覆瓦状排列；雄蕊离生。

      347. 子房 4 或 5 室，每子房室内有 8～12 胚珠；种子具翅

      ·························· 楝科 Meliaceae

      （香椿属 *Toona*）

      347. 子房常 3 室，每子房室内有 1 至数个胚珠；种子无翅。

        348. 花小型或中型，下位，萼片互相分离或微有连合

        ·························· 患子科 Sspindaceae

        348. 花大型，美丽，周位，萼片互相连合成一钟形的花萼

        ·························· 钟萼木科 Bretschneideraceae

        （钟萼木属 *Bretschneidera*）

340. 雄蕊数或花瓣数相等，或是它的倍数。

  349. 每子房室内有胚珠或种子 3 个至多数。

    350. 叶为复叶。

      351. 雄蕊连合为单体 ·················· 酢浆草科 Oxalidaceae

      351. 雄蕊彼此互相分离。

        352. 叶互生。

          353. 叶为 2～3 回的三出数，或为掌状叶

          ·························· 虎耳草科 Saxifragaceae

          （落新妇亚族 Astilbinae）

          353. 叶为 1 回羽状复叶 ·················· 楝科 Meliaceae

          （香椿属 *Toona*）

        352. 叶对生。

          354. 叶为双数羽状复叶 ·················· 蒺藜科 Zygophyllaceae

          354. 叶为单数羽状复叶 ·················· 省沽油科 Staphyieaceae

    350. 叶为单叶。

      355. 草本或亚灌木。

        356. 花周位；花托多少有些中空。

          357. 雌蕊着生于杯状花托的边缘 ·········· 虎耳草科 Saxifragaceae

          357. 雌蕊着生于杯状或管状花萼（或即花托）的内侧

          ·························· 千屈菜科 Lythraceae

        356. 花下位；花托常扁平。

358. 叶对生或轮生，常全缘。

    359. 水生或沼泽草本，有时（例如田繁缕属 *Bergia*）为亚灌木有托叶 ·························· 沟繁缕科 Elatinaceae

    359. 陆生草本；无托叶 ·················· 石竹科 Caryophllaceae

358. 叶互生或基生；稀可对生，边缘有锯齿，或叶退化为无绿色组织的鳞片。

    360. 草本或亚灌木有托叶；萼片呈镊合状排列，脱落性

    ·· 椴树科 Tiliaceae

    （黄麻属 *Corchorus*，田麻属 *Corchoropsis*）

    360. 多年生常绿草本，或为死物寄生植物而无绿色组织；无托叶；叶片呈覆瓦状排列，宿存性

    ·· 鹿蹄草科 Pyrolaceae

355. 草本植物。

  361. 花瓣常有彼此衔接或其边缘互相依附的柄状瓣爪

  ·· 海桐花科 pittosporaceae

  （海桐花属 *Pittoporum*）

  361. 花瓣无瓣爪，或仅具互相分离的细长柄瓣爪。

    362. 花托空凹；萼片呈镊合状或覆瓦状排列。

      363. 叶互生，边缘有锯齿，常绿性 ····· 虎耳草科 Saxifragaceae

      （鼠刺属 *Ltea*）

      363. 叶对生或互生，全缘，脱落性。

        364. 子房 2~6 室，仅具一花柱；胚珠多数，着生于中轴胎座上 ······························ 千屈菜科 Lythraceae

        364. 子房 2 室，具 2 花柱；胚珠数个，垂悬于中轴胎座上

        ·· 金缕梅科 Hamamelidaceae

        （双花木属 *Disanthus*）

    362. 花托扁平或微凸起；萼片呈覆瓦状或于杜英科中呈镊合状排列。

      365. 花为四出数；果实呈浆果状或核果状；花药纵长裂开或顶端舌瓣裂开。

      366. 穗状花序腋生于当年新枝上；花瓣先端具齿裂

      ·· 杜英科 Elaeocarpaceae

      （杜英属 *Elaeocarpus*）

      366. 穗状花序腋生于昔年老枝上；花瓣完整

      ·· 旌节花科 Stachyuraceae

      （旌节花属 *Stachyurus*）

      365. 花为五出数；果实呈蒴果状；花药顶端孔裂。

      367. 花粉粒单纯；子房 3 室 ············· 山柳科 Clethraceae

      （山柳属 *Clethra*）

      367. 花粉粒复合，成为四合体；子房 5 室

      ·· 杜鹃花科 Ericaceae

349. 每子房室内有胚珠或种子 1 或 2 个。

  368. 草本植物，有时基部呈灌木状。

369. 花单性、杂性，或雌雄异株。

370. 具卷须的藤本；叶为二回三出复叶 …… 无患子科 Sapindaceae

(倒地铃属 *Cardiospermum*)

370. 直里草本或亚灌木；叶为单叶 ………… 大戟科 Euphorbiaceae

369. 花两性。

371. 萼片呈镊合状排列；果实有刺 ……………… 椴树科 Tiliaceae

(刺蒴麻属 *Triumfetta*)

371. 萼片呈覆瓦状排列；果实无刺。

372. 雄蕊彼此分离；花柱互相连合 …… 牻牛儿苗科 Geraniaceae

372. 雄蕊互相连合；花柱彼此分离 ………… 亚麻科 Linaceae

368. 木本植物

373. 叶肉质，通常仅为 1 对小叶所组成的复叶

…………………………………… 蒺藜科 Zygophyllaceae

373. 叶为其他情形。

374. 叶对生，果实为 1、2 或 3 个翅果所组成。

375. 花瓣细裂或齿裂；每果实有 3 个翅果

…………………………………… 金虎尾科 Malpighiaceae

375. 花瓣全缘；每果实具 2 个或连合为 1 个的翅果

…………………………………… 槭树科 Aceraceae

374. 叶互生，如为对生时，责果实不为翅果。

376. 叶为复叶，或稀可为单叶而有具翅的果实。

377. 雄蕊连为单体。

378. 萼片及花瓣均为三出数；花药 6 个，花丝生于雄蕊管

的口部 …………………………… 橄榄科 Burseraceae

378. 萼片及花瓣均为四出数至六出数；花药 8 ~ 12 个，无

花丝，直接着生于雄蕊管的喉部或裂齿之间

…………………………………… 楝科 Meliaceae

377. 雄蕊各自分开。

379. 叶为单叶；果实为一具 3 翅而其内仅有 1 个种子的小

坚果 …………………………… 卫矛科 Celastraceae

(雷公藤属 *Tripterygium*)

379. 叶为复叶；果实无翅。

380. 花柱 3 ~ 5 个；叶常互生，脱落性

…………………………………… 漆树科 Anacardiaceae

380. 花柱 1 个；叶互生或对生。

381. 叶为羽状复叶，互生，常绿性或脱落性；果实有

各种类型 …………………………… 无患子科 Sapindaceae

381. 叶为掌状复叶，对生，脱落性；果实为蒴果

…………………………………… 七叶树科 Hipocastanaceae

376. 叶为单叶；果实无翅。

382. 雄蕊连成单体，或如为 2 轮时，不至少其内轮者如此，

有时其花药无花丝（例如大戟科的三宝木属 *Trigonaste-*
mon）。

383. 花两性；萼片或花萼裂片 2~6 片，呈镊合状或覆瓦状
排列 ………………………………… 大戟科 Euphorbiaceae

383. 花两性；萼片 5 片，呈覆瓦状排列。

  384. 果实呈蒴果状；子房 3~5 室，各室均可成熟
………………………………………… 亚麻科 Linaceae

  384. 果实呈核果状；子房 3 室，大都其中的 2 室为不孕
性，仅另 1 室可成熟而有 1 或 2 个胚珠
……………………………… 古柯科 Erythroxylaceae
（古柯属 *Erythroxylum*）

382. 雄蕊各自分离，有时在毒鼠子科中和花瓣相连合而形成 1
管状物。

  385. 果呈蒴果状。

    386. 叶互生或稀可对生；花下位。

      387. 叶脱落性或常绿性；花单性或两性；子房 3 室，
稀可 2 或 4 室，有时可多至 15 室（例如算盘子
属 *Glochidion*）…………… 大戟科 Euphorbiaceae

      387. 叶常绿性；花两性；子房 5 室
……………………… 五列木科 Pentaphylacaceae
（五列木属 *Pentaphylax*）

    386. 叶对生或互生；花周位 ………… 卫矛科 Celastraceae

385. 果呈核果状，有时木质化，或呈浆果状。

  388. 种子无胚乳，胚体肥大而多肉质。

    389. 雄蕊 10 个 ………………… 蒺藜科 Zygophyllaceae

    389. 雄蕊 4 或 5 个。

      390. 叶互生；花瓣 5 片，各裂或成 2 部分
……………………… 毒鼠子科 Dichapetalaceae
（毒鼠子属 *Dichapetalum*）

      390. 叶对生；花瓣 4 片，均完整
………………………… 刺茉莉科 Salvadoraceae
（刺茉莉属 *Azima*）

  388. 种子有胚乳，胚乳有时很小。

    391. 植物体为耐寒旱性；花单性，三出或二出数
………………………………… 岩高兰科 Empetraceae
（岩高兰属 *Empetrum*）

    391. 植物体为普通形状；花两性或单性，五出或四
出数。

      392. 花瓣呈镊合状排列。

        393. 雄蕊和花瓣同数 ……… 茶茱萸科 Lcacinaceae

        393. 雄蕊为花瓣的倍数。

          394. 枝条无刺，而有对生的叶片
………………………… 红树科 Rhizophoraceae
（红树族 Gynotrocheae）

          394. 枝条有刺，而有互生的叶片

.... 铁青树科 Olacaceae

（海檀木属 *Ximenia*）

392. 花瓣呈覆瓦状排列，或在大戟科的小束花属 *Microdesmis* 中为扭转兼覆瓦状排列。

395. 花单性，雌雄异株；花瓣较小于萼片

.... 大戟科 Euphorbiaceae

（小盘木属 *Microdesmis*）

395. 花两性或单性，花瓣较大于萼片。

396. 落叶攀援灌木；雄蕊 10 个；子房 5 室，每室内有胚珠 2 个

.... 猕猴桃科 Actindiaceae

（藤山柳属 *Clematoclethra*）

396. 多为常绿乔木或灌木；雄蕊 4 或 5 个。

397. 花下位，雌雄异株或杂性，无花盘

.... 冬青科 Aquifoliaceae

（冬青属 *Ilex*）

397. 花周位，两性或杂性；有花盘

.... 卫矛科 Celastraceae

（异卫矛亚科 *Cassinioideae*）

160. 花冠为多小有些连合的花瓣所组成。

398. 成熟雄蕊或单体雄蕊的花药数多于花冠裂片。

399. 心皮 1 个至数个，互相分离或大致分离。

400. 叶为单叶或有时可为羽状分裂，对生，肉质 .... 景天科 Crassulaceae

400. 叶为二回羽状复叶，互生，不呈肉质 .... 豆科 Leguminosae

（含羞草亚科 *Mimosoideae*）

399. 心皮 2 个或更多，连合成一复合性子房。

401. 雌雄同株或异株，有时为杂性。

402. 子房 1 室；无分枝而呈棕榈状的小乔木 .... 番木瓜科 Caricaceae

（番木瓜属 *Carica*）

402. 子房 2 室至多室；具分枝的乔木或灌木。

403. 雄蕊连成单体，或至少内层者如此，蒴果 .... 大戟科 Euphorbiaceae

（麻疯树科 *Jatropha*）

403. 雄蕊各自分离；浆果 .... 柿树科 Ebenaceae

401. 花两性。

404. 花瓣连成一盖状物，或花萼裂片均可合成为 1 或 2 层的盖状物。

405. 叶为单叶，具有透明微点 .... 桃金娘科 Myrtaceae

405. 叶为掌状复叶，无透明微点 .... 五加科 Araliaceae

（多蕊木属 *Tupidanthus*）

404. 花瓣几花萼裂片均不连成盖状物。

406. 每子房室中有 3 个至多数胚珠。

407. 雄蕊 5~10 个或其数不超过花冠裂片的 2 倍，稀可在野茉莉科的银钟花属 *Halesia* 其数可达 16 个，而为花冠裂片的 4 倍。

408. 雄蕊连成单体或其花丝于基部互相连合；花药纵裂；花粉粒单生。

409. 叶为复叶；子房上位；花柱5个 ················ 酢浆草科 Oxalidaceae

409. 叶为单叶；子房下位或半下位；花柱1个；乔木或灌木，常有星状毛

················ 野茉莉科 Styracaceae

408. 雄蕊各自分离；花药顶端孔裂；花粉粒四合形 ·········· 杜鹃花科 Ericaceae

407. 雄蕊为不定数。

410. 萼片和花瓣常各为多数，而无显著的区分；子房下位；植物体肉质，绿色，

常具棘针。而其叶退化 ················ 仙人掌科 Cactaceae

410. 萼片和花瓣常各为5片，而有显著的区分，子房上位。

411. 萼片呈镊合状排列；雄蕊连成单体 ············ 锦葵科 Malvaceae

411. 萼片呈显著的覆瓦状排列。

412. 雄蕊连成5束，且每束着生于1花瓣的基部；花药顶端孔裂开；浆果

················ 猕猴桃科 Actindiaceae

（水冬哥属 Saurauia）

412. 雄蕊的基部连成单体；花药纵长裂开；蒴果 ········ 山茶科 Theaceae

（紫茎木属 Stewartia）

406. 每子房室中常仅有1或2个胚珠。

413. 花萼中的2片或更多片于结实时能长大成翅状 ········ 龙脑香科 Dipterocarpaceae

413. 花萼片上无上述变大的情形。

414. 植物体常有星状毛茸 ················ 野茉莉科 Styracaceae

414. 植物体无星状毛茸。

415. 子房下位或半下位；果实歪斜 ············ 山矾科 Symplocaceae

（山矾属 Symplocos）

415. 子房上位。

416. 雄蕊互相连合为单体；果实成熟时分裂为离果 ········ 锦葵科 Malvaceae

416. 雄蕊各自分离；果实不是离果。

417. 子房1或2室；蒴果 ················ 瑞香科 Thymelaeaceae

（沉香属 Aquilaria）

417. 子房6~8室；浆果 ················ 山榄科 Sapotaceae

（紫荆木属 Madhuca）

398. 成熟雄蕊并不多于花冠裂片或有时因花丝得分裂则可过之。

418. 雄蕊和花冠裂片为同数且对生。

419. 植物体内有乳汁 ················ 山榄科 Sapotaceae

419. 植物体内不含乳汁。

420. 果实内有数个至多数种子。

421. 乔木或灌木；果实呈浆果状或核果状 ············ 紫金牛科 Myrsinaceae

421. 草本；果实成蒴果状 ················ 报春花科 Primulaceae

420. 果实内仅有1个种子。

422. 子房下位或半下位。

423. 乔木或攀援性灌木；叶互生 ············ 铁青树科 Olacaceae

423. 常为半寄生性灌木；叶对生 ············ 桑寄生科 Loranthaceae

422. 子房上位。

424. 花两性。

425. 攀援性草本；萼片2；果为肉质宿存花萼所包围 ………… 落葵科 Basellaceae

(落葵属 *Basella*)

425. 直立草本或亚灌木，有时为攀援性；萼片或萼裂片5；果为蒴果或瘦果，不为花萼所包围 …………………………………………………… 蓝雪科 Plumbaginaceae

424. 花单性，雌雄异株；攀援性灌木。

426. 雄蕊连成单体；雌蕊单纯性 ………………………… 防己科 Menispermaceae

(锡生藤亚族 Cissampelinae)

426. 雄蕊各自分离；雌蕊复合性 ………………………… 茶茱萸科 Lcacinaceae

(微花藤属 *Lodes*)

418. 雄蕊和花冠裂片为同数且互生，或雄蕊数较花冠裂片为小。

427. 子房下位。

428. 植物体常以卷须而攀援或蔓生；胚珠及种子皆为水平生于侧膜胎座上

………………………………………………………………… 葫芦科 cucurbitaceae

428. 植物体直立，如为攀援时也无卷须；胚珠及种子并不为水平生长。

429. 雄蕊互相连合。

430. 花整齐或两侧对称，成头状花序，或在苍耳属 Xanthium 中，雌花序为一仅含2花的果壳，其外生有钩状刺毛；子房1室，内仅有1个胚珠……… 菊科 Compositac

430. 花多两侧对称，单生或成总状或伞房花序；子房2或3室，内有多数胚珠。

431. 花冠裂片呈镊合状排列；雄蕊5个，具分离的花丝及连合的花药

……………………………………………………………… 桔梗科 Campanulaceae

(半边莲亚科 Lobelioideac)

431. 花冠裂片呈覆瓦状排列；雄蕊2个，具连合的花丝及分离的花药

……………………………………………………………… 花柱草科 Stylidiaceae

(花柱草属 *Stylidium*)

429. 雄蕊各自分离。

432. 雄蕊和花冠相分离或近于分离。

433. 花药顶端孔裂开；花粉粒连合成四合体；灌木和亚灌木

……………………………………………………………… 杜鹃花科 Ericaceae

(乌饭树亚科 Vaccinioideae)

433. 花药纵长裂开，花粉粒单纯；多为草本。

434. 花冠整齐；子房2~5室，内有多数胚珠 ………… 桔梗科 Campanulaceae

434. 花冠不整齐；子房1~2室，每子房内仅有1或2个胚珠

……………………………………………………………… 草海桐科 Goodeniaceae

432. 雄蕊着生于花冠上。

435. 雄蕊4或5个，和花冠裂片同数。

436. 叶互生；每子房内有多数胚珠 ………………… 桔梗科 Campanulaceae

436. 叶对生或轮生；每子房内有1个至多数胚珠。

437. 叶轮生，如为对生时，则有托叶存在………………… 茜草科 Rubiaceae

437. 叶对生，无托叶或稀可有明显的托叶。

438. 花序多为聚伞花序 ……………………………… 忍冬科 Caprifoliaceae

438. 花序为头状花序 ………………………………… 川续断科 Dipsacaceae

435. 雄蕊1~4个，其数较花冠裂片为小。

439. 子房1室。

440. 胚珠多数，生于侧膜胎座上 ·············· 苦苣苔科 Gesneriaceae

440. 胚珠 1 个悬生于子房的顶端 ·············· 川续断科 Dipsacaceae

439. 子房 2 室或更多室，具中轴胎座。

    441. 子房 2~4 室，所有的子房室均可成熟；水生草本 ······· 胡麻科 Pedaliaceae

    （茶菱属 Trapella）

    441. 子房 3 或 4 室，仅其中 1 或 2 室可成熟。

       442. 落叶或常绿的灌木；叶片常全缘或边缘有锯齿

       ·············· 忍冬科 Caprifoliaceae

       442. 陆生草本；叶片常有很多的分裂 ·········· 败酱科 Valerianaceae

427. 子房上位。

  443. 子房深裂为 2~4 部分；花柱或数花柱均自子房裂片之间伸出。

    444. 花冠两侧对称或稀可整齐；叶对生 ·············· 唇形科 Labiatae

    444. 花冠整齐；叶互生。

      445. 花柱 2 个；多年生匍匐性小草本；叶片呈圆肾形 ········ 旋花科 Convolvulaceae

      （马蹄金属 Dichondra）

      445. 花柱 1 个 ·············· 紫草科 Boraginaceae

  443. 子房完整或微有分裂，或为 2 个分离的心皮所组成；花柱自子房的顶端伸出。

    446. 雄蕊的花丝分裂。

      447. 雄蕊 2 个，各分为 3 裂 ·············· 罂粟科 Papaveraceae

      （紫堇亚科 Fumarioideae）

      447. 雄蕊 5 个，各分为 2 裂 ·············· 五福花科 Adoxaceae

      （五福花属 Adoxa）

    446. 雄蕊的花丝单纯。

    448. 花冠不整齐，常多少有些呈二唇状。

      449. 成熟雄蕊 5 个。

        450. 雄蕊和花冠离生 ·············· 杜鹃花科 Ericaceae

        450. 雄蕊着生于花冠上 ·············· 紫草科 Boraginaceae

      449. 成熟雄蕊 2 或 4 个，退化雌蕊有是也可存在。

        451. 每子房室内仅含 1 或 2 个胚珠（如为后一情形时，也可在次 451 项检索）。

          452. 叶对生或轮生；雄蕊 4 个稀可 2 个；胚珠直立，稀可垂悬。

            453. 子房 2~4 室，共有 2 个或更多的胚珠 ·········· 马鞭草科 Verbenaceae

            453. 子房 1 室，仅含 1 个胚珠 ·········· 透骨草科 Phrymataceae

            （透骨草属 Phryma）

          452. 叶互生或基生；雄蕊 2 或 4 个，胚珠悬垂；子房 2 室，每子房室内仅有 1 个胚珠 ·············· 玄参科 Scrophulariaceae

        451. 每子房室内有 2 个至多数胚珠。

          454. 子房 1 室具侧膜胎座或中央胎座（有时可因侧膜胎座的深入而为 2 室）。

            455. 草本或木本植物，不为寄生性，也非食虫性。

              456. 多为乔木或木质藤本；叶为单叶或复叶，对生或轮生，稀可互生，种子有翅，但无胚乳 ·············· 紫葳科 Bignoniaceae

              456. 多为草本；叶为单叶，基生或对生；种子无翅，有或无胚乳

              ·············· 苦苣苔科 Gesneriaceae

            455. 草本植物，为寄生性或食虫性。

457. 植物体寄生与其他植物的根部，而无绿叶存在；雄蕊 4 个；侧膜胎座 ·· 列当科 Orobanchaceae

457. 植物体为食虫性，有绿叶存在；雄蕊 2 个；特立中央胎座；多为水生或沼泽植物，且有具距的花冠 ············· 狸藻科 Lentibulariaceae

454. 子房 2~4 室，具中轴胎座，于角胡麻科中为子房 1 室而具侧膜胎座。

458. 植物体常具分泌黏液的腺体毛茸；种子无胚乳或具一薄层胚乳。

459. 子房最后成为 4 室；蒴果的果皮质薄而不延伸为长喙；油料植物 ·········· 胡麻科 Padaliaceae

（胡麻属 *Sesamum*）

459. 子房 1 室；蒴果的内质皮坚硬而成木质，延伸为钩状长喙；栽培花卉 ·· 角胡麻科 Martyniaceae

（角胡麻属 *Pooboscidea*）

458. 植物体不具上述的毛茸；子房 2 室。

460. 叶对生；种子无胚乳，位于胎座的钩状突起上 ·· 爵床科 Acanthaceae

460. 叶互生或对生；种子有胚乳，位于中轴胎座上。

461. 花冠裂片具深缺刻，成熟雄蕊 2 个 ················· 茄科 Solanaceae

（蝴蝶花属 *Sohizanthus*）

461. 花冠裂片全缘或仅其先端具一凹陷；成熟雄蕊 2 或 4 个 ······································· 玄参科 Scrophulariaceae

448. 花冠整齐，或近于整齐。

462. 雄蕊数较花冠裂片为少。

463. 子房 2~4 室，每室内仅含 1 或 2 个胚珠。

464. 雄蕊 2 个 ····································· 木犀科 Oleaceae

464. 雄蕊 4 个。

465. 叶互生，有透明腺体微点存在 ···················· 苦槛蓝科 Myoporaceae

465. 叶对生，无透明微点 ································ 马鞭草科 Verbenaceae

463. 子房 1 或 2 室，每室内有数个至多数胚珠。

466. 雄蕊 2 个，每子房室内有 4~10 个胚珠悬挂于室的顶端 ······································· 木犀科 Oleaceae

（连翘属 *Forsythia*）

466. 雄蕊 4 个或 2 个，每子房室内有多数胚珠着生于中轴或侧膜胎座上。

467. 子房 1 室，内具分歧的侧膜胎座，或因胎座深入而使子房成 2 室 ·· 苣苔科 Gesneriaceae

467. 子房为完全的 2 室，内具中轴胎座。

468. 花冠于蕾中常折叠；子房 2 心皮的位置偏斜 ········ 茄科 Solanaceae

468. 花冠于蕾中不折叠；而呈覆瓦状排列；子房的 2 心皮位于前后方 ······································ 玄参科 Scrophulariaceae

462. 雄蕊和花冠裂片同数。

469. 子房 2 个，或为 1 个而成熟后呈双角状。

470. 雄蕊各自分离；花粉粒也彼此分离 ·············· 夹竹桃科 Apocynaceae

470. 雄蕊互相连合；花粉粒连成花粉块 ·············· 萝藦科 Ascclepiadaceae

469. 子房 1 个，不呈双角状。

471. 子房 1 室或因 2 侧膜胎座的深如而成 2 室。

472. 子房为 1 心皮所成。

　　473. 花显著，呈漏斗形而簇生；果实为 1 瘦果，有棱或有翅

　　　　………………………………… 紫茉莉科 Nyctaginaceae

　　　　　　　　　　　　　　　　　　（紫茉莉属 Mirabilis）

　　473. 花小形而形成球形的头状花序；果实为 1 荚果，成熟后则裂为仅含 1

　　　　种子的节荚 ……………………………… 豆科 Leguminosae

　　　　　　　　　　　　　　　　　　　（含羞草属 Mimosa）

472. 子房为 2 个以上连合心皮所成。

　　474. 乔木或攀援性灌木，稀可为一攀援性草木，而体内具有乳汁（例如

　　　　心翼果属 Cardiopteris）；果实呈核果状（但心翼果属则为干燥的翅

　　　　果），内有 1 种子 ……………………… 茶茱萸科 Lcacinaceae

　　474. 草本或亚灌木，或于旋花科的麻辣仔藤属 Erycibe 中为攀援灌木；果

　　　　实呈蒴果状（麻辣仔藤属中呈浆果状）内有 2 个或更多的种子。

　　　　475. 花冠裂片呈覆瓦状排列。

　　　　　　476. 叶茎生，羽状分裂或为羽状复叶（限于我国植物如此）

　　　　　　　　………………………… 田基麻科 Hydrophyllaceae

　　　　　　　　　　　　　　　　　　（水叶族 Hydrophylleae）

　　　　　　476. 叶基生，单叶，边缘具齿裂 ………… 苦苣苔科 Gesneriaceae

　　　　　　　　　　　　　　（苦苣苔属 Gonandron，黔苣苔属 Tengia）

　　　　475. 花冠裂片常呈旋转状或内折的镊合状排列。

　　　　　　477. 攀援性灌木果实呈浆果状，内有少数种子

　　　　　　　　………………………………… 旋花科 Convolvulaceae

　　　　　　　　　　　　　　　　　　　（麻辣仔藤属 Erycibe）

　　　　　　477. 直立陆生或漂浮水面的草本；果实呈蒴果状，内有少数至多数

　　　　　　　　种子 ………………………… 龙胆科 Gentianaceae

471. 子房 2～10 室。

　　478. 无绿叶而为缠绕性的寄生植物 ……………… 旋花科 Convolvulaceae

　　　　　　　　　　　　　　　　　　（菟丝子亚科 Cuscutoideae）

　　478. 不是上述的无叶寄生植物。

　　　　479. 叶常对生，且多在两叶之间具有托叶所成的连接线或附属物

　　　　　　………………………………………… 马钱科 Loganiaceae

　　　　479. 叶常互生，或有时基生，如为对生时，其两叶之间也无托叶所成的

　　　　　　连系物，有时其叶也可轮生。

　　　　　　480. 雄蕊和花冠离生或近于离生。

　　　　　　　　481. 灌木或亚灌木；花药顶端孔裂；花粉粒为四合体；子房常 5 室

　　　　　　　　　　………………………………… 杜鹃花科 Ericaceae

　　　　　　　　481. 一年或多年生草本，常为缠绕性；花药纵长裂开；花粉粒单纯；

　　　　　　　　　　子房常 3～5 室 ……………… 桔梗科 Campanulaceae

　　　　　　480. 雄蕊着生于花冠的筒部。

　　　　　　　　482. 雄蕊 4 个，稀可在冬青科为 5 个或更多。

　　　　　　　　　　483. 无主茎的草本，具有少数至多数花朵所形成的穗状花序生于

　　　　　　　　　　　　一基生花葶上 ………………… 车前科 Plantaginaceae

　　　　　　　　　　　　　　　　　　　　　　（车前属 Plantago）

483. 乔木、灌木，或具有主茎的草本。

  484. 叶互生，多常绿 ····························· 冬青科 Aquifoliaceae

                （冬青属 *Llex*）

  484. 叶对生或轮生。

    485. 子房 2 室，每室内有多数胚珠

     ···························· 玄参科 Scrophulariaceae

    485. 子房 2 室至多室，每室内有 1 或 2 个胚珠

     ···························· 马鞭草科 Verbenaceae

482. 雄蕊常 5 个，稀可更多。

 486. 每子房室内仅有 1 或 2 个胚珠。

  487. 子房 2 或 3 室；胚珠自子房室近顶端垂悬；木本植物；叶全缘。

   488. 每花瓣 2 裂或 2 分；花柱 1 个；子房无柄，2 或 3 室，每室内各 2 个胚珠；核果；有托叶

    ···························· 毒鼠子科 Dichapetalaceae

             （毒鼠子属 *Dichapetalum*）

   488. 每花瓣均完整；花柱 2 个；子房具柄，2 室，每室内仅有 1 个胚珠；翅果；无托叶 ·········· 茶茱萸科 Lcacinaceae

  487. 子房 14 室胚珠在子房室基底或中轴的基部直立或上举；无托叶；花柱 1 个，稀可 2 个，有时在紫草科的破布木属 *Cordia* 中其先端可成两次的 2 分。

   489. 果实为核果；花冠有明显的裂片，并在蕾中呈覆瓦状或旋转状排列；叶全缘或有锯齿；通常均为直立木本或草本，多粗壮或具刺毛 ·········· 紫草科 Boraginaceae

   489. 果实为蒴果；花瓣完整或具裂片 叶全缘或具裂片，但无锯齿缘。

    490. 通常为缠绕性稀可为直立草本，或为半木质的攀援植物至大型木质藤本（例如盾苞藤属 *Neuropeltis*）；萼片多互相分离；花冠常完整而几无裂片，于蕾中呈旋转状排列，也可有时深裂而其裂片成内折的镊合状排列（例如盾苞藤属） ················ 旋花科 Convolvnlaceae

    490. 通常均为直立；萼片连合成钟形或筒状；花冠有明显的裂片，唯于蕾中也成旋转状排列

     ···························· 花葱科 Polemoniaceae

 486. 每子房室内有多数胚珠，或在花葱科中有时为 1 至数个；多无托叶。

  491. 高山区生长的耐寒旱性低矮多年生草本或丛生亚灌木；叶多小型，常绿，紧密排列成覆瓦状或莲花座式；花无花盘；花单生至聚集成几为头状花序；花冠裂片成覆瓦状排列；子房 3 室；花柱 1 个；柱头 3 裂；蒴果室背开裂

    ···························· 岩梅科 Diapensiaceae

  491. 草本或木本，不为耐寒旱性；叶常为大型或中型，脱落性，疏松排列而各自展开；花多有位于子房下方的花盘。

492. 花冠不于蕾中折迭，其裂片呈旋转状排列，或在田基麻科中为覆瓦状排列。

  493. 叶为单叶，或在花荵属 *Polemonium* 为羽状分裂或为羽状复叶；子房 3 室（稀可 2 室）；花柱 1 个；柱头 3 裂；蒴果多室背开裂 ············· 花荵科 Polemoniaceae

  493. 叶为单叶，且在田基麻属 Hydrolea 为全缘；子房 2 室；花柱 2 个柱头呈头状；蒴果室间开裂

    ················· 田基麻科 Hydrophyllaceae

      （田基麻属 *Hydroleeae*）

492. 花冠裂片呈镊合状或覆瓦状排列；或其花冠于蕾中折迭，且呈旋转状排列；花萼常宿存；子房 2 室；或在茄科中为假 3 室至假 5 室；花柱 1 个柱头完整或 2 裂。

  494. 花冠多于蕾中折迭，其裂片呈覆瓦状排列；或在曼陀罗属 *Datura* 成旋转状排列，稀可在枸杞属 *Lycium* 和颠茄属 *Atropa* 等属中，并不于蕾中折迭，而呈覆瓦状排列，雄蕊的花丝无毛；浆果，或为纵裂或横裂的蒴果

    ················· 茄科 Solanaceae

  494. 花冠不于蕾中折迭，其裂片呈覆瓦状排列；雄蕊的花丝具毛茸（尤以后方的 2 个如此）。

    495. 室间开裂的蒴果 ·············· 玄参科 Scrophulariaceae

      （毛蕊花属 *Verbascum*）

    495. 浆果，有刺灌木 ················· 茄科 Solanaceae

      （枸杞属 *Lycium*）

1. 子叶 1；茎无髓部，也无呈年轮状的生长；叶多具平行叶脉；花为 3 数，有时为 4 数，但极少为 5 数 ················· 单子叶植物纲 monocotyledoneae

496. 木本植物，或其叶于芽中呈折迭状。

 497. 灌木或乔木；叶细长或呈剑状，在芽中不呈折迭状 ·················· 露兜树科 Pandanaceae

 497. 木本或草本；叶甚宽，常为羽状或扇形的分裂，在芽中呈折迭状而有强韧的平行脉或射状脉。

  498. 植物体多甚高大，呈棕榈状，具简单或分枝少的主干；花为圆锥或穗状花序，托以佛焰状苞片 ················· 棕榈科 Palmae

  498. 植物体常为无主茎的多年生草本，具常深裂为 2 片的叶片；花为紧密的穗状花序

    ················· 环花科 Cyclanthaceae

      （巴拿马草属 *Carludouica*）

496. 草本植物或稀可木质茎，但其叶于芽中从不成折迭状。

 499. 无花被或在服子菜科中很小。

  500. 花包藏于或附托以呈覆瓦状排列的壳状鳞片（特称为颖）中，由多花至 1 花形成小穗（自形态学观点而言，次小穗实即简单的穗状花序）。

   501. 秆多少有些呈三棱形，实心；茎生叶呈三行排列；叶鞘封闭；花药以基底附着花丝；果实为瘦果或囊果 ················· 莎草科 Cyperaceae

   501. 秆常呈圆筒形；中空；茎生叶呈两行排列；叶鞘常在一侧纵裂开；花药以其中部附着花丝；果实通常为蒴果 ················· 禾本科 Gramineae

  500. 花虽有时排列为具总苞的头状花序，但并不包藏于呈壳状的鳞片中。

502. 植物体微小，无真正的叶片，仅具无茎而漂浮水面或沉没水中的叶状体
··· 浮萍科 Lemnaceae

502. 植物体常具茎，也具叶，其叶有时呈鳞片状。

　503. 水生植物，具沉没水中或漂浮水面的叶片。

　　504. 花单性，不排列成穗状花序。

　　　505. 叶互生；花成球形的头状花序 ·············· 黑三棱科 Sparganiaceae
　　　　　　　　　　　　　　　　　　　　　　　　（黑三棱属 *Sparganium*）

　　　505. 叶多对生或轮生；花单生，或在叶腋间形成具伞花序。

　　　　506. 多年生草本；雌蕊为 1 个或更多而互相分离的心皮所成；胚珠自子房室顶端
　　　　　　　垂悬 ·· 眼子菜科 Potamogetonaceae
　　　　　　　　　　　　　　　　　　　　　　　　（角果藻族 Zannichellieae）

　　　　506. 一年生草本；雌蕊 1 个，具 2 ~ 4 柱头；胚珠直立于子房室的基底
　　　　　　　·· 茨藻科 Najadaceae
　　　　　　　　　　　　　　　　　　　　　　　　（茨藻属 *N a jas*）

　504. 花两性或单性，排列成简单或分歧的穗状花序。

　　507. 花排列于 1 扁平穗轴的一侧。

　　　508. 海水植物；穗状花序不分歧，但其雌雄同株或异株的单性花；雄蕊 1 个，具
　　　　　　无花丝而为 1 室的花药；雌蕊 1 个，具 2 柱头；胚珠 1 个，垂悬与子房室的顶
　　　　　　端 ··· 眼子菜科 Potamogetonaceae
　　　　　　　　　　　　　　　　　　　　　　　　（大叶藻属 *Zostera*）

　　　508. 淡水植物；穗状花序常分为二岐而具两性花；雄蕊 6 个或更多，具极细长的
　　　　　　花丝和 2 室的花药；雌蕊为 3 ~ 6 个离生心皮所成；胚珠在每室内 2 个或更
　　　　　　多，基生 ·· 水蕹科 Aponogetonaceae
　　　　　　　　　　　　　　　　　　　　　　　　（水蕹属 *Aponogeton*）

　　507. 花排列于穗轴的周围，多为两性花；胚珠常仅 1 个
　　　　　　·· 眼子菜科 Potamogetonaceae

　503. 陆生或沼泽植物，常有位于空气中的叶片。

　　509. 叶有柄，全缘或有各种类型的分裂，具网状脉；花形成一肉穗花序，后者常有一
　　　　　大型而常具色彩的佛焰苞片；花两性 ·············· 天南星科 Araceae

　509. 叶无柄，细长形、剑形或退化为鳞片状，其叶片常具平行脉。

　　510. 花形成紧密的穗状花序，或在帚灯草科为疏松的圆锥花序。

　　　511. 陆生或沼泽植物；花序为有位于苞腋间 的小穗所组成的疏散圆锥花序；雌雄
　　　　　　异株；叶多呈鞘状 ·························· 帚灯草科 Restionaceae
　　　　　　　　　　　　　　　　　　　　　　　　（薄果草属 *Leptocarpus*）

　　　511. 水生或沼泽植物；花序为紧密的穗状花序。

　　　　512. 穗状花序位于一呈 二 棱形的基生花葶的一侧，而另一侧则延伸为叶状的佛
　　　　　　　焰苞片；花两性 ························· 天南星科 Araceae
　　　　　　　　　　　　　　　　　　　　　　　　（石菖蒲属 *Acorus*）

　　　　512. 穗状花序位于一圆柱形花梗的顶端，形如蜡烛而无佛焰苞；雌雄同株
　　　　　　　·· 香蒲科 Typhaceae

　　510. 花序有各种形式。

　　　513. 花单性，成头状花序。

514. 头状花序单生于基生无叶的花葶顶端；叶狭窄，呈禾草状，有时叶为膜质 ················· 谷精草科 Eriocaulaceae

（谷精草属 *Eriocaulon*）

514. 头状花序散生于具叶的主茎或枝条的上部，雄性者在下；叶细长，呈扁三棱形，直立或漂浮水面，基部呈鞘状 ················· 黑三棱科 Sparganiaceae

（黑三棱属 *Sparganium*）

513. 花常两性。

515. 花序呈穗状或头状，包藏于 2 个互生的叶状苞片中；无花被；叶小，细长形或成丝状；雄蕊 1 或 2 个；子房上位，1~3 室，每子房室内仅有 1 个垂悬胚珠 ················· 刺鳞草科 Centrolepidaceae

515. 花序不包藏于叶状的苞片中；有花被。

516. 子房 3~6 个，至少在成熟时互相分离 ············· 水麦冬科 Juncaginaceae

（水麦冬属 *Tyiglochin*）

516. 子房 1 个由 3 心皮连合所组成 ················· 灯心草科 Juncaceae

499. 有花被，常显著，且呈花瓣状。

517. 雄蕊 3 个至多数，互相分离。

518. 死物寄生性植物，具呈鳞片状而无绿色叶片。

519. 花两性，具 2 层花被片；心皮 3 个，各有多数胚珠 ················· 百合科 Liliaceae

（无叶莲属 *Petrosauia*）

519. 花单性或稀可杂性，具一层花被片；心皮数个，各仅有 1 个胚珠 ················· 霉草科 Triuridaceae

（喜阴草属 *Scheuchzeria*）

518. 不是死物寄生性植物，常为水生或沼泽植物，具有发育正常的绿叶。

520. 花被裂片彼此相同；叶细长，基部具鞘 ················· 水麦冬科 Juncaginaceae

（芝菜属 *Scheuchzeria*）

520. 花被裂片分化为萼片和花瓣 2 轮。

521. 叶（限于我国植物）呈细长形，直立；花单生或成伞形花序，蓇葖果 ················· 花蔺科 Butomaceae

（花蔺属 *Butomus*）

521. 叶呈细长兼披针形至卵圆形，常为箭镞状长柄；花常轮生，成总状或圆锥花序；瘦果 ················· 泽泻科 Alismataceae

517. 雌蕊 1 个，复合性或于百合科的岩菖蒲属 *Tofieldia* 中其心皮近于分离。

522. 子房上位，或花被和子房相分离。

523. 花两侧对称；雄蕊 1 个位于前方，即着生于远轴的 1 个花被片的基部 ················· 田葱科 Philybraceae

（田葱属 *Philydrum*）

523. 花辐射对称；稀可两侧对称；雄蕊 3 个或更多。

524. 花被分化为花萼和花冠 2 轮，后者于百合科的重楼族中，有时为细长形或线形的花瓣所组成，稀可缺如。

525. 花形成紧密而具鳞片的头状花序；雄蕊 3 个；子房 1 室 ······ 黄眼草科 Xyridaceae

（黄眼草属 *Xyris*）

525. 花不形成头状花序；雄蕊数在 3 个以上。

526. 叶互生，基部具鞘，平行脉；花为腋生或顶生的聚伞花序；雄蕊 6 个，或因

退化而数较少 …………………………………… 鸭趾草科 Commelinaceae

526. 叶以 3 个或更多个生于茎的顶端而成一轮，网状脉而于基部具 3～5 脉；花单
独顶生；雄蕊 6 个、8 个、或 10 个 ………………………… 百合科 Liliaceae
（重楼族 Parideae）

524. 花被裂片彼此相同或近于相同，或于百合科的白丝草属 *Chiographis* 中则极不相同，
又在同科的油点草属 *Tricyrtis* 中其外层 3 个花被裂片的基部呈囊状。

527. 花小型，花被裂片绿色或棕色。

528. 花位于一穗形总状花序上；蒴果自一宿存的中轴上裂为 3～6 瓣，每果瓣内仅
有 1 个种子 ………………………………… 水麦冬科 Juncaginaceae
（水麦冬属 *Triglochin*）

528. 花位于各种形式的花序上；蒴果室背开裂为 3 瓣，内有多数至 3 个种子
………………………………………………………… 灯心草科 Juncaceae

527. 花大型或中型，或有时为小型，花被裂片多少有些具鲜明的色彩。

529. 叶（限于我国植物）的顶端变为卷须，并有闭合的叶鞘；胚珠在每室内仅为
1 个；花排列为顶生的圆锥花序 ………………… 须叶藤科 Flagellariaceae
（须叶藤属 *Flagellaria*）

529. 叶的顶端不变为卷须；胚珠在每子房室内为多数，稀可仅为 1 个或 2 个。

530. 直立或漂浮的水生植物；雄蕊 6 个，彼此不相同，或有时有不育者
………………………………………………………… 雨久花科 Pontederiaceae

530. 陆生植物；雄蕊 6 个，4 个或 2 个，彼此相同。

531. 花为四出数，叶（限于我国植物）对生或轮生，具有显著的纵脉及密生的
横脉 …………………………………………………… 百部科 Stemonaceae
（百部属 *Stemona*）

531. 花为三出数或四出数；叶常基生或互生 ………………… 百合科 Liliaceae

522. 子房下位，或花被多少有些和子房相愈合。

532. 花两侧对称或为不对称形。

533. 花被片均成花瓣状；雄蕊和花柱多少有些互相连合 ……………… 兰科 Orchidaceae

533. 花被片并不是均成花瓣状；其外层者形如萼片；雄蕊和花柱相分离。

534. 后方的 1 个雄蕊常为不育性，其余 5 个则均发育而具花药。

535. 叶和苞片排列成螺旋状；花常因退化而为单性；浆果；花管呈管状，其一侧
不久即裂开 …………………………………………… 芭蕉科 Musaceae
（芭蕉属 *Musa*）

535. 叶和苞片排列成 2 行；花两性；蒴果。

536. 萼片互相分离或至多可和花冠相连合；居中的 1 花瓣并不成为唇瓣
………………………………………………………… 芭蕉科 Musaceae
（鹤望兰属 *Strelitzia*）

536. 萼片互相连合成管状；居中（位于远轴方向）的 1 花瓣为大形而成唇瓣
………………………………………………………… 芭蕉科 Musaceae
（兰花蕉属 *Orchidantha*）

534. 后方的 1 个雄蕊发育而具花药，其余 5 个则退化，或变形为花瓣状。

537. 花药 2 室；萼片互相连合为一萼筒，有时成佛焰苞状 …… 姜科 Zingiberaceae

537. 花药 1 室；萼片互相分离或至多彼此相衔接。

538. 子房 3 室，每子房室内有多数胚珠位于中轴胎座上；各不育雄蕊呈花瓣状，

互相与基部简短连合 ························· 美人蕉科 Cannaceae

（美人蕉属 *Canna*）

538. 子房 3 室或因退化而成 1 室，每子房室内仅含 1 个基生胚珠；各不育雄蕊也呈花瓣状，唯多少有些互相连合 ··················· 竹芋科 Marantaceae

532. 花常辐射对称，也即花整齐或近于整齐。

539. 水生草本，植物体部分或全部沉没水中 ············· 水鳖科 Hydrocharitaceae

539. 陆生草本。

540. 植物体为攀援性；叶片宽广，具网状脉（还有数主脉）和叶柄

··················· 薯蓣科 Dioscoreaceae

540. 植物体不为攀援性；叶具平行脉。

541. 雄蕊 3 个。

542. 叶 2 行排列，两侧扁平而无背腹面之分，由下望上重叠跨覆；雄蕊和花被的外层裂片相对生 ············· 鸢尾科 Lridaceae

542. 叶不为 2 行排列，茎生叶呈鳞片状；雄蕊和花被的内层裂片相对生

··················· 水玉簪科 Burmanniaceae

541. 雄蕊 6 个。

543. 果实为浆果或蒴果。而花被残留物多少和它相和生，或果实为一聚花果；花被的内层裂片各于其基部有 2 舌状物；叶呈带形，边缘有刺齿或全缘

··················· 凤梨科　Bromeliaceae

543. 果实为蒴果或浆果，仅为 1 花所成；花被裂片无附属物。

544. 子房 1 室，内有多数胚珠位于侧膜胎座上；花序为伞形，具长丝状的总苞片 ··················· 蒟蒻薯科 Taccaceae

544. 子房 3 室，内有多数至少数胚珠位于中轴胎座上。

545. 子房部分下位 ················· 百合科 Liliaceac

（肺筋草属 *Aletris*，沿阶草属 *Ophiopogon*，球子草属 *Peliosanthes*）

545. 子房完全下位 ··················· 石蒜科 Amaryllidaceae

[第二章]

一、单项选择题
1. E　　2. D　　3. A
二、多项选择题
1. ABCD　　2. ACDE　　3. ABCDE

[第三章]

一、单项选择题
1. E　　2. B　　3. C　　4. B　　5. D　　6. E　　7. E　　8. E　　9. D
10. E

[第四章]

一、单项选择题
1. A　　2. C　　3. C　　4. A　　5. D　　6. D　　7. B　　8. C

[第五章]

一、单项选择题
1. E　　2. E　　3. B　　4. D　　5. D　　6. D　　7. B　　8. D　　9. C
10. C

[第六章]

一、单项选择题
1. A　　2. A　　3. D　　4. D　　5. A　　6. C　　7. C　　8. E　　9. A　　10. B

[第七章]

二、单项选择题

1. D   2. D、A   3. B   4. D   5. C   6. B   7. A   8. C   9. D
10. B   11. B   12. B   13. D   14. C   15. C   16. C、A 17. A   18. A
19. D   20. B   21. C   22. B   23. C

[第八章]

一、单项选择题

1. A   2. B   3. E   4. C   5. C   6. B   7. E   8. D   9. D
10. D   11. D   12. D   13. D   14. A   15. D   16. E   17. D   18. D
19. E   20. C

[第九章]

一、单项选择题

1. B   2. C   3. D   4. A   5. B   6. D   7. C   8. B   9. D
10. E   11. D   12. D   13. B   14. A   15. D   16. C   17. A   18. B
19. C   20. B   21. B   22. C   23. A   24. B   25. C   26. D   27. C
28. E   29. C   30. B   31. C   32. E   33. B   34. C   35. A   36. D
37. D   38. A   39. E   40. A

二、多项选择题

1. ABCD   2. ABE   3. BCD   4. ACD   5. ADE
6. ABCDE   7. ACDE   8. BCD   9. ABCE   10. BC
11. ABCD   12. BD   13. ABE   14. ABCDE   15. ABCDE
16. CE   17. ABCD   18. ACDE   19. ACDE   20. BCD
21. AC   22. BCE   23. ABCD   24. ABCD   25. AE

[第十章]

一、单项选择题

1. B   2. B   3. C   4. B   5. C   6. A   7. B   8. C   9. B
10. B   11. C

二、多项选择题

1. AC   2. ADE   3. ACDE

[第十一章]

一、单项选择题

1. B 　　2. A 　　3. B 　　4. A 　　5. C 　　6. B 　　7. D 　　8. B 　　9. D
10. C 　　11. A 　　12. B 　　13. A

二、多项选择题

1. BDE 　　　　2. DE 　　　　3. ABC 　　　　4. ABCDE

[第十二章]

一、单项选择题

1. B 　　2. A 　　3. E 　　4. C 　　5. D

二、多项选择题

2. ABCDE 　　　　3. ABCDE

[第十三章]

一、单项选择题

1. A 　　2. C 　　3. E 　　4. C 　　5. D 　　6. A 　　7. D 　　8. B

二、多项选择题

1. BC 　　2. ACE 　　3. ADE 　　4. ABCDE 　　5. ABCE

[第十四章]

一、单项选择题

1. C 　　2. E 　　3. E 　　4. A 　　5. C 　　6. B 　　7. B 　　8. C 　　9. E
10. B 　　11. B 　　12. B 　　13. C 　　14. C 　　15. E 　　16. E 　　17. D 　　18. D
19. B 　　20. C 　　21. B 　　22. D 　　23. E 　　24. B

[第十五章]

一、单项选择题

1. D 　　2. E 　　3. A 　　4. B 　　5. B 　　6. B 　　7. B 　　8. D 　　9. C
10. E 　　11. A 　　12. E 　　13. E 　　14. B 　　15. D 　　16. B 　　17. E

[第十六章]

一、单项选择题

1. D   2. D   3. B   4. D   5. B   6. B   7. C   8. D   9. C
10. D

二、多项选择题

1. BDE   2. BD   3. BC   4. ABCE   5. ACDE
6. ABC

[第十七章]

一、单项选择题

1. B   2. A   3. E   4. E   5. C   6. B   7. E   8. E

二、多项选择题

1. ACD   2. BE   3. ABCE   4. ACDE   5. CDE
6. ABCDE   7. ABDE

[第十八章]

一、单项选择题

1. A   2. D   3. B   4. E   5. A   6. D

[第十九章]

一、单项选择题

1. A   2. C   3. D   4. C   5. D   6. D   7. C   8. B   9. E
10. D   11. C   12. C   13. A   14. D   15. D   16. C

二、多项选择题

1. ABCDE   2. ACE   3. ABDE   4. ABCD   5. ABE

[第二十章]

一、单项选择题

1. D   2. C   3. D   4. E   5. A   6. C   7. E   8. C   9. E
10. D

二、多项选择题

1. ABD   2. ABE   3. AC   4. AC

教学大纲

一、课程性质和任务

药用植物与天然药物学基础是研究天然药物的科学，是研究药用植物学基础知识、天然药物鉴定基本知识和基本技能、常用天然药物来源、鉴别特征和功效等内容的基础学科，是中等职业学校药剂专业的一门专业课程。其主要任务是使学生在具有一定科学文化素养的基础上，熟练掌握天然药物的基本理论，基本知识，基本技能，初步具备天然药物鉴定的基本素质，能应用天然药物学知识对常见天然药物进行鉴定，并为学生的继续发展奠定良好基础。

二、课程教学目标

（一）知识目标

（1）掌握重要天然药物的来源、性状鉴别、显微鉴别、理化鉴别知识。

（2）理解重要天然药物、加工的相关原理。

（3）了解重要天然药物的有效成分、性味、功能。

（二）技能目标

（1）能说出常用天然药物的科别及基源名称。

（2）能熟练进行天然药物鉴定的各项专科技术操作。

（3）具有运用基本知识拓展学习空间和独立分析问题、思考问题、解决问题的能力。

（三）态度目标

（1）通过学习《药用植物与天然药物学基础》，培养热爱祖国、热爱人民的情怀，增强民族自豪感。

（2）热爱专业，具有高尚的职业道德。

（3）具备严谨的科学态度和实事求是的工作作风。

（4）具有较强的沟通能力。

三、学时分配表

章节	内　容	理论	实践	总学时
第一章	绪论	2	0	2
第二章	天然药物的采收、加工与贮藏	1	0	1

续表

章节	内　　容	理论	实践	总学时
第三章	天然药物的鉴定	2	0	2
第四章	中药的炮制	2	0	2
第五章	植物细胞	2	2	4
第六章	植物组织	2	2	4
第七章	植物器官与显微构造	6	4	10
第八章	植物分类基础知识	8	6	14
第九章	根及根茎类药材	8	8	16
第十章	茎木类药材	2	1	3
第十一章	皮类药材	1	2	3
第十二章	叶类药材	2	1	3
第十三章	花类药材	2	2	4
第十四章	果实与种子类药材	4	2	6
第十五章	全草类药材	2	2	4
第十六章	藻、菌、地衣类药材	3	1	4
第十七章	树脂类药材	1	1	2
第十八章	其他类药材	1	1	2
第十九章	动物类药材	2	2	4
第二十章	矿物类药材	1	1	2
合计		54	38	92

四、课程教学内容和要求

教学内容	教学要求	教学重点与难点	教学方法	教学时数	
				理论	实践
第一章　绪论 一、药用植物与天然药物学基础的基本任务 二、药用植物与天然药物学基础的基本概念 三、药用植物与天然药物学基础的发展简史 四、药用植物与天然药物学基础的学习方法	熟悉 掌握 熟悉	1. 药用植物、天然药物、药材、生药、草药、中药、中草药、中成药的概念 2. 各个历史时期主要本草学代表著作	理论讲授 多媒体演示 案例分析讨论	2	

续表

教学内容	教学要求	教学重点与难点	教学方法	教学时数 理论	教学时数 实践
第二章　天然药物的采收、加工与贮藏 第一节　天然药物的采收 一、采收与质量的关系 二、天然药物的的采收原则▲ 第二节　天然药物的加工▲ 一、天然药物的产地加工 二、天然药物的干燥 第三节　天然药物的贮藏与保管★ 一、天然药物的贮藏 二、天然药物的保管		1. 中药采收与质量的关系 2. 采收与质量、采收原则、加工、贮藏和保管。	理论讲授 多媒体演示 标本观察 案例分析讨论	1	
第三章　天然药物的鉴定 第一节　天然药物鉴定的依据和程序★ 一、天然药物鉴定的依据 二、天然药物鉴定的程序 第二节　天然药物鉴定的方法 一、来源鉴定★ 二、性状鉴定★ 三、显微鉴定▲ 四、理化鉴定 第三节　天然药物鉴定的新技术和新方法		1. 天然药物鉴定的依据 2. 天然药物鉴定的取样 3. 天然药物鉴定的程序 4. 天然药物的鉴定方法	理论讲授 多媒体演示 标本观察 案例分析讨论	2	
第四章　中药的炮制 第一节　炮制的目的及炮制对药性的影响▲ 一、炮制的目的 二、炮制对天然药物药性的影响 第二节　炮制的方法▲ 一、修制 二、水制 三、火制 四、水火共制 五、其他制法		1. 炮制的目的 2. 炮制对中药药效的影响 3. 炮制的方法	理论讲授 多媒体演示 标本观察 案例分析讨论	2	
第五章　植物细胞 第一节　植物细胞的基本结构 一、原生质体 二、细胞壁 第二节　细胞后含物和生理活性物质 一、细胞后含物 二、生理活性物质	熟悉掌握	1. 细胞的一般构造和各种后含物类型、特征。 2. 细胞壁的特点、鉴别方法。 3. 细胞的超微结构和细胞分裂。	理论讲授 多媒体演示 案例分析讨论 显微镜观察	2	2
第六章　植物组织 第一节　植物组织的种类 一、分生组织 二、薄壁组织 三、保护组织 四、机械组织 五、输导组织 六、分泌组织 第二节　维管束及其类型 一、维管束的组成 二、维管束的类型	掌握	1. 保护组织、机械组织，输导组织和分泌组织的结构特征。 2. 分生组织、薄壁组织主要特征。 3. 维管束的概念及类型。	理论讲授 多媒体演示 案例分析讨论 显微镜观察	2	2

续表

教学内容	教学要求	教学重点与难点	教学方法	教学时数	
				理论	实践
第七章 植物器官与显微构造 第一节 根 一、根的类型和根系 二、根的变态 三、根尖的构造 四、根的初生构造 五、根的次生构造 六、根的异常构造	掌握	1. 根的形态和内部构造。 2. 根的变态。	理论讲授 多媒体演示 标本观察 案例分析讨论 显微镜观察	6	4
第二节 茎 一、茎的形态 二、茎的类型 三、茎的变态 四、茎尖的构造 五、双子叶植物茎的初生构造 六、双子叶植物茎的次生构造 七、单子叶植物茎和根状茎的构造		1. 茎的形态特征、茎及变态茎的类型。 2. 双子叶植物茎次生构造，单子叶植物根及根状茎的构造特点。 3. 双子叶植物茎的初生构造和异常构造。	理论讲授 多媒体演示 标本观察 案例分析讨论 显微镜观察		
第三节 叶 一、叶的组成和形态 二、叶的类型 三、叶序 四、叶的变态 五、叶的内部构造		1. 叶的组成、类型及特征。 2. 叶脉类型、单叶与复叶的区别。 3. 双子叶植物叶的构造。 4. 叶的变态、叶序、单子叶植物叶的构造。 5. 了解叶端、叶尖、叶基、叶缘的形态及类型。	理论讲授 多媒体演示 标本观察 案例分析讨论 显微镜观察		
第四节 花 一、花的组成及形态 二、花的类型 三、花程式 四、花序		1. 花、花冠、雄蕊、雌蕊及其类型。 2. 花的组成、花序的类型及花程式概念、组成及其书写。 3. 花在分类上的意义。	理论讲授 多媒体演示 标本观察 案例分析讨论 显微镜观察		
第五节 果实和种子 一、果实 二、种子		1. 果实的类型。 2. 种子组成和表面特征。 3. 种子类型。	理论讲授 多媒体演示 标本观察 案例分析讨论 显微镜观察		
第八章 植物分类基础知识 第一节 植物分类概述 一、植物分类的等级 二、植物的命名 三、植物的分类方法及系统 四、植物分类检索表	掌握	1. 植物学名、分类等级、被子植物检索表的类型及使用方法。 2. 分类学的目的。	理论讲授 多媒体演示 标本观察 案例分析讨论	8	6
第二节 低等植物 一、藻类植物▲ 海带 二、菌类植物▲ 冬虫夏草　茯苓　灵芝 三、地衣类植物 松萝	★为掌握 ▲为熟练	1. 藻类植物主要特征和常用藻类植物。 1. 冬虫夏草、茯苓、灵芝的主要特征。 2. 菌类植物特点。 1. 地衣植物主要特征。	理论讲授 多媒体演示 标本观察 案例分析讨论		

教学内容	教学要求	教学重点与难点	教学方法	教学时数	
				理论	实践
第三节　高等植物 一、苔藓植物门 地钱 二、蕨类植物门▲ 　石松　紫萁　海金沙　金毛狗脊　绵马鳞毛蕨 　石韦　槲蕨（骨碎补、石岩姜）		1. 苔藓植物门主要特征 1. 海金沙、金毛狗脊、绵马鳞毛蕨等鉴别特征。 2. 蕨类植物门主要特征，熟悉槲蕨、紫萁的主要特征。 3. 蕨类植物分类	理论讲授 多媒体演示 标本观察 案例分析讨论 理论讲授 多媒体演示 标本观察 案例分析讨论		
三、裸子植物门▲ 　银杏　侧柏　草麻黄 四、被子植物门 （一）双子叶植物纲 1. 桑科 桑 2. 马兜铃科 北细辛（辽细辛）　马兜铃 3. 蓼科★ 掌叶大黄　何首乌 4. 毛茛科★ 乌头（川乌）　北乌头（草乌）　黄连（味连、鸡爪连）　芍药威灵仙　白头翁　毛茛　升麻　天葵 5. 木兰科 厚朴八角茴香　五味子（北五味子） 6. 樟科 肉桂 7. 罂粟科 罂粟 8. 十字花科★ 菘蓝（板蓝根）　白芥 9. 蔷薇科★ 地榆金樱子　山杏　桃　梅　山里红 10. 豆科★ 合欢　决明　蒙古黄芪（黄芪）　甘草 野葛 11. 芸香科★ 橘　酸橙　黄皮树（黄柏）　吴茱萸 12. 大戟科 大戟 13. 五加科★ 人参　西洋参　三七 14. 伞形科★ 当归　白芷　重齿毛当归（独活）　白花前胡（前胡）　川芎　柴胡（北柴胡） 15. 唇形科★ 益母草　薄荷　黄芩　丹参紫苏　夏枯草 16. 茄科▲ 白花曼陀罗（洋金花）　枸杞　宁夏枸杞		1. 银杏、麻黄的特征 2. 裸子植物门的特征。 1. 被子植物门的主要特征，区别双子叶植物纲和单子叶植物纲的特征。 2. 桑科、马兜铃科、蓼科、毛茛科、木兰科、十字花科、蔷薇科、豆科、五加科、伞形科、玄参科、茜草科、唇形科、葫芦科、桔梗科、菊科、禾本科、天南星科、百合科、姜科等科主要特征和重要药用植物识别要点。 3. 樟科、罂粟科、芸香科、大戟科、茄科、兰科等科主要特征和重要药用植物。	理论讲授 多媒体演示 标本观察 案例分析讨论		

教学内容	教学要求	教学重点与难点	教学方法	教学时数 理论	教学时数 实践
17. 玄参科▲ 玄参 地黄 18. 茜草科 栀子 茜草 钩藤 巴戟天 19. 忍冬科 忍冬 20. 葫芦科 栝楼 绞股蓝 21. 桔梗科★ 桔梗 党参 22. 菊科★ 菊 茵陈蒿 艾 红花 茅苍术 白术 木香 蒲公英 （二）单子叶植物纲 23. 禾本科▲ 薏苡 24. 棕榈科▲ 棕榈、槟榔 25. 天南星科★ 天南星 半夏 26. 百合科★ 卷丹 知母 川贝母 浙贝母 滇黄精（黄精） 27. 姜科★ 姜 蓬莪术 姜黄 温郁金 阳春砂 28. 兰科▲ 天麻 白及 金钗石斛					
第九章 根及根茎类药材 第一节 根类药材概述 一、性状鉴定 二、显微鉴别 第二节 根茎类药材概述 一、性状鉴定 二、显微鉴别 第三节 根及根茎类药材的鉴定 一、重点药材 大黄、何首乌、川乌与附子、黄连、白芍、延胡索、板蓝根、甘草、黄芪、人参、西洋参、三七、当归、柴胡、丹参、黄芩、地黄、巴戟天、党参、苍术、木香、半夏、川贝母、麦冬、天麻 二、一般药材 狗脊、骨碎补、绵马贯众、牛膝、太子参、远志、赤芍、葛根、南沙参、桔梗、北沙参、防风、白芷、川芎、羌活、独活、前胡、白术、玄参、天花粉、泽泻、白茅根、香附、生姜、黄精、土茯苓、浙贝母、山药、知母、天南星、郁金、白及	掌握重点药材来源、产地、采收加工、性状鉴定、显微鉴定、功效 熟悉一般药材的来源、性状鉴定、功能。	1. 重点药材的来源、产地、采收加工、性状鉴定、显微鉴定、功能。2. 一般药材的来源、性状鉴定、功能。	理论讲授 多媒体演示 标本观察 案例分析讨论 显微镜观察	8	8

续表

教学内容	教学要求	教学重点与难点	教学方法	教学时数	
				理论	实践
第十章 茎木类药材 第一节 茎木类药材的概述 一、性状鉴定 二、显微鉴定 第二节 茎木类药材的鉴定 一、重点药材 木通、沉香、钩藤 二、一般药材 桑寄生（附：槲寄生）、鸡血藤、苏木、大血藤、降香、通草		1. 重点药材的来源、产地、采收加工、性状鉴定、显微鉴定、功能。 2. 一般药材的来源、性状鉴定、功能。	理论讲授 多媒体演示 标本观察 案例分析讨论 显微镜观察	2	1
第十一章 皮类药材 第一节 皮类药材的概述 一、性状鉴定 二、显微鉴定 第二节 皮类药材的鉴定 一、重点药材 牡丹皮、厚朴、肉桂、杜仲、黄柏 二、一般药材 桑白皮（附：桑枝、桑叶、桑椹）、五加皮、香加皮、地骨皮、合欢皮（附：合欢花）、苦楝皮、秦皮		1. 重点药材的来源、产地、采收加工、状鉴定、显微鉴定、功能。 2. 一般药材的来源、性状鉴定、功能。	理论讲授 多媒体演示 标本观察 案例分析讨论 显微镜观察	1	2
第十二章 叶类药材 第一节 叶类药材的概述 一、性状鉴定 二、显微鉴定 第二节 叶类药材的鉴定 一、重点药材 大青叶、番泻叶、紫苏叶（附：紫苏、紫苏子）、艾叶 二、一般药材 石韦、枇杷叶、侧柏叶（附：柏子仁）、荷叶		1. 重点药材的来源、产地、采收加工、性状鉴定、显微鉴定、功能。 2. 一般药材的来源、性状鉴定、功能。	理论讲授 多媒体演示 标本观察 案例分析讨论 显微镜观察	2	1
第十三章 花类药材 第一节 花类药材的概述 一、性状鉴定 二、显微鉴定 第二节 花类药材的鉴定 一、重点药材 辛夷、丁香、洋金花、金银花（附：忍冬藤）、红花、菊花（附：野菊花）、蒲黄 二、一般药材 槐花（附：槐角）、密蒙花、夏枯草、旋覆花（附：金沸草）、款冬花、西红花		1. 重点药材的来源、产地、采收加工、性状鉴定、显微鉴定、功能。 2. 一般药材的来源、性状鉴定、功能。	理论讲授 多媒体演示 标本观察 案例分析讨论 显微镜观察	2	2

教学内容	教学要求	教学重点与难点	教学方法	教学时数	
				理论	实践
第十四章 果实与种子类药材 第一节 果实与种子类药材的概述 一、性状鉴定 二、显微鉴定 第二节 果实与种子类药材的鉴定 一、重点药材 五味子、木瓜、山楂、苦杏仁、决明子、枳壳（附：枳实）、陈皮（附：青皮、橘核、橘络）、小茴香、连翘、马钱子、砂仁。 二、一般药材 白果（附：银杏叶）、桃仁、金樱子、巴豆、酸枣仁、女贞子、菟丝子、瓜蒌（附：瓜蒌子、瓜蒌皮）、枸杞子、山茱萸、吴茱萸、栀子、豆蔻、马兜铃、王不留行、芥子、乌梅、蛇床子、蔓荆子、槟榔（附：大腹皮）、益智。		1. 重点药材的来源、产地、采收加工、性状鉴定、显微鉴定、功能。 2. 一般药材的来源、性状鉴定、功能。	理论讲授 多媒体演示 标本观察 案例分析讨论 显微镜观察	4	2
第十五章 全草类药材 第一节 全草类药材的概述 一、性状鉴定 二、显微鉴定 第二节 全草类药材的鉴定 一、重点药材 麻黄（附：麻黄根）、鱼腥草、金钱草（附：广金钱草）、广藿香（附：藿香）、荆芥、益母草（附：茺蔚子）、薄荷。 二、一般药材 穿心莲、青蒿、绞股蓝、茵陈、石斛、伸筋草、淫羊藿、仙鹤草（附：鹤草芽）、泽兰、香薷、车前草（附：车前子）、佩兰、小蓟、蒲公英、墨旱莲、淡竹叶、瞿麦、半枝莲、老鹳草		1. 重点药材的来源、产地、采收加工、性状鉴定、显微鉴定、功能。 2. 一般药材的来源、性状鉴定、功能。	理论讲授 多媒体演示 标本观察 案例分析讨论 显微镜观察	2	2
第十六章 藻、菌、地衣类药材 第一节 藻、菌、地衣类药材的概述 一、性状鉴定 二、显微鉴定 第二节 藻、菌、地衣类药材的鉴定 一、重点药材 冬虫夏草、灵芝、茯苓、猪苓 二、一般药材 昆布、海藻、雷丸、马勃		1. 重点药材的来源、产地、采收加工、性状鉴定、显微鉴定、功能。 2. 一般药材的来源、性状鉴定、功能。	理论讲授 多媒体演示 标本观察 案例分析讨论 显微镜观察	3	1
第十七章 树脂类药材 第一节 树脂类药材的概述 第二节 树脂类药材的鉴定 乳香、没药、血竭		1. 重点药材的来源、产地、采收加工、性状鉴定、显微鉴定、功能。 2. 一般药材的来源、性状鉴定、功能。	理论讲授 多媒体演示 标本观察 案例分析讨论 显微镜观察	1	1

续表

教学内容	教学要求	教学重点与难点	教学方法	教学时数	
				理论	实践
第十八章 其他类药材 第一节 其他类药材的概述 第二节 其他类药材的鉴定 一、重点药材 青黛、冰片、五倍子 二、一般药材 海金沙、儿茶		1. 重点药材的来源、产地、采收加工、性状鉴定、显微鉴定、功能。 2. 一般药材的来源、性状鉴定、功能。	理论讲授 多媒体演示 标本观察 案例分析讨论 显微镜观察	1	1
第十九章 动物类药材 第一节 动物类药材概述 一、药用动物的分类 二、动物类药材的分类 第二节 动物类药材的鉴定 一、重点药材 全蝎、斑蝥、麝香、鹿茸、牛黄、羚羊角 二、一般药材 地龙、水蛭、珍珠、蜂蜜、蟾酥、石决明、蜈蚣、金钱白花蛇、乌梢蛇、土鳖虫、鸡内金、牡蛎、海螵蛸、桑螵蛸、僵蚕、海马、龟甲、鳖甲、穿山甲、五灵脂		1. 重点药材的来源、产地、采收加工、性状鉴定、显微鉴定、功能。 2. 一般药材的来源、性状鉴定、功能	理论讲授 多媒体演示 标本观察 案例分析讨论 显微镜观察	2	2
第二十章 矿物类药材 第一节 矿物类药材概述 第二节 矿物类药材的鉴定 一、重点药材 朱砂、雄黄、石膏、芒硝 二、一般药材 自然铜、赭石、信石、炉甘石、滑石、磁石、青礞石、硫黄、龙骨（附：龙齿）		1. 重点药材的来源、产地、采收加工、性状鉴定、显微鉴定、功能。 2. 一般药材的来源、性状鉴定、功能。	理论讲授 多媒体演示 标本观察 案例分析讨论 显微镜观察	1	1

五、教学大纲说明

（一）适用对象与参考学时

本教学大纲供药剂专业使用，总学时为 92 个，其中理论教学 54 学时，实践教学 38 学时。

（二）教学要求

1. 本课程对理论教学部分要求有掌握、熟悉、了解三个层次。掌握是指对《药用植物与天然药物学基础》中所学的基本知识、基本理论具有深刻的认识，并能应用所学知识制作天然药物标本、进行天然药物鉴别和加工，解决工作中的新问题。熟悉是指能够解释、领会概念的基本含义并会应用所学技能。了解是指能够简单理解、记忆所学知识。

2. 本课程突出以培养能力为本位的教学理念，在实践技能方面分为熟练掌握和学会两个层次。熟练掌握是指能够独立娴熟地进行正确的实践技能操作。学会是指能够在教师指导下进行实践技能操作。

（三）教学建议

1. 课程突出实用性、前瞻性。将本专业的发展趋势及新知识、新方法及时体现在课程内容中。课程应以学生为本，内容要突出重点且表述清晰，教学活动设计具有可操作性，重在提高学生的技能应用型人才的培养。

2. 课程应充分体现任务引领、职业能力导向的课程设计思想，注重"教"与"学"的互动。教学活动注重培养学生的综合职业能力，通过理论教学、多媒体、观看教学录像、个案分析、校内实训、企业见习等多种手段，采用递进式的教学过程，使学生能够在学习活动中掌握医药行业所需的职业能力。

3. 突出过程与阶段评价，结合课堂提问、技能操作、加强实践性教学环节的教学评价。强调目标评价和理论与实践一体化评价，注重引导学生进行学习方式的改变。强调课程综合能力评价，充分发挥学生的主动性和创造力，注重发展学生的综合职业能力。

参考文献

[1] 郑汉臣，蔡少青．药用植物与生药学．北京：人民卫生出版社，2000．

[2] 毛一中，郑小吉．药用植物与天然药物学基础．北京：北京大学医学出版社，2011．

[3] 李建民．天然药物学基础．北京：人民卫生出版社，2008．

[4] 郑小吉．药用植物学．北京：人民卫生出版社，2014．

[5] 吴德康．中药鉴定学实验指导．北京：中国中医药出版社，2003．

[6] 张贵君．现代实用中药鉴别技术．北京：人民卫生出版社，2000．

[7] 国家药典委员会编．中华人民共和国药典．2010 版．北京：中国医药科技出版社，2010．

[8] 国家食品药品监督管理局执业药师资格认证中心．国家执业药师资格考试应试指南《中药学专业知识（二）》．北京：中国医药科技出版社，2014．

[9] 陶忠增．中药学．北京：中国中医药出版社，2006．

[10] 艾继周．天然药物学．北京：人民卫生出版社，2009．

常见药用植物彩图

1. 松萝 *Usnca diffracta* Vain.

2. 半边旗 *Pteris semipinnata* L.

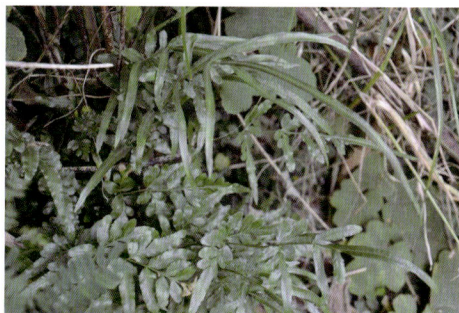

3. 凤尾草 *Pteris multifida* Poir.

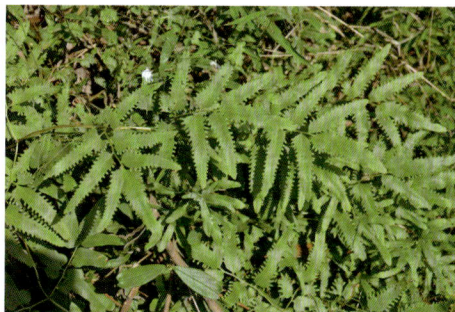

4. 海金沙 *Lygodium japonicum* （Thunb.）Sw.

5. 小叶买麻藤 *Gnetum parvifolium* （Warb.）C. Y. Cheng ex Chun

6. 野鸡尾 *Onychium japonicum* （Thunb.）Kunze

7. 翠云草 *Selaginella uncinata*

8. 贯众 *Cyrtomium fortunei* J.Sm

9. 瓶尔小草 *Ophioglossum vulgatum* L.

10. 何首乌 *Polygonum multiflorum* Thunb.

11. 虎杖 *Polygonum cuspidatum* Sieb.et Zucc.

12. 鸡矢藤 *Paederia scandens* (Lour.) Merr.

13. 十大功劳 *Mahonia fortunei*（Lindl.）Fedde

14. 桑 *Morus alba* L.

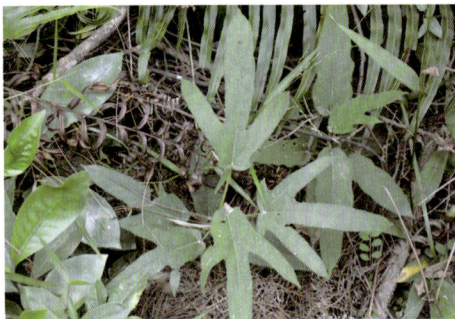

15. 五指毛桃 *Ficus hirta* Vahl.

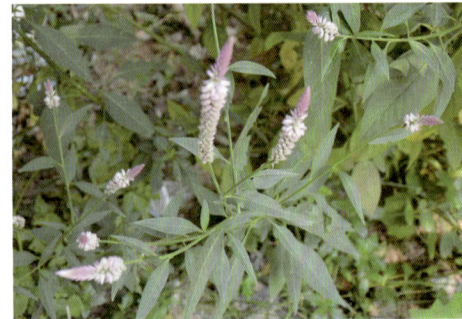

16. 青葙 *Celosia argentea* L.

17. 蕺菜（鱼腥草）*Houttuynia cordata* Thunb.

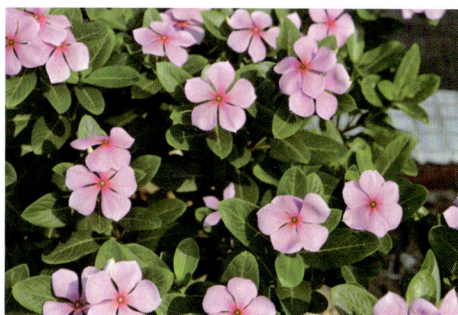

18. 长春花 *Catharanthus roseus* （L.）

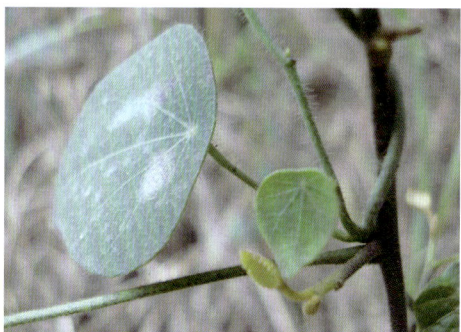

19. 粉防己 *Stephania tetrandra* S.Moore

20. 鸡冠花 *Celosia cristata* L.

21. 马蓝（南板蓝根）*Baphicacanthus cusia* （Nees） Bremek.

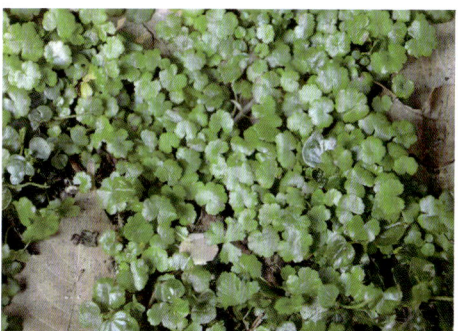

22. 天胡荽 *Hydrocotyle sibthorpioides* Lam.

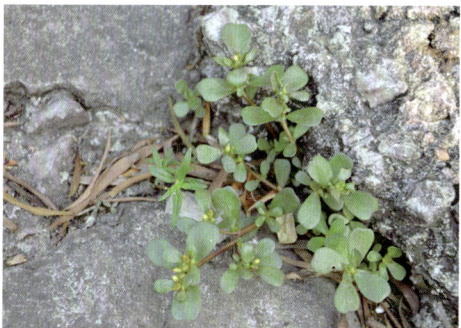

23. 马齿苋 *Portulaca oleracea* L.

24. 使君子 *Quisqualis indica* L.

25. 皂荚 *Gleditsia sinensis* Lam.

26. 甘葛藤 *Pueraria thomsonii* Benth.

27. 两面针 *Zanthoxylum nitidum*（Roxb.）DC.

28. 三桠苦 *Evodia lepta*（Spreng.）Merr.

29. 鳢肠（墨旱莲）*Eclipta prostrata* L.

30. 爵床 *Rostellularia procumbens*（L.）Nees

31. 排钱树 *Phyllodium pulchellum*（L.）Desv.

32. 草决明 *Cassia obtusifolia* L.

33. 佛手 *Citrus medica* L.var. *sarcodactylis* Swingle

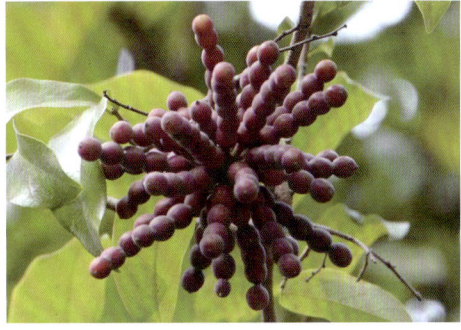

34. 假鹰爪 *Desmos chinensis* Lour.

35. 铁冬青（救必应）*Ilex rotunda* Thunb.

36. 女贞 *Ligustrum lucidum* Ait.

37. 蒲公英 *Taraxacum mongolicum* Hand.–Mazz.

38. 牛蒡 *Arctium lappa* L.

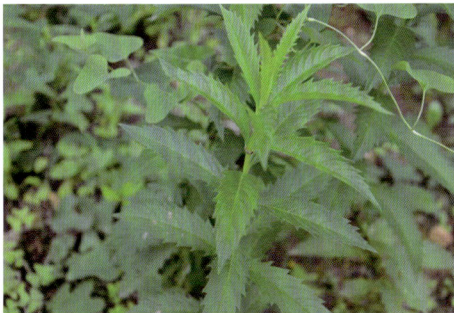

39. 毛叶地瓜儿苗（泽兰）*Lycopus lucidus* Turcz. var. *hirtus* Regel

40. 山楂 *Crataegus pinnatifida* Bge.

41. 石榴 *Punica granatum* L.

42. 八角茴香 *Illicium verum* Hook.f.

43. 木芙蓉 *Hibiscus mutabilis* L.

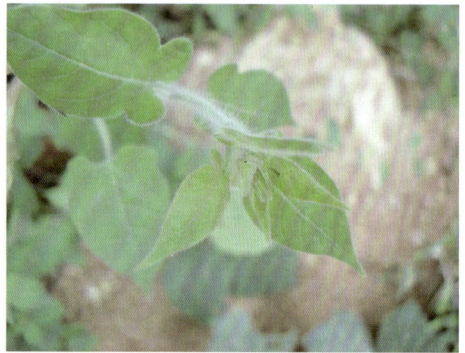
44. 白英 *Solanum lyratum* Thunb.

45. 喜树 *Camptotheca acuminata* Decne.

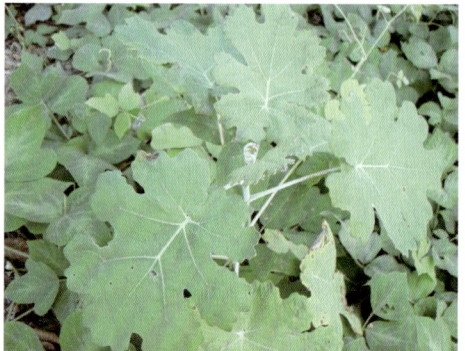
46. 博落回 *Macleaya cordata* （Willd.）R. Br.

47. 凤仙花 *Impatiens balsamina* L.

48. 桑寄生 *Taxillus chinensis* （DC.）Danser

49. 蓖麻 *Ricinus communis* L.

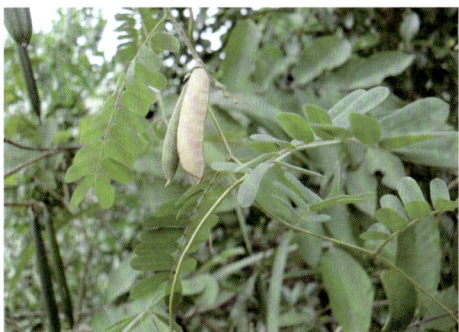
50. 罗布麻 *Apocynum venetum* L.

51. 广州相思子（鸡骨草）*Abrus cantoniensis* Hance

52. 石菖蒲 *Acorus tatarinowii* Schott

53. 橘（广陈皮）*Citrus reticulata* cv. Chachiensis

54. 络石（络石藤）*Trachelospermum jasminoides* （Lindl.）Lem.

55. 降香 *Dalbergia odorifera* T.Chen

56. 鸡蛋花 *Plumeria rubra* L. cv. Acutifolia

57. 贴梗海棠 *Chaenomeles speciosa* （Sweet） Nakai

58. 菘蓝 *Isatis indigotica* Fort.

59. 垂盆草 *Sedum sarmentosum* Bunge

60. 白花曼陀罗（洋金花）*Datura metel* L.

61. 叶下珠 *Phyllanthus urinaria* L.

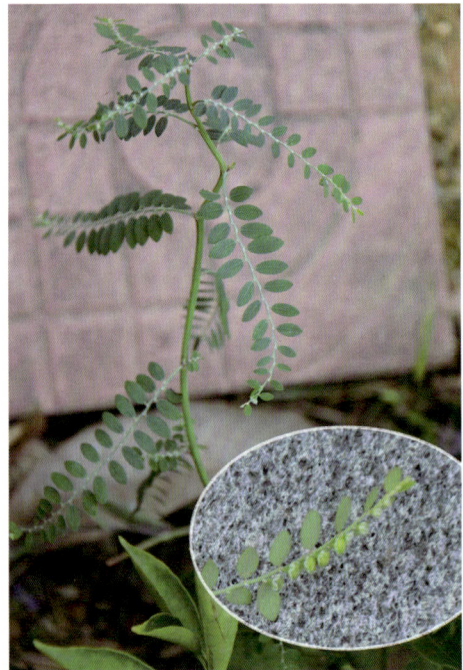

62. 酸橙 *Citrus aurantium* L.

63. 崩大碗（积雪草）*Centella asiatica*（L.）Urb.

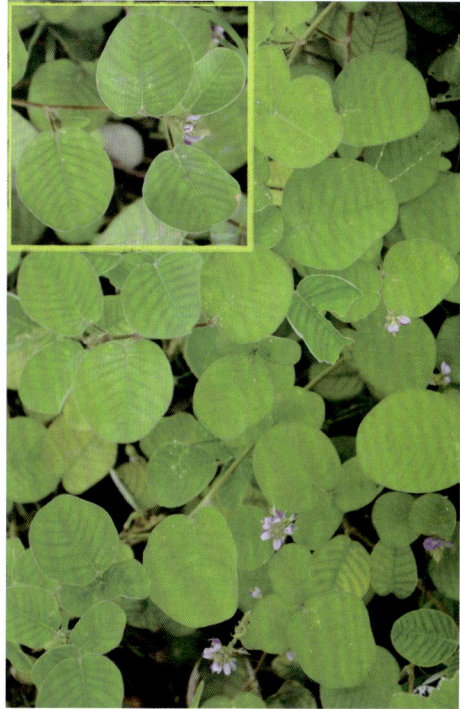

65. 葫芦茶 *Tadehagi triquetrum*（L.）H. Ohashi

64. 广金钱草 *Desmodium styracifolium*（Osb.）Merr.

67. 龙脷叶 *Sauropus spatulifolius* Beille

66. 九里香 *Murraya exotica* L.

68. 蔓荆 *Vitex trifolia* L.

69. 扭肚藤 *Jasminum elongatum* （Bergius） Willd.

70. 忍冬 *Lonicera japonica* Thunb.

71. 草珊瑚(肿节风)*Sarcandra glabra* （Thunb. ） Nakai

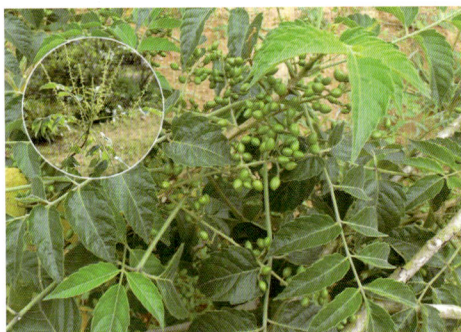

72. 鸦胆子 *Brucea javanica*（L. ） Merr.

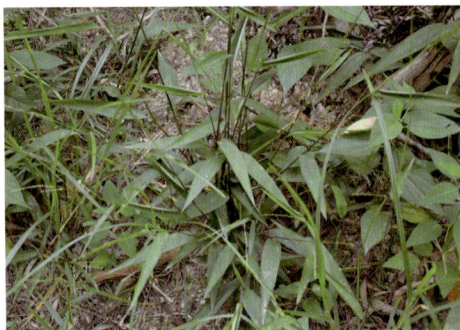

73. 淡竹叶 *Lophatherum gracile* Brongn.

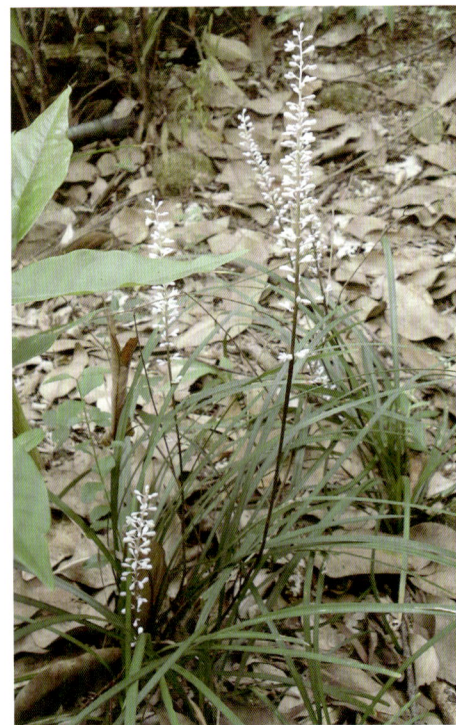

74. 湖北麦冬 *Liriope spicata* （Thunb. ） Lour.var. *prolifera* Y.T.Ma

75. 石仙桃 *Pholidota chinensis* Lindl.

77. 闭鞘姜 *Costus speciosus*（Koen.）Smith

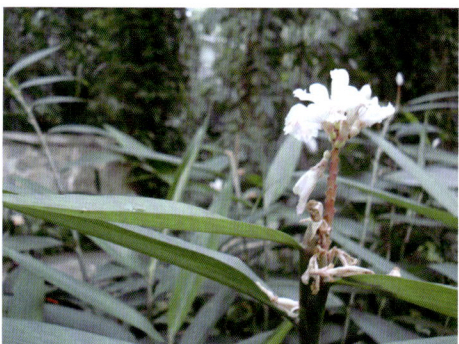

78. 益智 *Alpinia oxyphylla* Miq.

80. 白及 *Bletilla striata*（Thunb.）Reichb.f.

76. 剑叶龙血树 *Dracaena cochinchinensis*（Lour.）S. C. Chen

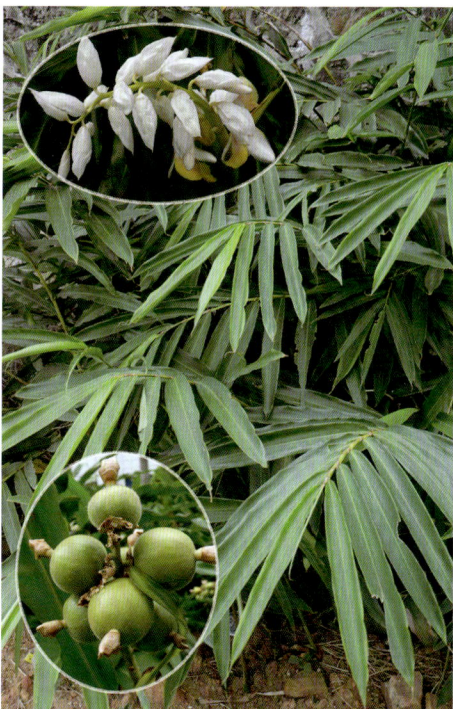

79. 白豆蔻 *Amomum kravanh* Pierre ex Gagnep.

天然药物彩图

1. 狗脊

2. 大黄

3. 白头翁

4. 川乌

5. 赤芍

6. 牛膝

7. 细辛

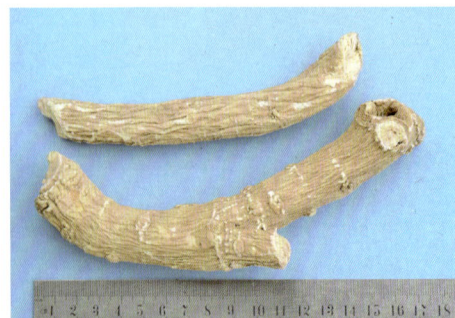

8. 银柴胡

9. 延胡索

10. 秦艽

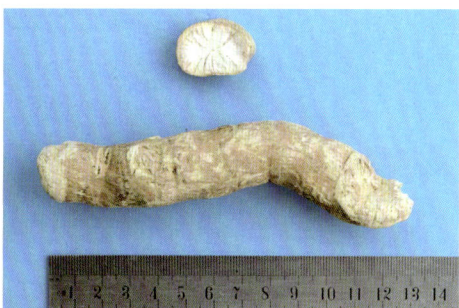

11. 防己

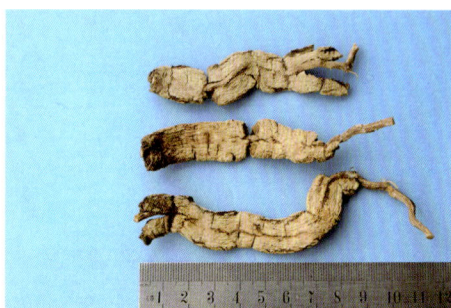

12. 巴戟天

13. 当归

14. 防风

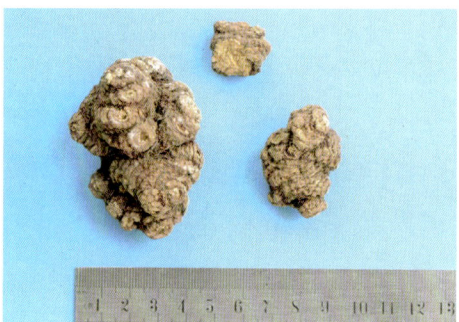

15. 川芎

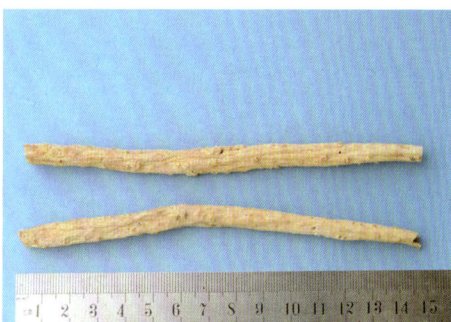

16. 北沙参

17. 白芍

18. 黄芪

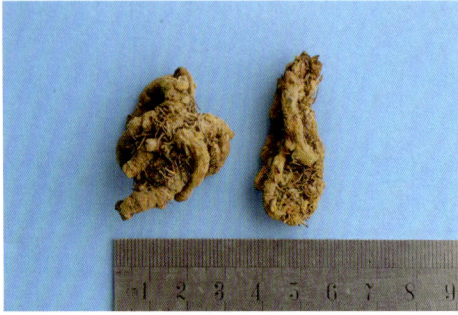
19. 黄连

20. 葛根

21. 甘草

22. 胡黄连

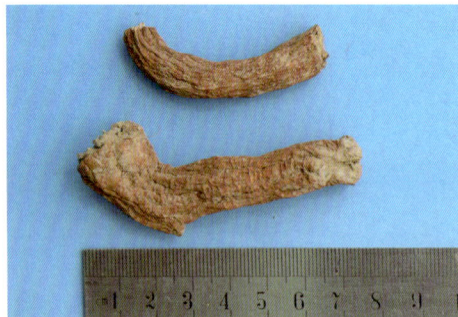
23. 丹参

24. 黄芩

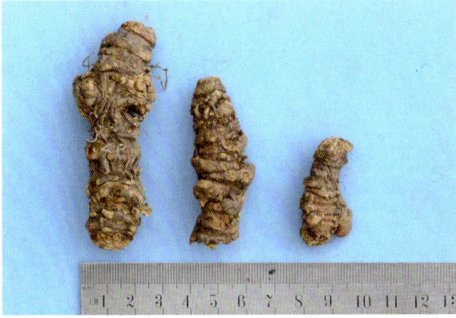

25. 羌活

26. 桔梗

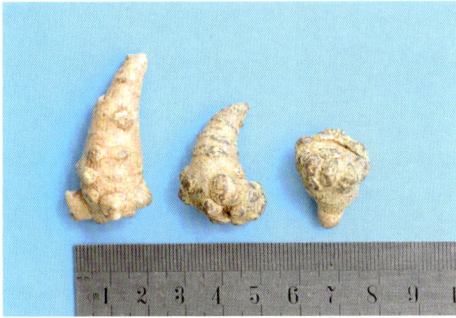

27. 三七

28. 苍术

29. 半夏

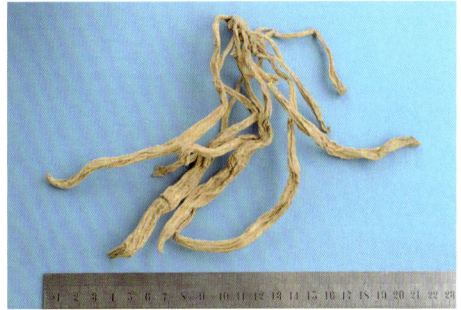

30. 百部

31. 高良姜

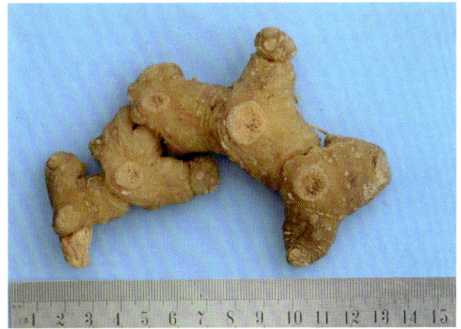

32. 黄精

33. 姜黄

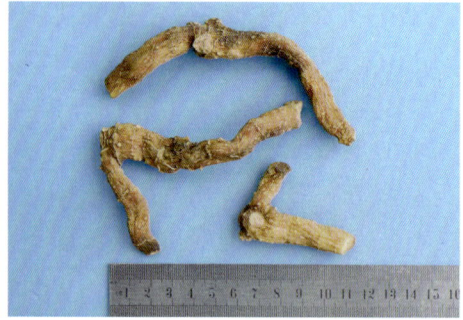

34. 玉竹

35. 郁金

36. 泽泻

37. 浙贝母

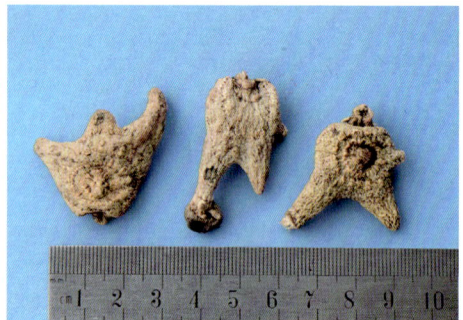

38. 白及

39. 大血藤

40. 杜仲

41. 厚朴

42. 黄柏

43. 鸡血藤

44. 肉苁蓉

45. 肉桂

46. 苏木

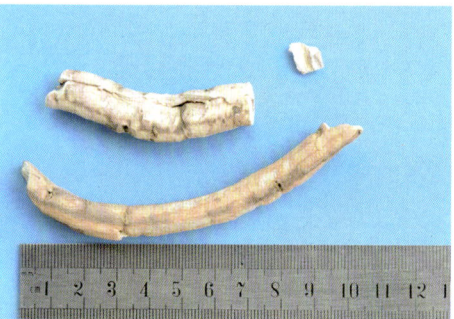

47. 牡丹皮

48. 石斛

49. 荆芥

50. 钩藤

51. 辛夷

52. 枳壳

53. 豆蔻

54. 槟榔

55. 马钱子

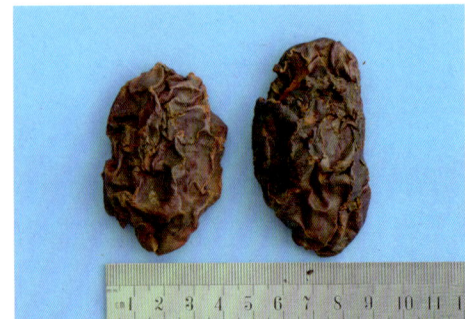

56. 木瓜

57. 胖大海

58. 使君子

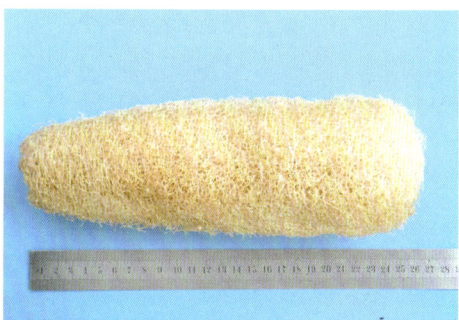

59. 丝瓜络

60. 栀子

61. 海螵蛸

62. 桑螵蛸

63. 血竭

64. 乳香

65. 没药

66. 灵芝

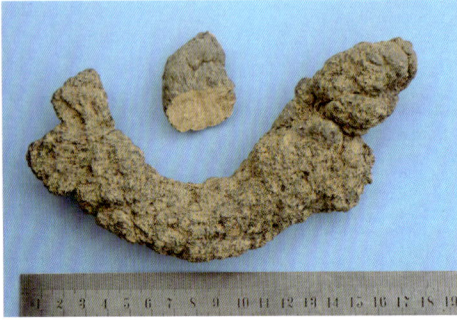

67. 猪苓

68. 石决明

69. 珍珠

70. 水蛭

71. 蕲蛇

72. 鹿茸

73. 羚羊角

74. 海龙

75. 蛤蚧

76. 蝉蜕

77. 鳖甲

78. 龙齿

79. 琥珀

80. 石膏